Martin Bossert
Sebastian Bossert

Mathematatik der digitalen Medien

Martin Bossert • Sebastian Bossert

Mathematatik der digitalen Medien

präzise – verständlich – einleuchtend

VDE VERLAG GMBH • Berlin • Offenbach

Titelbild: Funktionsprinzip des Rivest-Shamir-Adleman-(RSA-)Verfahrens zur Verschlüsselung. Hintergrund: Binary Code, © iStockphoto.com/Bonita Hein.

Bibliografische Information der Deutschen Nationalbibliothek
Die Deutsche Nationalbibliothek verzeichnet diese Publikation in der Deutschen Nationalbibliografie; detaillierte bibliografische Daten sind im Internet über http://dnb.d-nb.de abrufbar.

ISBN 978-3-8007-3137-4

Druck: Druckhaus „Thomas Müntzer“ GmbH, Bad Langensalza
Printed in Germany

2010-03

Vorwort

Das Buch wurde gemeinsam von *Martin Bossert*, im Folgenden Vater genannt, und *Sebastian Bossert*, im Folgenden Sohn genannt, geschrieben. Obwohl der Vater bereits mehrere Bücher verfasst hat und sich dieses nie mehr antun wollte, ist dieses Werk entstanden. Bücher schreiben bedeutet Entsagungen, Bewegungsmangel, Mangel an sozialen Kontakten, Selbstzweifel und Arbeiten bis spät in die Nacht, um nur einige der harmloseren Nebenwirkungen zu nennen.

Es gibt mehrere Gründe, warum der Vater schwach wurde und doch ein weiteres Buch anging. Die Wahrscheinlichkeit, dass man gemeinsam mit dem Sohn ein Buch schreiben kann, ist nahezu null, aber es ist eben nicht unmöglich. Vater und Sohn gestehen, dass ihre zahllosen Diskussionen ihnen sogar Spaß gemacht haben. Außerdem war das Jahr 2008 das Jahr der Mathematik, was ein nicht allzu häufiges Ereignis ist. Ein weiterer Grund ist der Verein zur Förderung mathematisch begabter Jugendlicher [1], der jedes Jahr in Süddeutschland einen Mathematik-Wettbewerb durchführt, bei der Vater und Sohn viele Jahre bei der Durchführung an der Universität Ulm [2] mitgewirkt haben. An diesem Tag kommen ca. 200 Schüler mit ca. 50 Lehrern an die Universität Ulm und messen sich im Lösen von kniffligen Mathematikaufgaben. Während die Arbeiten korrigiert werden, dürfen die nicht korrigierenden Lehrer und die Schüler Vorträge von Mathematik-, Informatik- und Elektrotechnik-Professoren hören, in denen es um Anwendungen der Mathematik geht.

Wer erlebt hat, wie motiviert die Schüler den Vorträgen folgen und wie dankbar die Lehrer die mathematischen Anwendungen als Beispiele für den Unterricht aufnehmen, der kann sich nur freuen, dass es noch solche interessierte Jugendliche und solche engagierte Lehrer gibt. Diese Erlebnisse gaben die Motivation, dieses Buch zu schreiben. Durch dieses Buch sollen die spannenden mathematischen Lösungen von Problemen aus der Telekommunikationstechnik und der angewandten Informationstheorie, wie sie an den Tagen der Mathematik vorgetragen wurden, einem größeren Kreis an technisch und mathematisch interessierten Personen zugänglich gemacht werden.

An dieser Stelle möchten sich Vater und Sohn bei den vielen Personen bedanken, die zur Entstehung des Buchs beigetragen haben. Bei *Max Riederle* und *Uwe Schöning* für die kritischen Anmerkungen und die guten Verbesserungsvorschläge. Bei *Sabine Kampf, Katharina Mir* und *Georg Schmidt* für die Erstellung der Bilder und bei *Christian Senger* und *Steffen Schober* für die Hilfe mit LaTeX. Bei *Florian Böhler, Marie-Luise Bossert, Felix Braun, Anas Chaaban, Thomas Danner, Axel Heim, Carolin Huppert, Johannes Klotz, Frederic Knabe, Benjamin Scheffold, Saskia Schöning* und *Alexander Zeh* für das Testlesen von Teilen des Buchs.

Ulm, im September 2008

Sebastian Bossert

Martin Bossert
martin.bossert@uni-ulm.de

Inhalt

1 Einleitung

Bild 1.1 *Claude E. Shannon* 30.4.1916–24.2.2001 (© *Ivan Massar*)

Die Mathematik ist eine trockene abstrakte Angelegenheit, und ein gebildeter Mensch muss sich darin nicht auskennen; dies behaupten zumindest einige Autoren [3]. Weit gefehlt, denn Mathematik lebt! Das Gedankengebäude der Wissenschaft Mathematik sucht in seiner Schönheit und Eleganz seinesgleichen. Vieles, was wir täglich ohne Scheu und Angst benutzen, enthält Mathematik, vor der viele Scheu und Angst zeigen. Dies sollte nicht so sein, denn es existieren viele elegante und wunderschöne praktische Konzepte, die das Erlernen von Mathematik von selbst motivieren.

In diesem Buch wollen wir ausgewählte mathematische Verfahren beschreiben, die in alltäglich genutzten Geräten stecken. Ohne mathematische Verfahren wären die Geräte nicht möglich, selbstverständlich auch nicht ohne die Technologie und Mikroelektronik, mit deren Hilfe die Mathematik umgesetzt wird. Im Mittelpunkt der Verfahren steht die Informationstheorie, die sowohl die Telekommunikation als auch die Medien revolutioniert hat. Die

Intention dieses Buchs ist, technisch interessierte Leser mit Mathematikkenntnissen in diese Welt einzuführen, indem die Ideen, die Prinzipien und Konzepte und die ihnen zugrunde liegende Mathematik beschrieben werden.

Nachdem die klassische Nachrichtentechnik den Wandel von physikalischer Betrachtung hin zu mathematischer Denkweise vollzogen hat, wurde eine Revolution gestartet. Den momentanen Stand kennen wir: das Internet mit all seinen Computern, Telefon und Mobilfunk, die digitalen Kameras, die Unterhaltungselektronik mit CDs, DVDs, MP3 und vieles mehr. Die Geburtsstunde dieser Revolution war die bahnbrechende Arbeit von *Claude E. Shannon* [4, 5], in der er die Informationstheorie begründet hat. In **Bild 1.1** ist er vor einer Tafel zu sehen, auf der der sog. Fehlerexponent aufgemalt ist. Die Besonderheit seiner Arbeit war, dass er erstmals Information mathematisch definiert und damit messbar gemacht hat. Darauf hat er die mathematische Theorie zur Telekommunikation aufgebaut, wodurch der Weg zur Digitalisierung, d. h. zum Bit frei war. *Claude E. Shannon* hat *bit* eigentlich als Einheit der Information eingeführt. Heute wird Bit als Bezeichnung einer binären Zahl verwendet, also einer Zahl, die nur die Werte 0 und 1 annehmen kann. Nahezu alle technischen Geräte arbeiten heutzutage auf der Basis von Bits. Bemerkenswert an der Arbeit von *Claude E. Shannon* ist, dass er damals Schranken abgeleitet hat, die die Grenzen der Kommunikation aufzeigen und die bis heute nicht erreicht wurden. Die Realisierung der Kommunikation durch immer bessere Verfahren und immer leistungsfähigere Geräte nähert sich diesen Schranken immer mehr an. Das mag auf den ersten Eindruck paradox klingen, da aber seine Theorie auf mathematischen Beweisen basiert, kann man nie besser werden als die Schranken, die er angegeben hat. Leider geben die Beweise von *Claude E. Shannon* keinen Hinweis darauf, mit welchen Verfahren man die Schranken erreichen kann. Deshalb haben sich Ingenieure und Mathematiker in den seither vergangenen 60 Jahren immer neue Verfahren ausgedacht, um sich Schranken von *Claude E. Shannon* anzunähern.

In diesem Buch soll die Mathematik einiger bedeutender Konzepte in alltäglichen Anwendungen der Telekommunikationstechnik, den Medien und der Informationstheorie beschrieben werden. Die Darstellung stützt sich auf Beispiele ab, denn schon der römische Philosoph *Lucius Annaeus Seneca* sagte:

> *Ist es ein langer Weg, der durch Belehrung,*
> *ein kurzer und erfolgreicher, der durch das Beispiel wirkt.*
>
> 6. Brief des jüngeren *Seneca* (4–65 n. Chr.) [6]

Die ausgewählten Beispiele sollen verdeutlichen, wie nützlich Algebra sein kann, wie durch Zahlentheorie viele Probleme gelöst werden können und dass Wahrscheinlichkeitsrechnung hilfreiche Einsichten geben kann. Das Buch richtet sich an einen technisch interessierten Personenkreis mit mathematischen Grundkenntnissen. Die Lösungen einiger technischer Problemstellungen werden mit mathematischen Methoden erläutert. Der Einsatz der einzelnen Kapitel als Ergänzung für den Mathematikunterricht an Gymnasien wird nicht ausgeschlossen. Als Systeme wurden ausgewählt: das Navigationssystem, das Handy, der MP3-Player, der CD-Player, die DVD und das Internet, alles Dinge, mit denen die meisten fast täglich umgehen.

Die Tatsache, dass man zu jedem dieser Systeme ein oder mehrere Bücher schreiben kann, führt dazu, dass wir hier nur Teilaspekte genauer betrachten können. Selbst diese Teilaspekte enthalten jedoch genügend Mathematik, die wir einführen und deren Anwendung wir im jeweiligen System beschreiben.

Es gibt unterschiedliche Möglichkeiten, ein Buch zu strukturieren. Klassische Lehrbücher vermeiden in der Regel Wiederholungen, was hier zur Folge hätte, dass wir alle benötigten mathematischen Teilgebiete erst einführen müssten und zwar mit allen Nuancen. Wir haben deshalb beschlossen, die einzelnen Kapitel weitgehend autonom zu halten, d. h., die benötigten mathematischen Grundlagen wiederholen sich teilweise mehrfach und sind jeweils vorab zusammengefasst. Diese Wiederholung ist jedoch keinesfalls eine identische Wiedergabe, da die verschiedenen Systeme andere Betrachtungsweisen und Blickwinkel des gleichen mathematischen Teilgebiets benötigen.

Das Buch kann auf unterschiedliche Weise gelesen werden, je nachdem in welche mathematische Tiefe man eindringen möchte. Es sei angemerkt, dass im Studium der Elektrotechnik an einer Universität eine noch erheblich tiefere Durchdringung der Theorie notwendig ist. Beim ersten Lesen können die Beweise und die vertiefende Mathematik überschlagen werden. An den entsprechenden Stellen finden sich Hinweise darauf. Für diejenigen, die sich ausschließlich für die Funktionsweise interessieren, genügt es oft, nur die Beispiele zu studieren und die zugehörige Theorie wegzulassen. Am Ende jedes Kapitels sind Aufgaben mit Lösungen eingebaut, um den Stoff zu vertiefen, denn schon *Johann Wolfgang von Goethe* sagte:

> *Denn wir behalten von unseren Studien am Ende doch nur das, was wir praktisch anwenden.*
>
> *Johann Peter Eckermann*, Gespräche mit Goethe, 24.2.1824 [7]

Wir haben uns bemüht, alle Methoden und Verfahren möglichst einfach zu beschreiben, trotzdem ist es kein leicht zu lesendes Buch geworden, eher ein Buch, mit dem man arbeiten muss. Einige Teile muss man mehrfach lesen und mit Stift und Papier eigene, ergänzende Gedanken durchführen, um Verständnis für den Inhalt zu entwickeln. Manchmal kann es auch helfen, einige Übungsaufgaben nachzuvollziehen und dann weiter zu lesen. Man sollte nicht zu schnell aufgeben, denn es ist schön den glücklichen Moment zu erleben, etwas, was sich zunächst verschlossen hat, dann zu verstehen. Eine Aussage eines weisen, alten Professors ist:

> *Es gibt nicht leicht und schwierig, sondern nur vertraut und nicht vertraut.*

Die folgende **Tabelle 1.1** gibt eine Übersicht, welche mathematischen Teilgebiete in welchen Kapiteln zu finden sind.

Kapitel	Mathematik
2. Das Navigationssystem	Binäre- und Pseudo-Zufallssequenzen Binomialkoeffizient Binomialverteilung Hamming-Distanz Korrelation Newton-Verfahren Zufallsvariable und Erwartungswert
3. Das Handy	Binäre Zahlen Hamming-Distanz Korrelation Metrik Viterbi-Algorithmus
4. MP3-Player	Dirac-Impuls Fibonacci-Zahlen Folgen und Reihen Ganze, komplexe, rationale, reelle Zahlen Partialbruchzerlegung Z-Transformation
5. Der CD-Player	Diskrete Fourier-Transformation Euklidischer Algorithmus mit Erweiterung Faltungssatz der diskreten Fourier-Transformation Fundamentalsatz der Algebra Galoisfeld, Primkörper Hamming-Distanz Kleiner Satz von Fermat Modulorechnung Polynommultiplikation
6. Die DVD	Axiome von Kolmogorov Bayes-Formel Erwartungswert und Varianz Schwaches Gesetz der großen Zahlen Statistische Unabhängigkeit Unsicherheit, Entropie Zufallsvariable
7. Das Internet	Binäre Zahlen Binomialverteilung Erwartungswert Euler'sche Φ-Funktion und Satz von Euler Graphentheorie Markov-Kette Modulorechnung Polynomdivision

Tabelle 1.1 Mathematik in den Kapiteln

2 Das Navigationssystem

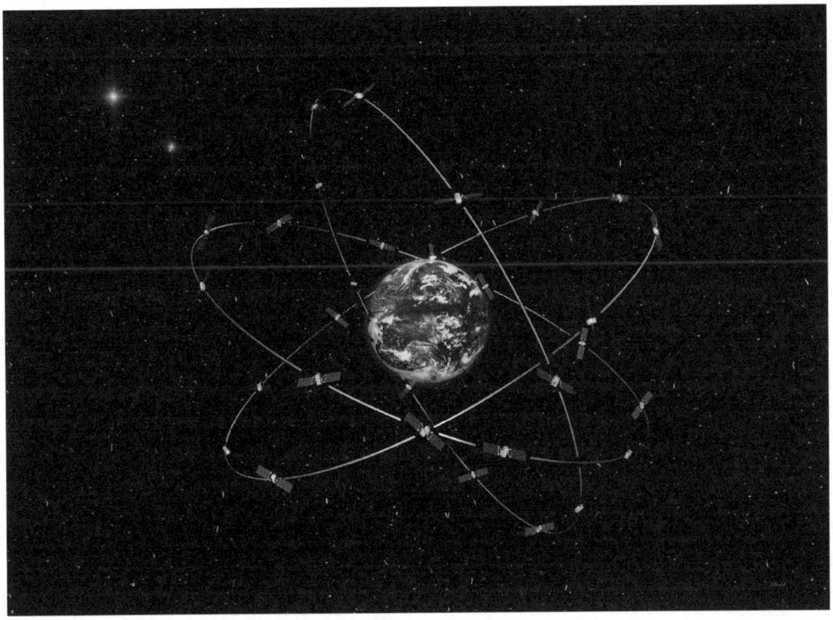

Bild 2.1 Satellitenkonstellation von Galileo (Quelle: [8])

Wollte man früher eine Adresse in einer unbekannten Gegend finden, musste man sich entweder den Weg beschreiben lassen oder auf einer Karte den genauen Weg herausfinden. Heute gibt es hierfür eine zeitsparende und zumeist nervenschonende Alternative, das Navigationssystem. Es genügt, die Adresse des Zielorts zu kennen und den Befehlen einer zumeist weiblichen Stimme während der Autofahrt zu gehorchen, und schon ist man am Ziel angekommen. Die meisten dieser Navigationssysteme beruhen bisher auf dem US-amerikanischen GPS-Satellitennavigationssystem [9]. Jedoch plant die europäische Union, zusammen mit weiteren Ländern, ein eigenes System mit dem Namen Galileo [10]. Die Grundlage für ein solches Satellitennavigationssystem bilden, wie der Name schon sagt, Satelliten, die die Erde im Weltraum auf festen Umlaufbahnen umkreisen. Bei Galileo werden 27 Satelliten auf drei Umlaufbahnen, d. h. neun Satelliten pro Umlaufbahn, in über 23 km Höhe um die Erde kreisen (**Bild 2.1**). Ein Umlauf dauert 14 h und 22 min. Um auf etwaige Probleme vorbereitet zu sein, sind drei Ersatzsatelliten geplant. Das GPS-System besteht aus 24 Satelliten, die sich auf sechs verschiedenen Umlaufbahnen (vier Satelliten pro Umlaufbahn) fortbewegen und acht Ersatzsatelliten. Die Entfernung zur Erde ist mit knapp über 20 km geringer als bei Galileo, wodurch sich auch eine kürzere Umlaufzeit von 11 h und 58 min ergibt. Die aktuelle Konstellation von GPS kann im Internet unter

www.navcen.uscg.gov/gps

abgerufen werden. Dort ist neben dem Status der Satelliten auch die Systemkonfiguration aufgelistet, da GPS permanenter Erweiterung und Änderung unterliegt.

Von den zahllosen mathematischen Methoden, die zur Navigation mit Satelliten notwendig sind, wollen wir drei ausgewählte im Detail behandeln. Selbst diese Beschränkung enthält noch genügend Mathematik.

2.1 Problemstellung

Ein Navigationssystem muss den Nutzern ermöglichen, ihre Position, d. h. ihren Ort, in drei Dimensionen (Breitengrad, Längengrad und Höhe über dem Meeresspiegel) zu bestimmen. Dazu wird die Erde von Satelliten umkreist, die elektromagnetische Signale zur Erde senden, in denen auch die Information über ihren eigenen Aufenthaltsort enthalten ist. Sowohl beim GPS-System als auch bei Galileo sind die Satelliten so auf Umlaufbahnen verteilt, dass an jedem Ort auf der Erde die Signale von mehreren Satelliten gleichzeitig empfangen werden können. Des Weiteren besitzen alle Satelliten extrem genaue Uhren, die zusätzlich noch in regelmäßigen Abständen mittels einer Referenzuhr kalibriert werden. Wir können also davon ausgehen, dass alle Satelliten exakt die gleiche Zeitreferenz besitzen, was, wie wir später noch sehen werden, für das Funktionieren des Navigationssystems notwendig ist.

Positionsbestimmung

Unter der Annahme, dass die Satelliten zu exakt dem gleichen Zeitpunkt ein bestimmtes Signal zur Erde senden, das sich mit Lichtgeschwindigkeit ausbreitet, müssen wir bestimmen, wann es bei unserem Navigationsgerät ankommt. Aus der Information der Zeitdifferenzen der Signale von verschiedenen Satelliten können wir dann den Ort des Geräts errechnen, wie wir später sehen werden.

> **Problemstellung**
> Wie bestimmt man die Differenz der Ankunftszeiten der Signale von verschiedenen Satelliten?

Datenübertragung

Da wir wissen müssen, welche Position jeder Satellit im Moment unserer Messung hat, muss der Satellit uns Daten übermitteln. Wir werden sehen, dass dies gleichzeitig mit der Messung geschehen kann.

Problemstellung
Wie kann man messen und gleichzeitig Daten übertragen?

Verschlüsselung
Will man erreichen, dass nur ein zahlender Kunde oder nur ein bestimmter Kunde die Satellitensignale nutzen kann, so muss man eine Verschlüsselung anwenden. Bei der Verschlüsselung werden ähnliche Techniken wie bei der Positionsbestimmung verwendet.

Problemstellung
Wie kann man die vom Satelliten gesendeten Daten so verschlüsseln, dass sie nur von legalen Nutzern entschlüsselt werden können?

2.2 Mathematische Grundlagen

In diesem Abschnitt werden wir binäre Zufallssequenzen einführen und ihre Eigenschaften diskutieren, die wir dann später zur Messung von Zeitdifferenzen benutzen. Um diese Sequenzen zu analysieren und bestimmte Aussagen treffen zu können, benötigen wir elementare Begriffe der Wahrscheinlichkeitsrechnung. Ferner werden die *Korrelation* von binären Sequenzen definiert und *Erwartungswerte* eingeführt.

2.2.1 Wahrscheinlichkeitsrechnung und binäre Zufallssequenzen

Eine binäre Zufallssequenz der Länge n entsteht, wenn wir einen Affen[1] in eine Kiste setzen und n-mal eine Münze werfen lassen. Man nennt das Werfen der Münze ein Zufallsexperiment und die beiden Ausgänge Kopf und Zahl Ereignisse. Wir wollen die 1 dem Ereignis Zahl zuordnen und die 0 zu Kopf, entsprechend die Wahrscheinlichkeiten p_0 und p_1. Da eines der beiden Ereignisse sicher eintritt, was der Wahrscheinlichkeit 1 entspricht, gilt $p_0 + p_1 = 1$. Die einzelnen Würfe des Affen sind statistisch unabhängig, d. h., er wirft mit Wahrscheinlichkeit p_1 Zahl unabhängig davon, wie die vorhergehenden Würfe ausgegangen sind.

Ereignis	Zahl	Kopf
Zuordnung	1	0
Wahrscheinlichkeit	p_1	p_0

[1] Diese Beschreibung stammt von dem berühmten *James Massey*, der damit bildhaft ausdrücken möchte, dass es sich um ein unbeeinflusstes, zufälliges Experiment handelt.

Bei einer fairen Münze sind das Ereignis Zahl und das Ereignis Kopf gleich wahrscheinlich. In der Hälfte der Fälle ergibt sich Kopf und in der anderen Hälfte Zahl, d. h., die Wahrscheinlichkeit von Zahl ist $p_1 = \frac{1}{2}$ und die von Kopf $p_0 = \frac{1}{2}$. Da jedoch nicht alle Münzen fair sind (beispielsweise kann eine Seite schwerer sein), besprechen wir zunächst den allgemeinen Fall mit den Wahrscheinlichkeiten p_0 und p_1.

Wir betrachten nun den Fall, dass unser Affe dreimal würfelt, und bestimmen die Wahrscheinlichkeiten für die acht möglichen Sequenzen:

1.	2.	3.	4.	5.	6.	7.	8.
000	100	010	001	110	011	101	111

Bei statistisch unabhängigen Experimenten ergibt sich die Wahrscheinlichkeit der Sequenz als das Produkt der Wahrscheinlichkeiten der einzelnen Würfe. Beispielsweise besitzt die erste Sequenz die Wahrscheinlichkeit $p_0p_0p_0$ und die fünfte $p_1p_1p_0$. Weiterhin kann man abzählen, dass es drei Sequenzen mit einer 1 und zweimal 0 gibt, und drei Sequenzen mit einer 0 und zweimal 1. Wegen des Kommutativgesetzes der Multiplikation besitzen Sequenzen mit der gleichen Anzahl an Einsen (damit wegen gleicher Länge auch gleiche Anzahl 0) die gleiche Wahrscheinlichkeit. Denn es gilt beispielsweise

$$p_1p_1p_0 = p_1p_0p_1 = p_0p_1p_1 = p_1^2p_0.$$

Wir brauchen damit nicht zu unterscheiden, wo eine 1 in der Sequenz steht, sondern nur wie viele Einsen die Sequenz enthält und wie viele Sequenzen es mit einer bestimmten Zahl an Einsen gibt. Bei einer binären Sequenz der Länge 3 können wir alle Möglichkeiten noch leicht abzählen. Doch wie können wir z. B. bestimmen, wie viele verschiedene Sequenzen der Länge 200 existieren, die genau sieben Einsen besitzen? Um solche Fragen zu beantworten, benötigen wir den sog. Binomialkoeffizienten. Doch bevor wir diesen einführen, müssen wir zunächst noch etwas Vorarbeit leisten.

Definition 2.1 Fakultät

Für eine natürliche Zahl n definieren wir die Fakultät $n!$ durch

$$n! = 1 \cdot 2 \cdot 3 \cdot \ldots \cdot n = \prod_{i=1}^{n} i.$$

Außerdem definieren wir: $0! = 1$.

Beispiel 2.2 Fakultät

Wir wollen die Fakultät von 5 und 8 berechnen.

$$5! = 1 \cdot 2 \cdot 3 \cdot 4 \cdot 5 = 120 \qquad \text{und} \qquad 8! = 1 \cdot 2 \cdot 3 \cdot 4 \cdot 5 \cdot 6 \cdot 7 \cdot 8 = 40\,320.$$

◊

Man kann bereits an diesem kleinen Beispiel erkennen, dass die Fakultät extrem schnell sehr große Werte annimmt.

Wir interessieren uns nun für die Anzahl möglicher Anordnungen von Symbolen. Dies wollen wir zunächst an einem Beispiel veranschaulichen und danach allgemein herleiten.

Beispiel 2.3 Anzahl möglicher Anordnungen

Gegeben seien die drei Objekte $\heartsuit$, $\diamondsuit$ und $\square$, die wir in einer Schachtel mit drei Fächern anordnen wollen.

Für das erste Objekt gibt es drei Möglichkeiten.

$\heartsuit$		
	$\heartsuit$	
		$\heartsuit$

Für das zweite Objekt gibt es noch zwei Möglichkeiten, jedoch bei jeder der drei vorherigen Anordnungen, sodass insgesamt $3 \cdot 2 = 6$ mögliche Anordnungen entstehen.

$\heartsuit$	$\diamondsuit$	
$\diamondsuit$	$\heartsuit$	
$\diamondsuit$		$\heartsuit$
$\heartsuit$		$\diamondsuit$
	$\heartsuit$	$\diamondsuit$
	$\diamondsuit$	$\heartsuit$

Für das dritte Objekt gibt es in allen Fällen keine Wahlmöglichkeit mehr, d. h., es bleibt bei den $3 \cdot 2 \cdot 1 = 6$ möglichen Anordnungen.

$\heartsuit$	$\diamondsuit$	$\square$
$\diamondsuit$	$\heartsuit$	$\square$
$\diamondsuit$	$\square$	$\heartsuit$
$\heartsuit$	$\square$	$\diamondsuit$
$\square$	$\heartsuit$	$\diamondsuit$
$\square$	$\diamondsuit$	$\heartsuit$

$\diamondsuit$

Die Anzahl der möglichen Anordnungen von n Objekten können wir nun allgemein im folgenden Satz beschreiben.

Satz 2.4 Anzahl möglicher Anordnungen

Es gibt genau $n!$ Möglichkeiten, n gegebene, voneinander verschiedene Objekte anzuordnen.

Beweis

Zur Wahl der ersten Position in unserer Reihenfolge stehen uns n verschiedene Objekte zur Verfügung. Das heißt, wir haben n verschiedene Möglichkeiten, ein erstes Objekt zu wählen. Nachdem wir das erste Objekt gewählt haben, stehen uns nur noch $n - 1$ Objekte für die zweite Position zur Verfügung. Wir haben also $n - 1$ Möglichkeiten, die zweite Position zu besetzen. Zur Besetzung der dritten Position haben wir dann nur noch $n - 2$ Möglichkeiten usw. Zur Besetzung der vorletzten Position, gibt es nur noch zwei Möglichkeiten, da ja nur noch zwei Objekte übrig sind. Somit haben wir zur Besetzung der letzten Position nur noch ein Objekt, also keine Auswahlmöglichkeit. Die Anzahl der gesamten Möglichkeiten ergibt sich durch Multiplikation der Möglichkeiten der einzelnen Stellen. Damit ist die Anzahl der Gesamtmöglichkeiten $n!$.

□

Die Binomialkoeffizienten geben an, wie viele Möglichkeiten existieren k unterscheidbare Elemente aus n Elementen auszuwählen. Mit deren Hilfe können wir später berechnen, wie viele Möglichkeiten es gibt, k Einsen und $n-k$ Nullen auf n Stellen zu verteilen.

Definition 2.5 Binomialkoeffizient

Sind n und k natürliche Zahlen, so ist der Binomialkoeffizient $\binom{n}{k}$ durch die folgende Gleichung definiert

$$\binom{n}{k} = \frac{n(n-1)(n-2)\dots(n-k+2)(n-k+1)}{k!}.$$

Um eine andere Formel zu erhalten benutzen wir die Tatsache, dass gilt

$$n(n-1)\dots(n-k+1) = \frac{n(n-1)\dots(n-k+1)(n-k)\dots 1}{(n-k)(n-k-1)\dots 1} = \frac{n!}{(n-k)!}.$$

Verwenden wir diese Gleichung, so erhalten wir eine zweite Darstellung für den Binomialkoeffizienten zu

$$\binom{n}{k} = \frac{n!}{(n-k)! \cdot k!}.$$

Für $k = 0$ ergibt sich das Ergebnis $\binom{n}{0} = \frac{n!}{n! \cdot 0!} = 1$, da $0! = 1$.

Beispiel 2.6 Binomialkoeffizient

Wir wollen die Binomialkoeffizienten $\binom{7}{4}$ und $\binom{7}{3}$ bestimmen.

$$\binom{7}{4} = \frac{7(7-1)(7-2)(7-4+1)}{4 \cdot 3 \cdot 2 \cdot 1} = \frac{7 \cdot 6 \cdot 5 \cdot 4}{4 \cdot 3 \cdot 2 \cdot 1} = 35$$

$$\binom{11}{3} = \frac{11(11-1)(11-3+1)}{3 \cdot 2 \cdot 1} = \frac{11 \cdot 10 \cdot 9}{3 \cdot 2 \cdot 1} = 165.$$

◇

Bevor wir allgemein die Auswahl von k aus n Möglichkeiten angeben, wollen wir dies am Beispiel Lotto, bei dem 6 aus 49 Zahlen gezogen werden, veranschaulichen.

Beispiel 2.7 Lotto

Beim Lotto werden 6 Zahlen zufällig aus den Zahlen $1, 2, 3, ..., 49$ gezogen. Zur Ziehung der ersten Zahl stehen 49 mögliche Zahlen zur Auswahl. Nachdem die erste Zahl gezogen ist, gibt es für die zweite nur noch 48 Möglichkeiten, da eine Zahl durch die erste Ziehung nicht mehr zur Auswahl steht. Für die dritte Zahl bleiben noch 47 Möglichkeiten, für die vierte noch 46, für die fünfte noch 45 und für die sechste noch 44. Also gibt es insgesamt

$$49 \cdot 48 \cdot 47 \cdot 46 \cdot 45 \cdot 44$$

Möglichkeiten, 6 Zahlen aus 49 zu ziehen. Wir haben jedoch dabei die Reihenfolge der Zahlen unterschieden, d. h., die Ziehung $(1, 2, 3, 4, 5, 6)$ und $(2, 1, 3, 4, 5, 6)$ haben wir als zwei Fälle gezählt. Die sechs gezogenen Zahlen können wir gemäß Satz 2.4 auf 6! verschiedene Weisen anordnen. Bei der Ziehung der Lottozahlen wird jedoch die Reihenfolge der Ziehung nicht berücksichtigt, sondern nur die Zahlenwerte, die anschließend in aufsteigender Ordnung aufgelistet werden. Jede Ziehung haben wir also 6! Mal gezählt. Daher müssen wir die Anzahl der Möglichkeiten durch 6! teilen und erhalten

$$\binom{49}{6} = \frac{49 \cdot 48 \cdot 47 \cdot 46 \cdot 45 \cdot 44}{6 \cdot 5 \cdot 4 \cdot 3 \cdot 2 \cdot 1} = 13\,983\,816$$

mögliche Ausgänge für die Ziehung. Wenn 13 983 816 Personen jeder einen Lottoschein mit unterschiedlichen Zahlen ausfüllen, hat genau eine Person sechs Richtige. Die Wahrscheinlichkeit P_6 für sechs Richtige berechnet sich zu

$$P_6 = \frac{1}{13\,983\,816} = 0{,}0\,000\,000\,715.$$

◇

Satz 2.8 Auswahl *k* aus *n*

Der Binomialkoeffizient $\binom{n}{k}$ gibt an, wie viele Möglichkeiten es gibt, aus n voneinander verschiedenen Objekten ohne Berücksichtigung der Reihenfolge k Objekte auszuwählen.

Beweis

Wir haben zu Beginn n Möglichkeiten, ein erstes Objekt auszuwählen. Nachdem wir ein Objekt gewählt haben, haben wir anschließend nur noch $n - 1$ Objekte zur Verfügung. Bei der Wahl zum dritten Objekt haben wir nur noch $n - 2$ Möglichkeiten usw. Bei der Wahl zum $(k - 1)$-ten Objekt haben wir noch $n - (k - 2)$ Objekte zur Verfügung, da ja bis zu diesem Zeitpunkt $k - 2$ Objekte gewählt wurden. Somit ergeben sich nur noch $n - (k - 2) = n - k + 2$ Möglichkeiten. Bei der Wahl zum k-ten Objekt stehen uns also nur noch $n - k + 1$ Möglichkeiten zur Verfügung. Wir haben also zunächst $n(n - 1) \dots (n - k + 1)$ Möglichkeiten, k Objekte der Reihe nach auszuwählen. Wir haben jedoch im Satz festgelegt, dass wir die Reihenfolge der gewählten Gegenstände nicht unterscheiden. Das heißt, wir müssen uns überlegen, wie viele unserer $n(n - 1)(n - 2) \dots (n - k + 1)$ Möglichkeiten zu derselben Objektauswahl führen. Die Antwort hierfür lautet $k!$, denn wie wir in Satz 2.4

festgestellt haben, existieren $k!$ Möglichkeiten, k verschiedene Objekte anzuordnen. Somit führen jeweils $k!$ unserer $n(n-1)(n-2)\dots(n-k+1)$ Möglichkeiten zu denselben k Objekten. Wir müssen deshalb unsere $n(n-1)(n-2)\dots(n-k+1)$ Möglichkeiten durch $k!$ teilen, und somit ergibt sich für die Anzahl der Möglichkeiten folgender Ausdruck:

$$\frac{n(n-1)(n-2)\dots(n-k+1)}{k(k-1)(k-2)\dots 1} = \frac{n(n-1)(n-2)\dots(n-k+1)}{k!}.$$

Dieser Ausdruck entspricht genau dem Binomialkoeffizienten $\binom{n}{k}$, und damit ist der Satz bewiesen.

□

Satz 2.8 kann für die Anwendung auf binäre Zufallsfolgen interpretiert werden. Der Binomialkoeffizient $\binom{n}{k}$ gibt in diesem Fall an, wie viele Möglichkeiten es gibt, k Einsen auf n verschiedene Stellen zu verteilen. Wir werden dies an einem Beispiel betrachten, bei dem wir den Binomialkoeffizienten auf binäre Zufallsfolgen anwenden können.

Beispiel 2.9 Binomialkoeffizient und binäre Sequenzen

Wir wollen die Frage beantworten, wie viele binäre Sequenzen der Länge 4 es gibt, die genau 2 Einsen enthalten.
Eine Möglichkeit ist, dass wir uns alle 16 Möglichkeiten für eine binäre Sequenz der Länge 4 notieren und diejenigen zählen, die genau 2 Einsen enthalten.

1.	2.	3.	4.	5.	6.	7.	8.
0000	0001	0010	0011	0100	0101	0110	0111

9.	10.	11.	12.	13.	14.	15.	16.
1000	1001	1010	1011	1100	1101	1110	1111

Wir sehen, dass es genau sechs Sequenzen sind, die zwei Einsen enthalten. Das Problem dieser Methode ist, dass sie sehr zeitaufwendig und bei langen Sequenzen kaum anwendbar ist.
Deshalb berechnen wir die Anzahl der Möglichkeiten mithilfe des Binomialkoeffizienten. Nehmen wir eine Sequenz der Länge n an, in der wir k Einsen platzieren wollen, dann haben wir zur Platzierung der ersten 1 genau n Möglichkeiten. Zur Platzierung der zweiten 1 haben wir nur noch $n-1$ Möglichkeiten, da ja eine Stelle schon blockiert ist. Für die dritte 1 haben wir noch $n-2$ Stellen zur Verfügung und für die k. Eins dementsprechend $n-k+1$. Nun müssen wir noch beachten, dass ja $k!$ Möglichkeiten zur gleichen Sequenz führen (vergleiche Beweis von Satz 2.4) und somit ergibt sich genau der Binomialkoeffizient. Wenn wir nun zu unserem Beispiel zurückkehren, bedeutet dies, dass wir lediglich den Binomialkoeffizienten von 4 über 2 berechnen müssen.

$$\binom{4}{2} = \frac{4 \cdot 3}{2 \cdot 1} = 6.$$

Damit haben wir die Anzahl an binären Sequenzen der Länge 4 mit genau 2 Einsen berechnet. ◇

Nun wollen wir zu unserem Affen zurückkehren, der dreimal mit einer Münze geworfen hat. Die Anzahl der Möglichkeiten, zwei Einsen zu werfen, entspricht genau dem Binomialkoeffizienten $\binom{3}{2} = 3$. Wir können damit die Wahrscheinlichkeiten $P(t|3), t = 0, 1, 2, 3$ angeben, dass unser Affe t Einsen werfen wird

$$P(t|3) = \binom{3}{t} p_1^t p_0^{3-t} = \binom{3}{t} p^t (1-p)^{3-t}, \; t = 0, 1, 2, 3.$$

Dabei haben wir ausgenutzt, dass die Wahrscheinlichkeit p_0, eine 0 zu werfen, genau $p_0 = (1 - p_1)$ ist, da eines der beiden Ereignisse 0 oder 1 eintritt, also $p_0 + p_1 = 1$ gilt. Daher wollen wir im Folgenden $p_1 = p$ und $p_0 = 1 - p$ benutzen.

Zufallsvariable

Eine Zufallsvariable X ist die Zuordnung von Ereignissen eines Zufallsexperiments zu Zahlen. Im Prinzip haben wir dies bereits benutzt, indem wir beim Münzwurf dem Ereignis Zahl die 1 und dem Ereignis Kopf die 0 zugeordnet haben. Diese Zufallsvariable X hat damit die Werte 0 oder 1 und die entsprechenden Wahrscheinlichkeiten sind $P(X = 1) = p$ und $P(X = 0) = 1 - p$. Die Wahl der Werte der Zufallsvariablen ist willkürlich. So hätten wir auch dem Ereignis Zahl die −5 und dem Ereignis Kopf die 11 zuordnen können. Wichtig ist nur, dass jedem Ereignis des Zufallsexperiments eine Zahl zugeordnet wird, damit die Summe der Wahrscheinlichkeiten 1 ergibt.

Beim mehrfachen Werfen unseres Affen haben wir implizit das Konzept der statistischen Unabhängigkeit von Zufallsvariablen benutzt. Denn wir haben die Wahrscheinlichkeit von zwei aufeinanderfolgenden Ereignissen durch Multiplikation der Wahrscheinlichkeiten der einzelnen Ereignisse berechnet. Wir wollen die statistische Unabhängigkeit noch formal definieren.

Definition 2.10 Statistische Unabhängigkeit

Zwei Zufallsvariablen X und Y heißen statistisch unabhängig, wenn für alle Werte $x_1, x_2, ..., x_L$ und $y_1, y_2, ..., y_M$ gilt

$$P(X = x_i, Y = y_j) = P(X = x_i) \cdot P(Y = y_j), \; i \in \{1, 2, ..., L\}, \; j \in \{1, 2, ..., M\}.$$

Dabei bedeutet die Schreibweise $P(X = x_i, Y = y_j)$, dass gleichzeitig X den Wert x_i und Y den Wert y_j annimmt.

Mit dem Konzept einer Zufallsvariablen können wir auch die Zahl t der Einsen bei n Würfen als eine Zufallsvariable X betrachten. Die Wahrscheinlichkeiten $P(X = t)$, dass unser Affe t-mal die 1 geworfen hat und $(n - t)$-mal die 0 sind

$$P(X = t) = P(t|n, p) = \binom{n}{t} p^t \cdot (1-p)^{n-t}, \; t = 0, 1, ..., n. \tag{2.1}$$

Die Wahrscheinlichkeit für den Wert t der Zufallsvariablen X hängt also von n und p ab. Man nennt diese Zufallsvariable *binomial verteilt* mit den Parametern n und p.

Satz 2.11 Binomialverteilung

Die Zufallsvariable X, bei n Versuchen t Einsen zu erhalten, ist binomial verteilt. Mit $P(1) = p$ und $P(0) = 1 - p$ gilt für die Wahrscheinlichkeit $P(X = t)$

$$P(X = t) = P(t|n, p) = \binom{n}{t} p^t (1-p)^{n-t}.$$

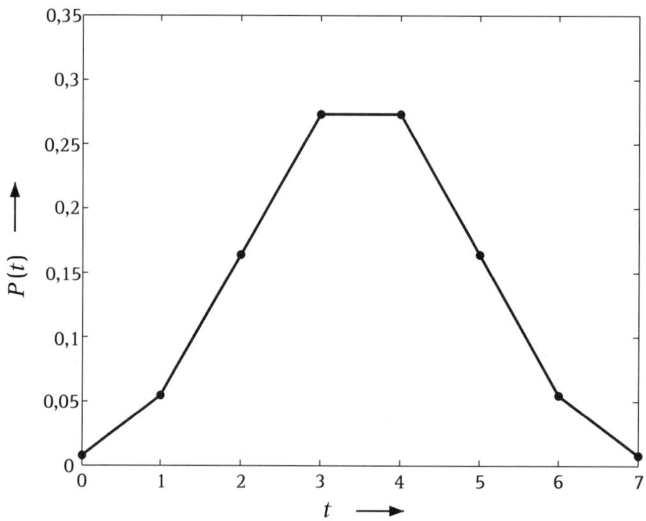

Bild 2.2 Binomialverteilung mit $p = \frac{1}{2}$ und $n = 7$

Beispiel 2.12 Werfen mit fairer Münze

Wenn eine faire Münze benutzt wird, so ist, wie bereits oben erwähnt, $p = \frac{1}{2}$.

$$P\left(t|n, p = \frac{1}{2}\right) = \binom{n}{t} p^t \cdot (1-p)^{n-t} = \binom{n}{t}\left(\frac{1}{2}\right)^t \left(\frac{1}{2}\right)^{n-t} = \binom{n}{t}\left(\frac{1}{2}\right)^n.$$

Setzen wir $n = 7$ und rechnen die Wahrscheinlichkeiten für $0 \leq t \leq n$ aus und tragen diese in ein Schaubild ein, so ergibt sich **Bild 2.2**. Die Werte der Verteilung sind nachfolgend aufgelistet.

t	0	1	2	3	4	5	6	7
$P\left(t\|7, \frac{1}{2}\right)$	$\frac{1}{128}$	$\frac{7}{128}$	$\frac{21}{128}$	$\frac{35}{128}$	$\frac{35}{128}$	$\frac{21}{128}$	$\frac{7}{128}$	$\frac{1}{128}$

◇

Für Schlaufüchse

Die Zahl der Würfe n, die unser Affe braucht, um genau t mal 1 zu werfen, ist eine weitere Zufallsvariable $X = n$. Wir berechnen die Wahrscheinlichkeiten für diese Zufallsvariable.

Der Affe wirft demnach im n-ten Wurf seine t-te 1. Davor muss er folglich $t - 1$ mal 1 in $n - 1$ Würfen erzielt haben, was auf $\binom{n-1}{t-1}$ Arten möglich ist. Die Wahrscheinlichkeit hierfür beträgt

$$\binom{n-1}{t-1} p^{t-1}(1-p)^{n-1-(t-1)} = \binom{n-1}{t-1} p^{t-1}(1-p)^{n-t}.$$

Danach muss er, wie bereits erwähnt, eine 1 werfen, was er mit Wahrscheinlichkeit p tut, und hat dann genau t mal 1 bei n Würfen. Die zugehörige Wahrscheinlichkeit dafür ist also

$$P(X = n) = P(n|t,p) = \binom{n-1}{t-1} p^{t-1}(1-p)^{n-t} \cdot p = \binom{n-1}{t-1} p^{t}(1-p)^{n-t}.$$

Diese Verteilung heißt Pascal-Verteilung, und für den Wert $t = 1$ spricht man von der Abstandsverteilung. Sie gibt an, mit welcher Wahrscheinlichkeit n Würfe benötigt werden, um den nächsten Erfolg (Werfen einer 1) zu erzielen.

Erwartungswert, Mittelwert

Wir können den Erwartungswert einer Zufallsvariablen berechnen, indem wir die Werte der Zufallsvariablen mit ihren Wahrscheinlichkeiten multiplizieren und aufsummieren. Ist die Zufallsvariable X die Zahl t von Einsen bei n Würfen unseres Affen, so errechnet sich der Erwartungswert zu

$$E[X] = \sum_{t=1}^{n} t \cdot P(X = t) = \sum_{t=1}^{n} t \cdot P(t|n,p). \tag{2.2}$$

Der Erwartungswert wird auch linearer Mittelwert genannt. Kann eine Zufallsvariable X die Werte $x_1, x_2, ..., x_L$ annehmen, so ist ihr Erwartungswert

$$E[X] = \sum_{i=1}^{L} x_i \cdot P(X = x_i).$$

Wir wollen den Erwartungswert am Beispiel eines Würfels veranschaulichen.

Beispiel 2.13 Erwartungswert beim Würfel

Das Werfen eines Würfels ist ein Zufallsexperiment mit den Ereignissen $\{1, 2, 3, 4, 5, 6\}$, die jeweils mit der Wahrscheinlichkeit $\frac{1}{6}$ auftreten. Eine mögliche Zufallsvariable ist X, die die

Werte $\{1,2,3,4,5,6\}$ annehmen kann. Würfelt man sehr häufig, sagen wir n-mal, und zählt alle Zahlen zusammen und teilt diese Summe durch n, so wird dies ungefähr 3,5 ergeben. Eine Erklärung für die Zahl 3,5 ist, dass alle Zahlen die gleiche Wahrscheinlichkeit besitzen und 3,5 genau die Mitte zwischen eins und sechs ist. Anders ausgedrückt liefert jede Zahl einen Beitrag zum Erwartungswert, der ihrem Wert mal ihrer Wahrscheinlichkeit entspricht. Mit der Wahrscheinlichkeit $\frac{1}{6}$ würfelt man eins, d. h., es ergibt sich der Beitrag $1 \cdot \frac{1}{6}$ zum Erwartungswert. Mit der Wahrscheinlichkeit $\frac{1}{6}$ würfelt man zwei, d. h. $2 \cdot \frac{1}{6}$, und mit $\frac{1}{6}$ die drei, d. h. $\frac{3}{6}$, usw. Also ist der Erwartungswert der Zufallsvariablen

$$E[X] = 1\frac{1}{6} + 2\frac{1}{6} + 3\frac{1}{6} + 4\frac{1}{6} + 5\frac{1}{6} + 6\frac{1}{6} = \sum_{i=1}^{6} i\frac{1}{6} = \frac{7}{2} = 3{,}5.$$

Interessanterweise kann man eine 3,5 nicht würfeln, da das Ereignis 3,5 nicht existiert, aber es ist die Zahl, die man als Erwartungswert bei jedem Wurf erzielt. Wenn man n-mal würfelt und die Augenzahlen addiert, erzielt man erwartungsgemäß ungefähr die Zahl $3{,}5 \cdot n$. ◇

Satz 2.14 Linearität des Erwartungswerts

Die Zufallsvariablen X mit den Werten $x_1, x_2, ..., x_L$ und Y mit $y_1, y_2, ..., y_M$ seien statistisch unabhängig, dann gilt für den Erwartungswert folgender Zusammenhang

$$E[a \cdot X + b \cdot Y] = a \cdot E[X] + b \cdot E[Y], \quad a, b \in \mathbb{R}.$$

Beweis

Wir beginnen mit der Definition des Erwartungswerts

$$E[a \cdot X + b \cdot Y] = \sum_{i=1}^{L} \sum_{j=1}^{M} (ax_i + by_i) P(X = x_i, Y = y_j).$$

Jetzt benutzen wir die statistische Unabhängigkeit und schreiben

$$E[a \cdot X + b \cdot Y] = \sum_{i=1}^{L} \sum_{j=1}^{M} (ax_i + by_i) P(X = x_i) \cdot P(Y = y_j).$$

Nun wenden wir das Distributivgesetz an und erhalten

$$E[a \cdot X + b \cdot Y] = a \sum_{i=1}^{L} \sum_{j=1}^{M} x_i P(X = x_i) \cdot P(Y = y_j) + b \sum_{i=1}^{L} \sum_{j=1}^{M} y_i P(X = x_i) \cdot P(Y = y_j).$$

Dies können wir anders gruppieren

$$E[a \cdot X + b \cdot Y] = a \sum_{i=1}^{L} x_i P(X = x_i) \cdot \underbrace{\sum_{j=1}^{M} P(Y = y_j)}_{=1} + b \sum_{j=1}^{M} y_i \cdot P(Y = y_j) \underbrace{\sum_{i=1}^{L} P(X = x_i)}_{=1}.$$

Wenn wir nun die Definition des Erwartungswerts einsetzen, ergibt sich die Behauptung

$$E[a \cdot X + b \cdot Y] = a \underbrace{\sum_{i=1}^{L} x_i P(X = x_i)}_{=E[X]} + b \underbrace{\sum_{j=1}^{M} y_i \cdot P(Y = y_j)}_{=E[Y]} = aE[X] + bE[Y].$$

□

Die Linearität des Erwartungswerts bedeutet, dass bei statistisch unabhängigen Zufallsvariablen der Erwartungswert ihrer Summe gleich der Summe ihrer Erwartungswerte ist. Außerdem bewirkt die Multiplikation jedes Werts unserer Zufallsvariablen mit einem Faktor a, dass der sich ergebende Erwartungswert der Erwartungswert der Zufallsvariablen multipliziert mit a ist. Mithilfe der Linearität kann man den Erwartungswert der Anzahl t an Einsen bei unserem Affen, d. h. den Erwartungswert einer binomial verteilten Zufallsvariablen (Satz 2.1) einfach berechnen.

Satz 2.15 Erwartungswert der Binomialverteilung

Sei X eine binomial verteilte Zufallsvariable mit den Parametern n und p. Dann ist der Erwartungswert $E[X]$ für die Zahl der Einsen

$$E[X] = np.$$

Beweis

Bezeichnen wir mit den Zufallsvariablen X_i die einzelnen Münzwürfe und wählen $P(X_i = 1) = p$ und $P(X_i = 0) = 1 - p$, so gilt

$$X = \sum_{i=1}^{n} X_i.$$

Der Erwartungswert von X_i ist für jedes i

$$E[X_i] = 1 \cdot p + 0 \cdot (1 - p) = p.$$

Wegen der Linearität des Erwartungswerts können wir schreiben

$$E[X] = E\left[\sum_{i=1}^{n} X_i\right] = \sum_{i=1}^{n} E[X_i] = \sum_{i=1}^{n} p = n \cdot p.$$

□

Bei $p = \frac{1}{2}$ wird etwa die Hälfte der Stellen 1 sein und die Hälfte 0. Dies konnte schon vermutet werden, ist jedoch nun durch unsere Überlegungen zur Gewissheit geworden.

Der Erwartungswert soll noch ohne die Hilfe der Linearität berechnet werden, um einige interessante Zusammenhänge darzulegen. Wir beginnen mit der Definition.

$$E[X] = \sum_{t=0}^{n} t \cdot P(t|n, p) = \sum_{t=1}^{n} t \cdot \binom{n}{t} p^t (1 - p)^{n-t}, \tag{2.3}$$

wobei bereits ausgenutzt wurde, dass der Summand für $t = 0$ null ist und damit weggelassen werden kann, weshalb die Summation bei $t = 1$ startet. Wir benutzen die Gleichung

$$\binom{n}{t} = \binom{n-1}{t-1} \cdot \frac{n}{t}$$

und setzen diese in Gl. (2.3) ein und erhalten

$$E[X] = \sum_{t=1}^{n} t \cdot \underbrace{\frac{n}{t} \cdot \binom{n-1}{t-1}}_{\binom{n}{t}} p^t (1-p)^{n-t} = n \cdot p \cdot \sum_{t=1}^{n} \binom{n-1}{t-1} p^{t-1} (1-p)^{n-t}. \tag{2.4}$$

Dabei haben wir einen Faktor p aus der Potenz p^t vor die Summe gezogen, was wegen des Distributivgesetzes erlaubt ist und nachfolgend nützlich sein wird. Nun substituieren wir $j = t - 1$ in Gl. (2.4), d. h. wir ersetzen jedes t durch $j + 1$. Wenn also t von 1 bis n läuft, dann läuft j von 0 bis $n - 1$.

$$E[X] = n \cdot p \cdot \sum_{j=0}^{n-1} \binom{n-1}{j} p^j (1-p)^{n-j-1} = n \cdot p \cdot \sum_{j=0}^{n-1} \binom{n-1}{j} p^j (1-p)^{n-j-1}. \tag{2.5}$$

Jetzt setzen wir die binomische Formel ein, die sicher für $n = 2$ bekannt ist und für allgemeines n lautet:

$$(x+y)^n = \sum_{i=0}^{n} \binom{n}{i} x^i y^{n-i}.$$

Setzen wir für $x = p$ und für $y = 1 - p$, erhalten wir:

$$(p + (1-p))^{n-1} = \sum_{j=0}^{n-1} \binom{n-1}{j} p^j (1-p)^{n-j-1}.$$

Somit erhalten wir für den Erwartungswert

$$E[X] = n \cdot p \cdot \sum_{j=0}^{n-1} \binom{n-1}{j} p^j (1-p)^{n-j-1} = n \cdot p \cdot (p + (1-p))^{n-1} = n \cdot p. \tag{2.6}$$

Für Schlaufüchse

Der Erwartungswert der Pascal-Verteilung ist für ein beliebiges t zwischen 1 und n

$$E[X] = \sum_{n=1}^{n} n \cdot P(X = n) = \sum_{n=1}^{n} n \cdot \binom{n-1}{t-1} p^t (1-p)^{n-t} = \cdots = \frac{t}{p}.$$

Der Beweis der Korrektheit dieses Ergebnisses kann als Übungsaufgabe betrachtet werden.

2.2.2 Korrelation

Ein zentraler Punkt bei der Positionsbestimmung wird die Ähnlichkeit von Zufallsfolgen sein, die auch Sequenzen genannt werden. Mathematisch wird diese Ähnlichkeit durch die Korrelation definiert. Dazu führen wir zunächst eine neue Notation und ein Distanzmaß ein.

Eine binäre Zufallsfolge $\mathbf{c}$ der Länge n wollen wir mit

$$\mathbf{c} = (c_0, c_1, ..., c_{n-1}), \quad c_i \in \{0, 1\}$$

bezeichnen, wobei jedes c_i nur binäre Werte annimmt. Die Wahrscheinlichkeit, dass c_i gleich 1 ist, wird mit $P(c_i = 1)$ bezeichnet. Im Folgenden soll gelten $P(c_i = 1) = P(c_i = 0) = \frac{1}{2}$. Man bezeichnet c_i auch als binäre Zufallsvariable und wenn die Wahrscheinlichkeit für beide Werte gleich ist als gleich verteilte binäre Zufallsvariable.

Die Hamming-Distanz ist eine sog. Metrik, die angibt, in wie vielen Stellen sich zwei Bitfolgen (Vektoren) gleicher Länge unterscheiden.

Definition 2.16 Hamming-Distanz

Seien $\boldsymbol{a} = (a_0, a_1, ..., a_{n-1})$ und $\mathbf{c} = (c_0, c_1, ..., c_{n-1})$ zwei binäre Vektoren der Länge n mit $a_i, c_i \in \{0, 1\}$ dann ist die Hamming-Distanz definiert durch

$$\text{dist}(\boldsymbol{a}, \mathbf{c}) = \sum_{i=0}^{n-1} \text{dist}(a_i, c_i), \quad \text{mit} \quad \text{dist}(a_i, c_i) = \begin{cases} 1 & \text{für } a_i \neq c_i \\ 0 & \text{für } a_i = c_i. \end{cases}$$

Beispiel 2.17 Distanz zweier Sequenzen

Gegeben seien zwei Zufallsfolgen $\boldsymbol{a}$ und $\mathbf{c}$ der Länge 7 mit $\boldsymbol{a} = (010\,0111)$ und $\mathbf{c} = (100\,1110)$. Ihre Hamming-Distanz beträgt

$$\text{dist}(\boldsymbol{a}, \mathbf{c}) = \sum_{i=0}^{6} \text{dist}(a_i, c_i) = 1 + 1 + 0 + 1 + 0 + 0 + 1 = 4.$$

◇

Die Hamming-Distanz zählt also die Stellen, an denen sich zwei Vektoren unterscheiden. Deshalb kann sie auch nur Werte zwischen 0 und n annehmen.

Beispiel 2.18 Maximale und minimale Distanz

Gegeben sei eine Zufallsfolge $\boldsymbol{a}$ der Länge 7, mit $\boldsymbol{a} = 010\,0111$. Die Hamming-Distanz der Sequenz zu sich selbst ist null, d. h. $\text{dist}(\boldsymbol{a}, \boldsymbol{a}) = 0$.
Wir suchen nun die Sequenz, die zu $\boldsymbol{a}$ die maximale Hamming-Distanz besitzt. Dazu muss an jeder Stelle i genau der andere Bitwert von a_i genommen werden. Dies wird als Invertierung des Bits bezeichnet. Die invertierte Sequenz wird mit $\overline{\boldsymbol{a}} = 101\,1000$ bezeichnet, und sie

unterscheidet sich in allen Stellen von $\boldsymbol{a}$. Wie gewünscht ergibt sich nun für

$$\operatorname{dist}(\overline{\boldsymbol{a}}, \boldsymbol{a}) = \sum_{i=0}^{6} \operatorname{dist}(\overline{a_i}, a_i) = 1 + 1 + 1 + 1 + 1 + 1 + 1 = 7$$

die maximale Hamming-Distanz. ◇

Die Korrelation von zwei Sequenzen wird definiert als die Anzahl der Übereinstimmungen minus der Anzahl der Nichtübereinstimmungen geteilt durch die Länge. Das Teilen durch die Länge wird als Normierung bezeichnet. Die Anzahl der Nichtübereinstimmungen entspricht gerade der Hamming-Distanz dist und die Anzahl der Übereinstimmungen den anderen $n - \operatorname{dist}$ Stellen der Sequenz. Damit ergibt sich die folgende Definition.

Definition 2.19 Korrelation

Seien $\boldsymbol{a} = (a_0, a_1, ..., a_{n-1})$ und $\boldsymbol{c} = (c_0, c_1, ..., c_{n-1})$ zwei binäre Vektoren der Länge n mit $a_i, c_i \in \{0, 1\}$. Dann ist die Korrelation definiert zu

$$\Phi(\boldsymbol{a}, \boldsymbol{c}) = \frac{\overbrace{(n - \operatorname{dist}(\boldsymbol{a}, \boldsymbol{c}))}^{\text{Übereinstimmungen}} - \overbrace{\operatorname{dist}(\boldsymbol{a}, \boldsymbol{c})}^{\text{Nichtübereinstimmungen}}}{n} = \frac{n - 2\operatorname{dist}(\boldsymbol{a}, \boldsymbol{c})}{n}.$$

Vergleichen wir durch Korrelation die Zufallsfolgen der Länge n von zwei Affen, $\boldsymbol{a}$ und $\boldsymbol{c}$, so werden diese an einer Stelle i in der Hälfte der Fälle übereinstimmen. Dies ergibt sich aus der Überlegung, dass bei zwei Münzwürfen die Stellen $a_i c_i$ der Sequenzen die Werte 00, 01, 10 und 11 annehmen können. Die Wahrscheinlichkeit dafür beträgt je $\frac{1}{2} \cdot \frac{1}{2} = \frac{1}{4}$. In zwei der vier Fälle herrscht Übereinstimmung (00 und 11), d. h. die Wahrscheinlichkeit für Übereinstimmung ist $\frac{1}{4} + \frac{1}{4} = \frac{1}{2}$. Da dies für alle n Stellen gilt, bedeutet dies wegen der Linearität des Erwartungswerts, dass der Erwartungswert der Hamming-Distanz der Sequenzen $\boldsymbol{a}$ und $\boldsymbol{c}$ gleich $\frac{n}{2}$ ist, also $E[\operatorname{dist}(\boldsymbol{a}, \boldsymbol{c})] = \frac{n}{2}$. Damit ist der Erwartungswert der Korrelation

$$E\left[\Phi(\boldsymbol{a}, \boldsymbol{c})\right] = \frac{n - 2E\left[\operatorname{dist}(\boldsymbol{a}, \boldsymbol{c})\right]}{n} = \frac{n - 2 \cdot \frac{n}{2}}{n} = 0, \tag{2.7}$$

wobei der Erwartungswert nur von der Distanz $\operatorname{dist}(\boldsymbol{a}, \boldsymbol{c})$ abhängt, da 2 und n Konstanten sind.

Da bei der Positionsbestimmung auch der Fall auftritt, dass wir eine Sequenz mit sich selbst korrelieren müssen, benötigen wir noch die Definition der Autokorrelation. Dazu verwenden wir die zyklische Verschiebung von Sequenzen.

Definition 2.20 Zyklische Verschiebung

Ist $\boldsymbol{c}$ eine binäre Sequenz, so ergibt sich die um k Stellen zyklisch verschobene Sequenz $\boldsymbol{c}_k$ wie folgt:

$$\boldsymbol{c} = (c_0, c_1, ..., c_{n-1}) \quad \longrightarrow \quad \boldsymbol{c}_k = (c_k, c_{k+1}, ..., c_{n-1}, c_0, c_1, ..., c_{k-1}).$$

Beispiel 2.21 Distanz zur zyklischen Verschiebung

Gegeben sei eine Zufallsfolge $\mathbf{c}$ der Länge 7 mit $\mathbf{c} = (010\,0111)$ und um zwei Stellen verschoben $\mathbf{c}_2 = (001\,1101)$. Für die Distanz von $\mathbf{c}$ und $\mathbf{c}_2$ gilt:

$$\operatorname{dist}(\mathbf{c}, \mathbf{c}_2) = \sum_{i=0}^{6} \operatorname{dist}(c_i, c_{2,i}) = 0 + 1 + 1 + 1 + 0 + 1 + 0 = 4.$$

◇

Als Autokorrelation wird die Korrelation einer Folge mit ihren zyklischen Verschiebungen bezeichnet.

Definition 2.22 Autokorrelation

Sei $\mathbf{c} = (c_0, c_1, ..., c_{n-1})$ ein binärer Vektor der Länge n mit $c_i \in \{0, 1\}$ und $\mathbf{c}_k$ der um k Stellen zyklisch verschobene Vektor. Dann ist die Autokorrelation definiert zu

$$\Phi(\mathbf{c}, k) = \Phi(\mathbf{c}, \mathbf{c}_k) = \frac{n - 2\operatorname{dist}(\mathbf{c}, \mathbf{c}_k)}{n}, \quad k = 0, 1, ..., n - 1.$$

Die Autokorrelation besteht damit aus den n Werten der Korrelation einer Sequenz $\mathbf{c}$ mit den n zyklischen Verschiebungen derselben Sequenz $\mathbf{c}_k$, $k = 0, 1, 2, ..., n - 1$.

Beispiel 2.23 Autokorrelation

Sei die Sequenz $\mathbf{c} = (0\,0111)$ gegeben. Dann ist die Autokorrelation

$$\Phi(\mathbf{c}, 0) = 1, \Phi(\mathbf{c}, 1) = \frac{5 - 2 \cdot 2}{5}, \Phi(\mathbf{c}, 2) = \frac{5 - 2 \cdot 4}{5},$$
$$\Phi(\mathbf{c}, 3) = \frac{5 - 2 \cdot 4}{5}, \Phi(\mathbf{c}, 4) = \frac{5 - 2 \cdot 2}{5}.$$

◇

Der Erwartungswert der Autokorrelation einer Zufallsfolge ist

$$E\left[\Phi(\mathbf{c}, k)\right] = E\left[\Phi(\mathbf{c}, \mathbf{c}_k)\right] = \frac{n - 2E\left[\operatorname{dist}(\mathbf{c}, \mathbf{c}_k)\right]}{n} = 0, \text{ für } 0 < k < n. \quad (2.8)$$

Wenn wir die Folge, die unser Affe wirft, mit der Folge, die er k Stellen später wirft, korrelieren, erwarten wir das Ergebnis 0. Da seine Würfe statistisch unabhängig sind, wird er k Stellen später mit Wahrscheinlichkeit $\frac{1}{2}$ das gleiche Ereignis werfen. Damit wird erwartungsgemäß die Hälfte der Stellen übereinstimmen und die Hälfte nicht, was einen Erwartungswert der Korrelation von null ergibt. Der Erwartungswert bei der zyklischen Verschiebung $k = 0$ ist offensichtlich $\Phi(\mathbf{c}, 0) = \Phi(\mathbf{c}, \mathbf{c}) = 1$.

Es sei nochmals explizit darauf hingewiesen, dass die Korrelation einer Zufallsfolge mit der Verschiebung dieser Zufallsfolge (Gl. (2.8)) den gleichen Erwartungswert besitzt wie die Korrelation zweier Zufallsfolgen (Gl. (2.7)).

2.2.3 Pseudo-Zufallssequenzen

Unter anderem werden zur Verschlüsselung von Nachrichten sehr lange Zufallssequenzen benötigt. Lange wirklich zufällige Sequenzen zu speichern wäre extrem aufwendig und nicht praktikabel. Deshalb ist man sehr daran interessiert Methoden zu finden, Sequenzen, die möglichst ähnlich zu Zufallssequenzen sind, mit geringem Aufwand zu berechnen. Solche berechenbare Sequenzen werden Pseudo-Zufallssequenzen genannt, welche wir im Folgenden als PN-Sequenz[1] bezeichnen. Wir wollen hier einige Aspekte von PN-Sequenzen erörtern und uns dabei auf eine Klasse beschränken, da die gesamte Theorie hierzu ein ganzes Buch füllen würde. Es geht dabei um die Frage, ob eine Sequenz, die man durch irgendeine Vorschrift erzeugt hat, pseudozufällig ist oder nicht. Wir werden Kriterien angegeben, die Sequenzen erfüllen müssen, damit sie pseudozufällig sind und eine Methode zu ihrer Erzeugung besprechen.

Der Wissenschaftler *Solomon Golomb* hat sich sehr viele Jahre mit PN-Sequenzen beschäftigt und ein Buch dazu verfasst [11], das viele Ergebnisse auf diesem Gebiet beschreibt. Unter anderem hat er drei Postulate angegeben, die Sequenzen erfüllen müssen, um anstatt wirklich zufälliger Sequenzen verwendet werden zu können. Diese sind als die drei Postulate von *Golomb* bekannt.

Golombs Postulate

Sei $\mathbf{c} = (c_0, c_1, \ldots, c_{n-1})$ eine binäre PN-Sequenz der Länge n. Dann muss gelten:

1. Die Hälfte der Stellen muss null sein und die andere Hälfte eins. Falls n gerade ist, sind $\frac{n}{2}$ Einsen in der Sequenz enthalten, und falls n ungerade ist, $\frac{n\pm1}{2}$ Einsen.

   Damit ist die Wahrscheinlichkeit für null und für eins ungefähr gleich $\frac{1}{2}$.

2. Die Hälfte aller Runs müssen 1-runs sein, ein Viertel aller Runs müssen 2-runs sein usw. Ein i-run besteht aus i aufeinanderfolgende gleichen Symbolen, die von anderen Symbolen eingeschlossen werden. Ein 4-run Nullen ist damit: ... 10 0001 .... Diese Bedingung ist deswegen so wichtig, weil sie sicherstellt, dass egal wie viel Nullen oder Einsen man beobachtet hat, man das nächste Symbol nur mit Wahrscheinlichkeit $\frac{1}{2}$ vorhersagen kann.

3. Die Werte der Autokorrelation aus Definition 2.22 müssen für $0 < k < n$ konstant sein, d. h.

$$\Phi(\mathbf{c}, k) = \Phi(\mathbf{c}, \mathbf{c}_k) = \frac{n - 2\,\mathrm{dist}(\mathbf{c}, \mathbf{c}_k)}{n} = \begin{cases} -\dfrac{1}{n-1} & \text{für } n \text{ gerade} \\ -\dfrac{1}{n} & \text{für } n \text{ ungerade.} \end{cases} \tag{2.9}$$

   Egal für welche zyklische Verschiebung k (außer 0 und n) wir die Autokorrelation berechnen, ergibt sich der gleiche Wert. Für $k = 0$ und $k = n$ ist der Wert der Autokorrelation 1.

[1] aus dem Englischen: Pseudo Noise.

Eine Möglichkeit zur Erzeugung von PN-Sequenzen hat sich durchgesetzt, nämlich die sog. rückgekoppelten Schieberegister. Mit einem Schieberegister der Länge m kann man prinzipiell unendlich lange Bitfolgen erzeugen. Nach einer maximal möglichen Länge von $2^m - 1$ wiederholt sich jedoch die Bitfolge periodisch. Diese $2^m - 1$ Bit werden als Sequenz bezeichnet. Die Bezeichnung von $2^m - 1$ als Periode der Sequenz ist ebenfalls gebräuchlich. Man kann rückgekoppelte Schieberegister verwenden, deren Rückkopplung den Koeffizienten eines sog. primitiven Polynoms entsprechen. Das Besondere an den primitiven Polynomen ist, dass die maximal mögliche Periode $2^m - 1$ erreicht wird. Primitive Polynome können nicht konstruiert werden, sondern nur durch Probieren gefunden werden. Die meisten Polynome sind nichtprimitive Polynome und erzeugen keine Sequenzen mit maximaler Periode. Eine Auswahl primitiver Polynome bis zum Grad 16 ist am Ende des Abschnitts in **Tabelle 2.1** angegeben. Wie damit PN-Sequenzen erzeugt werden können und welcher Zusammenhang zwischen einem Polynom und einem rückgekoppelten Schieberegister besteht, erklären wir am besten durch ein Beispiel. Dazu benötigen wir noch das binäre Rechnen, das nur die Zahlen 0 und 1 benutzt. Die Rechenregeln lassen sich wie folgt zusammenfassen:

$$\text{Addition} \quad 1 + 1 = 0,\ 0 + 0 = 0,\ 1 + 0 = 1,\ 0 + 1 = 1$$

$$\text{Multiplikation} \quad 1 \cdot 1 = 1,\ \ 0 \cdot 0 = 0,\ \ 1 \cdot 0 = 0,\ \ 0 \cdot 1 = 0.$$

Insbesondere gilt, dass die Subtraktion gleich der Addition ist, da $1 + 1 = 1 - 1 = 0$ und $0 + 1 = 0 - 1 = 1$ gilt. Man kann das Rechnen im Binärkörper prinzipiell auch durch Rechnen Modulo 2 beschreiben. Die Modulorechnung wird ausführlich in Abschnitt 5.2.1 behandelt.

Beispiel 2.24 PN-Sequenz der Länge 7

Sei $p(x) = x^3 + x + 1$. Dies ist ein primitives Polynom vom Grad 3 mit binären Koeffizienten. Daraus kann man das in **Bild 2.3** dargestellte rückgekoppelte Schieberegister konstruieren, das eine Zufallsfolge maximaler Länge 7 erzeugt. Ein Schieberegister besteht aus Speicherzellen und Verknüpfungen. Eine Speicherzelle besitzt jeweils einen Eingang und einen Ausgang. Der Wert, der in einer Speicherzelle steht, liegt am Ausgang an. Nun wird der Zeittakt eingeführt, und der Wert am Eingang einer Speicherzelle, steht einen Zeittakt später in der Speicherzelle. Wir wollen das Schieberegister in Bild 2.3 entsprechend dieser Regel betreiben. Dazu initialisieren wir die drei Speicherzellen mit 001, wie in Schritt null der Tabelle in Bild 2.3 angegeben. Am Ausgang der rechten Zelle liegt dann eine 1 und an den Ausgängen der beiden anderen Zellen eine Null. Durch die Verknüpfung $0 + 1 = 1$ liegt am Eingang der rechten Zelle eine 1 an. Am Eingang der mittleren bzw. linken Zelle liegt jeweils der Ausgang der rechten bzw. mittleren Zelle an. Am Ausgang des Schieberegisters, ganz links, liegt damit eine Null, die in der Tabelle in Bild 2.3 angegeben ist. Ein Zeittakt später steht 011 in den Speicherzellen, da die Einsen, die vorher an den Eingängen der beiden rechten Zellen lagen, in die Zellen gewandert sind. Am Eingang aller Zellen liegt nun eine 1. Der Ausgang des Schieberegisters ist jedoch null, da in der linken Zelle eine Null steht. Im nächsten Zeittakt steht 111 in den Zellen usw.

Der Zusammenhang zu dem primitiven Polynom $p(x) = x^3 + x + 1$ besteht darin, dass die Ausgänge der Speicherzellen den Ausdrücken x^1, x^2, und x^3 entsprechen. Der Eingang des rechten Speicherelements entspricht x^0. Das Polynom $p(x)$ wird null gesetzt, d. h. $x^3 + x + 1 = 0$

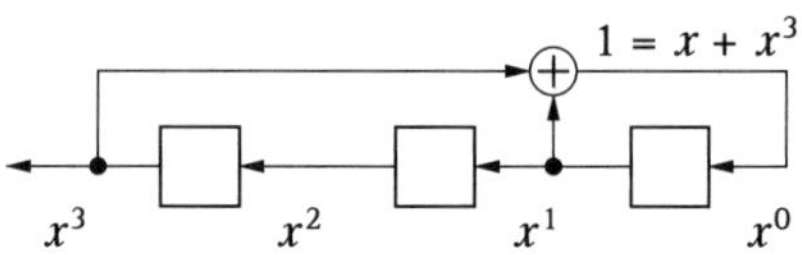

Schritt	Register	Ausgang
0	001	0
1	011	0
2	111	1
3	110	1
4	101	1
5	010	0
6	100	1

Bild 2.3 Schieberegister für PN-Sequenzen der Länge 7 mit Initialisierungen

oder $1 = x + x^3$, da hier im Binären $-1 = 1$ gilt. Die Verknüpfung des Schieberegisters wird nun gemäß dieser Gleichung gebildet und der Eingang der rechten Speicherzelle, der $x^0 = 1$ entspricht, ergibt sich als die Summe der Ausgänge der rechten und linken Speicherzellen, die x^1 und x^3 entsprechen. Da x^2 im primitiven Polynom nicht auftritt, wird der Ausgang der mittleren Zelle nicht verknüpft.

Betrachten wir noch den siebten Zeittakt, bei dem ein Zeittakt vorher 100 in den Zellen stand. Damit lag am Eingang der rechten Zelle $1 + 0 = 1$ und an den Eingängen der beiden anderen eine Null. Somit steht im siebten Zeittakt 001 in den Zellen, was dem Zeittakt null in der Tabelle in Bild 2.3 entspricht, und die Sequenz wiederholt sich periodisch.

Interessant ist, dass man das Schieberegister mit einem beliebigen Inhalt (ausgenommen 000) initialisieren kann, und dann eine zyklisch verschobene Sequenz erhält. Für die Initialisierung gibt es $2^3 - 1 = 7$ Möglichkeiten, was genau der Anzahl möglicher zyklischer Verschiebungen entspricht. ◇

Die durch ein Schieberegister erzeugten PN-Sequenzen, die entsprechende primitive Polynome repräsentieren, werden auch *m*-Sequenzen genannt, da sie Sequenzen mit maximaler Periode sind. Man kann sich vorstellen, dass eine PN-Sequenz der Länge $n = 65\,535 = 2^{16} - 1$ viel mehr Speicher benötigt, als die Initialisierung der 16 Speicherelemente und die Beschreibung der Rückkopplung.

Hat man einen Teil einer Sequenz der Länge $n = 65\,535 = 2^{16} - 1$ gegeben, von der man weiß, dass sie durch das Schieberegister der Länge 16 mit dem primitiven Polynom aus Tabelle 2.1 erzeugt worden ist, so ist eine interessante Frage: Welche der 65 535 möglichen Initialisierungen wurde verwendet? Auf diese Frage werden wir in Abschnitt 2.5 eingehen.

m	Primitive Polynome $p(x)$	m	Primitive Polynome $p(x)$
1	$x+1$	9	x^9+x^4+1
2	x^2+x+1	10	$x^{10}+x^3+1$
3	x^3+x+1	11	$x^{11}+x^2+1$
4	x^4+x+1	12	$x^{12}+x^7+x^4+x^3+1$
5	x^5+x^2+1	13	$x^{13}+x^4+x^3+x+1$
6	x^6+x+1	14	$x^{14}+x^8+x^6+x+1$
7	x^7+x+1	15	$x^{15}+x+1$
8	$x^8+x^6+x^5+x^4+1$	16	$x^{16}+x^{12}+x^3+x+1$

Tabelle 2.1 Primitive Polynome

Eigenschaften von Schieberegistersequenzen

- Eine PN-Sequenz c der Länge $2^m - 1$ wird von einem Schieberegister der Länge m erzeugt, dessen Rückkopplungen einem primitiven Polynom entsprechen.
- Jede der $2^m - 1$ Initialisierungen (alle der 2^m Möglichkeiten außer lauter Nullen) erzeugen die $2^m - 1$ unterschiedlichen zyklisch verschobenen PN-Sequenzen c_k.

In Tabelle 2.1 sind primitive Polynome bis zum Grad 16 angegeben, mit denen jeder mithilfe eines Rechners experimentieren kann. Man kann auch andere Polynome benutzen, wird jedoch feststellen, dass diese in der Regel eine PN-Sequenz mit kleinerer Periode $n < 2^m - 1$ erzeugen.

2.3 Navigation

Die Navigation beruht auf zwei Komponenten: einer Landkarte und der Bestimmung der Position auf dieser Karte. In diesem Abschnitt wollen wir uns mit der technischen Realisierung der Positionsbestimmung beschäftigen. Beide Navigationssysteme, Galileo und GPS, benutzen hierzu das gleiche Konzept: Jeder Satellit sendet eine eigene Pseudo-Zufallsfolge periodisch zur Erde. Wie im letzten Abschnitt erläutert, ist eine Pseudo-Zufallsfolge eine durch eine Vorschrift berechenbare Folge der Länge n, deren Eigenschaften sehr ähnlich der einer Zufallsfolge sind.

Eine Pseudo-Zufallsfolge entsprechend Abschnitt 2.2.3 besteht aus Nullen und Einsen. Um diese abstrahlen zu können, ist es besser, die Null als $+1$ zu repräsentieren und die Eins als -1. Dann kann man im Fall einer Null die Schwingung $\sin(2\pi f\tau)$ abstrahlen und im Fall einer Eins die Schwingung $-\sin(2\pi f\tau)$, wobei f die Frequenz und τ die Zeit darstellt. Die Realisierung durch ± 1 wird häufig in technischen Systemen verwendet: Man kann sich etwa eine elektrische Spannung von ± 1 V vorstellen. Bei Addition von Spannungen oder elektromagnetischen Schwingungen gilt im Folgenden die normale Addition, d. h. $1+1 = 2$. Die Umwandlung der Null nach $+1$ und der Eins nach -1, wird für $c_i \in \{0, 1\}$ durch die Abbildung

$(-1)^{c_i}$ realisiert. Für die folgenden Überlegungen brauchen wir keine elektromagnetischen Schwingungen zu betrachten, die Modellannahme ± 1 ist vollkommen ausreichend.

2.3.1 Satellitensequenzen

Wir wollen zunächst die Abbildung von binären Sequenzen mit 0 und 1 auf sog. antipodale Sequenzen mit 1 und −1 an einem Beispiel beschreiben.

Beispiel 2.25 Abbildung von $\{0, 1\}$ nach $\{1, -1\}$

Gegeben sei die Pseudo-Zufallsfolge $c = 010\,0111$. Wir führen die Abbildung $x_i = (-1)^{c_i}, i = 0, 1, \ldots 6$ durch, d. h. $x_i = 1$, wenn $c_i = 0$ ist, und entsprechend $x_i = -1$, wenn $c_i = 1$ ist. Damit erhalten wir

$$c = (010\,0111) \quad \longrightarrow \quad x = (1, -1, 1, 1, -1, -1, -1).$$

◇

Mit dieser Abbildung können wir die Korrelation und die Autokorrelation aus den Definitionen 2.19 und 2.22 anders schreiben. Sind x und y zwei Sequenzen, dann ist das Produkt $x_i \cdot y_i$ gleich 1, wenn beide Werte gleiches Vorzeichen besitzen, wenn also entweder $x_i \cdot y_i = 1 \cdot 1 = 1$, oder $x_i \cdot y_i = (-1) \cdot (-1) = 1$ ist. Das Produkt ist −1, wenn beide Werte unterschiedliches Vorzeichen aufweisen, also entweder $x_i \cdot y_i = -1 \cdot 1 = -1$ oder $x_i \cdot y_i = 1 \cdot -1 = -1$ gilt. Die Summe über die komponentenweise Produkte ist genau die Anzahl der Übereinstimmungen minus der Anzahl der Nichtübereinstimmungen. Damit können wir die Korrelation berechnen durch

$$\Phi(x, y) = \frac{1}{n} \sum_{i=0}^{n-1} x_i \cdot y_i.$$

Beispiel 2.26 Korrelation antipodaler Sequenzen

Seien $x = (1, -1, 1, 1, -1, -1, -1)$ und $y = (-1, 1, -1, 1, -1, -1, 1)$ so ist die Korrelation

$$\Phi(x, y) = \frac{1}{7} \sum_{i=0}^{6} x_i \cdot y_i = \frac{1}{7}(-1 - 1 - 1 + 1 + 1 + 1 - 1) = -\frac{1}{7}.$$

◇

Damit ein Empfänger auf der Erde seine Position bestimmen kann, muss jeder Satellit seine Sequenz entsprechend **Bild 2.4** periodisch senden. Also sendet er die Folge

$$\ldots, x_{n-2}, x_{n-1}, |x_0, x_1, \ldots, x_{n-1}, |x_0, \ldots, x_{n-1}, |x_0, x_1, \ldots .$$

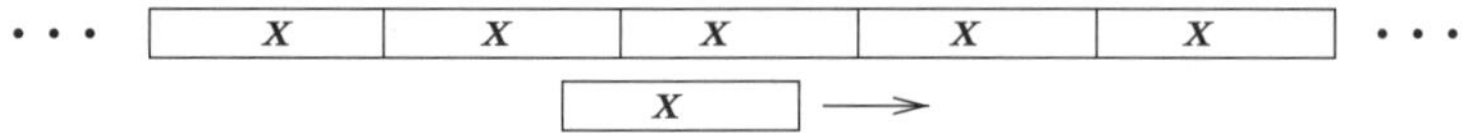

Bild 2.4 Autokorrelation durch Vorbeischieben

Beispiel 2.27 Periodische Sequenz

Die Sequenz des Satelliten ist $x = (1, -1, 1, 1, -1, -1, -1)$. Dann sendet er

$$\ldots, |1, -1, 1, 1, -1, -1, -1, |1, -1, 1, 1, -1, -1, -1, |1, -1, 1, 1, -1, -1, -1, |\ldots .$$

◇

Schieben wir entsprechend Bild 2.4 die Sequenz x des Satelliten an der periodisch wiederholten Sequenz symbolweise vorbei und berechnen jeweils die Korrelation, so entspricht dies genau der Autokorrelation. Denn sieben aufeinanderfolgende Korrelationswerte sind genau alle sieben Werte der Autokorrelation. Wir wollen im Folgenden die Autokorrelation an einem Beispiel berechnen.

Beispiel 2.28 Autokorrelation der Sequenz des Satelliten

Zur Berechnung der Autokorrelation benutzen wir $x = (1, -1, 1, 1, -1, -1, -1)$ und die um drei Stellen zyklisch verschobene Sequenz $x_3 = (1, -1, -1, -1, 1, -1, 1)$ und summieren die komponentenweise Produkte

$$\Phi(x, x_3) = \frac{1}{7}\sum_{i=0}^{6} x_i \cdot y_i = \frac{1}{7}(1 \cdot 1 + -1 \cdot -1 + 1 \cdot -1 + 1 \cdot -1 + -1 \cdot 1 + -1 \cdot -1 + -1 \cdot 1) = -\frac{1}{7}.$$

Entsprechend für die anderen zyklischen Verschiebungen:

$$\begin{aligned}
x &= (1, -1, 1, 1, -1, -1, -1), & x_0 &= (1, -1, 1, 1, -1, -1, -1), & \Phi(x, x_0) &= 1 \\
x &= (1, -1, 1, 1, -1, -1, -1), & x_1 &= (-1, 1, 1. - 1, -1, -1, 1), & \Phi(x, x_1) &= -\frac{1}{7} \\
x &= (1, -1, 1, 1, -1, -1, -1), & x_2 &= (1, 1, -1, -1, -1, 1, -1), & \Phi(x, x_2) &= -\frac{1}{7} \\
x &= (1, -1, 1, 1, -1, -1, -1), & x_3 &= (1, -1, -1, -1, 1, -1, 1), & \Phi(x, x_3) &= -\frac{1}{7} \\
x &= (1, -1, 1, 1, -1, -1, -1), & x_4 &= (-1, -1, -1, 1, -1, 1, 1), & \Phi(x, x_4) &= -\frac{1}{7} \\
x &= (1, -1, 1, 1, -1, -1, -1), & x_5 &= (-1, -1, 1, -1, 1, 1, -1), & \Phi(x, x_5) &= -\frac{1}{7} \\
x &= (1, -1, 1, 1, -1, -1, -1), & x_6 &= (-1, 1, -1, 1, 1, -1, -1), & \Phi(x, x_6) &= -\frac{1}{7}.
\end{aligned}$$

Die Autokorrelation nimmt also genau zwei Werte an, nämlich 1, wenn die Verschiebung 0 ist und $-\frac{1}{7}$ bei allen anderen Verschiebungen (< 7). ◇

Überlagerung von Satellitensequenzen

Der entscheidende Punkt für die Umsetzung der Positionsbestimmung ist, was passiert mit den Korrelationswerten, wenn sich zwei Zufallssequenzen überlagern? Seien x und y zwei Satellitensequenzen, dann ist $z = x + y$ die überlagerte Sequenz, die gebildet wird, indem für jedes $i = 0, 1, ..., n-1$, $z_i = x_i + y_i$ gesetzt wird. Folglich kann z_i die Werte $\{-2, 0, +2\}$ annehmen. Wir nutzen das Distributivgesetz, um die Korrelation von $\boldsymbol{x}$ mit $\boldsymbol{z}$ zu berechnen.

$$\Phi(\boldsymbol{x}, \boldsymbol{z}) = \frac{1}{n}\sum_{i=0}^{n-1} x_i z_i = \frac{1}{n}\sum_{i=0}^{n-1} x_i(x_i + y_i) = \frac{1}{n}\sum_{i=0}^{n-1} x_i x_i + \frac{1}{n}\sum_{i=0}^{n-1} x_i y_i = \Phi(\boldsymbol{x}, \boldsymbol{x}) + \Phi(\boldsymbol{x}, \boldsymbol{y}).$$

Da die Korrelation von $\boldsymbol{x}$ mit $\boldsymbol{y}$ erwartungsgemäß nahezu null ist (siehe Gl. (2.7) und Gl. (2.8)), ergibt die Korrelation von $\boldsymbol{x}$ mit $\boldsymbol{z}$ nahezu den gleichen Wert, wie die Korrelation von $\boldsymbol{x}$ mit $\boldsymbol{x}$. Entsprechendes gilt für die Korrelation von $\boldsymbol{y}$ mit $\boldsymbol{z}$.

$$\Phi(\boldsymbol{x}, \boldsymbol{z}) \approx \Phi(\boldsymbol{x}, \boldsymbol{x}) \text{ und } \Phi(\boldsymbol{y}, \boldsymbol{z}) \approx \Phi(\boldsymbol{y}, \boldsymbol{y}).$$

Beispiel 2.29 Überlagerung von Pseudo-Zufallssequenzen

Gegeben seien die Sequenzen $\boldsymbol{x}$ und $\boldsymbol{y}$, mit $\boldsymbol{x} = (1, -1, 1, 1, -1, -1, -1)$ und $\boldsymbol{y} = \boldsymbol{x}_2 = (1, 1, -1, -1, -1, 1, -1)$. Wir bilden die Summe von beiden

$$\boldsymbol{z} = \boldsymbol{x} + \boldsymbol{x}_2 = \boldsymbol{x} + \boldsymbol{y} = (2, 0, 0, 0, -2, 0, -2)$$

und berechnen die Korrelation von $\boldsymbol{z}$ mit $\boldsymbol{x}$

$$\Phi(\boldsymbol{x}, \boldsymbol{z}) = \frac{1}{7}\sum_{i=0}^{6} x_i \cdot z_i = \frac{1}{7}(1 \cdot 2 + -1 \cdot 0 + 1 \cdot 0 + 1 \cdot 0 + -1 \cdot -2 + -1 \cdot 0 + -1 \cdot -2) = \frac{6}{7}.$$

Berechnen wir jedoch die Korrelation mit der Sequenz $\boldsymbol{x}_5$, so erhalten wir

$$\Phi(\boldsymbol{x}_5, \boldsymbol{z}) = \frac{1}{7}(-1 \cdot 2 + 1 \cdot -2 + -1 \cdot -2) = -\frac{2}{7}.$$

Der gleiche Wert ergibt sich für $\boldsymbol{x}_1$, $\boldsymbol{x}_3$, $\boldsymbol{x}_4$ und $\boldsymbol{x}_6$. Aber für $\boldsymbol{x}_2$ erhalten wir

$$\Phi(\boldsymbol{x}_2, \boldsymbol{z}) = \frac{1}{7}(1 \cdot 2 + -1 \cdot -2 + -1 \cdot -2) = \frac{6}{7}.$$

◊

Wir können damit Zufallsfolgen überlagern (addieren), und wenn wir mit der Folge korrelieren, die in der Überlagerung enthalten ist, erhalten wir einen Korrelationswert nahe 1. Korrelieren wir jedoch mit einer Folge, die nicht in der Überlagerung enthalten ist, erhalten wir eine Korrelation nahe 0.

Entsprechend Gl. (2.9) nimmt die Autokorrelation bei PN-Sequenzen die Werte $-\frac{1}{n}$ oder 1 an. Folglich steigt die Zuverlässigkeit der Korrelation mit der Länge n der Sequenz, weshalb Sequenzen der Länge 7 bzw. kurze Sequenzen für die praktische Anwendung nicht geeignet sind. Außerdem existieren bei kurzen Längen nicht genügend viele unterschiedliche Sequenzen, um jedem Satelliten eine eigene Sequenz zuzuweisen. Wir wollen an drei Satellitensequenzen ein Experiment durchführen, das in **Bild 2.5** skizziert ist. Drei unterschiedliche Pseudo-Zufallssequenzen $\boldsymbol{x}, \boldsymbol{y}$ und $\boldsymbol{z}$ der Länge 127 werden periodisch wiederholt

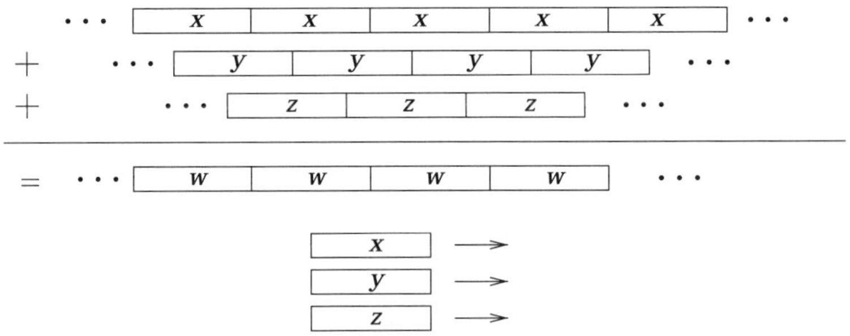

Bild 2.5 Überlagerung von drei Sequenzen

und addiert. Die zweite Folge y ist um 20 Stellen gegenüber x verschoben und die dritte um 60 Stellen. Die Summe der drei Sequenzen ist $z = x + y_{20} + z_{60}$. In Bild 2.5 ist durch die Pfeile angedeutet, dass x, y und z an z vorbeigeschoben werden und die Korrelation berechnet wird. Die Ergebnisse dieser Korrelationen sind in **Bild 2.6a** für x, in **Bild 2.6b** für y und in **Bild 2.6c** für z dargestellt. Man erkennt, dass beim Vorbeischieben und Korrelieren von x an z alle 127 Stellen ein deutliches Korrelationsmaximum vorliegt. Beim Korrelieren mit y ergeben sich ebenfalls deutliche Korrelationsmaxima, jedoch 20 Stellen später. Das gleiche gilt für z, 60 Stellen später. Wir können also festhalten, dass man die Differenz der Ankunftszeiten der Sequenzen eindeutig messen kann.

Das soeben beschriebene Experiment lässt sich auf noch mehr überlagerte Sequenzen und größere Sequenzlängen erweitern, sodass bei GPS und Galileo jeder Satellit seine individuelle Pseudo-Zufallssequenz abstrahlen kann. Bei GPS werden Sequenzen der Länge $n = 1\,023$ verwendet. Damit können die relativen Ankunftszeiten von den Sequenzen aller Satelliten, die empfangen werden können, aus der Überlagerung der Sequenzen berechnet werden. Selbstverständlich müssen die benutzten Satellitensequenzen dem Empfänger bekannt sein. Die Genauigkeit der Messung hängt natürlich von der zeitlichen Dauer eines Symbols ab. Wie man nun aus der Kenntnis der Differenz der Ankunftszeit die eigene Position berechnen kann, wollen wir im nächsten Abschnitt beschreiben.

2.3.2 Positionsbestimmung

Mit den bisherigen Ergebnissen sind wir in der Lage, die Differenz der Ankunftszeiten von zwei oder mehr Zufallssequenzen zu messen. Das Ergebnis der Messung gibt an, wie viel Symbole eine Sequenz später ankommt als die anderen Sequenzen. Mit den Differenzen der Ankunftszeiten wollen wir nun die Position bestimmen, an der sich ein Empfangsgerät befindet. Wir werden dazu schrittweise vorgehen und als erstes die eindimensionale Positionsbestimmung erläutern und anschließend die zwei- und dreidimensionale Positionsbestimmung beschreiben. Das Verfahren sollte bereits bei einer Dimension klar werden, die weiteren Dimensionen unterscheiden sich im Prinzip nur noch durch einen größeren Rechenaufwand.

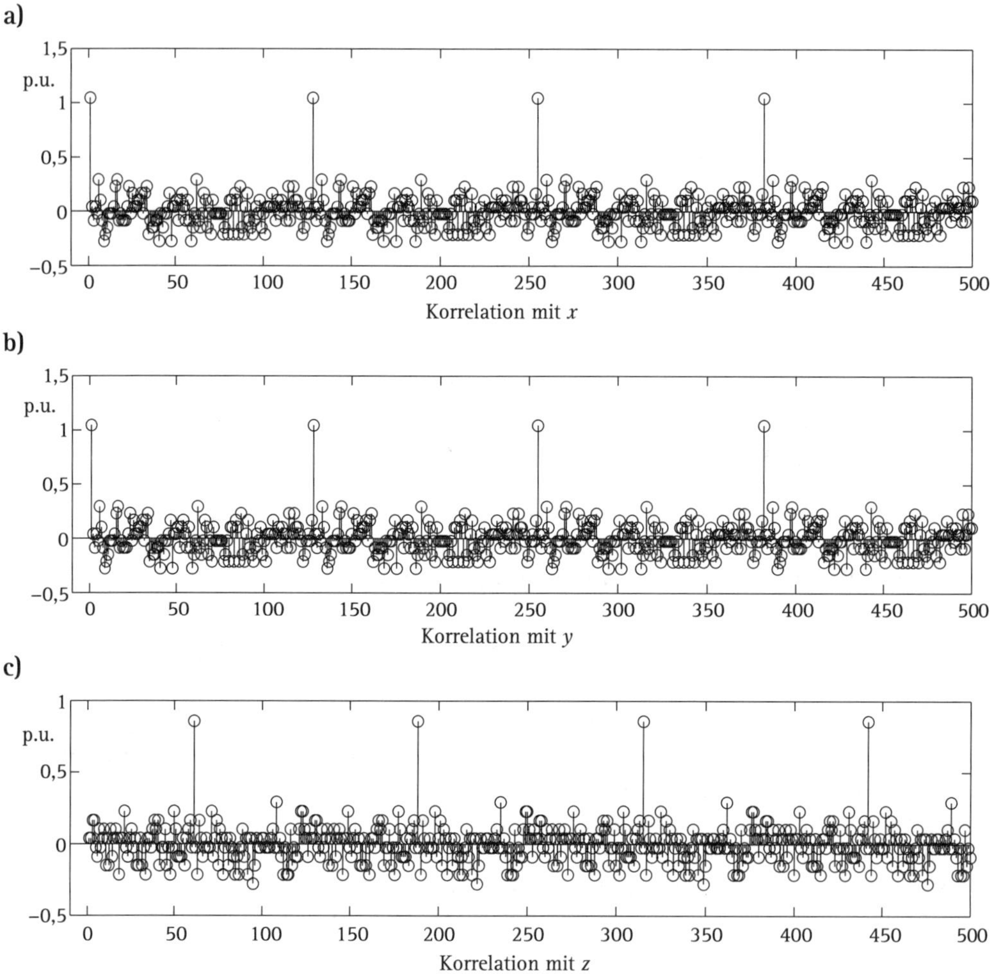

Bild 2.6 Korrelation der Summensequenz mit den einzelnen Sequenzen

Eindimensionale Positionsbestimmung

Wir wollen herausfinden wo wir uns auf einer Geraden befinden. Entsprechend **Bild 2.7** sind zwei Satelliten an den Stellen s_0 und s_1 positioniert. Wir befinden uns mit unserem Gerät an der Stelle s_n und empfangen die Überlagerung zweier Satellitensequenzen, die sich mit Lichtgeschwindigkeit ausbreiten. Wir nehmen an, dass beide Sequenzen zum gleichen Zeitpunkt τ_0 losgeschickt wurden und dass wir die Position s_0 und s_1 der Satelliten kennen. Durch Korrelation können wir, wie im vorherigen Abschnitt gezeigt, die relative Ankunftszeit, in Anzahl an Symbolen, berechnen. Wenn beide Sequenzen gleichzeitig ankommen, befinden wir uns in der Mitte von beiden Satelliten, d. h. an der Stelle $\frac{s_0+s_1}{2}$. Kommt das Si-

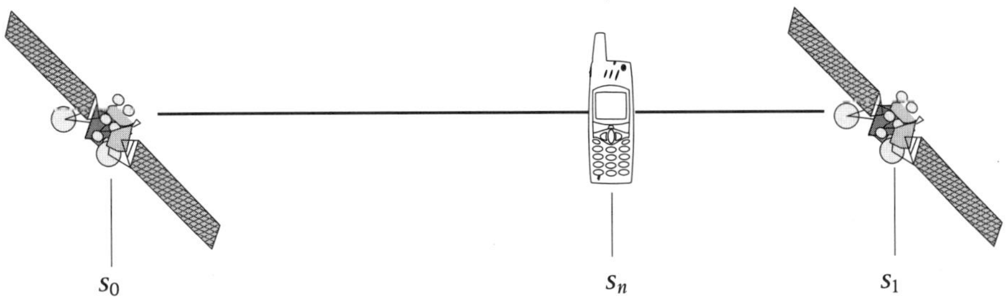

Bild 2.7 Eindimensionale Positionsbestimmung

gnal von s_0 vor dem von s_1 an, befinden wir uns links der Mitte und im anderen Fall rechts der Mitte. Wie nachfolgend gezeigt wird, entspricht die Strecke, die wir uns von der Mitte wegbefinden, genau der halben Laufzeitdifferenz mal der Lichtgeschwindigkeit. Um den Ort, an dem wir uns befinden, genau berechnen zu können, benötigen wir die Symboldauer.

Die in GPS verwendeten Satellitensequenzen sind aus der Familie der sog. Gold-Codes und besitzen, wie bereits erwähnt, eine Länge von 1 023 Symbolen. Die Rate mit der die Satellitensequenzen abgestrahlt werden, beträgt 1,023 Millionen Symbole pro Sekunde. Ein Symbol hat damit eine Dauer von $\frac{1}{1\,023\,000} = 9{,}775 \cdot 10^{-7}$ s und es dauert somit eine tausendstel Sekunde (eine Millisekunde, 1 ms), bis die komplette Satellitensequenz empfangen ist. Die Lichtgeschwindigkeit beträgt $c_0 \approx 2{,}997 \cdot 10^8 \frac{\mathrm{m}}{\mathrm{s}}$ was bedeutet, dass ein Symbol eine Länge von $2{,}997 \cdot 10^8 \cdot 9{,}775 \cdot 10^{-7} \approx 300$ m besitzt[1].

Sequenzlänge: $n = 1\,023$
Symboldauer: $T_c \approx 9{,}775 \cdot 10^{-7}$ s
Sequenzdauer: $T_s = 1$ ms
räumliche Symboldauer: $s_t \approx 300$ m
Lichtgeschwindigkeit: $c_0 \approx 2{,}997 \cdot 10^8 \frac{\mathrm{m}}{\mathrm{s}}$

Um die Position zu berechnen, nehmen wir zunächst an, dass das Signal des Satelliten bei s_0 zum Zeitpunkt t_0 und das vom anderen zum Zeitpunkt t_1 am Endgerät ankommt. Somit haben die Signale die Strecken $s_n - s_0$ und $s_1 - s_n$ in den Zeiten $t_0 - \tau_0$ bzw. $t_1 - \tau_0$ zurückgelegt. Mit der Lichtgeschwindigkeit c_0 und der Tatsache: Strecke ist gleich Geschwindigkeit mal Zeit, erhalten wir die beiden Gleichungen

$$\begin{aligned} s_n - s_0 &= (t_0 - \tau_0) \cdot c_0, \\ s_1 - s_n &= (t_1 - \tau_0) \cdot c_0. \end{aligned}$$

[1] Da es hier nur um das Prinzip geht, wird darauf verzichtet, die vielen Nachkommastellen mitzuschleppen.

Zur Bestimmung von s_n subtrahieren wir zunächst diese beiden Gleichungen und lösen nach s_n auf

$$(s_n - s_0) - (s_1 - s_n) = (t_0 - \tau_0) \cdot c_0 - (t_1 - \tau_0) \cdot c_0,$$

$$s_n = \frac{s_0 + s_1}{2} + \frac{t_0 - t_1}{2} \cdot c_0. \tag{2.10}$$

Die Zeitdifferenz $(t_0 - t_1)$ ist dabei die Anzahl an Symbolen mal der Symboldauer $T_c \approx 9{,}775 \cdot 10^{-7}$. Der erste Summand in Gl. (2.10) berechnet die Mitte der beiden Satelliten und der zweite Summand berechnet die Entfernung nach links bzw. rechts von der Mitte, je nachdem, welches Satellitensignal als erstes ankommt. Damit ist die Position berechnet.

Da es zu aufwendig wäre, die Uhren der Endgeräte mit denen der Satelliten zu synchronisieren benutzt man, wie wir gesehen haben, eine Zeitdifferenzmessung und benötigt dazu zwei Satelliten, um die Positionsbestimmung in einer Dimension durchzuführen.

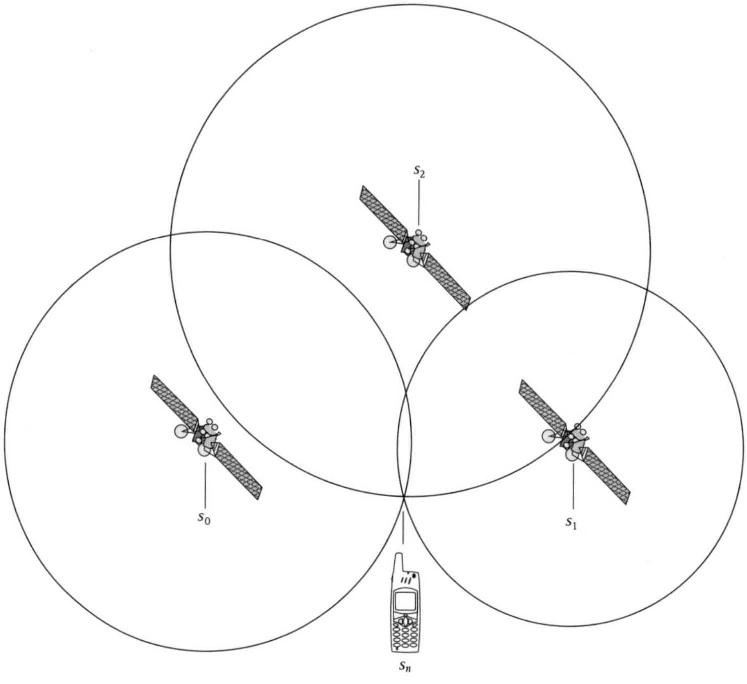

Bild 2.8 Zweidimensionale Positionsbestimmung

Zweidimensionale Positionsbestimmung

Wenn wir annehmen, dass wir uns auf einer Ebene befinden so müssen wir die zwei Koordinaten $s_n = (x_n, y_n)$ berechnen, an denen sich das Endgerät befindet. Empfangen wir drei Satellitensignale, so sind uns zwei unterschiedliche Zeitdifferenzen bekannt. Entsprechend **Bild 2.8** befinden sich die Satelliten an den, als bekannt angenommenen, Koordinaten $s_0 = (x_0, y_0)$, $s_1 = (x_1, y_1)$ und $s_2 = (x_2, y_2)$. Die entsprechenden Ankunftszeiten der drei Signale seien t_0, t_1 und t_2. Wir können drei Gleichungen angeben

$$\sqrt{(x_n - x_0)^2 + (y_n - y_0)^2} = (t_0 - \tau_0) \cdot c_0,$$
$$\sqrt{(x_n - x_1)^2 + (y_n - y_1)^2} = (t_1 - \tau_0) \cdot c_0,$$
$$\sqrt{(x_n - x_2)^2 + (y_n - y_2)^2} = (t_2 - \tau_0) \cdot c_0.$$

Aus diesen drei Gleichungen können wir durch Subtraktion zwei Gleichungen errechnen, in denen die zwei Unbekannten (x_n, y_n) vorkommen und zwei Zeitdifferenzen $(t_0 - t_1)$ und $(t_0 - t_2)$.

$$\sqrt{(x_n - x_0)^2 + (y_n - y_0)^2} - \sqrt{(x_n - x_1)^2 + (y_n - y_1)^2} = (t_0 - t_1) \cdot c_0, \tag{2.11}$$
$$\sqrt{(x_n - x_0)^2 + (y_n - y_0)^2} - \sqrt{(x_n - x_2)^2 + (y_n - y_2)^2} = (t_0 - t_2) \cdot c_0. \tag{2.12}$$

Aus diesen zwei Gleichungen kann man auf verschiedene Arten die zwei Unbekannten (x_n, y_n) berechnen. Wir wollen dies durch das sog. Newton-Verfahren tun. Dazu rufen wir uns zunächst den eindimensionalen Fall in Erinnerung. Gegeben sei eine Funktion $f(x)$. Die Tangente am Punkt x_0 lautet

$$y = f(x_0) + \frac{\mathrm{d}f(x_0)}{\mathrm{d}x}(x - x_0).$$

Durch null setzen dieser Tangente erhalten wir einen Schnittpunkt, der einen neuen Wert x_1 liefert. Damit können wir erneut eine Tangente

$$y = f(x_1) + \frac{\mathrm{d}f(x_1)}{\mathrm{d}x}(x - x_1)$$

berechnen. Dies wird fortgeführt, bis die Nullstelle der Funktion genügend genau erreicht wird.

Das gleiche Prinzip kann auf zwei Dimensionen erweitert werden. Beim zweidimensionalen Newton-Verfahren bildet man zunächst aus den Gl. (2.11) die zwei Funktionen $A(x_n, y_n)$ und $B(x_n, y_n)$.

$$A(x_n, y_n) = \sqrt{(x_n - x_0)^2 + (y_n - y_0)^2} - \sqrt{(x_n - x_1)^2 + (y_n - y_1)^2} - (t_0 - t_1) \cdot c_0 = 0,$$
$$B(x_n, y_n) = \sqrt{(x_n - x_0)^2 + (y_n - y_0)^2} - \sqrt{(x_n - x_2)^2 + (y_n - y_2)^2} - (t_0 - t_2) \cdot c_0 = 0.$$

Als nächstes benötigt man die Ableitung der beiden Funktionen. Da wir wegen der zwei Dimensionen zwei Variablen haben, bilden wir eine sog. partielle Ableitung nach x_n, bei der die Variable y_n einfach als Konstante betrachtet wird. Um eine partielle Ableitung von einer

Ableitung unterscheiden zu können, verwendet man statt d das Symbol ∂.

$$\frac{\partial A(x_n, y_n)}{\partial x_n} = \frac{x_n - x_0}{\sqrt{(x_n - x_0)^2 + (y_n - y_0)^2}} - \frac{x_n - x_1}{\sqrt{(x_n - x_1)^2 + (y_n - y_1)^2}},$$
$$\frac{\partial B(x_n, y_n)}{\partial x_n} = \frac{x_n - x_0}{\sqrt{(x_n - x_0)^2 + (y_n - y_0)^2}} - \frac{x_n - x_2}{\sqrt{(x_n - x_2)^2 + (y_n - y_2)^2}}.$$

Dann bilden wir die partielle Ableitung nach y_n

$$\frac{\partial A(x_n, y_n)}{\partial y_n} = \frac{y_n - y_0}{\sqrt{(x_n - x_0)^2 + (y_n - y_0)^2}} - \frac{y_n - y_1}{\sqrt{(x_n - x_1)^2 + (y_n - y_1)^2}},$$
$$\frac{\partial B(x_n, y_n)}{\partial y_n} = \frac{y_n - y_0}{\sqrt{(x_n - x_0)^2 + (y_n - y_0)^2}} - \frac{y_n - y_2}{\sqrt{(x_n - x_2)^2 + (y_n - y_2)^2}}.$$

Seien u_0 und v_0 die ersten Schätzwerte für x_n und y_n, so lautet die Vorschrift für das Newton-Verfahren eine Tangentialfläche z an eine Funktion f zu legen (was aus einer mathematischen Formelsammlung entnommen werden kann).

$$z = f(u_0, v_0) + \frac{\partial f}{\partial x_n}(u_0, v_0)(x_n - u_0) + \frac{\partial f}{\partial y_n}(u_0, v_0)(y_n - v_0).$$

Dies wenden wir auf unsere Funktionen $A(x_n, y_n)$ und $B(x_n, y_n)$ an und erhalten

$$z_A = A(u_0, v_0) + \frac{\partial A}{\partial x_n}(u_0, v_0)(x_n - u_0) + \frac{\partial A}{\partial y_n}(u_0, v_0)(y_n - v_0),$$
$$z_B = B(u_0, v_0) + \frac{\partial B}{\partial x_n}(u_0, v_0)(x_n - u_0) + \frac{\partial B}{\partial y_n}(u_0, v_0)(y_n - v_0).$$

Nun muss $z_A = z_B = 0$ gesetzt werden, was ein lineares Gleichungssystem ergibt, aus dem u_1 und v_1 berechnet werden können (u_0 und v_0 sind ja die bekannten Anfangswerte).

$$0 = A(u_0, v_0) + \frac{\partial A}{\partial x_n}(u_0, v_0)(u_1 - u_0) + \frac{\partial A}{\partial y_n}(u_0, v_0)(v_1 - v_0),$$
$$0 = B(u_0, v_0) + \frac{\partial B}{\partial x_n}(u_0, v_0)(u_1 - u_0) + \frac{\partial B}{\partial y_n}(u_0, v_0)(v_1 - v_0).$$

Jetzt sind u_1 und v_1 bekannt, und daraus kann man u_2 und v_2 berechnen, indem man erneut das lineare Gleichungssystem verwendet

$$0 = A(u_1, v_1) + \frac{\partial A}{\partial x_n}(u_1, v_1)(u_2 - u_1) + \frac{\partial A}{\partial y_n}(u_1, v_1)(v_2 - v_1),$$
$$0 = B(u_1, v_1) + \frac{\partial B}{\partial x_n}(u_1, v_1)(u_2 - u_1) + \frac{\partial B}{\partial y_n}(u_1, v_1)(v_2 - v_1).$$

Das wird solange durchgeführt, bis sich die Werte nicht mehr stark ändern, und man hat dann eine Schätzung der Position $\hat{x}_n = u_l$ und $\hat{y}_n = c_0$.

Bei der *dreidimensionalen Positionsbestimmung* benötigt man mindestens vier Satellitensignale. Das Newton-Verfahren kann dazu erweitert werden. Das Prinzip zur Berechnung der Position bleibt das gleiche, nur der Rechenaufwand steigt. In der Praxis werden natürlich alle verfügbaren Satellitensignale zur Positionsberechnung verwendet, was zu mehr Gleichungen führt, über deren Ergebnisse gemittelt werden kann. Ein sinnvoller Anfangswert kann dadurch bestimmt werden, dass man sich höchstwahrscheinlich irgendwo auf der Erde befindet.

2.4 Datenübertragung

Wie wir im vorherigen Abschnitt gesehen haben, muss die Position der Satelliten bekannt sein, da andernfalls die Positionsbestimmung nicht durchgeführt werden kann. Damit der Satellit seine Koordinaten in binärer Form dem Endgerät übermitteln kann, muss das folgende Problem gelöst werden: Wie kann man gleichzeitig mit den PN-Sequenzen, mit denen das Endgerät die Differenz der Ankunftszeiten misst, binäre Daten übertragen? Eine simple Idee wäre, wenn der Satellit eine 1 übertragen will, sendet er seine PN-Sequenz $\boldsymbol{x}$ und wenn er eine -1 übertragen will, sendet er $-\boldsymbol{x}$. Die Frage ist nur, was passiert bei der Korrelation im Endgerät? Kann man damit noch die Zeitdifferenz messen? Widmen wir uns zunächst einem Beispiel.

Beispiel 2.30 Datenübertragung mit PN-Sequenz

Sei die Sequenz des Satelliten $\boldsymbol{x} = (1, -1, 1, 1, -1, -1, -1)$. Der Satellit möchte die Daten $\ldots, 1, -1, 1, \ldots$ übertragen, und sendet somit $\ldots, \boldsymbol{x}, -\boldsymbol{x}, \boldsymbol{x}, \ldots$, also

$$\ldots, \underbrace{1, -1, 1, 1, -1, -1, -1}_{\boldsymbol{x}}, \underbrace{-1, 1, -1, -1, 1, 1, 1}_{-\boldsymbol{x}}, \underbrace{1, -1, 1, 1, -1, -1, -1}_{\boldsymbol{x}}, \ldots .$$

◇

Wir wissen, dass für die Korrelation von $\boldsymbol{z} = \boldsymbol{x} + \boldsymbol{y}$ mit $\boldsymbol{x}$ gilt:

$$\Phi(\boldsymbol{z}, \boldsymbol{x}) = \Phi(\boldsymbol{y}, \boldsymbol{x}) + \Phi(\boldsymbol{x}, \boldsymbol{x}) \approx \Phi(\boldsymbol{x}, \boldsymbol{x}),$$

da die Korrelation von unterschiedlichen PN-Sequenzen einen Wert nahe null ergibt. Die Korrelation von $\boldsymbol{x}$ mit $-\boldsymbol{x}$ hat den Wert

$$\Phi(\boldsymbol{x}, -\boldsymbol{x}) = \frac{1}{n}\sum_{i=0}^{n-1} x_i(-x_i) = \frac{1}{n}\sum_{i=0}^{n-1}(-1) = \frac{1}{n}(-n) = -1 = -\Phi(\boldsymbol{x}, \boldsymbol{x}).$$

Weiterhin ergibt die Korrelation von $\boldsymbol{y}$ mit $-\boldsymbol{x}$

$$\Phi(\boldsymbol{y}, -\boldsymbol{x}) = \frac{1}{n}\sum_{i=0}^{n-1} y_i(-x_i) = \frac{1}{n}\sum_{i=0}^{n-1}(-1)y_i x_i = (-1)\frac{1}{n}\sum_{i=0}^{n-1} y_i x_i = -\Phi(\boldsymbol{y}, \boldsymbol{x}),$$

wobei wir ausgenutzt haben, dass man einen konstanten Faktor vor die Summe schreiben kann. Damit erhalten wir für die Korrelation von z mit x, wenn $z = y + (-x)$ ist

$$\Phi(z,x) = \Phi(y,-x) + \Phi(-x,x) \approx -\Phi(x,x).$$

Wir haben damit gezeigt, dass bei Verwendung von invertierten Sequenzen das Korrelationsmaximum in ein Korrelationsminimum mit gleichem Betrag übergeht. In Bild 2.5 sind dann bei jedem Satelliten, entsprechend der Daten die er senden will, die Sequenzen $-x$ oder x, $-y$ oder y und $-z$ oder z enthalten. Die Korrelation mit x, y oder z liefert dann Korrelationsmaxima oder -minima an den Stellen, an denen die Sequenz enthalten ist. Es ergibt sich eine entsprechende Grafik, wie in den Bildern 2.6a bis 2.6c dargestellt, mit den betragsmäßigen Korrelationsmaxima an den gleichen Stellen, jedoch mit dem Unterschied, dass sie nach oben und unten zeigen können, je nachdem, welches Symbol gesendet wurde. Man kann also immer noch genau die Differenz der Ankunftszeit zu anderen Sequenzen bestimmen und gleichzeitig binäre Symbole $\{1,-1\}$ übertragen.

Da eine Sequenz eine Millisekunde $\left(\frac{1}{1\,000}\,s\right)$ dauert, kann man damit 1 000 Informationsbit pro Sekunde vom Satelliten an das Endgerät übertragen. Darin enthalten sind die Position des Satelliten, eine Zeitreferenz und weitere Informationen zum System.

2.5 Verschlüsselung

Nur wer eine Genehmigung besitzt ein System zu nutzen, erhält einen Schlüssel dafür. In den Anfängen war GPS verschlüsselt, und nur wer einen Schlüssel besaß, konnte das System in voller Genauigkeit nutzen. Die Sequenzen wurden bewusst gestört und nur die Teilnehmer mit Schlüssel konnten diese Störung herausrechnen. Im Mai des Jahrs 2000 wurde diese Störung abgeschaltet, was die uneingeschränkte Nutzung für alle ermöglichte. Der Effekt der Störung war, dass die momentane Position zufällig um bis zu 100 m verfälscht wurde. Wenn der Empfänger an einer Stelle stand, hat er sich gemäß der Messwerte zufällig in einem Gebiet von 100 m Radius bewegt. Damit war das System für viele Anwendungen unbrauchbar.

Wir können darüber spekulieren, was die US-Regierung dazu bewogen hat, die Störung und die Aussendung der verschlüsselten Information abzuschalten. Vielleicht war dies den cleveren Ingenieuren zu verdanken, die folgendes System installieren wollten. Man stellt an einen festen Punkt, dessen Koordinaten bekannt sind, ein GPS-Gerät auf und misst den Ort gemäß gestörtem GPS. Da der Ort des Geräts genau bekannt ist, kann so der Fehler gemessen werden. Diesen Fehler überträgt man sofort per Rundfunk an alle GPS-Nutzer, die damit ihre Messung korrigieren können. Somit wäre die bewusste Störung korrigierbar und damit unwirksam. Dieser Trick ist unter dem Namen differenzielles GPS bekannt. Doch wenden wir uns lieber den Methoden der Verschlüsselung zu.

Julius Cäsar, *Blaise de Vigenère* und *Gilbert Vernam*

Die Verschlüsselung von Text ist sehr alt. Bereits *Julius Cäsar* (13.7.100–15.3.44 v. Chr.) hat eine Verschlüsselungsmethode benutzt, die wie folgt funktioniert. Jeder Buchstabe eines

Worts wird durch den um drei Stellen späteren Buchstaben des Alphabets ersetzt. Diese Verschlüsselungsmethode ist zyklisch, d. h. statt z wird c geschrieben. Ein Beispiel zeigt die Verschlüsselung seines berühmten Satzes.

Beispiel 2.31 Cäsar-Verschlüsselung

Für diejenigen, die kein Latein gelernt haben, ist der Klartext bereits verschlüsselt. Veni, vidi, vici lautet übersetzt: ich kam, sah und siegte. Wir schieben zur Verschlüsselung dieses Texts jeden Buchstaben um drei Buchstaben im Alphabet weiter. Beispielsweise wird dann I zu L.

$$\text{VENI, VIDI, VICI.} \quad \longrightarrow \quad \text{YHQL, YLGL, YLFL.}$$

◊

Diese Methode war natürlich nicht sehr sicher und sehr einfach zu knacken. Viel später, im Jahr 1586, hat der französische Diplomat *Blaise de Vigenère* die Methode *Julius Cäsar* verbessert, indem er einen Schlüssel aus Buchstaben eingeführt hat. Man verwendet zur Verschlüsselung nicht den um drei Stellen späteren Buchstaben, sondern den um so viele Buchstaben späteren, wie der Buchstabe des Schlüssels im Alphabet darstellt. Mit dem Schlüssel HEUTE wird mit dieser Verschlüsselungsmethode der erste Buchstabe des Klartexts durch den im Alphabet um acht Stellen spätere ersetzt, da H der achte Buchstabe des Alphabets ist, der zweite durch den um fünf Stellen späteren, da E der fünfte Buchstabe ist, der dritte um 21 Stellen wegen U, der vierte um 20 Stellen wegen T, und der fünfte erneut um fünf Stellen wegen E. Danach wird das ganze periodisch wiederholt.

Beispiel 2.32 Vigenère-Verschlüsselung

Mit dem Schlüssel HEUTE wollen wir nun *Julius Cäsars* berühmtes Zitat „VENI, VIDI, VICI“ verschlüsseln. Wir erhalten

$$\text{VENI, VIDI, VICI.} \quad \longrightarrow \quad \text{DJIC, AQID, PNKN.}$$

Der verwendete Schlüssel lautet HEUTEHEUTEHE, und man erkennt, dass er sich periodisch wiederholt. ◊

Wegen seiner Periode konnte dieses Verfahren ebenfalls geknackt werden, und zwar im Jahr 1863 durch *Friedrich Wilhelm Kasiski*, einen preußischen Major. Dieser hat zunächst aufgrund der unterschiedlichen Häufigkeit der einzelnen Buchstaben des Alphabets[1] die Periodenlänge des Schlüssels herausgefunden. Und dann, ebenfalls durch die Häufigkeiten, den Schlüssel selbst, was verhältnismäßig einfach ist. Denn wurde ein deutscher Text mit dem Verfahren von *Julius Cäsar* verschlüsselt, ist der häufigste Buchstabe das H, da er dem verschlüsselten E entspricht. Ist also der häufigste Buchstabe das H, so ist der entsprechende Schlüsselbuchstabe ein C. Ist der häufigste Buchstabe dagegen ein L, so ist der entsprechende

---

[1] Die Wahrscheinlichkeit für „e“ in einem deutschen Text ist 0,17 und für „j“ 0,0027; die Leerzeichen eines Texts sind dabei nicht berücksichtigt.

Schlüsselbuchstabe ein G. Kennt man also die Periodenlängen des Schlüssels, so kann das Verfahren leicht geknackt werden.

Von *Gilbert Vernam* aus dem Jahr 1926 stammt die Methode, den Schlüssel bei der Vigenère-Verschlüsselung genau so lang wie den zu verschlüsselnden Text zu machen. Dies wird auch als One-Time-Pad bezeichnet und besitzt die bestmögliche Sicherheit. Kein Mithörer kann die Verschlüsselung knacken. Dieses Prinzip machte sich die Verschlüsselungsmaschine Enigma, die im zweiten Weltkrieg benutzt wurde, zu eigen, indem sie pseudozufällige Sequenzen erzeugt hat. Enigma wurde letztlich auch geknackt, weil es eben nur pseudozufällige Sequenzen waren.

Beispiel 2.33 Vernam-Verschlüsselung

Da der zu verschlüsselnde Klartext „VENI, VIDI, VICI." aus zwölf Buchstaben besteht, benötigen wir einen Schlüssel, der aus mindestens zwölf Buchstaben besteht. Wir verwenden den Schlüssel FOTOSATELLIT. Damit ergibt sich:

$$\text{VENI, VIDI, VICI.} \quad \longrightarrow \quad \text{BTHX, OJXN, HULC.}$$

◇

Stromverschlüsselung

Heute verwendet man statt Buchstaben binäre PN-Sequenzen, die in Abschnitt 2.2.3 beschrieben wurden. Diese Methode wird als Stromverschlüsselung bezeichnet und ist in **Bild 2.9** dargestellt. Dabei wird zur Verschlüsselung die Nachricht $\boldsymbol{c}$ komponentenweise mit der PN-Sequenz $\boldsymbol{n}$ binär addiert, also $0 + 0 = 1 + 1 = 0$ und $1 + 0 = 0 + 1 = 1$ für alle Stellen c_i und n_i gebildet. Es wird dann $a_i = c_i + n_i$ gesendet. Die Entschlüsselung erfolgt beim Empfänger ebenfalls durch Addition von n_i zu a_i. Dabei ergibt sich in der Tat wieder c_i, da $n_i + n_i = 0$ ist, unabhängig davon, ob der Wert von n_i null oder eins ist.

Der Schlüssel, der ausgetauscht werden muss, ist die Initialisierung der Speicher des Schieberegisters. Starten Sender und Empfänger das Schieberegister mit der gleichen Initialisierung, so können sie die identische PN-Sequenz $\boldsymbol{n}$ erzeugen.

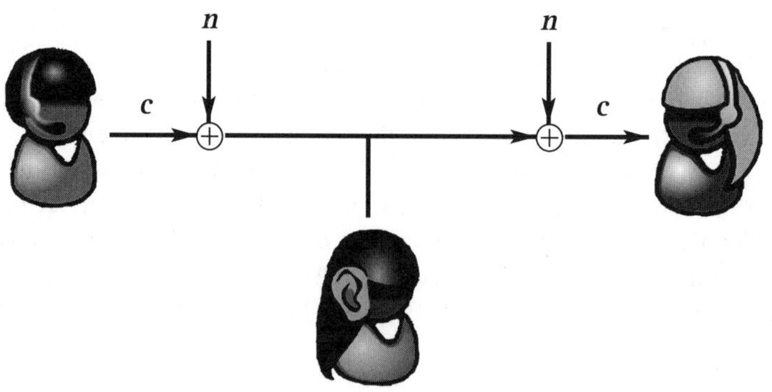

Bild 2.9 Stromverschlüsselung mit binären PN-Sequenzen

In der Praxis verwendet man die PN-Sequenzen, die durch Schieberegister erzeugt werden, nicht direkt, sondern verwendet mehrere Schieberegister, die man nichtlinear verknüpft. Auf diesen Aspekt der Nichtlinearität kann hier nicht näher eingegangen werden: er bewirkt jedoch, dass die Verschlüsselung schwieriger zu knacken ist. Die in GPS verwendete PN-Sequenz wird durch vier primitive Polynome vom Grad 12 erzeugt. Die PN-Sequenz entsteht durch nichtlineare Verknüpfung dieser vier Schieberegister. Die vier Schieberegister mit jeweils zwölf Speicherplätzen, besitzen damit insgesamt 48 binäre Speicherplätze, was bedeutet, es existieren $2^{4\cdot 12} = 2^{48} \approx 2{,}8 \cdot 10^{14}$ unterschiedliche Schlüssel. Nur wenn man den Schlüssel kennt, kann man die PN-Sequenz $\boldsymbol{n}$ aus Bild 2.9 erzeugen und so die Daten $\mathbf{c}$ berechnen. Die Daten werden mit 1 000 bit/s abgestrahlt, d. h., es dauert $2{,}8 \cdot 10^{11}$ s, bis eine Periode der PN-Sequenz gesendet ist. Dies entspricht etwa 9 000 Jahren.

Die Stromverfahren, die aktuell standardisiert werden, bestehen aus Schieberegistern mit insgesamt 128 Speichern. Es existieren also $2^{128} \approx 3{,}4 \cdot 10^{38}$ verschiedene Schlüssel und wie wir oben gesehen haben entspricht diese Zahl auch der Periode der Sequenz. Im Vergleich dazu enthält unser gesamtes Universum etwa 2^{263} Protonen. Selbst wenn man diese Sequenz mit einem Gigabit (10^9) pro Sekunde überträgt, benötigt man dazu ca. 10^{22} Jahre. Übrigens ist das Alter unseres Universums $13{,}7 \cdot 10^9$ Jahre.

2.6 Übungsaufgaben

Aufgabe 2.1

In dieser Aufgabe soll eine Klasse von Sequenzen verwendet werden, die wir nicht eingeführt haben. Die Lösung der Aufgabe ist jedoch trotzdem möglich. Gegeben seien die sog. binären Barker-Sequenzen der Länge $n = 11$ und $n = 13$.

$$\boldsymbol{b}_{11} = 000\,1110\,1101,$$
$$\boldsymbol{b}_{13} = 0\,0000\,1100\,1010.$$

a) Bestimmen Sie die Werte der Autokorrelation der beiden Sequenzen durch Berechnung der Hamming-Distanz.

b) Bestimmen Sie die Werte $\Phi(3)$ und $\Phi(6)$ der Autokorrelation durch komponentenweise Multiplikation und Summation.

Aufgabe 2.2

Kerstin und *Lars* spielen das folgende Würfelspiel: Jeder Spieler würfelt so lange, bis er 5 Sechser erreicht hat. Der Sieger des Spiels, ist derjenige, der für seine 5 Sechser weniger Versuche gebraucht hat.

a) *Kerstin* benötigt für 5 Sechser genau 16 Würfe. Wie groß war hierfür die Wahrscheinlichkeit?

b) *Lars* hat am Anfang sehr viel Pech und würfelt seinen ersten Sechser erst mit dem siebten Wurf. Ist dieses Ereignis unwahrscheinlicher als die 5 Sechser bei 16 Würfen von *Kerstin*?

c) Wie groß ist die Wahrscheinlichkeit, dass *Lars* trotzdem noch gewinnt?

Aufgabe 2.3

Ein fairer Würfel mit den Zahlen 1, 2 und 3 (jede der drei Zahlen kommt doppelt vor) wird zweimal geworfen. Der erste Wurf wird mit X_1 und der zweite Wurf mit X_2 bezeichnet.

a) Bestimme den Erwartungswert für $\min(X_1, X_2)$.

b) Bestimme den Erwartungswert für das Produkt von X_1 und X_2.

Aufgabe 2.4

Zur eindimensionalen Positionsbestimmung senden zwei Satelliten ihre Sequenzen zu exakt der gleichen Zeit los. Der eine Satellit benutzt die Barker-Sequenz aus Aufgabe 2.1

$$\boldsymbol{b}_{11} = +1 + 1 + 1 - 1 - 1 - 1 + 1 - 1 - 1 + 1 - 1.$$

Der andere benutzt die invertierte Sequenz. Im Empfänger liegt die folgende Empfangssequenz vor

$$\ldots 0-2+2+2+2-20\,000-2\;0-2+2+2+2-20\,000-2\;0-2+2+2\ldots.$$

Berechnen Sie den Zeitunterschied der Sequenzen in Anzahl von Symbolen.

Aufgabe 2.5

Es gibt noch ältere Verschlüsselungstechniken als die von *Julius Cäsar*, eine davon ist Atbash. Atbash arbeitet wie *Julius Cäsar* ohne einen Schlüssel mit einer konstanten Abbildung der Buchstaben auf einen anderen Buchstaben. Nachfolgend sind drei Abbildungen mit Atbash aufgelistet

verzaubert	⟷	eviazfyvig,
Mathematik	⟷	Nzgsvnzgrp,
Lernen	⟷	Ovimvm.

Können Sie erkennen, wie Atbash funktioniert?

Aufgabe 2.6

Erzeugen Sie mit einem Schieberegister der Länge 4, das dem Polynom $x^4 + x + 1$ entspricht, eine PN-Sequenz der Länge 15. Welcher Anfangswert, d. h., welcher Schlüssel stand im Schieberegister zur Erzeugung der Sequenz

101 1001 0001 1110?

Lösungen

Lösung zu Aufgabe 2.1

a) Wir bezeichnen mit $\boldsymbol{b}(k)$ die zyklische Verschiebung von $\boldsymbol{b}$ um k Stellen. Damit ist die Autokorrelation

$$\Phi(k) = \frac{n - 2\,\mathrm{dist}(\boldsymbol{b}, \boldsymbol{b}(k))}{n}, \quad k = 0, 1, \dots n - 1,$$

wobei n die Länge der Sequenz ist. Beginnen wir mit der Sequenz $\boldsymbol{b}_{11}$ und berechnen zunächst die Hamming-Distanzen.

$$\begin{aligned}
\mathrm{dist}(\boldsymbol{b}_{11}, \boldsymbol{b}_{11}(0)) &= \mathrm{dist}(000\,1110\,1101, 000\,1110\,1101) = 0,\\
\mathrm{dist}(\boldsymbol{b}_{11}, \boldsymbol{b}_{11}(1)) &= \mathrm{dist}(000\,1110\,1101, 100\,0111\,0110) = 6,\\
\mathrm{dist}(\boldsymbol{b}_{11}, \boldsymbol{b}_{11}(2)) &= \mathrm{dist}(000\,1110\,1101, 010\,0011\,1011) = 6,\\
\mathrm{dist}(\boldsymbol{b}_{11}, \boldsymbol{b}_{11}(3)) &= \mathrm{dist}(000\,1110\,1101, 101\,0001\,1101) = 6,\\
\mathrm{dist}(\boldsymbol{b}_{11}, \boldsymbol{b}_{11}(4)) &= \mathrm{dist}(000\,1110\,1101, 110\,1000\,1110) = 6,\\
\mathrm{dist}(\boldsymbol{b}_{11}, \boldsymbol{b}_{11}(5)) &= \mathrm{dist}(000\,1110\,1101, 011\,0100\,0111) = 6,\\
\mathrm{dist}(\boldsymbol{b}_{11}, \boldsymbol{b}_{11}(6)) &= \mathrm{dist}(000\,1110\,1101, 101\,1010\,0011) = 6,\\
\mathrm{dist}(\boldsymbol{b}_{11}, \boldsymbol{b}_{11}(7)) &= \mathrm{dist}(000\,1110\,1101, 110\,1101\,0001) = 6,\\
\mathrm{dist}(\boldsymbol{b}_{11}, \boldsymbol{b}_{11}(8)) &= \mathrm{dist}(000\,1110\,1101, 111\,0110\,1000) = 6,\\
\mathrm{dist}(\boldsymbol{b}_{11}, \boldsymbol{b}_{11}(9)) &= \mathrm{dist}(000\,1110\,1101, 011\,1011\,0100) = 6,\\
\mathrm{dist}(\boldsymbol{b}_{11}, \boldsymbol{b}_{11}(10)) &= \mathrm{dist}(000\,1110\,1101, 001\,1101\,1010) = 6.
\end{aligned}$$

Damit ist die Autokorrelation

$$\Phi(k) = \begin{cases} 1, & k = 0 \\ -\frac{1}{11}, & k = 1, 2, \dots, 10. \end{cases}$$

Entsprechend für die Sequenz $\boldsymbol{b}_{13}$.

$$\begin{aligned}
\mathrm{dist}(\boldsymbol{b}_{13}, \boldsymbol{b}_{13}(0)) &= \mathrm{dist}(0\,0000\,1100\,1010, 0\,0000\,1100\,1010) = 0,\\
\mathrm{dist}(\boldsymbol{b}_{13}, \boldsymbol{b}_{13}(1)) &= \mathrm{dist}(0\,0000\,1100\,1010, 0\,0000\,0110\,0101) = 6,\\
\mathrm{dist}(\boldsymbol{b}_{13}, \boldsymbol{b}_{13}(2)) &= \mathrm{dist}(0\,0000\,1100\,1010, 1\,0000\,0011\,0010) = 6,\\
&\vdots\\
\mathrm{dist}(\boldsymbol{b}_{13}, \boldsymbol{b}_{13}(12)) &= \mathrm{dist}(0\,0000\,1100\,1010, 0\,0001\,1001\,0100) = 6.
\end{aligned}$$

Damit ist die Autokorrelation

$$\Phi(k) = \begin{cases} 1, & k = 0 \\ \frac{1}{13}, & k = 1, 2, \dots, 12. \end{cases}$$

b) Die Sequenzen mit ±1 lauten

$$\boldsymbol{b}_{11} = +1 + 1 + 1 - 1 - 1 - 1 + 1 - 1 - 1 + 1 - 1$$

und

$$\boldsymbol{b}_{13} = +1 + 1 + 1 + 1 + 1 - 1 - 1 + 1 + 1 - 1 + 1 - 1 + 1.$$

Wir berechnen die Korrelation von $\boldsymbol{b}_{11}$ und $\boldsymbol{b}_{11}(3)$

$$\begin{aligned}\Phi(3) &= \frac{1}{11}[(+1)\cdot(-1) + (+1)\cdot(+1) + (+1)\cdot(-1) + (-1)\cdot(+1)\\ &\quad + (-1)\cdot(+1) + (-1)\cdot(+1) + (+1)\cdot(-1) + (-1)\cdot(-1)\\ &\quad + (-1)\cdot(-1) + (+1)\cdot(+1) + (-1)\cdot(-1)]\\ &= \frac{1}{11}(-1 + 1 - 1 - 1 - 1 - 1 - 1 + 1 + 1 + 1 + 1) = -\frac{1}{11}.\end{aligned}$$

Für die Sequenz $\boldsymbol{b}_{13}$ wollen wir den Wert $\Phi(6)$ berechnen

$$\begin{array}{r} \boldsymbol{b}_{13} = +1\ +1\ +1\ +1\ +1\ -1\ -1\ +1\ +1\ -1\ +1\ -1\ +1\\ \boldsymbol{b}_{13}(6) = +1\ +1\ -1\ +1\ -1\ +1\ +1\ +1\ +1\ +1\ +1\ -1\ -1\\ \hline +1\ +1\ -1\ +1\ -1\ -1\ -1\ +1\ +1\ -1\ +1\ +1\ -1. \end{array}$$

Damit ergibt sich als Wert $\Phi(6) = \frac{1}{13}$.

Lösung zu Aufgabe 2.2

a) Vier der fünf Sechsen hat *Kerstin* in 15 Würfen geworfen und im 16. Wurf dann eine Sechs. Die Wahrscheinlichkeit, in 15 Würfen 4 Sechser zu würfeln, ist

$$\binom{15}{4}\left(\frac{1}{6}\right)^4\left(\frac{5}{6}\right)^{11}.$$

Die Wahrscheinlichkeit müssen wir noch mit $\frac{1}{6}$ multiplizieren und erhalten die gewünschte Wahrscheinlichkeit

$$\binom{15}{4}\left(\frac{1}{6}\right)^4\left(\frac{5}{6}\right)^{11}\cdot\frac{1}{6} = 1\,365\cdot\frac{1}{7\,776}\cdot\frac{48\,828\,125}{362\,797\,056} \approx 0{,}0\,236.$$

b) Die Wahrscheinlichkeit, dass erst im siebten Wurf eine Sechs gewürfelt wird, ist

$$\left(\frac{1}{6}\right)\left(\frac{5}{6}\right)^6 = \frac{15\,625}{279\,936} \approx 0{,}055\,816.$$

Damit ist die Wahrscheinlichkeit größer als die in Teil a).

c) Damit *Lars* gewinnen kann, muss er in acht Würfen 4 Sechsen würfeln. Er würfelt entweder 4 Sechsen bei vier Würfen, oder bei vier Würfen 3 Sechsen und im fünften Wurf eine Sechs, oder bei fünf Würfen 3 Sechsen und im sechsten Wurf eine Sechs usw. Die Wahrscheinlichkeit dafür ist

$$\left(\frac{1}{6}\right)^4 + \binom{4}{3}\left(\frac{1}{6}\right)^4\left(\frac{5}{6}\right)^1 + \binom{5}{3}\left(\frac{1}{6}\right)^4\left(\frac{5}{6}\right)^2$$
$$+\binom{6}{3}\left(\frac{1}{6}\right)^4\left(\frac{5}{6}\right)^3 + \binom{7}{3}\left(\frac{1}{6}\right)^4\left(\frac{5}{6}\right)^4.$$

Der Wert dieser Wahrscheinlichkeit ist $\approx 0{,}0\,307$.

Lösung zu Aufgabe 2.3

Die Würfe haben die Ausgänge

$$(1,1),(1,2),(1,3),(2,1),(2,2),(2,3),(3,1),(3,2),(3,3).$$

Alle diese Würfe besitzen die Wahrscheinlichkeit $\frac{1}{9}$.

a) Mit der Wahrscheinlichkeit $\frac{5}{9}$ ist das Minimum eine 1, mit $\frac{3}{9}$ eine 2 und mit $\frac{1}{9}$ eine 3. Also ist der Erwartungswert

$$1 \cdot \frac{5}{9} + 2 \cdot \frac{3}{9} + 3 \cdot \frac{1}{9} = \frac{14}{9} \approx 1{,}55\,555.$$

b) Das Produkt der beiden Würfe kann die Werte $1, 2, 3, 4, 6$ und 9 annehmen. Die entsprechenden Wahrscheinlichkeiten sind $\frac{1}{9}, \frac{2}{9}, \frac{2}{9}, \frac{1}{9}, \frac{2}{9}$ und $\frac{1}{9}$. Damit berechnet sich der Erwartungswert zu

$$1 \cdot \frac{1}{9} + 2 \cdot \frac{2}{9} + 3 \cdot \frac{2}{9} + 4 \cdot \frac{1}{9} + 6 \cdot \frac{2}{9} + 9 \cdot \frac{1}{9} = \frac{36}{9} = 4.$$

Da die Würfe unabhängig sind, darf man auch rechnen

$$E[X_1 \cdot X_2] = E[X_1] \cdot E[X_2] = 2 \cdot 2 = 4.$$

Lösung zu Aufgabe 2.4

Um die zwei Sequenzen zu finden, korrelieren wir mit der Barker-Sequenz. Die invertierte Sequenz benötigen wir nicht, da die Korrelation an der entsprechenden Stelle einen negativen Wert annehmen wird. Die folgende Tabelle enthält die Korrelationswerte.

... 0 −2 +2 +2 +2 −20 000 −2 0 −2 +2 +2 +2 −20 000 −2 ...	
+1 +1 +1 −1 −1 −1 +1 −1 −1 +1 −1	$=0$
+1 +1 +1 −1 −1 −1 +1 −1 −1 +1 −1	$=0$
+1 +1 +1 −1 −1 −1 +1 −1 −1 +1 −1	$=\frac{12}{11}$
+1 +1 +1 −1 −1 −1 +1 −1 −1 +1 −1	$=0$
+1 +1 +1 −1 −1 −1 +1 −1 −1 +1 −1	$=0$
+1 +1 +1 −1 −1 −1 +1 −1 −1 +1 −1	$=0$
+1 +1 +1 −1 −1 −1 +1 −1 −1 +1 −1	$=0$
+1 +1 +1 −1 −1 −1 +1 −1 −1 +1 −1	$=0$
+1 +1 +1 −1 −1 −1 +1 −1 −1 +1 −1	$=0$
+1 +1 +1 −1 −1 −1 +1 −1 −1 +1 −1	$=0$
+1 +1 +1 −1 −1 −1 +1 −1 −1 +1 −1	$=-\frac{12}{11}$

Die Abstand der betragsmäßigen Korrelationsmaxima in Symbolen ist damit 8 bzw. 3, je nachdem, welche Sequenz wir als erste annehmen.

Hätten wir mit der invertierten Barker-Sequenz korreliert, so hätten wir die gleichen Werte mit anderen Vorzeichen erhalten.

Lösung zu Aufgabe 2.5

Die Abbildung, die Atbash durchführt, ist in der folgenden Tabelle aufgelistet. Die Abbildung stellt das Alphabet in umgekehrter Reihenfolge dar.

Klartext	A	B	C	D	E	F	G	H	I	J	K	L	M
Atbash	Z	Y	X	W	V	U	T	S	R	Q	P	O	N
Klartext	N	O	P	Q	R	S	T	U	V	W	X	Y	Z
Atbash	M	L	K	J	I	H	G	F	E	D	C	B	A

Lösung zu Aufgabe 2.6

Das rückgekoppelte Schieberegister, das dem Polynom $x^4 + x + 1$ entspricht, ist in **Bild 2.10** angegeben. Die PN-Sequenz bei Schlüssel (Initialisierung) 0001 ist in der Tabelle der Abbildung durchgeführt und lautet

00 0111 0101 1001.

Mit dem Schlüssel 1011 ergibt sich die Sequenz

10 1100 1000 1110.

Der Schlüssel war hier noch einfach herauszufinden, aber wenn der Schlüssel aus 128 bit besteht, kann man die ganze Sequenz nicht mehr aufschreiben. Da man höchstens einen Ausschnitt aus den $2^{128} - 1$ Symbolen der Sequenz kennt, ist es extrem aufwendig, den Schlüssel zu berechnen.

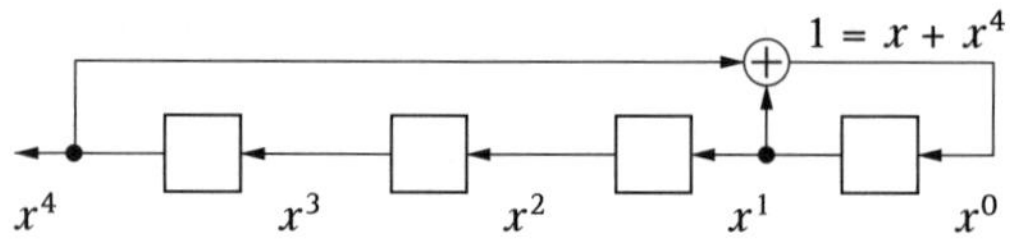

Schritt	Register	Ausgang
0	0001	0
1	0011	0
2	0111	0
3	1111	1
4	1110	1
6	1101	1
7	0101	0
8	1011	1
9	0110	0
10	1100	1
11	1001	1
12	0010	0
13	0100	0
14	1000	1

Bild 2.10 Schieberegister für PN-Sequenzen der Länge 15 mit Initialisierungen

3 Das Handy

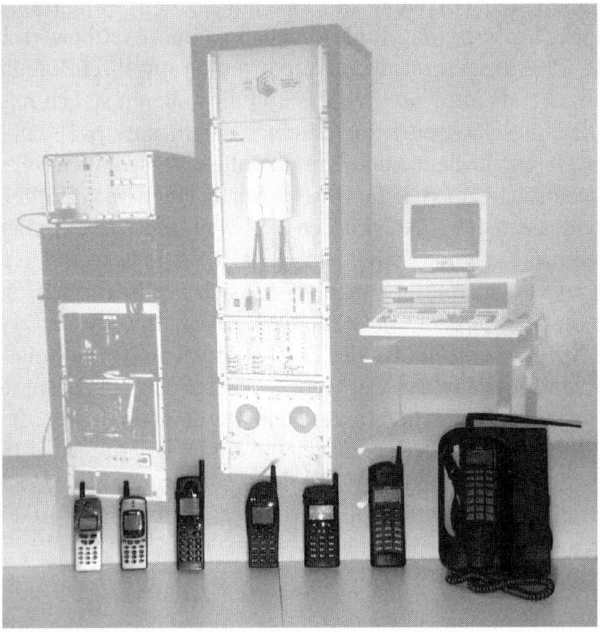

Bild 3.1 Erstes GSM-Telefon (Hintergrund) und die ersten Telefon-Generationen

Inzwischen telefonieren weltweit fast drei Milliarden Menschen mit einem Mobiltelefon[1]. Man kann zweifelsfrei behaupten, dass die Existenz des Mobiltelefons die Gesellschaft verändert hat. Während vor dem Handy die erste Frage beim Telefonieren war „Wie geht's?" lautet sie heute zumeist „Wo bist du?". Wir wollen zunächst einige Aspekte der unglaublichen Erfolgsgeschichte des Handys erörtern und anschließend einige Details zu den aufwendigen, rechenintensiven Verfahren und Methoden beschreiben, die im Handy verwendet werden. Durch die weiteren Ausführungen sollte sowohl klar werden, warum in einem Handy die Rechenleistung eines PC notwendig ist, als auch, dass dem mobilen Telefonieren sehr viel Mathematik zugrunde liegt. Deshalb mussten wir auch in diesem Kapitel eine Auswahl treffen und werden nur eine begrenzte Anzahl an mathematischen Verfahren ansprechen.

[1] Noch im Jahr 1993 haben führende Manager prognostiziert, dass die Zahl der Teilnehmer in Europa im Jahr 2005 etwa 13 Millionen betragen werde.

Begonnen hat die Geschichte des Handys im Jahr 1980 mit einem Projekt der deutsch-französischen Postbehörden, ein Autotelefon zu entwickeln. Zur damaligen Zeit waren alle Telefonsysteme staatlich und unterlagen den Postbehörden. Diese gründeten die Groupe Spécial Mobile (GSM), die die Industrie aufgefordert hat, Vorschläge für ein Autotelefonsystem zu entwerfen. Die technischen Realisierungen solcher Vorschläge werden üblicherweise durch sog. Validationssysteme auf ihre Funktionsfähigkeit und ihre Effizienz überprüft. Jedes Unternehmen, das einen Vorschlag macht, baut also ein Validationssystem, um damit zu demonstrieren, dass ihr Vorschlag funktioniert. In einem Wettbewerb in Paris/Frankreich traten dann im Jahr 1986 insgesamt neun Konkurrenten mit ihren Validationssystemen gegeneinander an. Nur zwei davon waren digital und die anderen sieben noch analog. Die verantwortlichen Politiker beschlossen jedoch, keines davon auszuwählen, sondern ein neues System zu standardisieren, in dem Elemente aus allen Vorschlägen vereinigt werden sollten. Dadurch wurde erreicht, dass kein Unternehmen einen technischen Vorsprung hatte. Im gleichen Jahr schlossen sich Postbehörden von weiteren europäischen Ländern an, und in der legendären Konferenz von Madeira im Jahr 1987 unterzeichneten zwölf Länder ein sog. Memorandum of Understanding, in dem sie sich verpflichteten, die GSM-Netze koordiniert einzuführen, Standardisierungsarbeit zu leisten und die Entgeltpolitik[1] zu lösen. Durch koordinierte Beschaffungspolitik der Postbehörden sollte die Industrie bei diesem gewaltigen Vorhaben, ein Mobilfunksystem zu entwickeln, unterstützt werden. Es wurden drei Arbeitsgruppen mit zahlreichen Experten aus Industrie und Wissenschaft gegründet, die unter dem Dach des 1988 gebildeten europäischen Standardisierungsinstituts ETSI (European Telecommunications Standards Institute [12]) den GSM-Standard entwickelten. Namentlich handelte es sich um die drei Arbeitsgruppen Services, Transmission und Protocols (Dienste, Übertragung und Protokolle).

Es gab jedoch zwei Gebiete, bei denen die Experten zweifelten, ob die wissenschaftlichen Erkenntnisse ausreichen würden, um das System zu realisieren: die Sprachcodierung und die Kryptografie. Bei der Sprachcodierung geht es darum, Verfahren zu finden, mittels derer Sprache digitalisiert und komprimiert werden kann, um eine möglichst geringe Datenrate zu benötigen. Verfahren zur digitalen Übertragung von Sprache mit 64 000 bit/s waren zwar von der ISDN-Festnetztelefonie bekannt, diese Datenrate war jedoch für den Mobilfunk viel zu hoch. Die Kryptografie stellt Verfahren für die Sicherheit bereit, damit kein Nutzer auf Kosten eines anderen Nutzers telefonieren kann. Deshalb wurden zusätzlich zu den drei Arbeitsgruppen noch zwei Expertengruppen mit Wissenschaftlern aus Industrie und Universitäten gebildet, die speziell Lösungen für diese beiden Gebiete erarbeiten sollten.

Bild 3.1 zeigt im Hintergrund das erste GSM-Telefon, mit dem kurz vor Weihnachten 1988 in Stuttgart das weltweit erste digitale GSM-Telefonat geführt wurde. Der linke untere, kühlschrankgroße Kasten in Bild 3.1 ist das Mobilgerät. Darauf steht ein Kanalsimulator, der von dem PC, ganz rechts, bedient wurde. Der große Schrank in der Mitte ist die Basisstation. Die Geräte wurden von folgendem Firmenkonsortium entwickelt: AEG Mobile Communication (Ulm), Alcatel (Paris/Frankreich), Nokia (Helsinki/Finnland) und SEL (Stuttgart). Für das ers-

[1] Dies erschien zur damaligen Zeit ein schwierigeres Problem zu sein als die riesige technische Herausforderung, das Mobilfunksystem zu standardisieren.

te Telefonat wurde das Mobilgerät in einen Kleintransporter gestellt. Da dieses erste Handy einen so großen Anschlusswert hatte, war zusätzlich noch ein Anhänger notwendig, in dem ein 5-kW-Ersatzstromaggregat mitgeführt wurde. Das System wurde gebaut, um den GSM-Standard zu validieren, d. h. um zu testen, ob er realisierbar ist. Viele Fehler im Standard konnten durch diese Realisierung entdeckt und damit korrigiert werden.

Der Start des GSM-Netzes war zwar früher geplant, erfolgte dann aber schließlich im Jahr 1992. Damals wurde die Abkürzung GSM scherzhaft interpretiert als: God send mobiles. Es gab zu diesem Zeitpunkt nämlich noch sehr wenig Handys, weil alle Hersteller Probleme hatten, die Rechenkomplexität in kleinen Geräten unterzubringen. Bild 3.1 zeigt im Vordergrund die ersten Handygenerationen, und zwar zeitlich von rechts nach links. Man erkennt, dass das Gerät der ersten Generation (rechts) um ein Vielfaches größer ist, als die Geräte der folgenden Generationen. Das Gerät ganz links stammt aus dem Jahr 1998.

Nachdem sich der Erfolg des GSM-Systems abzeichnete, wurde die Abkürzung GSM in Global System for Mobile Communication umgedeutet, wie sie heute noch benutzt wird. Bei der Standardisierung haben Ingenieure aus ganz Europa diskutiert, um die beste technische Lösung für ein Autotelefon (daran sei nochmals erinnert) zu entwickeln. Was heraus kam ist das Handy, mit dem heute fast überall und sogar in Häusern telefoniert werden kann. Die wohl netteste Anekdote aus der damaligen Zeit war die Frage eines Schweizer Ingenieurs: Was ist ein Kamel? Seine Antwort war: Ein Kamel ist ein Rennpferd, das durch das GSM-Gremium standardisiert wurde.

3.1 Problemstellung

Im Mobilfunk müssen Daten von der Basisstation zum Mobilteilnehmer und umgekehrt übertragen werden. Bei digitaler Übertragung bildet man die binären Daten, d. h. Bits 0 und 1 auf zwei unterschiedliche elektromagnetische Signale ab, die dann gesendet werden. Die Bitdauer ist im GSM-System $T_{\text{bit}} = 3{,}69\,\mu\text{s}$[1]. Entsprechend **Bild 3.2** breitet sich das Signal nach allen Richtungen aus und gelangt über verschieden lange Wege zum Mobilteilnehmer; man spricht von Mehrwegeausbreitung.

Dies hat folgende Auswirkung: Die Signale, die über verschiedene Wege (Pfade) zum Endgerät gelangen, überlagern sich an dessen Antenne. Durch viele Messkampagnen wurde ermittelt, dass die maximale Umweglaufzeit bis zu 16 µs betragen kann. Die Umweglaufzeit ist dabei die Verzögerungszeit des längsten Wegs, verglichen mit dem direkten Pfad (entsprechend Bild 3.2). Wenn also das Signal des k-ten Bit beim Mobilteilnehmer ankommt, können gleichzeitig über Umwege die Signale der Bits $k-1$, $k-2$, $k-3$ und $k-4$ ankommen. Der an der Antenne gemessene Wert entspricht der Überlagerung mehrerer Symbole. Diese Überlagerung mehrerer Symbole wird als Intersymbolinterferenz bezeichnet. Damit muss man ein bei Ingenieuren häufig auftretendes Problem lösen: Wenn man die Summe kennt, kennt man nicht die Summanden. Im schlimmstmöglichen Fall löschen sich die Signale der einzelnen Pfade am Empfangsort sogar aus (Signalschwund).

[1] 1 µs ist eine millionstel Sekunde, d. h. 10^{-6} s.

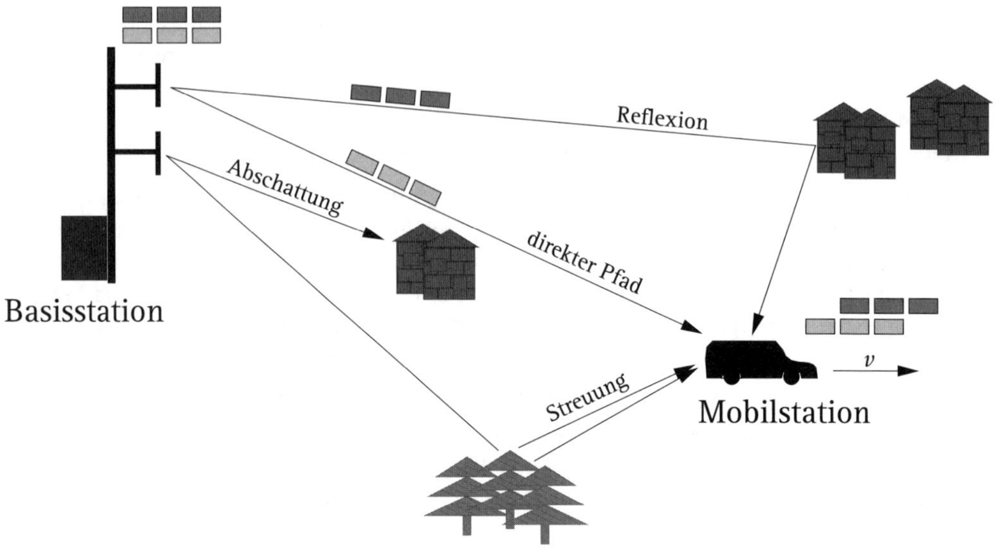

Bild 3.2 Mehrwegeausbreitung im Mobilfunk

Aufgrund der oben beschriebenen Effekte kann man nur eine sehr wage Entscheidung über den Wert eines Symbols treffen, die auch falsch sein kann, was zu Bitfehlern führt. Diese Bitfehler müssen korrigiert werden, um mit annehmbarer Sprachqualität telefonieren zu können oder damit eine SMS (Short Message Service) fehlerfrei[1] ist. Daher ergeben sich zunächst die folgenden zwei Problemstellungen.

Kanalschätzung

Wie oben beschrieben, besteht ein Empfangswert in erster Näherung aus der Summe aller ankommenden Pfade, die unterschiedlich verzögert sind. Diese Pfade werden sowohl bei der Ausbreitung als auch bei Reflexion oder Streuung noch gedämpft, was wir später berücksichtigen werden. Um zu wissen, mit welchen Summanden (ankommende verzögerte Pfade) die Summe eines Empfangswerts gebildet worden ist, muss der Kanal geschätzt werden. Es muss also die Anzahl und die Verzögerung aller beim Empfänger ankommender Pfade bestimmt werden. Dies kann nur zuverlässig durchgeführt werden, wenn ein Teil der Daten, die übertragen werden, dem Empfänger bekannt sind. Solche Daten werden Trainingssequenzen genannt.

Problemstellung

Welche Daten sind geeignet, um die Auswirkungen des Kanals zu schätzen, und welche mathematischen Methoden benötigt man hierfür?

[1] Die Fehler, die der Absender selbst in die SMS einbaut, können leider nicht korrigiert werden.

Fehlerkorrektur mit Faltungscodes

Selbst wenn wir wissen, aus welchen verzögerten Pfaden das Empfangssignal zusammengesetzt ist, kann es trotzdem zu Bitfehlern kommen, nämlich, wenn das Signal am Handy durch Überlagerung vieler Signale (über Umwege) ausgelöscht wird, und somit ein Signalwert nahe null empfangen wird. Fehlerhafte Bits sind natürlich nicht akzeptabel für den Nutzer, denn sie bewirken Fehler in der SMS oder wirken sich nachteilig auf die Sprachqualität aus. Deshalb setzt man Faltungscodes zur Korrektur der auftretenden Bitfehler ein.

Problemstellung
Wie kann man durch Einsatz von Faltungscodes Fehler korrigieren?

Neben den Problemen in der sog. Übertragungsschicht existieren auch Probleme bei der Verwaltung der Nutzer. Aus diesem, ebenfalls komplexen Gebiet mit zahllosen Verfahren, wollen wir zwei weitere interessante Problemstellungen herausgreifen.

Nutzeridentität

Die kriminelle Energie einiger Individuen darf nicht unterschätzt werden. Es muss daher verhindert werden, dass irgendjemand illegalerweise auf Kosten eines anderen Nutzers telefonieren kann und diesem somit schadet. Folglich muss die Identität, die ein Nutzer vorgibt, so überprüft werden können, dass diese Überprüfung mit Sicherheit das korrekte Ergebnis liefert. Das ganze System muss so sicher sein, dass selbst wenn ein Krimineller sehr viel Aufwand, Zeit und Geld einsetzt, es sehr unwahrscheinlich ist, dass er erfolgreich die Identität eines legalen Nutzers vorspiegeln kann, was uns zur dritten Problemstellung führt.

Problemstellung
Wie kann man sicherstellen, dass ein Nutzer mit größtmöglicher Sicherheit identifiziert werden kann?

Internationales Roaming

Zwei damals revolutionäre Neuheiten des GSM-Mobilfunksystems entstanden aus der Forderung, dass ein Nutzer überall erreichbar sein sollte, egal, ob er sich im Heimatland oder im Ausland befindet. Das Festnetz zeichnet sich dadurch aus, dass ein Nutzer ortsfest ist, also sein Ort konstant und dem Netz bekannt ist. Also muss man, um einen Teilnehmer zu erreichen, das Gerät erreichen. Damit ein Teilnehmer unabhängig vom Gerät wird, wurde ein neues Konzept benötigt, nämlich dass ein Teilnehmer identisch mit der sog. SIM-Karte (Subscriber Identity Module) ist. Der Teilnehmer kann seine SIM-Karte in ein beliebiges Gerät einsetzen und ist dann erreichbar. Dies war damals ein weitreichender Paradigmenwechsel. Die Lösung des vorherigen Problems, der Verifizierung der Nutzeridentität, ermöglichte es, die SIM-Karte zu identifizieren, egal an welchem Ort und in welchem Gerät sie sich befindet. Dadurch konnte nun die Forderung überall erreichbar zu sein erfüllt werden, wie wir in Abschnitt 3.6 beschreiben werden. Obwohl diese beiden Aspekte (Nutzer ist identisch mit SIM-Karte, weltweite Erreichbarkeit) aus heutiger Sicht selbstverständlich erscheinen, waren es damals bei der Standardisierung revolutionäre Neuheiten, die in viele andere Bereiche strahlten. Damit lautet die letzte Problemstellung dieses Kapitels:

Problemstellung
Wie wird trotz der Vielzahl an Mobilfunknetzen das Problem gelöst, jederzeit zu wissen, wo sich ein Teilnehmer im Moment aufhält?

3.2 Mathematische Grundlagen

Rechnen im Binärkörper

In diesem Kapitel wird das Rechnen im Binärkörper behandelt, d. h. es existieren nur die Zahlen 0 und 1. Die Rechenregeln lassen sich wie folgt zusammenfassen:

$$\begin{array}{ll} \text{Addition} & 1+1=0,\ 0+0=0,\ 1+0=1,\ 0+1=1, \\ \text{Multiplikation} & 1\cdot 1=1,\ \ 0\cdot 0=0\ \ \ 1\cdot 0=0,\ \ 0\cdot 1=0. \end{array}$$

Man kann das Rechnen im Binärkörper prinzipiell auch durch Rechnen modulo 2 beschreiben. Die Modulorechnung wird ausführlich in Abschnitt 5.2.1 behandelt.

Definition 3.1 Binäre Vektoren

Ein Vektor, dessen Komponenten nur 0 oder 1 sind, heißt binärer Vektor. Wir schreiben einen binären Vektor $\boldsymbol{a}$ *der Länge* n *folgendermaßen*

$$\boldsymbol{a} = (a_1, a_2, ..., a_n), \quad a_i \in \{0, 1\}, i = 1, 2, ..., n\,.$$

Die Hamming-Distanz gibt an, in wie vielen Stellen sich zwei binäre Vektoren gleicher Länge unterscheiden. Sie gibt damit den Abstand zwischen zwei Vektoren an.

Definition 3.2 Hamming-Distanz

Seien $\boldsymbol{a} = (a_1, a_2, ..., a_n)$ *und* $\boldsymbol{b} = (b_1, b_2, ..., b_n)$ *zwei binäre Vektoren der Länge* n *mit* $a_i, b_i \in \{0, 1\}$. *Dann ist die Hamming-Distanz definiert durch:*

$$\mathrm{dist}(\boldsymbol{a}, \boldsymbol{b}) = \sum_{i=1}^{n} \mathrm{dist}(a_i, b_i) \quad \text{mit} \quad \mathrm{dist}(a_i, b_i) = \begin{cases} 1 & \text{für } a_i \neq b_i \\ 0 & \text{für } a_i = b_i. \end{cases}$$

Die Distanz eines Vektors $\boldsymbol{a}$ *zum Nullvektor* $\boldsymbol{o}$, *d. h.* $\mathrm{dist}(\boldsymbol{a}, \boldsymbol{o})$, *bezeichnet man als sein Hamming-Gewicht. Das Hamming-Gewicht eines binären Vektors ist also die Anzahl seiner Einsen.*

Offensichtlich kann die Hamming-Distanz nur Werte zwischen 0 und n annehmen, d. h.

$$0 \leq \mathrm{dist}(\boldsymbol{a}, \boldsymbol{b}) \leq n.$$

Beispiel 3.3 Hamming-Distanz

Gegeben seien zwei binäre Vektoren der Länge 8, nämlich $\boldsymbol{a} = 0000\,1111$ und $\boldsymbol{b} = 0101\,0101$. Ihre Hamming-Distanz beträgt

$$\text{dist}(\boldsymbol{a}, \boldsymbol{b}) = \sum_{i=1}^{8} \text{dist}(a_i, b_i) = 0 + 1 + 0 + 1 + 1 + 0 + 1 + 0 = 4.$$

◇

Die Hamming-Distanz ist eine sog. Metrik. Was man unter einer Metrik versteht, wollen wir im Folgenden erläutern, obwohl dies nicht zwingend notwendig für das Verständnis des Rests dieses Kapitels ist. Eine Metrik besitzt die folgenden Eigenschaften:

- Positive Definitheit: $\text{dist}(\boldsymbol{a}, \boldsymbol{b}) \geq 0$, und $\text{dist}(\boldsymbol{a}, \boldsymbol{b}) = 0$ genau dann, wenn $\boldsymbol{a} = \boldsymbol{b}$,
- Symmetrie: $\text{dist}(\boldsymbol{a}, \boldsymbol{b}) = \text{dist}(\boldsymbol{b}, \boldsymbol{a})$,
- es gilt die Dreiecksungleichung: $\text{dist}(\boldsymbol{a}, \boldsymbol{b}) \leq \text{dist}(\boldsymbol{a}, \boldsymbol{c}) + \text{dist}(\boldsymbol{c}, \boldsymbol{b})$.

Die Hamming-Distanz erfüllt alle diese Eigenschaften und ist damit eine Metrik. Offensichtlich ist sie positiv definit, da sie immer größer gleich null ist. Die Symmetrie ist ebenfalls offensichtlich.

Um zu zeigen, dass die Dreiecksungleichung erfüllt ist, beobachten wir zunächst, dass sich die Hamming-Distanz nicht ändert, wenn man zu beiden Vektoren einen beliebigen Vektor addiert (was binär das gleiche ist wie subtrahiert),

$$\text{dist}(\boldsymbol{a}, \boldsymbol{b}) = \sum_{i=1}^{n} \text{dist}(a_i, b_i) = \text{dist}(\boldsymbol{a} + \boldsymbol{c}, \boldsymbol{b} + \boldsymbol{c}) = \sum_{i=1}^{n} \text{dist}(a_i + c_i, b_i + c_i),$$

denn wenn $c_i = 1$, werden beide Werte a_i und b_i invertiert, was nichts an der Distanz ändert, und bei $c_i = 0$ bleiben sie gleich, was ebenfalls nichts an der Distanz ändert. Eine Konsequenz daraus ist, dass gilt

$$\text{dist}(\boldsymbol{a}, \boldsymbol{b}) = \text{dist}(\boldsymbol{a} + \boldsymbol{b}, \boldsymbol{b} + \boldsymbol{b}) = \text{dist}(\boldsymbol{a} + \boldsymbol{b}, \boldsymbol{o}),$$

was dem Hamming-Gewicht von $\boldsymbol{a} + \boldsymbol{b}$ entspricht, denn $\boldsymbol{b} + \boldsymbol{b} = \boldsymbol{o}$. Die Hamming-Distanz zweier Vektoren ist also gleich dem Hamming-Gewicht ihrer Summe (Differenz).

Wir können also schreiben

$$\text{dist}(\boldsymbol{a}, \boldsymbol{b}) = \text{dist}(\boldsymbol{a} + \boldsymbol{c}, \boldsymbol{b} + \boldsymbol{c})$$

und

$$\text{dist}(\boldsymbol{a}, \boldsymbol{c}) + \text{dist}(\boldsymbol{c}, \boldsymbol{b}) = \text{dist}(\boldsymbol{a} + \boldsymbol{c}, \boldsymbol{o}) + \text{dist}(\boldsymbol{b} + \boldsymbol{c}, \boldsymbol{o}).$$

Damit ist klar, dass die Dreiecksungleichung erfüllt ist, denn $\text{dist}(\boldsymbol{a}+\boldsymbol{c},\boldsymbol{o})$ ist die Anzahl der Einsen im Vektor $\boldsymbol{a}+\boldsymbol{c}$ und entsprechend $\text{dist}(\boldsymbol{b}+\boldsymbol{c},\boldsymbol{o})$ im Vektor $\boldsymbol{b}+\boldsymbol{c}$. Die Distanz zweier Vektoren kann nicht größer sein als die Summe ihrer Gewichte, d. h.

$$\text{dist}(\boldsymbol{a},\boldsymbol{b}) \le \text{dist}(\boldsymbol{a},\boldsymbol{o}) + \text{dist}(\boldsymbol{b},\boldsymbol{o}).$$

Denn bei der Addition von binären Vektoren wird eine Eins in derselben Koordinate beider Vektoren zu einer Null im Summenvektor. Damit kann der Summenvektor nicht mehr Einsen enthalten, als die Summe der Einsen beider Vektoren.

Beispiel 3.4 Dreiecksungleichung

Gegeben seien drei binäre Vektoren der Länge 6, nämlich $\boldsymbol{a} = 01\,0011$, $\boldsymbol{b} = 01\,1100$ und $\boldsymbol{c} = 10\,1100$. Die Anzahl an Einsen aller drei Vektoren ist 3. Ihre Hamming-Distanzen müssen damit kleiner gleich $3+3=6$ sein und betragen:

$$\text{dist}(\boldsymbol{a},\boldsymbol{b}) = 4 < 3+3, \quad \text{dist}(\boldsymbol{a},\boldsymbol{c}) = 6 = 3+3 \quad \text{und} \quad \text{dist}(\boldsymbol{c},\boldsymbol{b}) = 2 < 3+3.$$

Die Dreiecksungleichung ist für alle drei Fälle erfüllt.

$$\begin{aligned}
\text{dist}(\boldsymbol{a},\boldsymbol{b}) &\le \text{dist}(\boldsymbol{a},\boldsymbol{c}) + \text{dist}(\boldsymbol{c},\boldsymbol{b}), \quad &&\text{denn} \quad 4 < 6+2 = 8,\\
\text{dist}(\boldsymbol{c},\boldsymbol{b}) &\le \text{dist}(\boldsymbol{c},\boldsymbol{a}) + \text{dist}(\boldsymbol{a},\boldsymbol{b}), \quad &&\text{denn} \quad 2 < 4+6 = 10,\\
\text{dist}(\boldsymbol{a},\boldsymbol{c}) &\le \text{dist}(\boldsymbol{a},\boldsymbol{b}) + \text{dist}(\boldsymbol{b},\boldsymbol{c}), \quad &&\text{denn} \quad 6 = 4+2.
\end{aligned}$$

◇

Der symmetrische Binärkanal

Im Mobilfunkkanal entstehen bei der Schätzung des Signals zufällige Fehler. Der Einfachheit halber verwendet man zur Untersuchung der Leistungsfähigkeit von Fehlerkorrekturverfahren ein simples Modell, das zufällige Fehler erzeugen kann. Dazu wird der sog. symmetrische Binärkanal aus **Bild** 3.3 verwendet. Eine Null wird dabei mit Wahrscheinlichkeit p im Kanal in eine Eins verfälscht und mit Wahrscheinlichkeit $1-p$ korrekt übertragen. Entsprechendes gilt für eine gesendete Eins. Man nennt p die Fehlerwahrscheinlichkeit des Kanals.

Wir wollen ohne Herleitung die Wahrscheinlichkeit $P(e|n,p)$ angeben, dass bei Übertragung eines Vektors der Länge n über einen symmetrischen Binärkanal e Fehler auftreten (der

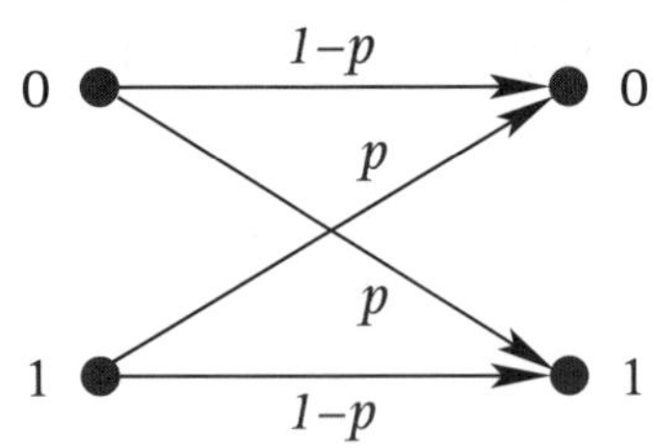

Bild 3.3 Kanalmodell, Symmetrischer Binärkanal

Binomialkoeffizient $\binom{n}{e}$ und die Binomialverteilung werden in Abschnitt 2.2.1, Satz 2.11 hergeleitet).

$$P(e|n,p) = \binom{n}{e} p^e (1-p)^{n-e}.$$

3.3 Kanalschätzung mit Trainingssequenzen

Wir wollen annehmen, dass die n binären Symbole $(s_0, s_1, ..., s_k, ..., s_{n-1})$ von der Basisstation zum Handy gesendet werden. Weiter wollen wir annehmen, dass die Symbole anstatt $\{0, 1\}$ nun $s_i \in \{+1, -1\}$ sind. Prinzipiell stellt dies keinen Unterschied dar, denn die Symbole bleiben binär. Da in Wirklichkeit die Signale Sinusschwingungen sind und eine 1 durch die Schwingung selbst und eine -1 durch eine negierte Sinusschwingung realisiert werden, trifft die Verwendung von $\{+1, -1\}$ besser zu. Wie in Bild 3.2 gezeigt, überlagern sich die ausgesendeten Signale am Empfänger aufgrund der unterschiedlichen Laufzeiten so, dass das Symbol s_k zum Zeitpunkt k mit den Symbolen s_{k-1}, s_{k-2}, s_{k-3}, ... überlagert wird. Wie viele überlagerte Symbole dies sind, hängt von der Situation ab. In den Alpen, wo die Signale an entfernten Bergen reflektiert werden können, werden dies mehr Symbole sein als im flachen Land. Über Jahre wurden sehr viele Situationen gemessen und es wurde festgestellt, dass mit der Annahme, dass die maximale Umweglaufzeit vier Symbole beträgt, fast alle Situationen beschrieben werden können. Ein Symbol besitzt die zeitliche Dauer von $T_s = 3{,}69\,\mu s$, und damit entsprechen vier Symbole einem ca. 4 km längeren Weg. Wegen der Lichtgeschwindigkeit von $c_0 = 3 \cdot 10^8 \frac{m}{s}$ ist ein Symbol etwa 1 km lang. Anders ausgedrückt besitzt ein Symbol im GSM-System eine räumliche Ausdehnung von ca. 1 km, denn $3 \cdot 10^8 \cdot 3{,}69 \cdot 10^{-6} \approx 1\,100$ m.

Damit unser Modell nicht zu unrealistisch ist, müssen wir noch einen weiteren Effekt berücksichtigen: Wenn ein Signal reflektiert wird, wird es gedämpft, was wir in unserem Modell dadurch beschreiben können, dass es statt 1 einen Wert zwischen 0 und 1 bzw. statt -1 einen Wert zwischen -1 und 0 besitzen kann. Dies können wir mathematisch durch die Multiplikation des Signals mit einem Faktor a mit $0 \le a \le 1$ erreichen. Wir empfangen also zum Zeitpunkt k das Signal y_k mit

$$y_k = s_k + a_1 \cdot s_{k-1} + a_2 \cdot s_{k-2} + a_3 \cdot s_{k-3} + a_4 \cdot s_{k-4}.$$

Wir haben in unserem Modell den stärksten Koeffizienten bei s_k zu 1 normiert, was jedoch für unsere Betrachtungen unerheblich ist, da wir nur das prinzipielle Verfahren beschreiben wollen. In der Realität wird auch der sog. direkte Pfad bereits gedämpft sein. Die Koeffizienten a_i ändern sich ständig, da sich ja das Handy bewegt. Um das Signal zum Zeitpunkt k schätzen zu können, muss man wissen, welchen Wert diese Faktoren a_i besitzen. Kennt man die Werte der Faktoren a_i, kann man die Summation durch den Kanal wieder rückgängig machen, was als Entzerrung bezeichnet wird. Wir wollen hier nur herleiten, wie man die verzögerten Pfade und ihre Dämpfung messen kann, und nicht auf die Entzerrung eingehen.

Wenn wir dem Empfänger bekannte Symbole senden, können wir aus den empfangenen Symbolen die Faktoren a_i berechnen. Eine dem Empfänger bekannte Sequenz von Symbolen wird Trainingssequenz genannt. In der folgenden Tabelle sind die acht im GSM-Handy verwendeten Sequenzen aufgelistet.

Nr.	Symbole der Trainingssequenzen
0	(−1, +1, −1, −1, −1, +1, +1, +1, +1, −1, +1, +1, +1, −1, +1, +1)
1	(−1, +1, −1, −1, −1, +1, −1, −1, −1, −1, +1, +1, +1, −1, +1, −1)
2	(+1, −1, −1, −1, +1, −1, −1, −1, +1, −1, +1, +1, −1, +1, +1, +1)
3	(−1, −1, −1, −1, +1, −1, −1, +1, −1, +1, +1, +1, −1, +1, +1, +1)
4	(+1, −1, +1, −1, −1, −1, +1, +1, −1, +1, +1, +1, +1, +1, −1, −1)
5	(−1, −1, +1, −1, +1, −1, −1, +1, +1, +1, +1, +1, −1, +1, +1, −1)
6	(−1, −1, −1, −1, −1, +1, −1, −1, +1, +1, +1, −1, +1, −1, +1, +1)
7	(−1, −1, −1, +1, +1, +1, −1, +1, +1, −1, +1, −1, −1, −1, +1, −1)

Diese ausgewählten Sequenzen besitzen spezielle Eigenschaften, die sie zur Kanalvermessung, d. h. zur Bestimmung der Koeffizienten a_i, prädestinieren. Wir wollen für unsere folgenden Überlegungen die Trainingssequenz mit der Nummer 0 verwenden, aber alle Herleitungen gelten ebenfalls für die sieben anderen Sequenzen. Die Frage, warum man acht Sequenzen gewählt hat und nicht eine Sequenz genügt, beantwortet sich durch die Tatsache, dass es sowohl mehrere Netzbetreiber als auch Ländergrenzen gibt und jeder Netzbetreiber eine eigene Sequenz verwenden wollte.

Um die Kanalschätzung zu beschreiben, verlängern wir zunächst die Sequenz Nummer 0 auf 26 Stellen, indem wir die ersten fünf Stellen hinten und die letzten fünf vorne anhängen, und erhalten:

$$+1,+1,-1,+1,+1,\quad -1,+1,-1,-1,-1,+1,+1,+1,+1,-1,+1,+1,+1,-1,+1,+1,$$
$$-1,+1,-1,-1,-1.$$

Diese Sequenz der Länge 26 wird als Trainingssequenz gesendet. Nun berechnen wir die Korrelation, die in Abschnitt 2.2.2 ausführlich beschrieben ist. Wir wollen trotzdem die Beschreibung so halten, dass wir Abschnitt 2.2.2 nicht voraussetzen; es schadet jedoch auch nicht, wenn man die Korrelation dort nachliest. Zum weiteren Verständnis hier benötigen wir nur, dass wir die Trainingssequenz der Länge 16 an der erweiterten vorbeischieben und an jeder Stelle die zwei Sequenzen komponentenweise multiplizieren und die Ergebnisse aufsummieren. An den betrachteten Stellen wird das Ergebnis immer null ergeben, außer an der Stelle, an der zwei identische Sequenzen stehen. Diese Eigenschaft werden wir später zur Kanalschätzung verwenden. Beginnen wir mit den ersten 16 Stellen, der auf 26 Stellen erweiterten Sequenz und korrelieren diese mit der Sequenz Nummer 0, so erhalten wir:

$$\begin{array}{l}
+1\;+1\;-1\;+1\;+1\;-1\;+1\;-1\;-1\;-1\;+1\;+1\;+1\;+1\;-1\;+1\quad +1\;\;+1\;-1\;+1\;+1\;-1\;+1\;-1\;-1\;-1\\
-1\;+1\;-1\;-1\;-1\;+1\;+1\;+1\;+1\;-1\;+1\;+1\;+1\;-1\;+1\;+1\\
\hline
-1\;+1\;+1\;-1\;-1\;-1\;+1\;-1\;-1\;+1\;+1\;+1\;+1\;-1\;-1\;+1\;=0
\end{array}$$

Jetzt betrachten wir die Stellen 4 bis 19 der erweiterten Sequenz und korrelieren sie mit der Sequenz Nummer 0.

$$\begin{array}{l}
+1\ +1\ -1\ +1\ +1\ -1\ +1\ -1\ -1\ -1\ +1\ +1\ +1\ +1\ -1\ +1\ +1\ +1\ -1\ +1\ +1\ -1\ +1\ -1\ -1\ -1 \\
-1\ +1\ -1\ -1\ -1\ +1\ +1\ +1\ +1\ -1\ +1\ +1\ +1\ -1\ +1\ +1 \\
\hline
-1\ +1\ +1\ -1\ -1\ -1\ +1\ -1\ -1\ +1\ +1\ +1\ +1\ -1\ -1\ +1\ =0
\end{array}$$

Das Ergebnis der Korrelation ist erneut null. Wenn wir jedoch die Sequenz Nummer 0 mit den Stellen 6 bis 21 korrelieren, werden wir als Ergebnis 16 erhalten, da genau an diesen Stellen die Sequenz selbst steht, und die komponentenweise Multiplikation immer den Wert 1 hat.

$$\begin{array}{l}
+1\ +1\ -1\ +1\ +1\ -1\ +1\ -1\ -1\ -1\ +1\ +1\ +1\ +1\ -1\ +1\ +1\ +1\ -1\ +1\ +1\ -1\ +1\ -1\ -1\ -1 \\
-1\ +1\ -1\ -1\ -1\ +1\ +1\ +1\ +1\ -1\ +1\ +1\ +1\ -1\ +1\ +1 \\
\hline
+1\ +1\ +1\ +1\ +1\ +1\ +1\ +1\ +1\ +1\ +1\ +1\ +1\ +1\ +1\ +1\ =16
\end{array}$$

Wenn wir unsere Sequenz Nummer 0 an der erweiterten Sequenz vorbeischieben und in jedem Schritt korrelieren, erhalten wir als Ergebnis immer null; nur wenn wir mit den Stellen 6 bis 21 korrelieren, erhalten wir den Wert 16.

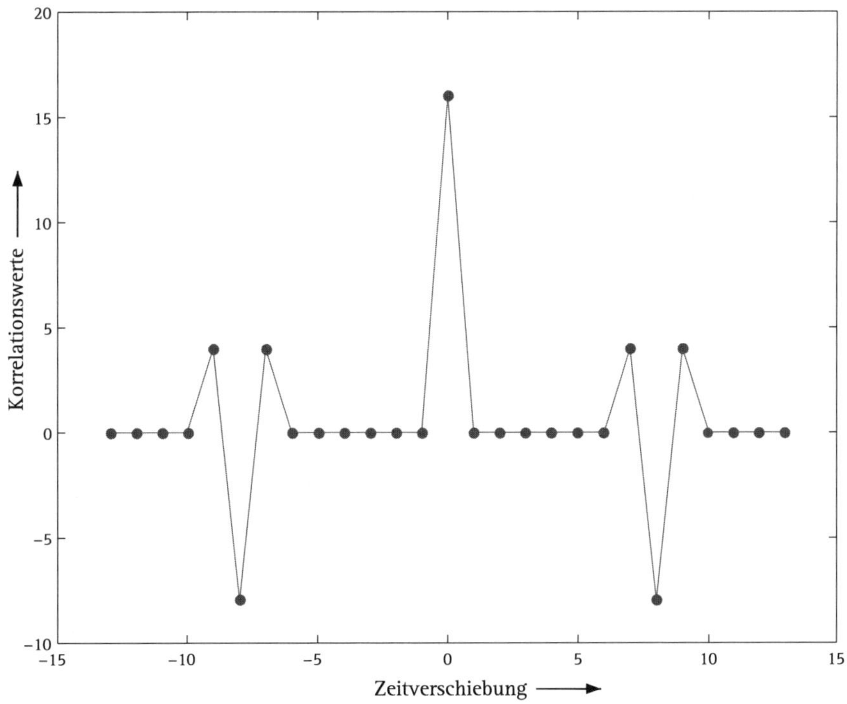

Bild 3.4 Korrelation mit der Trainingssequenz

In **Bild** 3.4 sind die Werte aufgetragen, die sich ergeben, wenn man die Sequenz nicht nur um 5, sondern um 14 Stellen vorne und hinten erweitert und die Sequenz Nummer 0 vorbeischiebt und in jedem Schritt die Korrelation berechnet. Da wir angenommen haben, dass die durch einen längeren Weg bedingte maximale Verzögerung eines Signals vier Symbole betragen kann, benötigen wir nur fünf Werte der Korrelation, um den Kanal zu beschreiben, den direkten Pfad und vier verzögerte. Für diejenigen Leser, die mit Abschnitt 2.2.2 vertraut sind, ist in Bild 3.4 die Autokorrelation der Trainingssequenz 0 dargestellt. Wie üblich haben die Ingenieure Reserve eingebaut, da jeweils sechs Werte rechts und links des Maximums null sind.

Jetzt wollen wir annehmen, dass es zwei Umwege gibt, die ein bzw. zwei Symbole verzögert ankommen, und die Faktoren (Dämpfung) von $a_1 = \frac{1}{4}$ und $a_2 = \frac{1}{8}$ besitzen, d. h., unsere Empfangswerte sind

$$y_k = s_k + \frac{1}{4}s_{k-1} + \frac{1}{8}s_{k-2}.$$

Wenn wir die erweiterte Trainingssequenz Nummer 0 übertragen, so wird die Sequenz auf dem direkten Weg ankommen, aber gleichzeitig die um ein Symbol verzögerte und um den Faktor $\frac{1}{4}$ gedämpfte, zudem auch noch gleichzeitig die um zwei Symbole verzögerte und um den Faktor $\frac{1}{8}$ gedämpfte Sequenz, d. h., wir empfangen

$$\begin{array}{ll}
(1) & +1,+1,-1,+1,+1,-1,+1,-1,-1,-1,+1,+1,+1,+1,-1,+1,+1,+1,-1,+1,+1,\ldots \\
(\frac{1}{4}) & \quad +1,+1,-1,+1,+1,-1,+1,-1,-1,-1,+1,+1,+1,+1,-1,+1,+1,+1,-1,+1,\ldots \\
(\frac{1}{8}) & \qquad +1,+1,-1,+1,+1,-1,+1,-1,-1,-1,+1,+1,+1,+1,-1,+1,+1,+1,-1,\ldots \\
\hline
 & \qquad y_0 \;\; y_1 \;\; \ldots
\end{array}$$

Wir empfangen also die Werte $y_0, y_1, \ldots$

$$-\frac{5}{8},\frac{7}{8},\frac{9}{8},-\frac{5}{8},\frac{7}{8},-\frac{7}{8},-\frac{9}{8},-\frac{11}{8},\frac{5}{8},\frac{9}{8},\frac{11}{8},\frac{11}{8},-\frac{5}{8},\frac{7}{8},\frac{9}{8},\frac{11}{8},-\frac{5}{8},\frac{7}{8},\frac{9}{8},-\frac{5}{8},\frac{7}{8},-\frac{7}{8},-\frac{9}{8},-\frac{11}{8}.$$

Wegen der besseren Übersichtlichkeit wollen wir den Nenner 8 weglassen, d. h., wir empfangen:

$$-5,7,9,-5,7,-7,-9,-11,5,9,11,11,-5,7,9,11,-5,7,9,-5,7,-7,-9,-11.$$

Wir nehmen an, dass wir die Lage der Trainingssequenz auf ein Symbol genau kennen. Es geht also nur darum die verzögerten Pfade mit ihren Dämpfungen, d. h. die Faktoren a_i zu bestimmen. Später werden wir erläutern, warum diese Annahme gerechtfertigt ist. Wir wollen unsere Trainingssequenz Nummer 0 vorbeischieben und korrelieren. Das Ergebnis ergibt sich durch die Korrelation der Trainingssequenz Nummer 0 mit jeweils 16 Werten $y_0, y_1, \ldots$. Wir beginnen mit y_0 und lassen der Übersichtlichkeit halber den Nenner 8 weg:

$$\begin{aligned}
&(-1)(-5)+(1)(7)+(-1)(9)+(-1)(-5)+(-1)(7)+(1)(-7)+(1)(-9)+(1)(-11)+\\
&(1)(5)+(-1)(9)+(1)(11)+(1)(11)+(1)(-5)+(-1)(7)+(1)(9)+(1)(11)\\
&=5+7-9+5-7-7-9-11+5-9+11+11-5-7+9+11=0.
\end{aligned}$$

Wenn wir bei y_1 oder y_2 beginnen erhalten wir ebenfalls den Wert null. Interessant ist der Wert bei Beginn mit y_3, den wir berechnen wollen:

$$\begin{array}{l}
-5, +7, -7, -9, -11, +5, +9, +11, +11, -5, +7, +9, +11, -5, +7, +9 \\
-1, +1, -1, -1, -1, +1, +1, +1, +1, -1, +1, +1, +1, -1, +1, +1 \\
\hline
+5 \; +7 \; +7 \; +9 \; +11 \; +5 \; +9 \; +11 \; +11 \; +5 \; +7 \; +9 \; +11 \; +5 \; +7 \; +9 \; = 128.
\end{array}$$

Dieser Wert 128 geteilt durch 8 ist 16, d. h. das ist der Pfad mit Dämpfung 1. Beginnen wir nun bei y_4 so erhalten wir

$$\begin{array}{l}
+7, -7, -9, -11, +5, +9, +11, +11, -5, +7, +9, +11, -5, +7, +9 \; -5 \\
-1, +1, -1, -1, -1, +1, +1, +1, +1, -1, +1, +1, +1, -1, +1, +1 \\
\hline
-7 \; -7 \; +9 \; +11 \; -5 \; +9 \; +11 \; +11 \; -5 \; -7 \; +9 \; +11 \; -5 \; -7 \; +9 \; -5 \; = 32.
\end{array}$$

Die Zahl 32 geteilt durch 8 ist 4 was $\frac{16}{4}$ entspricht und bedeutet, dass dieser Pfad um den Faktor $\frac{1}{4}$ gedämpft ist. Jetzt wollen wir noch den zweiten Pfad berechnen:

$$\begin{array}{l}
-7, -9, -11, +5, +9, +11, +11, -5, +7, +9, +11, -5, +7, +9, -5, +7 \\
-1, +1, -1, -1, -1, +1, +1, +1, +1, -1, +1, +1, +1, -1, +1, +1 \\
\hline
+7 \; -9 \; +11 \; -5 \; -9 \; +11 \; +11 \; -5 \; +7 \; -9 \; +11 \; -5 \; +7 \; -9 \; -5 \; +7 \; = 16.
\end{array}$$

Die Zahl 16 durch 8 geteilt ergibt 2, was bedeutet, dass dieser Pfad mit dem Faktor $\frac{1}{8}$ gedämpft ist. Eine weitere Verschiebung, d. h., wenn wir mit y_6 beginnen, ergibt wieder null:

$$\begin{array}{l}
-9, -11, +5, +9, +11, +11, -5, +7, +9, +11, -5, +7, +9, -5, +7, -7 \\
-1, +1, -1, -1, -1, +1, +1, +1, +1, -1, +1, +1, +1, -1, +1, +1 \\
\hline
+9 \; -11 \; -5 \; -9 \; -11 \; +11 \; -5 \; +7 \; +9 \; -11 \; -5 \; +7 \; +9 \; +5 \; +7 \; -7 \; = 0.
\end{array}$$

Damit haben wir gezeigt, wie durch die Trainingssequenz die Pfade und ihre Dämpfung aus den Empfangswerten berechnet werden können. In der Praxis ist dies jedoch noch erschwert durch zusätzliche Störungen, die durch das Rauschen der elektronischen Bauelemente (Verstärker, Filter etc.) verursacht werden. Des Weiteren werden die Umweglaufzeiten nicht genau Vielfache von den Symbolen sein, was Ungenauigkeiten mit sich bringt. Insgesamt ist diese Methode jedoch sehr robust und funktioniert meistens sehr gut.

Wir wollen nachfolgend noch erläutern, warum die Trainingssequenz auch Pfade mit „negativen" Ankunftszeiten auflösen kann und wie die Kanalschätzung in die Datenübertragung eingebettet ist. Es geht zunächst darum, die sechs Nullen in Bild 3.4 bei −1 bis −6 zu erklären. Diese haben folgenden Grund: Nehmen wir an, der direkte Pfad ist durch ein großes Haus versperrt. Der erste Pfad, der bei dem Handy ankommt, ist also nicht der direkte, sondern beispielsweise der um ein Symbol verzögerte. Der Empfänger stellt seinen Trainingssequenzbeginn auf diesen Pfad ein. Wenn der Empfänger um die Hausecke kommt, empfängt er den direkten Pfad früher als erwartet, also zum Zeitpunkt −1. Dieser Fall kann durch die Nullen an den Stellen −1 bis −6 ebenfalls gemessen werden. Der gleiche Sachverhalt ergibt sich, wenn das Handy sich auf den Sender zubewegt, dann wird irgendwann ein Pfad ein Symbol früher ankommen.

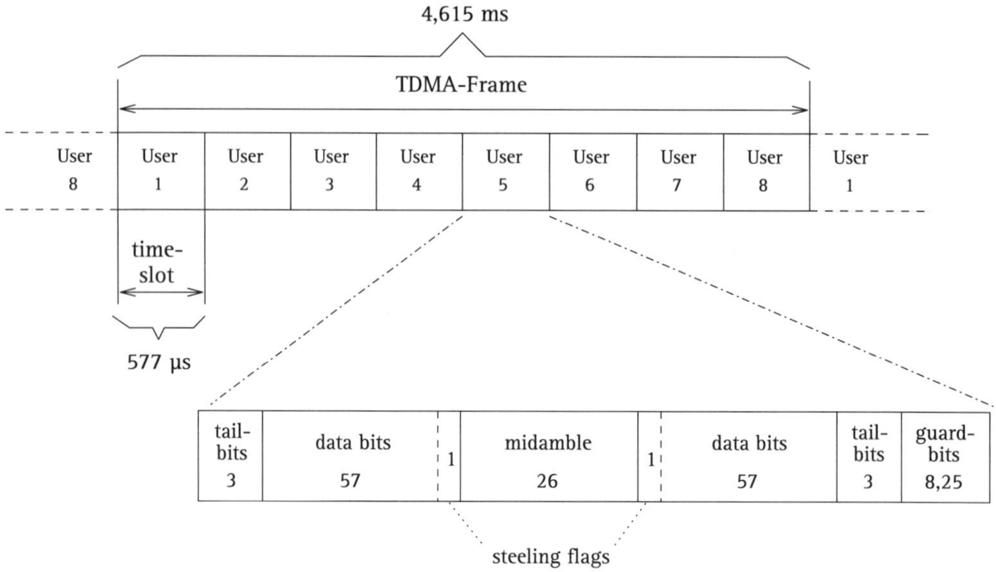

Bild 3.5 Nutzertrennung durch TDMA und Datenformat eines Nutzers

In **Bild** 3.5 ist gezeigt, wie die Kanalschätzung im Handy eingesetzt wird. Die Nutzer (User) sind durch Zeitschlitze getrennt, sog. TDMA (Time Division Multiple Access), was bedeutet, dass die Zeit in acht sog. Zeitschlitze aufgeteilt wird. Diese acht Zeitschlitze werden auch TDMA-Rahmen (in Bild 3.5 als TDMA-Frame bezeichnet) genannt. Diese Zeitschlitzstruktur wird im GSM-System in mehreren Frequenzbändern parallel eingesetzt, sodass auch mehr als acht Nutzer gleichzeitig telefonieren können. Ein Nutzer erhält in jedem TDMA-Rahmen einen Zeitschlitz, also alle 4,615 ms. In seinem Zeitschlitz befinden sich seine Nutzdaten (Sprache, SMS), sowie zusätzliche Daten, wie in Bild 3.5 skizziert. Diese bestehen aus der Trainingssequenz (auch midamble genannt) in der Mitte. Rechts und links befindet sich je ein Bit, das sog. steeling flag mit dem, wie der Name sagt, Sprachdaten gestohlen werden können, falls dringende Signalisierungsdaten zur Steuerung notwendig sind. Dann kommen die 114 Datenbits, die sich in Form von zwei Blöcken von 57 bit rechts und links der Trainingssequenz befinden. Danach kommen noch einige Bits (tail und guard), die zur Synchronisierung notwendig sind, auf die wir hier nicht eingehen können. Die Datenrate insgesamt beträgt also 114 bit pro 4,615 ms, jedoch nur in zwölf von 13 TDMA-Rahmen. Dies entspricht einer Datenrate von ≈ 22 800 bit/s. Für die Sprache werden 13 000 bit/s genutzt, der Rest wird mit Redundanz zur Fehlerkorrektur aufgefüllt, die wir im nächsten Abschnitt erläutern werden. In jedem 13. TDMA-Rahmen werden keine Daten übertragen; trotzdem hat das Handy nicht frei. In diesem Rahmen beobachtet das Handy seine Umgebung und misst, welche weiteren Sender seines Netzbetreibers es wie gut empfangen kann. Sogar während eines Telefongesprächs empfängt das Handy bis zu sechs Nachbarsender und empfängt deren Daten. Das Ergebnis der Qualitätsmessung dieser sechs Nachbarsender wird in einem begleitenden Kontrolldatenkanal an die Basisstation gemeldet. Damit kann ggf. die Basisstation gewechselt werden, falls der Empfang und damit die Sprachqualität dadurch besser wird.

In 4,615 ms hat man sich, selbst bei einer Geschwindigkeit von 250 km/h im Auto, gerade mal ca. 30 cm bewegt. Erst wenn man sich 1 km bewegt hat, kommt das Signal folglich ein Symbol später an. Deshalb kann man davon ausgehen, dass man die Lage der Trainingssequenz des nächsten Zeitschlitzes (ein TDMA-Rahmen später) sehr genau kennt. Ganz zu Beginn der Datenübertragung, wenn die Lage noch nicht bekannt ist, verwendet man noch eine andere Prozedur mit wesentlich längeren Trainingssequenzen, um die erste Zeitsynchronisation durchzuführen, die jedoch prinzipiell genauso funktioniert. Wir haben hier nur die Stufe erläutert, in der das Handy bereits synchronisiert ist und nur noch die Synchronisation nachführen muss. Da jedoch die Messung 200-mal in der Sekunde durchgeführt wird, ist diese Nachführung sehr gut möglich. Wir empfehlen, diese Rechenleistung während des nächsten Telefongesprächs einmal zu würdigen.

3.4 Faltungscodes zur Fehlerkorrektur

Da man Bitfehler bei der Übertragung im Mobilfunk nicht vermeiden kann, verwendet man die sog. Fehlervorwärtskorrektur, um diese zu korrigieren. Im Handy werden dafür Faltungscodes benutzt, die hier an einem Beispiel beschrieben werden sollen. Dabei wird den Daten Redundanz zugefügt, die verwendet werden kann, um Fehler zu korrigieren. Zur Beschreibung von Faltungscodes wird ausschließlich das Rechnen im Binärkörper verwendet.

Um sich vorzustellen, wie prinzipiell Fehlerkorrektur durch Redundanz durchgeführt werden kann, betrachten wir nochmals den Satz von *Seneca* aus der Einleitung, in dem sich einige Fehler eingeschlichen haben. Da Sprache sehr viel Redundanz enthält, können wir die Fehler korrigieren, indem wir jedes Wort mit allen möglichen gültigen Wörtern vergleichen und das nächstliegende auswählen. In der Telekommunikation nennt man das Maximum-Likelihood-Decodierung.

Seneca: *Lang ist dor Weg dubch Lemren,*
kurz uhd wirkcam aurch Beispiel

3.4.1 Faltungscodierer

Zunächst beschreiben wir, wie man der Information Redundanz zufügt, mit deren Hilfe wir später Fehler korrigieren werden. Dazu wird die Information codiert.

Ein Faltungscodierer ist eine *Maschine*, die aus einem Schieberegister und linearen Verknüpfungen der Register besteht. Ein möglicher Codierer ist in **Bild 3.6** dargestellt. Man schiebt ein Bit in die Maschine und zwei Bits kommen heraus, was bedeutet, dass das Codewort 50 % Redundanz enthält. Man sagt der Code besitzt die Rate $\frac{1}{2}$.

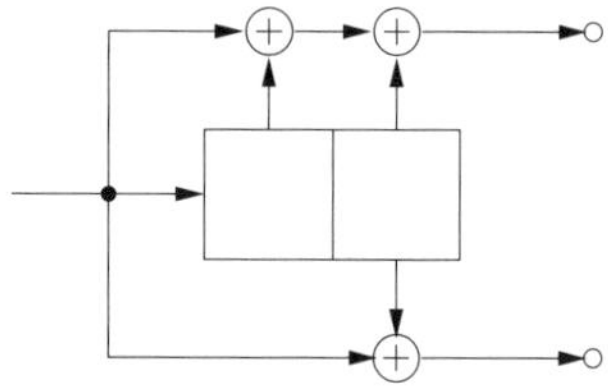

Bild 3.6 Faltungscodierer

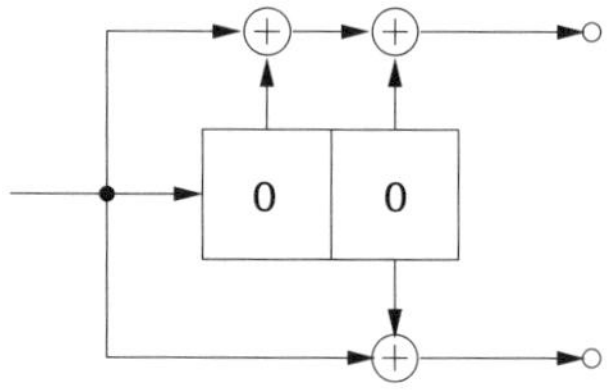

Wir wollen nun die Bitfolge 1011 codieren. Dazu nehmen wir zunächst an, die zwei Register sind am Anfang mit dem Bit 0 gefüllt. Wir legen die erste 1 am Eingang des Codierers an und berechnen die Ausgabe. Im oberen Zweig ergibt sich $1+0+0=1$ und im unteren Zweig $1+0=1$. Wir wollen immer erst den oberen und dann den unteren Ausgang ablesen

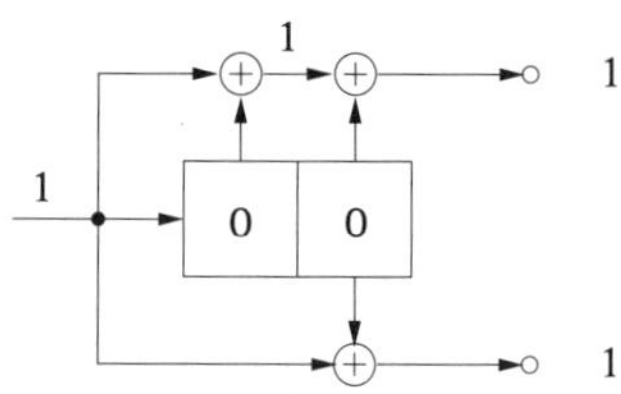

und erhalten am Ausgang deshalb die Codefolge 11.

Im zweiten Schritt wird die 0 angelegt, und die erste 1 wandert ins erste Register, die 0 aus dem ersten Register geht ins zweite, und die 0 aus dem zweiten Register fällt weg.

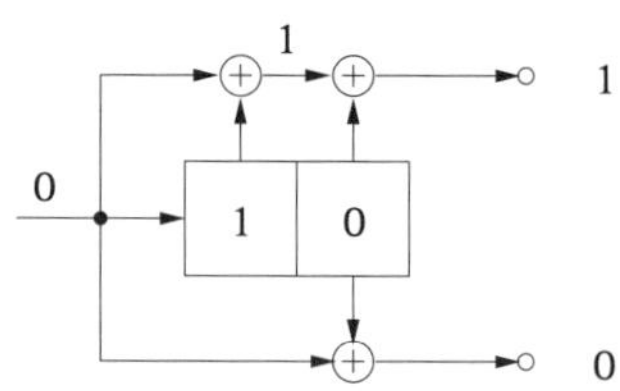

Als Codefolge erhalten wir im oberen Zweig $0+1+0=1$ und im unteren Zweig $0+0=0$, d. h. die Folge 10. Damit lautet unsere bisherige Codefolge: 1110.

Im dritten Schritt wird das dritte Bit der Informationsfolge, eine 1 angelegt, und die anderen Bits wandern entsprechend im Schieberegister.

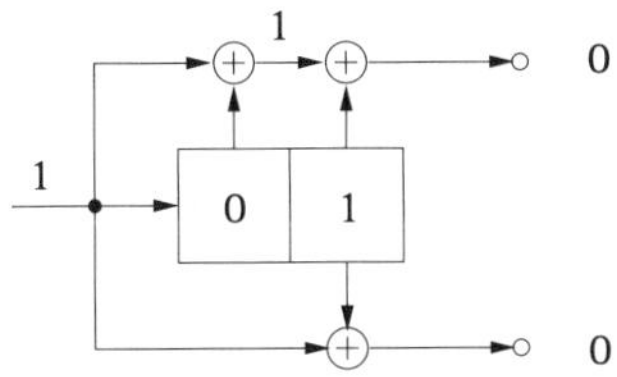

Im oberen Zweig ergibt sich 1 + 0 + 1 = 0 und im unteren 1 + 1 = 0 und wir erhalten die Codefolge 00 am Ausgang.

Nun legen wir das letzte Bit der Informationsfolge, eine 1, an und erhalten

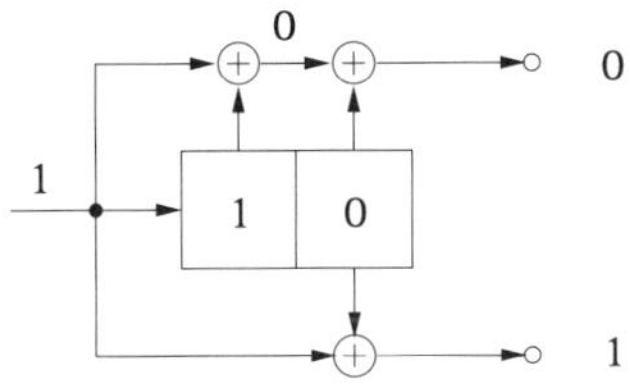

im oberen Zweig 1 + 1 + 0 = 0 und im unteren 1 + 0 = 1 und damit die Codefolge 01.

Nun schieben wir noch die Bitfolge 00 in den Codierer, damit das Schieberegister am Ende wieder zwei Nullbits enthält wie am Anfang. Wir werden sehen, dass uns dies die Decodierung erleichtern wird. Diese zwei Nullbits sind keine Informationsbits. In der Praxis werden längere Codefolgen generiert, sodass diese zwei Nullbits prozentual im Vergleich zur Gesamtlänge der Codefolge nicht so stark ins Gewicht fallen wie in unserem Beispiel.

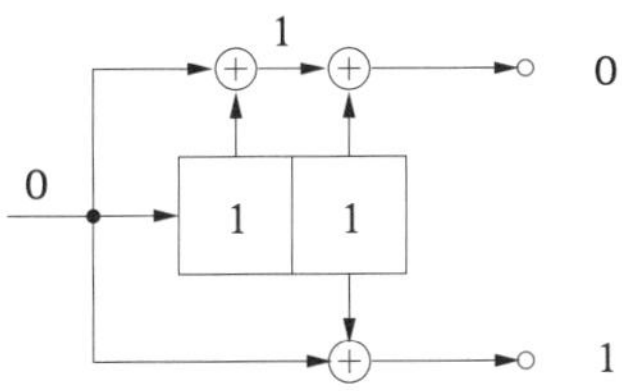

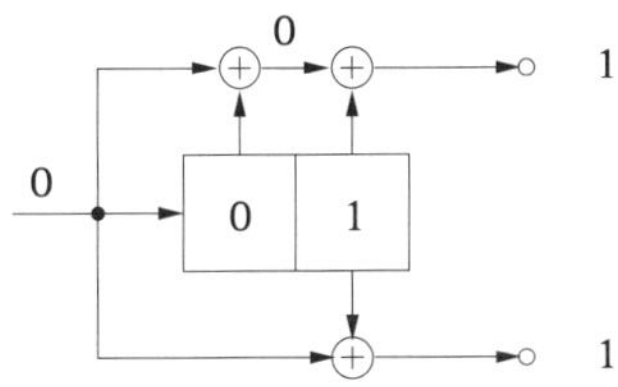

Dabei entsteht die Codefolge 0111 und zwar bei der ersten 0 im oberen Zweig 0 + 1 + 1 = 0 und im unteren 0 + 1 = 1 und für die zweite 0 im oberen 0 + 0 + 1 = 1 und im unteren 0 + 1 = 1.

Damit haben wir die Informationsbitfolge 1011 und die angehängten 00 in die Codebitfolge 1110 0001 0111 codiert. Unser Faltungscodierer hat also die folgende Abbildung durchgeführt:

$$1011 \; + \; 00 \quad \longrightarrow \quad 1110\,0001\,0111.$$

Nun wollen wir erläutern, wie wir diese Codierung nutzen können, um Fehler zu korrigieren.

3.4.2 Trellis

Zur Decodierung verwendet man die Darstellung eines Faltungscodes durch ein sog. Trellis, das wir im Folgenden einführen werden. Die Codefolge am Ausgang des Faltungscodieres hängt nur vom Eingang und dem Speicherinhalt ab. Der Eingang kann zwei Werte, 0 oder 1, annehmen und die zwei Register vier *Zustände*, nämlich 00, 01, 10, und 11.

Der Zustand des Registers und die Eingabe bestimmen den Ausgang und damit die zwei Codebits. Ferner bestimmen der Zustand und das Eingabebit auch den Folgezustand des Registers. Insgesamt ergeben sich damit acht Fälle, die wir nachfolgend auflisten. Jeder der vier möglichen Zustände kann zwei Folgezustände besitzen, je nachdem ob die Eingabe 0 oder 1 ist.

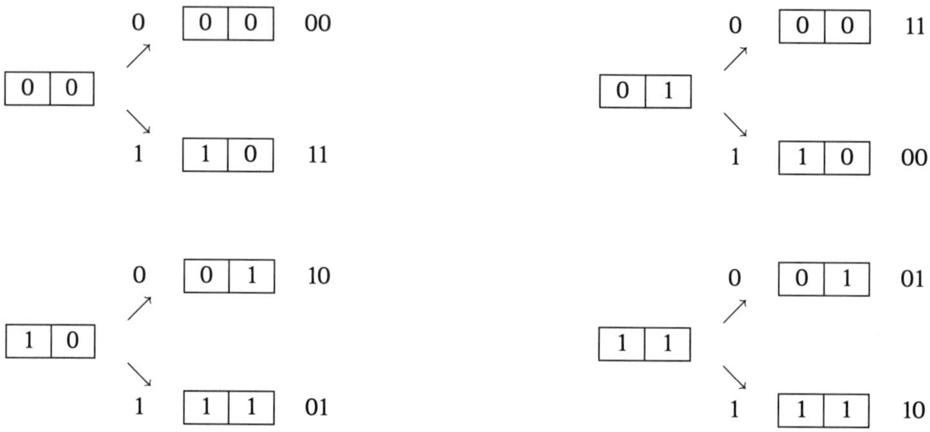

Diese möglichen Zustandübergänge können wir kompakter durch ein sog. Zustanddiagramm darstellen. Dieses ist in **Bild 3.7** dargestellt und an den Zweigen ist Eingabe/Codefolge notiert. Man startet im Nullzustand und eine Codefolge ergibt sich entsprechend ihrer Eingabefolge.

Führen wir jetzt noch die Zeit ein, d. h. tragen wir das Zustanddiagramm mehrfach in Zeitrichtung ein, so gelangen wir zur Trellisdarstellung unseres Faltungscodes. Das Trellis[1] ist ein sog. Graph, in dem die vier Zustände als Knoten und die Zustandübergänge als Zweige gezeichnet sind. An die Zweige schreiben wir die Codefolge. Die gestrichelten Zweige bedeuten, dass eine 0 am Eingang liegt und die durchgezogenen Linien eine 1. Für unseren Codierer hat das Trellis die in den **Bildern 3.7 und 3.8** gezeigte Form.

Jede mögliche Codefolge ist ein Pfad durch das Trellis. Durch das Anhängen der beiden Nullen an die Informationssequenz erzwingen wir, dass jedes gültige Codewort im Zustand 00 enden muss. Das Trellis in **Bild 3.9** repräsentiert damit alle Codewörter der Länge 12. Die Codefolge aus dem letzten Abschnitt ist dick eingezeichnet.

Im Handy wird ebenfalls ein Faltungscode der Rate $\frac{1}{2}$ verwendet (siehe **Bild 3.19**), und bei $k = 185$ Informationsbits existieren $2^k = 2^{185} = 4{,}9 \cdot 10^{55}$ Codewörter. Diese gigantische Menge an Codewörtern kann unmöglich in einem Handy gespeichert werden, jedoch in einem Trellis. Durch die kompakte Darstellung im Trellis muss man nur ca. 3 000 Zustände und

[1] Zu Deutsch: Gitter; der Name wurde wegen des Aussehens des Graphen gewählt.

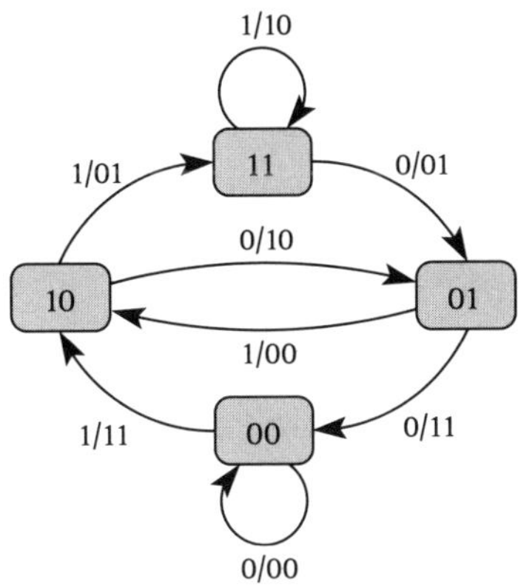

Bild 3.7 Zustanddiagramm des Codierers aus Bild 3.6 der Rate $\frac{1}{2}$

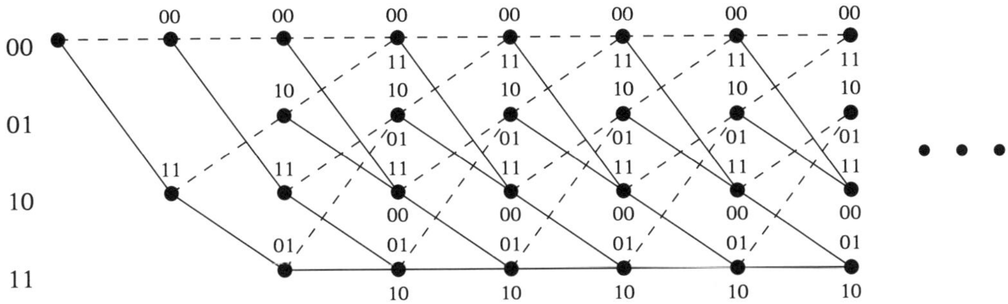

Bild 3.8 Trellis des Codierers aus Bild 3.6

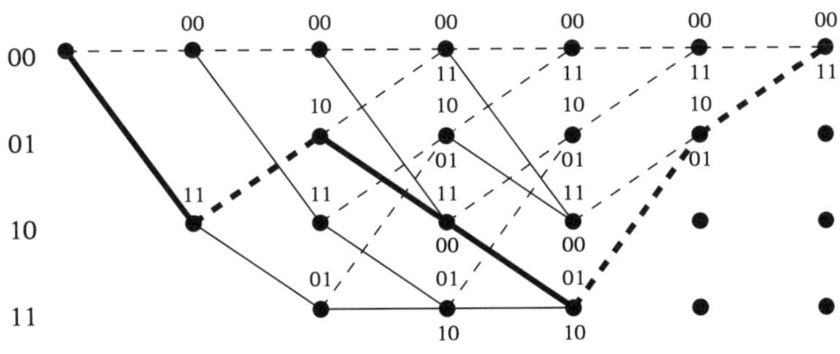

Bild 3.9 Codewörter der Länge 12 des Codierers aus Bild 3.6

doppelt so viele Zweige im Handy speichern. Der Codierer besteht aus einem Schieberegister der Länge 4 und sein Trellis besitzt daher 16 Zustände. Die Anzahl der zu speichernden Zustände errechnet sich aus der Länge des Trellis mal der Anzahl der Zustände des Codierers. Bei $k = 185$ Informationsbits besitzt das Trellis eine Länge von 185, also müssen

$16 \cdot 185 = 2\,960$ Zustände gespeichert werden. Da in jedem Zustand zwei Zweige enden bzw. starten, müssen neben den Zuständen noch doppelt so viele Zweige gespeichert werden. In diesem aus ca. 3 000 Zuständen und 6 000 Zweigen bestehendem Trellis sind dann alle $4{,}9 \cdot 10^{55}$ Codewörter enthalten.

3.4.3 Viterbi-Algorithmus

Entsprechend den Ausführungen in Abschnitt 3.1 können bei der Übertragung des Codeworts Fehler auftreten. Wir wollen den Viterbi-Algorithmus zur Fehlerkorrektur an unserem obigen Beispiel beschreiben und nehmen dazu zwei Fehler an der zweiten und achten Stelle an.

$$\text{gesendet: } 1110\,0001\,0111 \quad \longrightarrow \quad \text{empfangen: } 1010\,0000\,0111.$$

Ziel der Decodierung ist es, aus der empfangenen Folge ein gültiges Codewort zu berechnen. Falls nicht zu viele Fehler aufgetreten sind, liefert die Decodierung das gesendete Codewort. Wir wissen natürlich als Decodierer nicht, welche Stellen fehlerhaft sind, da wir nicht wissen, welche Codefolge gesendet wurde. Die Decodierung wird nun mithilfe des sog. Viterbi-Algorithmus durchgeführt. Um diesen zu beschreiben benötigen wir noch einige Notationen. Wir wollen die empfangene Sequenz in Symbole aus zwei Bit aufteilen und diese Symbolsequenzen mit y_i bezeichnen, also

$$y_1 = 10, y_2 = 10, y_3 = 00, y_4 = 00, y_5 = 01, y_6 = 11.$$

Wir benötigen ein Maß, mit dem wir die Abweichung der empfangenen Folge von einer gültigen Codefolge messen können. Als Maß verwenden wir die Zahl der Übereinstimmungen einer gültigen Codefolge $\mathbf{c}$ mit der empfangenen Folge $\mathbf{y}$. Wir betrachten dabei Teilfolgen von je zwei Bit. Unser Maß ist somit $\lambda_i = 2 - \text{dist}(c_i, y_i)$, wobei c_i eine Zwei-Bit-Teilfolge eines gültigen Codeworts ist und y_i die oben beschriebenen Empfangsteilfolgen sind. Das Maß für einen Pfad aus m Teilfolgen ist folglich die Addition der Maße der Teilfolgen und errechnet sich zu

$$\Lambda_m = \sum_{i=1}^{m} \lambda_i.$$

Wir wollen unterscheiden, in welchem der vier Zustände wir uns bei m befinden und benötigen dazu vier unterschiedliche Λ, die wir mit Λ_m^{00}, Λ_m^{01}, Λ_m^{10} und Λ_m^{11} bezeichnen wollen. Warum wir nur vier benötigen, wird später einsichtig werden, wenn wir die zentrale Idee des Viterbi-Algorithmus beschreiben. Um die λ_i eindeutig zu unterscheiden, kann man noch den entsprechenden Zustandübergang notieren, d. h.

$$\lambda_i^{00\to00}, \lambda_i^{00\to10}, \lambda_i^{01\to00}, \lambda_i^{01\to10}, \lambda_i^{10\to01}, \lambda_i^{10\to11}, \lambda_i^{11\to01}, \lambda_i^{11\to11}.$$

Außerdem wird folgende Beschriftung der Zweige des Trellis verwendet: Eingabebit/Codebit. Jetzt können wir den Viterbi-Algorithmus beschreiben. Der Codepfad startet im Zustand 00. Deshalb beginnt man mit dem Vergleich der ersten Teilfolge y_1 mit den einzig möglichen

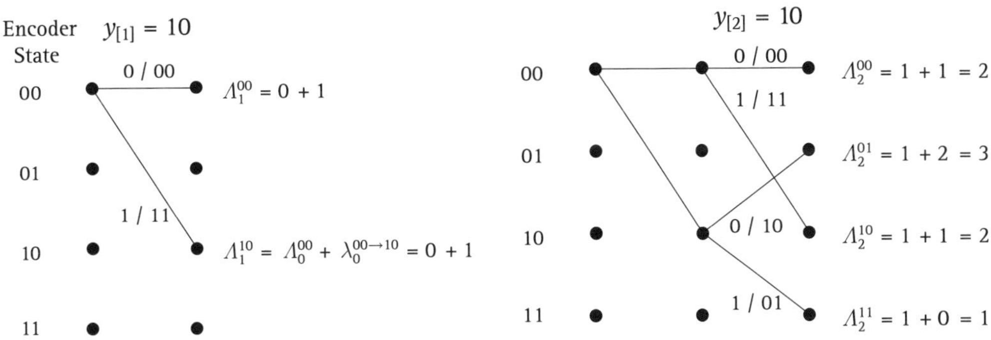

Bild 3.10 Viterbi-Decodierung erster und zweiter Schritt

Codefolgen $c_1 = 00$ und $c_1 = 11$. In beiden Fällen ist $\lambda_i^{00\to00} = \lambda_i^{00\to10} = 1$, da jeweils ein Bit übereinstimmt und das andere nicht. Dies ist in **Bild 3.10** angegeben. Es gilt:

$$\Lambda_1^{00} = 1 \quad \text{und} \quad \Lambda_1^{10} = 1.$$

Die zweite Teilfolge y_2 wird mit allen vier möglichen Codefolgen verglichen und das entsprechende Maß wird addiert. Die Werte ergeben sich zu $\lambda_2^{00\to00} = 1$, da die Codefolge 00 in einem Bit mit $y_2 = 10$ übereinstimmt. Die entsprechenden anderen Werte sind $\lambda_2^{00\to10} = 1$, $\lambda_2^{10\to01} = 2$ und $\lambda_2^{10\to11} = 0$. Dies ist in Bild 3.10 eingetragen.

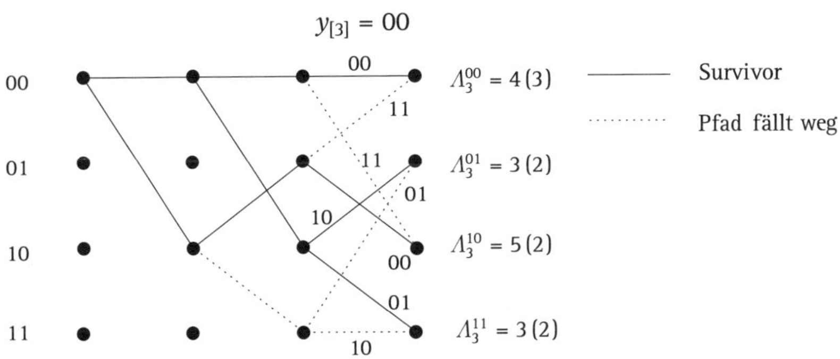

Bild 3.11 Viterbi-Decodierung dritter Schritt

Den dritten Schritt (**Bild 3.11**) führen wir entsprechend durch. Die empfangene Folge ist $y_3 = 00$ und als mögliche Codefolgen existieren alle vier Kombinationen 00, 01, 10 und 11, die entsprechend 2, 1, 1 und 0 Übereinstimmungen haben.

Da nun in jedem Zustand zwei Pfade ankommen, gibt es zwei Pfadmaße, die gleich oder unterschiedlich sein können. Diese beiden Pfadmaße sind in den Bildern als Zahl und Zahl in Klammern angegeben.

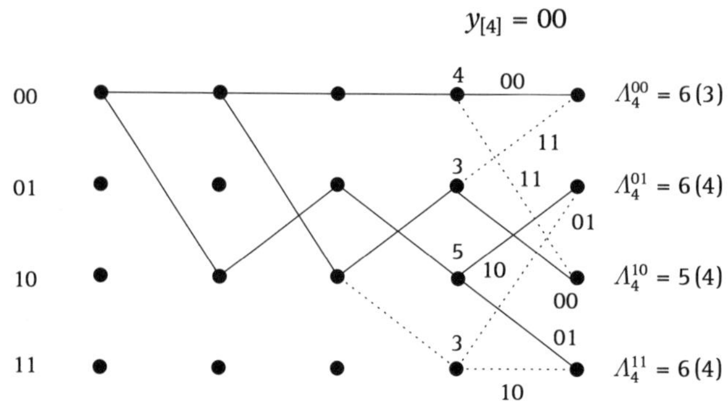

Bild 3.12 Viterbi-Decodierung vierter Schritt

Bei der dritten Teilfolge entsteht zum ersten Mal das Problem, dass wir in jedem Zustand zwei Pfade haben. Nun kommen wir zur zentralen Idee des Viterbi-Algorithmus. Am Ende entscheidet sich der Algorithmus für den besten Pfad. Läuft dieser beste Pfad durch einen bestimmten Zustand, dann wird man vom Zustand aus nach vorne den wahrscheinlicheren Teilpfad auswählen, und das ist der Pfad mit den meisten Übereinstimmungen. Also braucht man sich zu jedem Zustand nur den wahrscheinlicheren Pfad, der Survivor genannt wird, zu merken. Falls beide Pfade zu einem Zustand das gleiche Maß besitzen, kann man einen zufällig auswählen, denn beide sind gleich wahrscheinlich. Dies ist im Bild 3.11 bereits eingetragen. Die Entscheidung, welcher der beiden Pfade der Survivor ist, ist hier eindeutig.

Jetzt berechnen wir die Maße im vierten Schritt zu y_4 = 00. Auch hier ist der Survivor zu jedem Zustand eindeutig bestimmbar, und die Werte sind in **Bild 3.12** eingetragen.

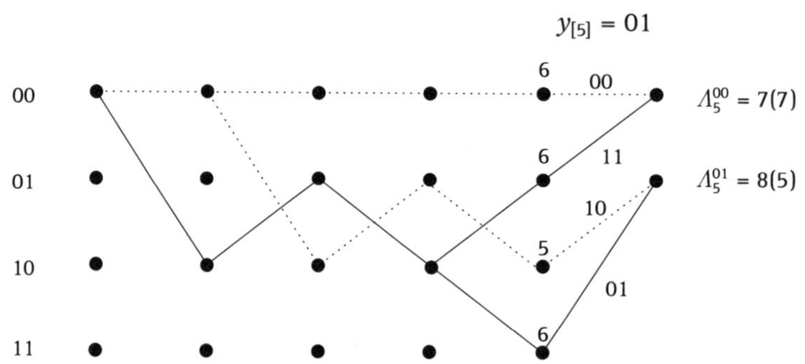

Bild 3.13 Viterbi-Decodierung fünfter Schritt

Bei der fünften Teilfolge ist der Survivor zum Zustand 00 nicht eindeutig, da beide Pfade das Maß 7 besitzen. Wir können dabei zufällig einen der beiden auswählen, was in **Bild 3.13** durchgeführt worden ist.

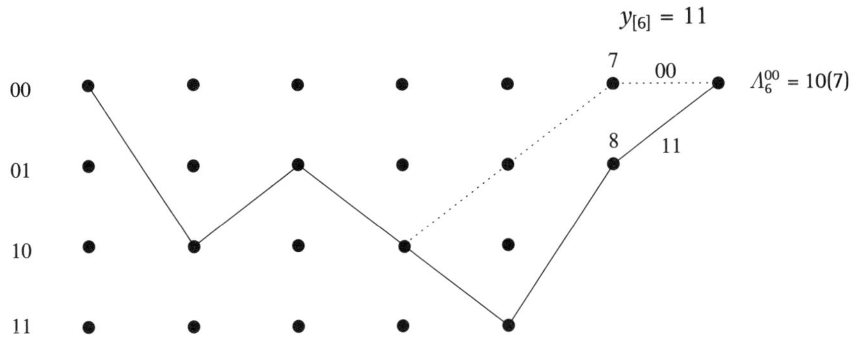

Bild 3.14 Viterbi-Decodierung letzter Schritt

Die letzte Teilfolge $y_6 = 11$ muss wegen der zwei angehängten Nullen im Zustand 00 enden, was wir in **Bild 3.14** bereits berücksichtigt haben. Der Survivor im Zustand 00 am Ende ist die Entscheidung der Decodierung. Dem Decodierer muss selbstverständlich bekannt sein, dass die gesendete Codefolge aus 12 bit besteht. Man erkennt aus Bild 3.14, dass beide Fehler decodiert werden konnten und aus der decodierten Codefolge die Informationsfolge abgelesen werden kann.

$$1110\,0001\,0111 \longrightarrow 1011.$$

Damit haben wir den Viterbi-Algorithmus besprochen, der das wahrscheinlichste Codewort berechnet. Dieser Algorithmus wird auch im Handy verwendet. Allerdings wird dort ein modifiziertes Maß verwendet, das zusätzlich die Zuverlässigkeit eines Bitwerts einbezieht. Die Zuverlässigkeit eines Bitwerts wird dadurch bestimmt, dass ein empfangenes Bitsymbol sowohl mit einem Referenz-Bitsymbol 1 als auch mit dem der 0 verglichen wird. Durch diesen Vergleich erhält man Werte zwischen 0 und 1, d. h. etwa 0,1, 0,7 usw., die zusätzlich die Information über die Zuverlässigkeit dieser Entscheidung enthalten. So wird der Wert 0,1 zuverlässiger eine 0 sein als der Wert 0,3, da er näher bei 0 liegt. Der Wert 0,5 besitzt die kleinste Zuverlässigkeit, da er sowohl 0 als auch 1 sein kann. Die Einbeziehung dieser Zuverlässigkeit („Soft-Decision-Decoding" genannt) verbessert die Qualität der Decodierung signifikant.

3.5 Nutzeridentität

Wie am Anfang des Kapitels erwähnt, gab es eine Expertengruppe Kryptologie, deren Aufgabe es war, kryptologische Verfahren zu definieren, die sowohl die Abhörsicherheit als auch die sichere Identifizierung der Nutzer garantieren. Sichere kryptologische Verfahren benötigen relativ lange Schlüssel (Geheimzahlen), die sich ein Nutzer nicht merken kann, und selbst wenn dann nicht eintippen will. Glücklicherweise war die Mikroelektronik damals bereits in der Lage, einen kleinen Rechner und nichtflüchtigen Speicher im Kreditkartenformat (ISO/IEC 7810, Typ ID-1 [13]) unterzubringen. Dadurch konnte eine bahnbrechende

Neuerung eingeführt werden, die sog. SIM-Karte. Auf der SIM-Karte können alle, für die Verfahren notwendigen kryptologischen Schlüssel verwaltet und zusätzlich die Berechnungen der kryptologischen Verfahren durchgeführt werden. Damit entsprach die SIM-Karte dem Nutzer, und sie konnte in ein beliebiges Gerät gesteckt werden. Um die SIM-Karte an den legalen Eigentümer zu binden, wird sie mit der PIN, einer vierstelligen Zahl geschützt. Obwohl es Stunden dauern würde, alle vierstelligen Zahlen auszuprobieren, wird die Karte zur Sicherheit nach drei Fehlversuchen gesperrt und es muss die PUK (PIN Unblocking Key), eine achtstellige Zahl eingetippt werden, um die Karte wieder zu entsperren. Nach einigen Fehlversuchen mit der PUK, sperrt die SIM-Karte vollständig und ist unbrauchbar, weshalb ein illegaler Nutzer nichts mehr mit ihr anfangen kann.

Wie bereits erwähnt kann man mithilfe der SIM-Karte kryptologische Verfahren mit relativ langen Schlüsseln betreiben, die dadurch größere Sicherheit besitzen. Für unser Problem der Nutzeridentifikation wird ein Schlüssel der Länge 128 bit verwendet. Es existieren $2^{128} \approx 3{,}4 \cdot 10^{38}$ unterschiedliche Schlüssel. Dieser Schlüssel, den wir als KEY bezeichnen wollen, befindet sich nur an zwei Stellen und wird nie gesendet. Die eine Stelle ist die SIM-Karte und die andere das sog. Authentication Center (AC) eines Netzbetreibers. Der KEY wird verwendet, um aus einer Zufallszahl RAND, die aus 32 bit besteht, eine Zahl SRES zu berechnen, die ebenfalls aus 32 bit besteht. Dies wird mit einer sog. Einwegfunktion durchgeführt, die, wie der Name sagt, nur in einer Richtung berechenbar ist.

Einwegfunktion, Hashfunktion

Als Einwegfunktion wird eine Funktion bezeichnet, die nur in einer Richtung berechenbar ist.

$$F(\text{KEY}, \text{RAND}) \overset{\text{leicht}}{\longrightarrow} \text{SRES} \qquad F^{-1}(\text{RAND}, \text{SRES}) \overset{\text{schwer}}{\longrightarrow} \text{KEY}$$

Aus KEY und RAND kann SRES berechnet werden, aber aus RAND und SRES kann KEY nur extrem aufwendig berechnet werden.

Bevor wir das Authentifizierungsprotokoll beschreiben, benötigen wir noch den Namen eines Nutzers, der als IMSI (International Mobil Subscriber Identity) bezeichnet wird. Diese ist wie folgt aufgebaut

IMSI:

MCC	MNC	MSIN

Dabei besteht der Mobile Country Code (MCC) aus drei Dezimalstellen und identifiziert das Land, aus dem ein Benutzer stammt. Der Mobile Network Code (MNC) besteht aus zwei Dezimalstellen und bestimmt den Netzbetreiber des Nutzers. Man kann also 1 000 Länder und in jedem Land 100 Netzbetreiber nummerieren. Die Mobile Subscriber Identification Number (MSIN) schließlich bestimmt den Nutzer und besteht aus maximal zehn Dezimalstellen.

Der Ablauf der Identifizierung, der Protokoll genannt wird, funktioniert nun wie folgt. Wir nennen die Einwegfunktion, wie im GSM-System, Algorithmus A3 und verfahren, wie in

Bild 3.15 dargestellt. Ein Handybesitzer möchte telefonieren, und das Handy meldet seine IMSI an das Netz. Das Netz wählt zufällig eine Zahl RAND aus und schickt diese dem Handy und dem AC. Das Handy berechnet auf der SIM-Karte mit dem Schlüssel KEY und der Zahl RAND eine Zahl SRES. Die gleiche Rechnung wird im AC durchgeführt, da dort ebenfalls der Schlüssel KEY des Nutzers vorliegt; das Ergebnis ist SRES′. Das Handy sendet die berechnete Zahl SRES an das Netz, wo die Zahl SRES mit SRES′ verglichen wird. Sind beide identisch, so hat das Handy bzw. die SIM-Karte bewiesen, dass ihr der Schlüssel KEY bekannt ist und sich identifiziert. Denn ohne die Kenntnis von KEY hätte SRES fast unmöglich berechnet werden können.

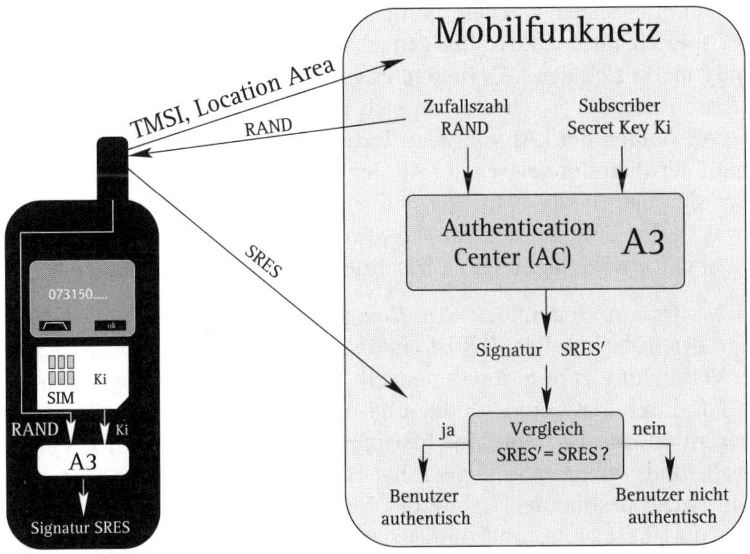

Bild 3.15 Authentifizierungsprotokoll

Das schwierigste Problem bei der Standardisierung war, dass jedes Land und jeder Netzbetreiber einen eigenen Algorithmus A3 haben wollte. Damit schien das ganze Projekt gefährdet. Denn wenn ein Teilnehmer in ein anderes Land reist, müsste er damit auf seiner SIM-Karte auch das Verfahren des Landes verfügbar haben. Offensichtlich funktioniert das System heute. Man kann im Ausland telefonieren und die Entgelte dafür werden abgerechnet, was impliziert, dass die Authentifizierung des Nutzers funktioniert. Wie dies durchgeführt wird, beschreibt der nächste Abschnitt.

3.6 Internationales Roaming

Roaming bezeichnet die Tatsache, dass ein Nutzer Ländergrenzen überschreiten kann und seine Erreichbarkeit sichergestellt ist. Zunächst ist eine Voraussetzung dafür, dass ein Nutzer überall erreichbar ist sowie eine eindeutige Identität, die durch die IMSI vom vorherigen Abschnitt gesichert ist. Der Aufbau eines Netzes ist in **Bild 3.16** dargestellt und die Bedeutung der Abkürzungen werden im folgenden Abschnitt erklärt.

Auf der Netzseite müssen einige Informationen ausgesendet werden, damit ein Nutzer feststellen kann, welchen Netzbetreiber er empfangen und evtl. auswählen kann. Die Basisstationen *Base Transceiver Station* (BTS) senden deshalb permanent einen sog. Broadcast-Kanal, in dem das Handy (MS – Mobile Station) verschiedene Systeminformationen lesen kann, u. a., zu welchem Netzbetreiber die Basisstation gehört und was für die Auswahl des Netzes wichtig ist. Es wurde festgelegt, dass ein Teilnehmer in seinem Heimatland nur bei seinem eigenen Netzbetreiber telefonieren darf, dagegen im Ausland bei jedem verfügbaren Netzbetreiber. Um dies sicherzustellen, ist in den Systeminformationen auch ein Parameter enthalten, der speziell für das Roaming gedacht ist, der sog. *Location Area Identifier*, kurz LAI. Das Handy merkt sich den LAI, in dem es gemeldet ist bzw. zuletzt gemeldet war. Nach dem Einschalten überprüft es, ob der LAI sich geändert hat. Ebenfalls bei Betrieb wird in regelmäßigen Abständen der LAI von allen Basisstationen, die empfangen werden können, gelesen. Stimmt der Wert des gelesenen LAI nicht mit dem Wert des gespeicherten LAI überein, so meldet sich das Handy beim Netz mit seiner Identität und dem Wunsch registriert zu werden, was in der GSM-Sprache als *Location Update* bezeichnet wird. Wie eine solche Registrierung abläuft, wird nachfolgend beschrieben.

Jeder Nutzer besitzt ein eindeutiges sog. *Home Location Register*, kurz HLR, in dem alle seine Daten gespeichert sind. Das HLR ist einem *Mobile Switching Center* (MSC) zugeordnet, das auch die Verbindung zum Festnetz herstellt. Die IMSI enthält die Information über die Adresse des HLR durch den Country Code und den Operator Code. Ein Teilnehmer, der sich beim Netz registriert, wird in ein sog. *Visiting Location Register*, kurz VLR, eingetragen. Im VLR, das ebenfalls einem MSC zugeordnet ist, sind Daten von Nutzern eingetragen, die sich zurzeit in einem bestimmten Gebiet des Netzes aufhalten. Ein solches Gebiet wird als Location Area (LA) bezeichnet und umfasst meist mehrere Basisstationen, die von einem *Base Station Switching Center* (BSC) verwaltet werden. Jedem LA ist eine Datei, das VLR zugeordnet. Wenn sich das Handy meldet, ist aufgrund der IMSI klar, wo das HLR ist. Das VLR sendet eine Nachricht an das HLR, dass der Teilnehmer mit der IMSI jetzt im Moment in der LA des VLR ist.

Damit können wir jetzt auch die Frage klären, wie jeder Netzbetreiber sein eigenes Identifizierungsverfahren einsetzen kann. Wenn das VLR dem HLR meldet, dass ein Teilnehmer mit einer bestimmten IMSI jetzt in seiner LA ist, werden zehn Pärchen von RAND und SRES vom dem AC des HLR generiert und an das VLR gesendet. Damit kann der Netzbetreiber des fremden Landes, dem das VLR gehört, den Teilnehmer identifizieren, ohne dass er den Algorithmus A3 des Netzbetreibers des Teilnehmers kennen muss.

Folgende nette Geschichte hat sich zugetragen, die mit dem Roaming zu tun hat. Die Diebstahlversicherung von Luxussportwagen ist nicht günstig, weshalb Ingenieure auf die Idee kamen, in einem solchen Auto ein GPS-System (siehe Kapitel 2) und ein GSM-Telefon einzubauen. Im Fall eines Diebstahls konnte man den Luxussportwagen anrufen, und dieser konnte seine Position melden, sodass die Polizei den gestohlenen Wagen sicherstellen konnte. Um dieses System zu testen, wurde folgendes Experiment durchgeführt. Die Versicherung

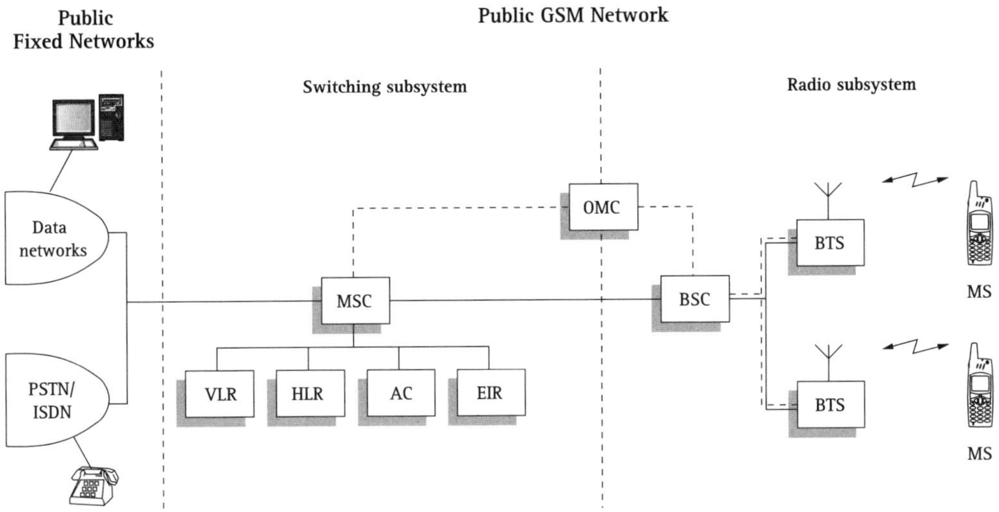

Bild 3.16 Mobilitätsmanagement

hat ein entsprechend präpariertes Fahrzeug an einem extrem gefährdeten Ort abgestellt und abgewartet. In der Tat wurde das Fahrzeug gestohlen. Am folgenden Tag versuchte man vergeblich, das Fahrzeug anzurufen, damit dieses seine Position meldet. Das Fahrzeug tat dies nicht. Nach weiteren zwei Wochen vergeblicher Versuche wurde das Experiment für gescheitert erklärt. Eine Woche später meldete sich das Fahrzeug überraschenderweise doch noch und teilte seine Position mit. Es war in einem Land, dessen Name hier nicht genannt werden soll, aber welches seit wenigen Tagen ein GSM-System in Betrieb hatte. Die Recherchen haben ergeben, dass das Fahrzeug dahin in einem Metallcontainer gebracht worden ist, also in einem faradayschen Käfig war, und deshalb keinen Empfang hatte. Eine zusätzliche Verzögerung ergab sich durch die Tatsache, dass das GSM-System in diesem Land gerade erst in Betrieb genommen wurde.

Die Abkürzungen in Bild 3.16, die wir nicht benötigt haben, sind *Operation and Maintenance Center* (OMC) und *Equipment Identification Register* (EIR).

3.7 Übungsaufgaben

Aufgabe 3.1

In einem WLAN-Empfänger wird an der Stelle, an der sich die Trainingssequenz befindet, die Folge

$$-\frac{3}{2}, \frac{1}{2}, -\frac{1}{2}, \frac{1}{2}, \frac{3}{2}, -\frac{1}{2}, -\frac{3}{2}, -\frac{3}{2}, \frac{1}{2}, -\frac{1}{2}$$

empfangen. Die verwendete Trainingssequenz ist $1, -1, 1, 1, -1, -1, -1$, die periodisch erweitert wird. Finden Sie mittels Korrelation die Pfade und ihre Dämpfung aus der Empfangsfolge heraus.

Hinweis: Negative Korrelationswerte bedeuten, dass kein Pfad vorliegt.

Aufgabe 3.2

Gegeben sei der Codierer aus **Bild 3.17**. Stellen Sie das Zustanddiagramm und das Trellis auf. Verifizieren Sie, dass die Informationssequenz unverändert in der Codesequenz steht. Zeigen Sie, dass der Codierer linear ist, d. h. dass die binäre Addition von zwei beliebigen gültigen Codesequenzen wieder eine gültige Codesequenz ist. Zeigen Sie dazu, dass die Ausgabe $c_1 + c_2$ zur Eingabe $i_1 + i_2$ gehört, wenn die Eingabe i_1 die Ausgabe c_1 und die Eingabe i_2 die Ausgabe c_2 liefert.

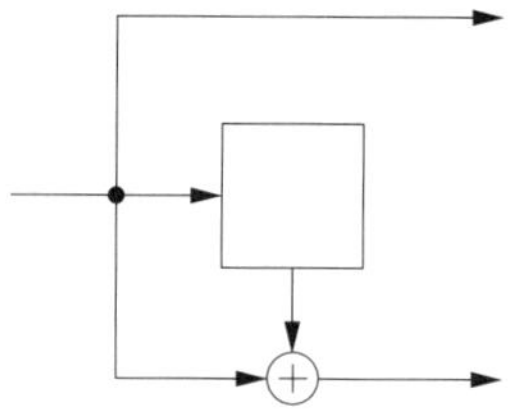

Bild 3.17 Systematischer Codierer mit einer Speicherzelle

Aufgabe 3.3

Gegeben sei der sog. systematische Faltungscodierer gemäß **Bild 3.18**.

a) Zeichnen Sie das Zustanddiagramm.

b) Bestimmen Sie die Codesequenz, die sich aus Informationssequenz 1 0111 + 00 ergibt.

c) Zeichnen Sie das Trellis des Codierers.

d) Es wurde die fehlerhafte Sequenz 1010 1010 1010 1001 empfangen. Decodieren Sie mit dem Viterbi-Algorithmus.

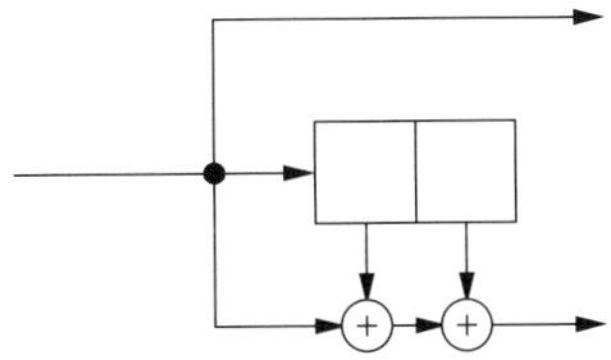

Bild 3.18 Systematischer Codierer mit zwei Speicherzellen

Aufgabe 3.4

Im Handy wird der Codierer aus Bild 3.19 verwendet. Codieren Sie damit die Informationssequenz 10 1011 + 0000.

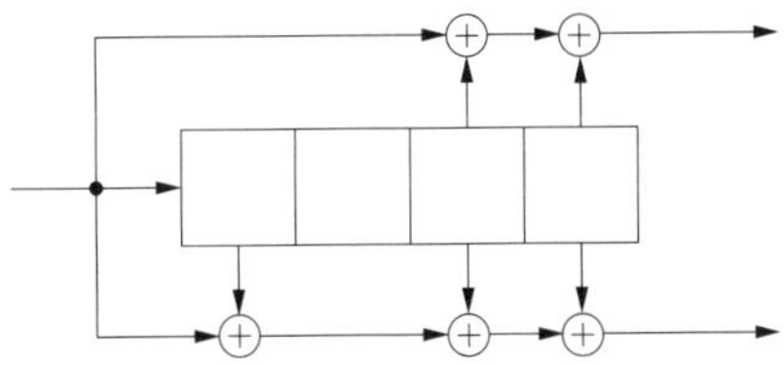

Bild 3.19 Codierer im Handy

Lösungen

Lösung zu Aufgabe 3.1

Wir korrelieren die ersten sieben Stellen der empfangenen Sequenz mit der Trainingssequenz:

$$\begin{array}{ccccccc} -\frac{3}{2} & \frac{1}{2} & -\frac{1}{2} & \frac{1}{2} & \frac{3}{2} & -\frac{1}{2} & -\frac{3}{2} \\ 1 & -1 & 1 & 1 & -1 & -1 & -1 \\ \hline \end{array}$$
$$-\frac{3}{2} - \frac{1}{2} - \frac{1}{2} + \frac{1}{2} - \frac{3}{2} - \frac{1}{2} - \frac{3}{2} = -\frac{3}{2}$$

und erhalten den Wert $-\frac{3}{2}$ als Ergebnis der Korrelation. Wir schieben die Trainingssequenz eine Stelle weiter und korrelieren erneut:

$$\begin{array}{ccccccc} \frac{1}{2} & -\frac{1}{2} & \frac{1}{2} & \frac{3}{2} & -\frac{1}{2} & -\frac{3}{2} & -\frac{3}{2} \\ 1 & -1 & 1 & 1 & -1 & -1 & -1 \\ \hline \end{array}$$
$$+\frac{1}{2} + \frac{1}{2} + \frac{1}{2} + \frac{3}{2} + \frac{1}{2} + \frac{3}{2} + \frac{3}{2} = \frac{13}{2}$$

Der Wert der Korrelation ist $\frac{13}{2} = 6{,}5$, was nahezu dem maximal möglichen Wert 7 ist. Deshalb haben wir den Hauptpfad gefunden. Wir schieben erneut die Trainingssequenz eine Stelle weiter und korrelieren:

$$\begin{array}{ccccccc} -\frac{1}{2} & \frac{1}{2} & \frac{3}{2} & -\frac{1}{2} & -\frac{3}{2} & -\frac{3}{2} & \frac{1}{2} \\ 1 & -1 & 1 & 1 & -1 & -1 & -1 \\ \hline \end{array}$$
$$-\frac{1}{2} - \frac{1}{2} + \frac{3}{2} - \frac{1}{2} + \frac{3}{2} + \frac{3}{2} - \frac{1}{2} = \frac{5}{2}$$

Der positive Wert bedeutet, dass wir einen zweiten Pfad gefunden haben, der etwa um den Faktor $\frac{1}{2}$ gedämpft ist. Wir schieben die Trainingssequenz noch eine Stelle weiter und korrelieren wieder:

$$\begin{array}{ccccccc} \frac{1}{2} & \frac{3}{2} & -\frac{1}{2} & -\frac{3}{2} & -\frac{3}{2} & \frac{1}{2} & -\frac{1}{2} \\ 1 & -1 & 1 & 1 & -1 & -1 & -1 \\ \hline \end{array}$$
$$\frac{1}{2} - \frac{3}{2} - \frac{1}{2} - \frac{3}{2} + \frac{3}{2} - \frac{1}{2} + \frac{1}{2} = -\frac{3}{2}$$

Damit sind die vier Korrelationswerte $-\frac{3}{2}$, $\frac{13}{2}$, $\frac{5}{2}$ und $-\frac{3}{2}$. Daraus können wir ableiten, dass insgesamt zwei Pfade ankommen, wobei der zweite um eine Stelle verschoben und um den Faktor $\approx \frac{1}{2}$ gedämpft ist. Wie bereits in diesem Kapitel erwähnt, ist die Länge 7 zu kurz, um eindeutigere Korrelationswerte zu erhalten. Die kurze Sequenz wurde hier gewählt, um den Rechenaufwand in Grenzen zu halten.

Lösung zu Aufgabe 3.2

Da der Codierer nur eine Speicherzelle besitzt, besteht das Zustanddiagramm aus zwei Zuständen. In jedem der beiden Zustände können wir eine 0 oder eine 1 als Eingabe haben, d. h., es ergeben sich die folgenden vier Fälle:

Damit können wir das Zustanddiagramm in **Bild 3.20** zeichnen. Dabei ist die Eingabe x immer das erste Bit der Codesequenz xy, da für alle Label im Zustanddiagramm x/xy gilt. Die Informationssequenz tritt also unverändert als jedes erste Bit der Codesequenz auf.

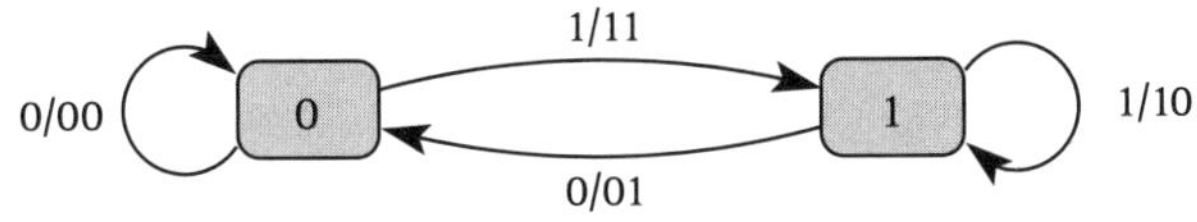

Bild 3.20 Zustanddiagramm eines systematischen Codierers

Das Trellis des Codierers ist in **Bild 3.21** gezeichnet. Eine gestrichelte Linie bedeutet die Eingabe 0 und eine durchgezogene Linie die Eingabe 1. Das Trellis beinhaltet alle möglichen Codesequenzen.

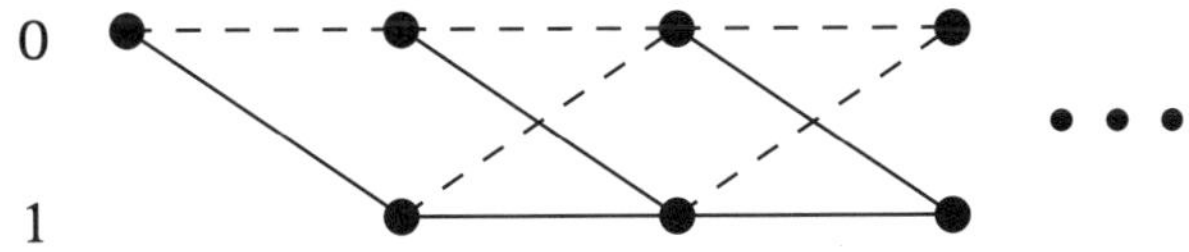

Bild 3.21 Trellis eines systematischen Codierers

Zur Überprüfung der Linearität betrachten wir die Codesequenzen entsprechend dem Zustanddiagramm aus Bild 3.20. Eine Eingabe 0 liefert die Codefolge 00 und eine Eingabe 1 die Codefolge 11. Dies ist linear, da die Addition der Eingabe $0 + 1 = 1$ als Ausgabe die Addition von $00 + 11 = 11$ besitzt. Geben wir zwei Bits in den Codierer, so gibt es vier Möglichkeiten 00, 01, 10 und 11 mit den entsprechenden Ausgängen 0000, 0011, 1101 und 1110. Wir überprüfen die drei nichttrivialen Möglichkeiten (da 00 die Codesequenz 0000 liefert, ist die Linearität sicher erfüllt)

$$01 + 10 = 11 \longrightarrow 0011 + 1101 = 1110,$$
$$01 + 11 = 10 \longrightarrow 0011 + 1110 = 1101,$$
$$10 + 11 = 01 \longrightarrow 1101 + 1110 = 0011.$$

Damit ist die Linearität erfüllt, und wir haben alle Möglichkeiten überprüft. Da das Zustanddiagramm nur aus zwei Zuständen besteht und wir beide überprüft haben, kann es keine anderen Kombinationsmöglichkeiten mehr geben.

Die Linearität kann man ausnutzen, um eine Aussage zur Fehlerkorrekturfähigkeit zu treffen. Da die Addition von zwei Codefolgen dann wieder eine Codefolge ist, genügt es die Fehlerkorrektureigenschaften bei Senden der Nullfolge zu betrachten. Jede Codefolge ungleich der Nullfolge besitzt entsprechend des Zustanddiagramms mindestens drei Einsen. Denn verlässt man den Zustand null, so besitzt die Codefolge mindestens drei Einsen, um wieder in den Zustand null zurückzukehren. Ein Fehler kann höchstens eine Null in eine Eins verwandeln. Daher kann ein Fehler pro vier aufeinanderfolgenden Codestellen sicher korrigiert werden.

Lösung zu Aufgabe 3.3

Einen systematischen Codierer, bei dem die Informationssequenz unverändert in der Codesequenz auftritt, haben wir ja bereits in Aufgabe 3.2 kennengelernt.

Teil a) Da der Codierer zwei Speicherzellen besitzt, gibt es vier mögliche Zustände, die den vier möglichen Inhalten der Speicherzellen entsprechen. Das Zustanddiagramm konstruiert man dadurch, dass man die vier Zustände zeichnet und sich danach die möglichen Zustandübergänge überlegt. Ein gültiger Zustandübergang besitzt die Eigenschaft, dass das erste Bit eines Zustands gleich dem zweiten Bit des Folgezustands sein muss. Damit sind die folgenden Zustandübergänge nicht möglich, da sich das zweite Bit ändern müsste. Die möglichen Zustandübergänge sind in **Bild 3.22** gezeigt.

0 0	$\nrightarrow$	0 1	0 0	$\nrightarrow$	1 1
0 1	$\nrightarrow$	0 1	0 1	$\nrightarrow$	1 1
1 0	$\nrightarrow$	0 0	1 0	$\nrightarrow$	1 0
1 1	$\nrightarrow$	0 0	1 1	$\nrightarrow$	1 0

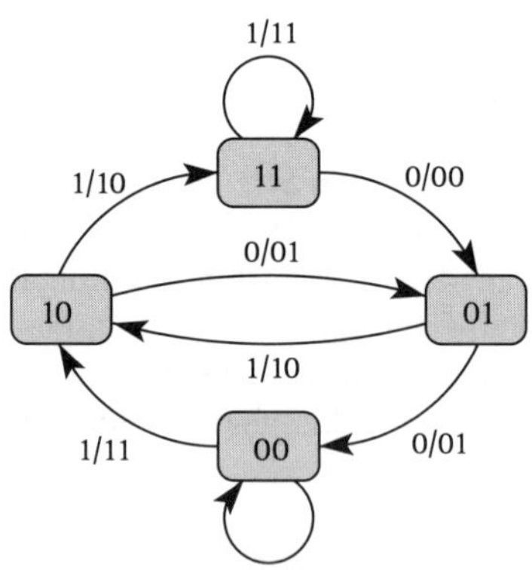

Bild 3.22 Zustanddiagramm – systematischer Codierer

Das Zustanddiagramm ist eine vollständige Beschreibung des Codierers, mit dem folglich auch die Codesequenz zu einer Eingangssequenz bestimmt werden kann. Die jeweilige Eingabe ist das erste Bit des Folgezustands. Beispielsweise beim Zustandübergang von Zustand (10) nach Zustand (11) befindet sich (10) in den Speicherzellen, und am Eingang liegt das erste Bit des Folgezustands, die 1. Die Ausgabe ist die Codefolge (10).

Teil b) Die Informationsfolge 1 0111 und die angehängten 00 bestimmt die Zustandübergänge im Zustanddiagramm von Bild 3.22. Die Zustandfolge ist

$$(00), (10), (01), (10), (11), (11), (01), (00).$$

Durch die zwei angehängten Nullen enden wir auf jeden Fall im Zustand (00). Die entsprechende Codefolge ist

$$\underline{1}1, \underline{0}1, \underline{1}0, \underline{1}0, \underline{1}1, 00, 01.$$

Die Informationsfolge ist dabei unterstrichen.

Teil c) Aus dem Zustanddiagramm lässt sich das Trellis zeichnen, wobei die Eingabe 0 durch eine gestrichelte Linie und die Eingabe 1 durch eine durchgezogenen Linie gezeichnet ist. Das Trellis ist in **Bild 3.23** gezeigt.

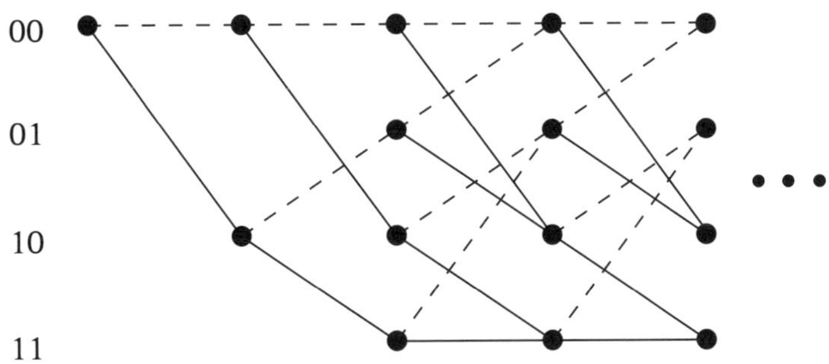

Bild 3.23 Trellis systematischer Codierer mit zwei Speicherzellen

Teil d) Um die Viterbi-Decodierung durchzuführen, schreibt man sich die empfangene Sequenz 1010 1010 1010 0100 entsprechend **Bild 3.24** über das Trellis. Dann beginnt man die Maße an die Knoten zu schreiben. Von Zustand (00) in Tiefe 0 (Startknoten) kann man entweder nach Zustand (00) mit der Codefolge 00 oder nach Zustand 10 mit der Codefolge 11 in Tiefe 1 gelangen. Beide Codefolgen stimmen in einer Stelle mit der empfangenen Folge 10 überein und deshalb ist in beiden Zuständen das Maß 1 notiert. Im zweiten Schritt erreicht man alle Knoten. Im Zustand (00) war das Maß 1 und die Codesequenz 00 stimmt in einer Stelle mit der empfangenen Sequenz 10 überein, weshalb in Tiefe 2 am Zustand (00) das Maß $1 + 1 = 2$ notiert ist. Entsprechend bei den anderen Zuständen in Tiefe 2. Beispielsweise war das Maß in Tiefe 1 bei Zustand 10 gleich 1 und die Codefolge des Zustandübergangs

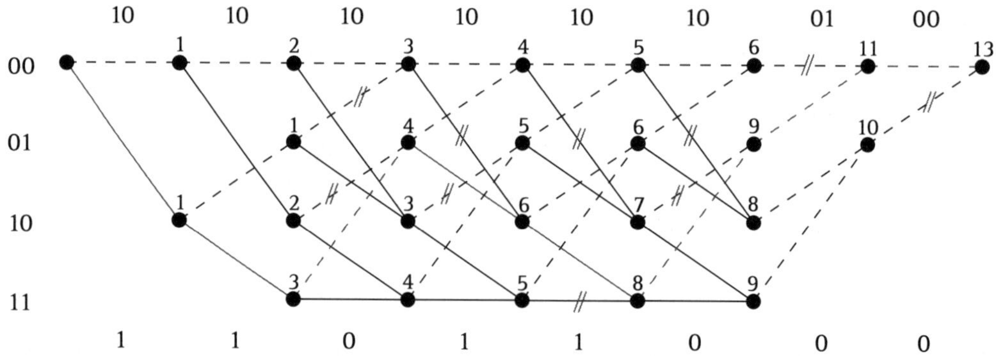

Bild 3.24 Viterbi-Decodierung

(10) nach (11) ist 10, die in zwei Stellen mit der empfangenen Folge übereinstimmt. Deshalb steht bei Zustand (11) in Tiefe 2 das Maß 1 + 2 = 3.

In Tiefe 3 enden an jedem Knoten zwei Pfade, die zwei Maße besitzen. Die Idee des Viterbi-Algorithmus ist, dass man sich nur den besseren merken muss, da von einem Knoten aus zum Zustand (00) in Tiefe 0 der bessere gewählt wird. Der bessere der beiden ist der mit mehr Übereinstimmungen. Bei gleich vielen Übereinstimmungen kann einer zufällig ausgewählt werden. Betrachten wir Zustand (01) in Tiefe 3. Dahin gelangt man aus Tiefe 2 von den Zuständen (11) und (10). Bei (10) war das Maß 2 und die Codefolge beim Übergang (10) nach (01) ist 01, die in keiner Stelle mit der empfangenen Folge übereinstimmt, weshalb das Maß 2 + 0 = 2 bleibt. Dagegen ist die Codefolge beim Übergang (11) nach (01) gleich 00, die an einer Stelle mit der empfangenen Folge übereinstimmt, weshalb das Maß 3 + 1 = 4 ergibt. Deshalb braucht man sich nur den Pfad von Zustand (11) zu merken, was in Bild 3.24 durch Streichen des anderen Pfads gezeigt ist. Dies führt man nun bis zur Tiefe 8 durch. In Bild 3.24 sind nur die Maße der besseren Pfade an den Knoten notiert. Wir wissen, dass der Zustand des Trellis in Tiefe 8 der Zustand (00) sein muss, da der Sender zwei Nullen an die Informationssequenz gehängt hat, um dies sicherzustellen.

Der beste Pfad ist nun der mit dem größten Maß von Zustand (00) in Tiefe 8 rückwärts. Der decodierte Pfad läuft durch die folgenden Zustände

$$(00), (10), (11), (01), (10), (11), (01), (00), (00).$$

Dies entspricht der Codefolge

11 10 00 10 10 00 01 00.

Die zugehörige Informationsfolge ist unterhalb des Trellis in Bild 3.24 angegeben und lautet

11 0110,

da die letzten beiden Nullen keine Information darstellen, sondern der Information angehängt wurden, um im Zustand (00) zu enden. Damit haben wir die Decodierung erfolgreich durchgeführt.

Lösung zu Aufgabe 3.4

Die Initialisierung der Speicherzellen ist (0000). Wir könnten die Codierung direkt mit dem Codierer durchführen, wollen aber eine elegante Beschreibung mittels Polynommultiplikation verwenden, die Teil einer umfassenden Theorie zu Faltungscodes ist. Die Durchführung der Codierung mit Polynommultiplikation ist jedoch am Beispiel einfach zu verstehen. Dazu beschreiben wir die Informationsfolge als die Koeffizienten eines binären Polynoms mit der Variablen D, deren Exponent die Position eines Informationsbit darstellt. Es genügt dabei die Koeffizienten mit Wert 1 anzugeben, da man weiß, dass die anderen 0 sind.

$$10\,1011\,0000 \qquad \longleftrightarrow \qquad 1 + D^2 + D^4 + D^5.$$

Der obere Zweig des Codierers aus Bild 3.19 addiert die aktuelle Stelle (0) zu den um drei und vier Zeittakte verzögerten Stellen. Mit der Variablen D beschrieben, ergibt dies das Polynom

$$D^0 + D^3 + D^4 = 1 + D^3 + D^4.$$

Die Multiplikation des Informationspolynoms mit dem Polynom des oberen Zweigs ist

$$\begin{aligned}(1 + D^2 + D^4 + D^5)(1 + D^3 + D^4) &= 1 \cdot (1 + D^2 + D^4 + D^5)\\ &\quad + D^3 \cdot (1 + D^2 + D^4 + D^5)\\ &\quad + D^4 \cdot (1 + D^2 + D^4 + D^5)\\ &= 1 + D^2 + D^4 + D^5\\ &\quad + D^3 + D^5 + D^7 + D^8\\ &\quad + D^4 + D^6 + D^8 + D^9\\ &= 1 + D^2 + D^3 + D^6 + D^7 + D^9.\end{aligned}$$

Die entsprechende binäre Sequenz lautet

$$1 + D^2 + D^3 + D^6 + D^7 + D^9 \qquad \longleftrightarrow \qquad 10\,1100\,1101.$$

Die Polynommultiplikation führt genau die Operation des Schieberegisters mit den Verknüpfungen aus. Entsprechend für den unteren Zweig, der durch das Polynom

$$1 + D + D^3 + D^4$$

beschrieben werden kann. Die Multiplikation mit der Informationssequenz ergibt:

$$\begin{aligned}(1 + D^2 + D^4 + D^5)(1 + D + D^3 + D^4) &= 1 \cdot (1 + D^2 + D^4 + D^5)\\ &\quad + D \cdot (1 + D^2 + D^4 + D^5)\\ &\quad + D^3 \cdot (1 + D^2 + D^4 + D^5)\\ &\quad + D^4 \cdot (1 + D^2 + D^4 + D^5)\\ &= 1 + D^2 + D^4 + D^5\\ &\quad + D + D^3 + D^5 + D^6\\ &\quad + D^3 + D^5 + D^7 + D^8\\ &\quad + D^4 + D^6 + D^8 + D^9\\ &= 1 + D + D^2 + D^5 + D^7 + D^9.\end{aligned}$$

Die entsprechende binäre Sequenz lautet hier:

$$1 + D + D^2 + D^5 + D^7 + D^9 \quad \longleftrightarrow \quad 11\,1001\,0101.$$

Die Codesequenz ergibt sich, wenn man abwechselnd ein Bit der oberen und unteren Sequenz nimmt, d. h.

$$\begin{array}{ll} 10\,1100\,1101 & \\ \qquad\qquad\searrow & \\ & 11\ 01\ 11\ 10\ 00\ 01\ 10\ 11\ 00\ 11. \\ \qquad\qquad\nearrow & \\ 11\,1001\,0101 & \end{array}$$

Selbstverständlich kann die Codefolge auch mittels Schieberegister des Codierers ermittelt werden.

4 Der MP3-Player

Bild 4.1 MP3-Logo

Ein MP3-Player ist ein sehr kleines Gerät, mit dem man mehrere Stunden Musik hören kann. Im Prinzip besteht er aus einem Datenspeicher und einem Verfahren, das Musik in digitale Daten umwandelt und umgekehrt und das als MP3-Standard entwickelt wurde. Bei der Musik-CD (siehe Kapitel 5) war die benötigte Datenrate 1,4 Mbit/s. Selbst die damals, Ende der 1980er-Jahre, bereits hoch entwickelte Technologie, konnte die für einen MP3-Player notwendigen Speicherbausteine nicht zu erschwinglichen Preisen herstellen. Denn man rechnet sich leicht aus, dass zwei fünfminütige Musikstücke bereits fast ein Gigabit[1] Speicher benötigen. Deshalb war das Ziel der Ingenieure die Musik mit einer sehr viel niedrigeren Datenrate zu codieren, ohne jedoch die Hörqualität zu mindern.

Der Durchbruch, eine hohe Musikqualität bei niedriger Datenrate zu erreichen, gelang einer Gruppe von Ingenieuren vom Fraunhofer-Institut für integrierte Schaltungen in Erlangen [14], durch Einsatz digitaler Signalverarbeitung. Der Kernpunkt bei der Entwicklung des Verfahrens war die Modellierung der Funktion des menschlichen Gehörs und die daraus gewonnenen neuen Erkenntnisse. Man hat ein mathematisches Modell konstruiert, das die Funktionsweise des Ohrs nachbildet. Damit hat man festgestellt, dass ein Ton verdeckt werden kann, d. h. dass er nicht gehört werden kann, wenn er dicht neben einem lauteren Ton liegt. Dicht bedeutet dabei, dass die Frequenzen der beiden Töne sich um weniger als einen bestimmten Wert unterscheiden. Damit war klar, dass man alle verdeckten Töne weglassen konnte, ohne dass sich der Höreindruck verändert. Dies kann dadurch erreicht werden, dass man diese verdeckten Töne mithilfe von digitaler Signalverarbeitung herausfiltert. Durch Herausfiltern dieser verdeckten Töne konnte die Datenrate auf 128 000 bit/s reduziert wer-

[1] Giga bedeutet 10^9

den, was einem Faktor von über zehn entspricht. Deshalb kann man auf eine Musik-CD, auf die etwa 1 h Musik passt, ca. 10 h speichern, wenn diese mit dem MP3-Standard komprimiert worden ist.

Die vielen mathematischen Verfahren, die in einem MP3-Player enthalten sind, können wir hier nicht alle beschreiben, und wir mussten deshalb eine schwierige Auswahl treffen. Wir wollen in diesem Kapitel nicht detailliert auf die Abtastung, die Quellencodierung, die Quantisierung, die Digital-Analog-Umsetzung etc. eingehen, was ebenfalls spannende Themen wären, sondern uns mit der elementaren Frage beschäftigen, wie digitale Daten verarbeitet werden. Dazu werden in der Signalverarbeitung digitale Systeme verwendet, die einen Eingang und einen Ausgang besitzen. Das System führt eine Abbildung des Eingangssignals auf das Ausgangssignal durch. Um ein anschauliches Beispiel eines solchen Systems zu benutzen, führen wir ein rekursives Filter ein, das die sog. Fibonacci-Zahlen erzeugt. Es sollte nicht unerwähnt bleiben, dass die technologischen Aspekte ebenfalls sehr wichtig sind. Ohne die zahllosen Ingenieure, die an der Erhöhung der Speicherdichte auf Bauelementen und der Rechengeschwindigkeit gearbeitet haben, gäbe es den MP3-Player ebenfalls nicht.

4.1 Problemstellung

Musik entsteht durch die Überlagerung von vielen Schwingungen unterschiedlicher Frequenzen, die in Hertz[1] gemessen werden. Das menschliche Ohr kann Frequenzen bis zu ca. 20 000 Hz wahrnehmen. Der Referenzton bei Musikern ist das a′, das einer Schwingung von 440 Hz entspricht. Der Klangkörper einer Gitarre erzeugt aus dem Referenzton a′ noch Vielfache von 440 Hz. Die Anzahl und die Intensität der Vielfachen, die Obertöne genannt werden, ergeben den charakteristischen Klang eines Instruments. Deshalb können wir den Referenzton a′ einer Klaviersaite von dem einer Gitarrensaite und von dem einer Geige unterscheiden. Die Instrumente eines Orchesters können vom Zuhörer auseinandergehalten werden, weil das Ohr in der Lage ist, die vorkommenden Frequenzen aufzulösen, die Obertöne und somit die Instrumente zu identifizieren. Das Ohr empfängt die Überlagerung, d. h. die Summe aller Obertöne. Aus diesem Summensignal werden durch einen faszinierenden Mechanismus in der sog. Gehörschnecke, die einzelnen Frequenzen detektiert. Betrachten wir nur einen Ton einer bestimmten Frequenz, so schwingt die Luft mit genau dieser Frequenz und erzeugt einen Schalldruck. Das Maximum dieser Schwingung kann durch die Gehörschnecke lokalisiert werden und dadurch die Frequenz bestimmt werden. In der Frequenzbestimmung durch Lokalisierung des Maximums liegt auch die Ursache, dass von zwei dicht nebeneinanderliegenden Frequenzen nur die lautere gehört werden kann.

Der Schalldruck aller Töne und Obertöne kann durch ein Mikrofon in ein elektrisches Signal umgewandelt werden. Im Gegensatz zum Ohr wandelt ein Mikrofon auch dicht nebeneinander liegende Frequenzen um. Dieses elektrische Signal wird nun digitalisiert, indem der Wert des Signals in konstanten Zeitabständen (periodisch) gemessen wird. Eine Messung

[1] Hertz, mit Hz abgekürzt, ist die Einheit der Frequenz einer Schwingung; 1 Hz bedeutet eine Schwingung pro Sekunde.

wird Abtastwert genannt. Wie dies technisch durchgeführt wird, kann hier nicht erklärt werden, stellt jedoch ein sehr interessantes Teilgebiet der Signalverarbeitung dar. Aktuell arbeiten viele Ingenieure daran, eine schnellere Abtastung zu realisieren. Wenn das sog. Abtasttheorem eingehalten wird, kann jedes Signal aus den Abtastwerten wieder vollständig rekonstruiert werden. Das Abtasttheorem besagt, dass die Abtastrate (Abtastfrequenz) mindestens zweimal so groß sein muss, wie die höchste in der Musik vorkommende Frequenz. Wir wollen annehmen, dass das Abtasttheorem eingehalten wird.

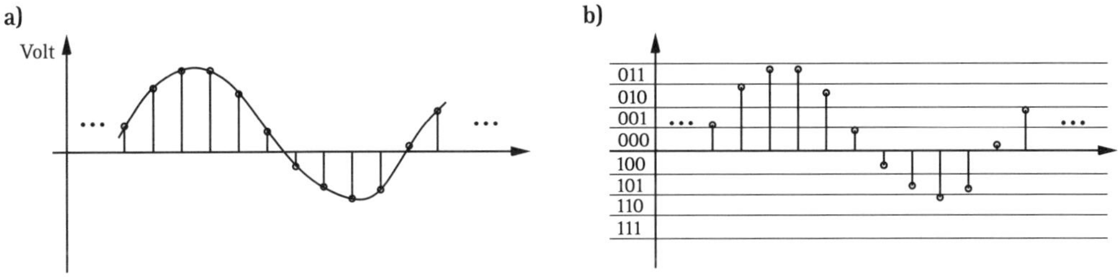

Bild 4.2 Abtastung eines Signals

Das Prinzip der Abtastung ist in **Bild 4.2** veranschaulicht. Im linken Teil ist der Spannungsverlauf in Volt eines Musiksignals erkennbar, wie es nach der Umwandlung des Schalldrucks durch ein Mikrofon vorliegt. Die Abtastung misst nun periodisch den Wert des Signals, was durch die Punkte angedeutet ist. Die Punkte repräsentieren ein sog. zeitdiskretes Signal, also ein Signal, das nur zu diskreten Zeitpunkten existiert. In Bild 4.2b ist die sog. Quantisierung dargestellt. Jedem Abtastwert wird nun eine Dualzahl zugewiesen, die das Intervall nummeriert, in dem der Abtastwert liegt. Für das Signal aus Bild 4.2a können wir die sich ergebende Bitfolge ablesen zu: 001, 010, 011, 011, 010, 000, 100, 101, 110, 101, 000, 001. Dieses Signal ist nun sowohl zeitdiskret als auch wertdiskret, da das Signal nur diskrete, d. h. keine kontinuierlichen Werte annimmt. Diese Bitfolge kann nun gespeichert oder verarbeitet werden. Der Betrag eines Abtastwerts beinhaltet die Information über die Amplitude des Signals, d. h. die Lautstärke. Die Frequenz verbirgt sich in der Änderung der Amplitude, also in einer Folge von Abtastwerten. Um aus der Bitfolge wieder das Musiksignal zu rekonstruieren, trägt man die Punkte, die den Dualzahlen entsprechen, in die Mitte des Intervalls ein und interpoliert die Werte dazwischen. Eine Realisierung der Abtastung wird als AD-Umsetzer (analog/digital) bezeichnet und entsprechend die Umkehrung als DA-Umsetzer.

Da das menschliche Ohr Töne bis ca. 20 000 Hz hören kann, muss man wegen des Abtasttheorems mit mindestens 40 000 Hz abtasten. In der Praxis misst man 44 100 mal pro Sekunde den Wert eines Signals und speichert diese Werte in binärer Form, d. h. als Dualzahl ab. Da die Ingenieure gerne etwas Reserve haben und es ja Menschen geben kann, die höhere Töne hören, wurde die Zahl 44 100 gewählt. Jeder Abtastwert wird dann mit 16 bit quantisiert, d. h. man teilt den Bereich, in dem das Signal liegt, in $2^{16} = 65\,536$ Intervalle ein.

Digitalisierte Musik besteht damit aus einer Folge von Abtastwerten, d. h. Messwerten des elektrischen Signals zu periodischen Zeitpunkten, die gespeichert werden. Ein digitales Signal, welches die Musik repräsentiert, ist also eine Folge von Zahlen. Die Tatsache, dass wir die Zahlen speichern müssen und damit keine unendlich feine Auflösung verwenden können, werden wir bei unseren Überlegungen ignorieren. Es genügt zu wissen, dass die Auflösung so fein ist, dass das aus den Abtastwerten rekonstruierte Signal, sich nicht hörbar vom Originalsignal unterscheidet.

Wenn wir die digitalisierte Musik als Menge von Abtastwerten gespeichert haben, können wir mit diesen Daten Signalverarbeitung betreiben. Wenn wir beispielsweise jeden gespeicherten Wert durch zwei teilen, entsprechen diese neuen Werte leiserer Musik. Wir können auch andere Dinge mit digitaler Musik machen, z. B. der Musik ein leiseres Echo hinzufügen, indem wir die durch den Faktor zwei dividierten Daten um eine bestimmte Zeit verzögert zu den unverzögerten Daten addieren. Dies und vieles mehr ist digitale Signalverarbeitung. Wie diese durchgeführt wird, soll in diesem Kapitel beschrieben werden.

Problemstellung
Wie werden digitale Signale verarbeitet?

4.2 Mathematische Grundlagen

Da digitale Signale Folgen von Zahlen sind, betrachten wir zunächst die verschiedenen Zahlenmengen, die als Werte der Signale infrage kommen. Zunächst gibt es die ganzen Zahlen $\mathbb{Z} = \{..., -2, -1, 0, 1, 2, ...\}$, die als erstes im Mathematikunterricht eingeführt werden. Das Problem bei ganzen Zahlen ist, dass nicht zu jeder Zahl ein inverses Element bezüglich der Multiplikation existiert, das ebenfalls eine ganze Zahl ist. So gibt es z. B. keine ganze Zahl z, für die gilt $3 \cdot z = 1$, also kein Inverses zur Zahl 3, das selbst eine ganze Zahl ist. Um dieses Problem zu lösen, wurden die rationalen Zahlen $\mathbb{Q}$ eingeführt. Sie sind Brüche aus ganzen Zahlen, d. h.

$$r \in \mathbb{Q} \quad \longleftrightarrow \quad r = \frac{a}{b}; \; a, b \in \mathbb{Z} \; b \neq 0.$$

Damit existiert ein inverses Element aus $\mathbb{Q}$ zu 3, nämlich

$$3 \cdot \frac{1}{3} = 1.$$

Die Menge der ganzen Zahlen $\mathbb{Z}$ ist in der Menge der rationalen Zahlen $\mathbb{Q}$ enthalten, d. h. $\mathbb{Z} \subset \mathbb{Q}$. Jede rationale Zahl $\neq 0$ besitzt ein inverses Element bezüglich der Multiplikation, denn

$$\frac{a}{b} \cdot \frac{b}{a} = 1 \quad \longrightarrow \quad \left(\frac{a}{b}\right)^{-1} = \frac{1}{\frac{a}{b}} = \frac{b}{a},$$

wie aus den Regeln der Bruchrechnung bestens bekannt ist.

Die Mathematiker entdeckten jedoch ein weiteres Problem. Die Menge der ganzen Zahlen $\mathbb{Z}$ und der rationalen Zahlen $\mathbb{Q}$ reichte nicht aus, um alle Gleichungen zu lösen. Denn z. B. die Gleichung $x^2 = 2$ besitzt weder in den ganzen Zahlen $\mathbb{Z}$, noch in den rationalen Zahlen $\mathbb{Q}$ eine Lösung. Dies wollen wir im Folgenden zeigen.

Nehmen wir an, $x^2 = 2$ sei für eine rationale Zahl $a = \frac{p}{q} \in \mathbb{Q}$ mit $p, q \in \mathbb{Z}$ lösbar. Ferner nehmen wir an, dass p und q keine gemeinsamen Faktoren besitzen. Diese Annahme ist gerechtfertigt, da man andernfalls durch diese Faktoren teilen könnte, ohne dass sich der Wert der Zahl ändert. Damit gilt: $\frac{p^2}{q^2} = 2$. Durch Multiplikation beider Seiten mit q^2 erhalten wir $p^2 = 2q^2$, weshalb p^2 eine gerade Zahl sein muss. Damit muss auch p eine gerade Zahl sein, da nur das Quadrat einer geraden Zahl gerade sein kann. Eine gerade Zahl können wir immer schreiben als $p = 2\hat{p}$. Setzen wir dies in unsere Gleichung ein, so erhalten wir $4\hat{p}^2 = 2q^2$. Mit 2 gekürzt ergibt sich $2\hat{p}^2 = q^2$. Folglich ist auch q^2 und damit q gerade. Wir haben somit gezeigt, dass p und q gerade sein müssen, was einen Widerspruch ergibt, denn wir hatten angenommen, dass p und q keine gemeinsamen Faktoren haben. Also kann die Lösung der Gleichung keine rationale Zahl sein.

Zur Lösung der Gleichung $x^2 = 2$ benötigt man damit eine neue Zahlenmenge, die Menge der reellen Zahlen $\mathbb{R}$. Sie setzt sich zusammen aus der Menge der rationalen Zahlen und der Menge der irrationalen Zahlen. Irrationale Zahlen sind z. B. $\sqrt{2}, \pi, e, \ldots$. Damit gilt: $\mathbb{Z} \subset \mathbb{Q} \subset \mathbb{R}$.

Doch schon wieder gab es ein Problem bei den Mathematikern. Obwohl nun die reellen Zahlen eingeführt waren, gab es eine Gleichung, die keine Lösung aus der Menge $\mathbb{R}$ hatte, nämlich $x^2 = -1$. Um dies zu beheben, wurden die sog. komplexen Zahlen eingeführt, die aus zwei Zahlen, einem Realteil α und einem Imaginärteil β, bestehen,

$$z \in \mathbb{C}; \quad z = \mathrm{Re}(z) + \mathrm{j} \cdot \mathrm{Im}(z) = \alpha + \mathrm{j} \cdot \beta; \ \alpha, \beta \in \mathbb{R}\,.$$

Dabei ist die imaginäre Einheit[1] j die Lösung der Gleichung $x^2 = -1$, d. h. $\mathrm{j}^2 = -1$.

Eine komplexe Zahl $z \in \mathbb{C}$ kann damit in Realteil $\mathrm{Re}(z)$ und Imaginärteil $\mathrm{Im}(z)$ zerlegt werden. Der Realteil und der Imaginärteil einer komplexen Zahl sind reelle Zahlen. Damit ist die Menge $\mathbb{R}$ der reellen Zahlen in der Menge $\mathbb{C}$ der komplexen Zahlen enthalten, und zwar sind es die Zahlen mit Imaginärteil null. Es gilt somit der Zusammenhang

$$\mathbb{Z} \subset \mathbb{Q} \subset \mathbb{R} \subset \mathbb{C}\,.$$

Im folgenden Beispiel betrachten wir die Zugehörigkeit einiger Zahlen zu den eingeführten Zahlenmengen.

Beispiel 4.1 Ganze, rationale, reelle und komplexe Zahlen

Die Zahl $\frac{7}{3} + \mathrm{j} \cdot \pi$ ist eine komplexe Zahl mit dem rationalen Realteil $\frac{7}{3}$ und dem reellen Imaginärteil π.

[1] In der Mathematik wird üblicherweise i statt j benutzt, aber Ingenieure bevorzugen j.

Die Zahl $\sqrt{6}$ ist eine reelle Zahl, kann jedoch auch als komplexe Zahl $\sqrt{6} + \mathrm{j} \cdot 0$ aufgefasst werden, da jede reelle Zahl auch eine komplexe Zahl ist ($\mathbb{R} \subset \mathbb{C}$).

Die Zahl -13 ist eine ganze Zahl, kann jedoch sowohl als rationale Zahl $\frac{-13}{1}$, als reelle Zahl, aber auch als komplexe Zahl $-13 + \mathrm{j} \cdot 0$ interpretiert werden. ◇

Da das Rechnen mit komplexen Zahlen oft ungewohnt ist, sollen im Folgenden noch einige Rechenregeln und Eigenschaften erörtert werden.

Rechnen mit komplexen Zahlen

Zwei komplexe Zahlen werden addiert, indem ihre Realteile und ihre Imaginärteile addiert werden

$$z_1 + z_2 = (\alpha_1 + \mathrm{j} \cdot \beta_1) + (\alpha_2 + \mathrm{j} \cdot \beta_2) = (\alpha_1 + \alpha_2) + \mathrm{j} \cdot (\beta_1 + \beta_2).$$

Die Multiplikation von komplexen Zahlen ist wieder eine komplexe Zahl, denn

$$\begin{aligned} z_1 \cdot z_2 &= (\alpha_1 + \mathrm{j} \cdot \beta_1)(\alpha_2 + \mathrm{j} \cdot \beta_2) \\ &= \alpha_1\alpha_2 + \mathrm{j}\mathrm{j}(\beta_1\beta_2) + \mathrm{j}\beta_1\alpha_2 + \mathrm{j}\alpha_1\beta_2 \\ &= (\alpha_1\alpha_2 - \beta_1\beta_2) + \mathrm{j}(\beta_1\alpha_2 + \alpha_1\beta_2). \end{aligned}$$

Beispiel 4.2 Multiplikation komplexer Zahlen

Die Multiplikation der komplexen Zahlen $4 - \mathrm{j} \cdot 3$ und $2 + \mathrm{j} \cdot 6$ ergibt

$$(4 - \mathrm{j} \cdot 3)(2 + \mathrm{j} \cdot 6) = 8 - \mathrm{j} \cdot 6 + \mathrm{j} \cdot 24 - \mathrm{j}^2 \cdot 18 = 8 + 18 + \mathrm{j} \cdot 18 = 26 + \mathrm{j} \cdot 18.$$

◇

Die komplexen Zahlen $z = \alpha + \mathrm{j} \cdot \beta$ und $z^* = \alpha - \mathrm{j} \cdot \beta$ heißen zueinander konjugiert komplex. Konjugiert komplexe Zahlen besitzen eine interessante Eigenschaft:

$$z \cdot z^* = (\alpha + \mathrm{j} \cdot \beta)(\alpha - \mathrm{j} \cdot \beta) = \alpha^2 + \mathrm{j} \cdot \beta\alpha - \mathrm{j} \cdot \beta\alpha - \mathrm{j}^2\beta^2 = \alpha^2 + \beta^2.$$

Das Produkt von zueinander konjugiert komplexen Zahlen liefert eine rein reelle Zahl. Ebenfalls liefert die Addition von zueinander konjugiert komplexen Zahlen $z + z^* = \alpha + \mathrm{j} \cdot \beta + \alpha - \mathrm{j} \cdot \beta = 2\alpha$ eine rein reelle Zahl.

Beispiel 4.3 Multiplikation konjugiert komplexer Zahlen

Die Multiplikation der konjugiert komplexen Zahlen $5 + \mathrm{j} \cdot 3$ und $5 - \mathrm{j} \cdot 3$ ergibt

$$(5 + \mathrm{j} \cdot 3)(5 - \mathrm{j} \cdot 3) = 25 + \mathrm{j} \cdot 15 - \mathrm{j} \cdot 15 - \mathrm{j}^2 \cdot 9 = 25 + 9 = 34.$$

◇

Ein sehr bedeutender Satz der Mathematik ist der Fundamentalsatz der Algebra, der in Satz 5.20 beschrieben ist. Er besagt, dass jedes Polynom $F(x) = F_0 + F_1x + F_2x^2 + \ldots + F_mx^m$

mit Koeffizienten $F_i \in \mathbb{R}$ oder $F_i \in \mathbb{C}$ und $F_m \neq 0$ genau m Nullstellen $a_i \in \mathbb{C}$ besitzt. Anders ausgedrückt kann jedes Polynom $F(x)$ als

$$F(x) = F_m \cdot \prod_{i=1}^{m} (x - a_i), \qquad a_i \in \mathbb{C}$$

geschrieben werden und die Nullstellen a_i können direkt abgelesen werden. Wir können also im Komplexen am Grad eines Polynoms sofort die Anzahl seiner Nullstellen erkennen, wobei auch mehrfache Nullstellen auftreten können.

Beispiel 4.4 Nullstellen von Polynomen

Wir bestimmen die Nullstellen des Polynoms $x^3 - 7x^2 + 19x - 13$. Der Fundamentalsatz der Algebra sagt, dass dieses Polynom genau drei Nullstellen besitzt. Die erste Nullstelle $x_1 = 1$ ermitteln wir durch Probieren. Damit ist das Polynom durch $(x - 1)$ teilbar. Wir erhalten durch Polynomdivision

$$(x^3 - 7x^2 + 19x - 13) : (x - 1) = x^2 - 6x + 13.$$

Die Nullstellen des Polynoms $x^2 - 6x + 13$ können wir durch die „Mitternachtsformel" ausrechnen

$$x_{2,3} = -\frac{-6}{2} \pm \frac{\sqrt{36 - 4 \cdot 13}}{2} = 3 \pm \sqrt{\frac{-16}{4}} = 3 \pm \sqrt{-1} \cdot 2 = 3 \pm \mathrm{j} \cdot 2.$$

Dabei wurde die Definition der imaginären Einheit $\mathrm{j} = \sqrt{-1}$ angewendet. Die drei Nullstellen lauten: $x_1 = 1$, $x_2 = 3 + \mathrm{j} \cdot 2$ und $x_3 = 3 - \mathrm{j} \cdot 2$. ◇

Folgen

Als Folge wollen wir eine Auflistung von Zahlen verstehen, die durch $x(k)$, $k \in \mathbb{Z}$ beschrieben werden. Die Werte von $x(k)$ können dabei aus $\mathbb{Z}$, aus $\mathbb{Q}$ aus $\mathbb{R}$ oder auch aus $\mathbb{C}$ sein. Wir können schreiben

$$\ldots, x(-3), x(-2), x(-1), x(0), x(1), x(2), x(3), \ldots, \qquad x(k) \in \mathbb{Z}, \mathbb{Q}, \mathbb{R}, \mathbb{C};\ k \in \mathbb{Z}.$$

Bei der Variablen k handelt es sich um eine abstrakte Zeit, die Tag, Woche, Stunde, Sekunde etc. bedeuten kann, was jedoch nicht explizit festgelegt werden muss, um das Prinzip der digitalen Signalverarbeitung zu beschreiben. Die Folgen $x(k)$ können wir als digitale Signale betrachten. Um Signalverarbeitung zu beschreiben, müssen wir nicht wissen, ob es sich bei der Zahlenfolge um Musik handelt, oder etwas anderes. Messen wir jeden Tag den Wasserstand der Donau in Ulm, so ist dies auch ein digitales Signal, in diesem Fall mit Werten aus $\mathbb{Q}$. Oder aber, wenn wir jede Woche unseren Puls messen, ergibt sich ein Signal mit Werten aus $\mathbb{N}$, da ein negativer Puls sehr selten vorkommt. Ebenso ergibt sich eine Folge von Zahlen und damit ein digitales Signal, wenn die Temperatur des Wassers eines Heizkessels in jeder Minute zur Regelung der Heizung gemessen wird.

Reihen

Aus einer Folge entsteht eine Reihe, wenn wir die Glieder der Folge aufsummieren. Man sagt eine Reihe konvergiert, wenn die Summe der Folgenglieder im Grenzwert einen endlichen Wert besitzt.

$$\lim_{L\to\infty}\sum_{k=-L}^{L} x(k) = M < \infty, \qquad x(k) \in \mathbb{Z}, \mathbb{Q}, \mathbb{R}, \mathbb{C}; \ k \in \mathbb{Z}.$$

Die Ingenieure müssen häufig mit Reihen arbeiten, die nicht konvergent sind. Um mit solchen Reihen trotzdem arbeiten zu können, wählt man eine Darstellung, bei der man durch die Zeit dividiert.

$$\lim_{L\to\infty}\frac{1}{2L+1}\sum_{k=-L}^{L} x(k) = M_L < \infty.$$

Beispiel 4.5 Folgen und Reihen

Die harmonische Reihe lautet:

$$\sum_{k=1}^{\infty}\frac{1}{k} = 1 + \frac{1}{2} + \frac{1}{3} + \frac{1}{4} + \dots .$$

Diese Reihe konvergiert nicht. Dagegen konvergiert die folgende Reihe gegen den Wert 2:

$$\sum_{k=0}^{\infty}\left(\frac{1}{2}\right)^{k} = 1 + \frac{1}{2} + \frac{1}{4} + \frac{1}{8} + \dots .$$

Die dazu gehörigen Folgen lauten:

$$1, \frac{1}{2}, \frac{1}{3}, \frac{1}{4}, \dots \quad \text{und} \quad 1, \frac{1}{2}, \frac{1}{4}, \frac{1}{8}, \dots .$$

◇

4.3 Digitale Signalverarbeitung

Wir haben nun die notwendige Mathematik kennengelernt und wollen diese nun anwenden, um das Prinzip der Signalverarbeitung zu beschreiben. Um Signalverarbeitung wissenschaftlich zu betreiben, benötigt man mehr mathematische Grundlagen, jedoch genügt wie so häufig ein Beispiel, um das Prinzip zu verstehen. Wir wollen deshalb zunächst das Beispiel angeben, anhand dessen wir die Grundelemente der digitalen Signalverarbeitung einführen. Danach wollen wir die sog. Z-Transformation am Beispiel erläutern, die das zentrale Element der Signalverarbeitung darstellt. Damit werden wir die Lösung des Problems aus unserem Beispiel bestimmen. Digitale Signalverarbeitung ist sehr weit verbreitet, u. a. in Waschmaschinen, Heizungen, Autos, Flugzeugen, Fernsehern, Stereoanlagen etc. und eben auch in MP3-Playern.

4.3.1 Fibonacci-Zahlen

Leonardo Fibonacci im Jahr 1202

In einem Buch [15] aus dem Jahr 1202 hat *Leonardo Fibonacci* das folgende Problem gestellt:

Ein im Monat 0 geborenes Kaninchenpaar erzeugt vom zweiten Monat seiner Existenz jeden Monat ein weiteres Kaninchenpaar. Selbiges gilt für die Nachkommen. Kein Kaninchen stirbt im betrachteten Zeitraum. Wie viele Kaninchenpaare existieren in einem bestimmten Monat k?

Man kann entsprechend der Aussage von *Leonardo Fibonaccis* Problem eine Tabelle erstellen und die Anzahl der Kaninchenpaare darin eintragen. Im nullten Monat existiert ein Paar, im ersten Monat auch ein Paar, da ja erst ab dem zweiten Monat Nachwuchs auftritt. Im zweiten Monat gibt es dann zwei Paare, nämlich das ursprünglich existierende plus dem Nachwuchs. Im dritten Monat sind es drei Paare, das ursprüngliche und zweimal Nachwuchs. Im vierten Monat sind es fünf Paare, da alle diejenigen Paare, die im zweiten Monat existiert haben, Nachwuchs bekommen und die vom dritten Monat bestehen bleiben, also $2 + 3 = 5$. Entsprechend kann man für den fünften Monat argumentieren, d. h., die vom dritten Monat bekommen Nachwuchs und die vom vierten bleiben, also $3 + 5 = 8$. Die Tabelle lautet damit:

Monat k	0	1	2	3	4	5	6	7	...
Kaninchenpaare $y[k]$	1	1	2	3	5	8	13	21	...

Diese Zahlen sind unter dem Namen Fibonacci-Zahlen bekannt. Über diese Zahlen könnte man ein eigenes Buch schreiben, da sie in Natur, Architektur und Kunst zu finden sind. In der Natur, weil sie häufig die Lösung von Optimierungsproblemen sind, in der Architektur und der Kunst, weil sie zum sog. goldenen Schnitt führen, der als besonders schön erachtet wird. Wenden wir uns aber wieder unserem Problem zu.

Bezeichnen wir die Anzahl der Kaninchenpaare im Monat k mit $y(k)$, so ergibt sich die rekursive Berechnungsvorschrift als

$$y(k) = y(k-1) + y(k-2), \qquad y(0) = 1, y(1) = 1, \qquad k = 2, 3, 4, 5, \dots, \tag{4.1}$$

da die Kaninchenpaare im Monat k genau diejenigen sind, die im Monat $k - 1$ existierten, plus die neugeborenen Kaninchenpaare derjenigen, die bereits im Monat $k-2$ existiert haben. Damit wäre das Problem eigentlich gelöst. Es sei denn, wir stellen die Frage, ob wir den Wert von $y(k)$ bei $k = 234\,567$ direkt, ohne Rekursion, ausrechnen können. Mit Gl. (4.1) können wir diesen Wert nur rekursiv berechnen, d. h., wir müssen alle Werte $k = 2, 3, \dots, 234\,566$ ausrechnen und erhalten dann den gewünschten Wert. Das ist natürlich unbefriedigend. Wir wollen deshalb zunächst das Problem als digitales Filter formulieren und dann lösen.

Digitale Signale $x(k)$ sind, entsprechend dem vorherigen Abschnitt, Folgen von Zahlen. Der Parameter k stellt dabei die Zeit dar, die abstrakt und ohne Einheit ist. So ist etwa bei einem

Musiksignal der Unterschied von k zu $k+1$ eine $\frac{1}{44\,100}$ s und bei den Kaninchen ein Monat. Die Werte, die $x(k)$ annehmen kann, hängen ebenfalls vom beschriebenen Problem ab und können ganze, rationale, reelle oder auch komplexe Zahlen sein. In Computern und in der Elektronik kann man eine Zahl nur mit einer begrenzten Menge Bits darstellen, d. h. die Anzahl an Werten, die $x(k)$ annehmen kann, ist endlich, was wir jedoch hier nicht weiter berücksichtigen wollen.

Definition 4.6 Digitales Signal

Ein digitales Signal ist eine Folge von Werten, die aus den Mengen der ganzen, der rationalen, der reellen oder der komplexen Zahlen sein können. Man nennt $k \in \mathbb{Z}$ die Zeit.

$$x(k) \in \mathbb{Z},\ \mathbb{Q},\ \mathbb{R},\ \mathbb{C}; \quad k \in \mathbb{Z}.$$

Es wird darauf hingewiesen, dass $k \in \mathbb{Z}$ bedeutet, dass im allgemeinen Fall auch negative Zeiten betrachtet werden. Signale, die für $k < 0$ verschwinden, werden als kausale Signale bezeichnet. Das wichtigste digitale Signal ist der sog. Dirac-Impuls $\delta(k)$, der wie folgt definiert ist.

Definition 4.7 Dirac-Impuls

Der Dirac-Impuls besitzt an der Stelle $k = 0$ den Wert eins und ansonsten den Wert null, d. h., es gilt:

$$\delta(k) = \begin{cases} 1 & \textit{für} \quad k = 0 \\ 0 & \textit{für} \quad k \neq 0. \end{cases}$$

Wir können Signale addieren, multiplizieren und verzögern. Die Addition von Signalen $x_1(k)$ und $x_2(k)$ bedeutet, dass wir die Werte an allen Stellen k addieren, d. h.

$$y(k) = x_1(k) + x_2(k), \quad k = \ldots, -2, -1, 0, 1, 2, \ldots .$$

Die Multiplikation eines Signals $x(k)$ mit einer Zahl a soll bedeuten, dass wir das Signal an jeder Stelle k mit a multiplizieren, d. h.

$$y(k) = a \cdot x(k), \quad k = \ldots, -2, -1, 0, 1, 2, \ldots .$$

Die Verzögerung um einen Zeittakt bedeutet, dass das Signal $x(k)$ einen Zeittakt gespeichert wird

$$y(k) = x(k-1).$$

In **Bild 4.3** sind diese drei Operationen symbolisch dargestellt durch ein Verzögerungselement (D steht für Delay), einen Addierer und einen Multiplizierer. Der Addierer bildet die Summe aus zwei oder mehreren Werten eines Zeittakts und entsprechend nimmt der Multiplizierer den Wert eines Zeittakts mal a. Mit diesen Grundelementen können wir nun ein

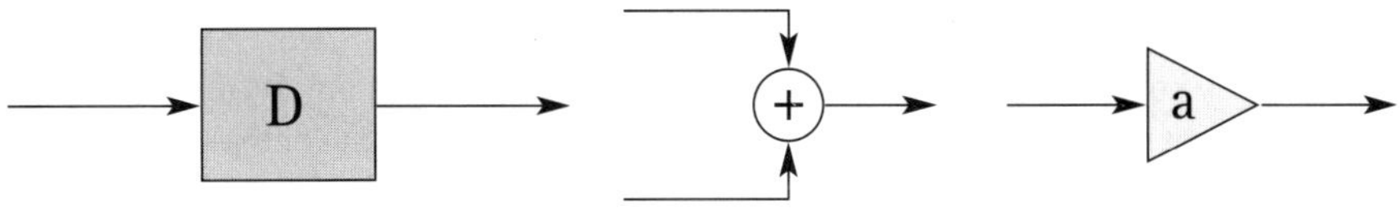

Bild 4.3 Verzögerungselement, Addierer und Multiplizierer

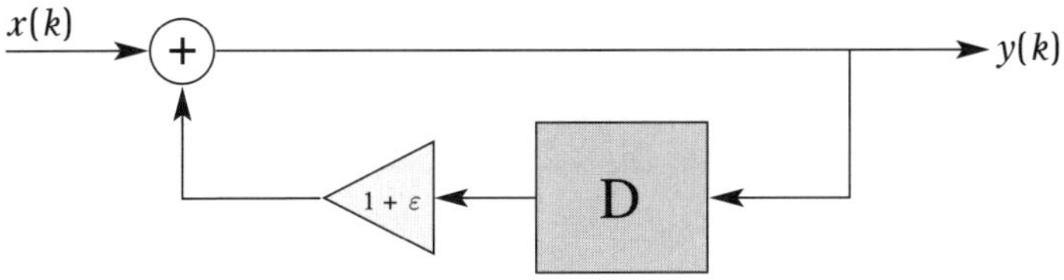

Bild 4.4 Sparbuch als rekursives Filter

System aufbauen, das einen Eingang und einen Ausgang besitzt. Als Eingang wählen wir das Eingangssignal $x(k)$ und als Ausgang das Signal $y(k)$. Wir wollen ein solches System am Beispiel eines Sparbuchs veranschaulichen.

Beispiel 4.8 Sparbuch als digitales Filter

Betrachten wir ein Sparbuch, das pro Jahr ε Zinsen[1] erhält. Eine einmalige Einzahlung im Jahr $k = 0$ von G Euro sei der Eingang $x(k)$. Diesen können wir durch den Dirac-Impuls darstellen

$$x(k) = G \cdot \delta(k).$$

Entsprechend **Bild 4.4** ergibt sich der Ausgang $y(k)$ als die Addition von dem Eingang $x(k)$ plus den um einen Zeittakt verzögerten Ausgang $y(k-1)$, der mit $1+\varepsilon$ multipliziert wird, d. h.

$$y(k) = (1+\varepsilon) \cdot y(k-1) + x(k).$$

Der Ausgang $y(k)$ entspricht dem Sparguthaben im Jahr k, denn im Jahr $k = 0$ ist $y(0) = x(0) = G \cdot \delta(0) = G \cdot 1$ und im Jahr $k = 1$ errechnet man $y(1) = (1+\varepsilon) \cdot y(0) + x(1) = (1+\varepsilon)G + G\delta(1) = (1+\varepsilon)G$, da ja der Dirac-Impuls null ist für $k \neq 0$. Im zweiten Jahr ist $y(2) = (1+\varepsilon)^2 G$ und im dritten $y(3) = (1+\varepsilon)^3 G$ usw. Wir erhalten damit genau die Zinseszinsformel. ◇

Mit den gleichen Grundelementen können wir auch unser Kaninchenbeispiel als Filter darstellen, was wir im folgenden Beispiel durchführen wollen.

[1] ε ist ja bekanntlich eine sehr kleine Zahl größer null. Der kürzeste Mathematiker-Witz lautet: „Sei $\varepsilon < 0$."

Beispiel 4.9 Fibonacci-Zahlen als Filter

Die Eingabe $x(k)$ können wir direkt als Dirac-Impuls $\delta(k)$ angeben. Damit wird zum Zeitpunkt $k = 0$ genau ein Kaninchenpaar in das System gegeben. Man erkennt in **Bild 4.5**, dass der Ausgang $y(k)$ dieses Filters die Addition von drei Summanden ist, des Eingangs, des um eins verzögerten Ausgangs und des um zwei verzögerten Ausgangs, was auf zwei mögliche Arten gezeichnet ist. Dies kann durch folgende Gleichung beschrieben werden:

$$y(k) = y(k-1) + y(k-2) + x(k), \tag{4.2}$$

die unserer Rekursionsformel Gl. (4.1) entspricht, um die Kaninchenpaare zu berechnen. Das Filter erzeugt daher bei Eingabe eines Dirac-Impulses am Ausgang die Fibonacci-Zahlen. ◇

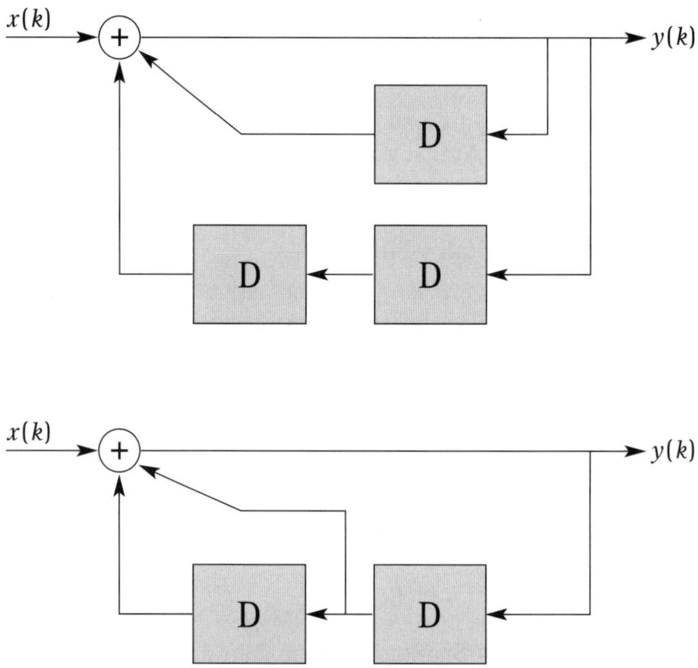

Bild 4.5 Kaninchenbeispiel als digitales Filter (zwei mögliche Darstellungen)

Bleibt noch, die Anzahl der Kaninchenpaare nichtrekursiv zu berechnen. Dazu wollen wir im nächsten Abschnitt die Z-Transformation einführen, was jedoch der Anschaulichkeit und Einfachheit halber am Beispiel gemacht werden soll.

4.3.2 Z-Transformation

Das Ziel ist es, $y(k)$ nichtrekursiv zu berechnen. Dazu wenden wir den folgenden Trick auf beiden Seiten von Gl. (4.2) an. Wir nehmen eine komplexe Zahl z und multiplizieren jeden

Wert $y(k)$ mit z^{-k} und summieren alle Werte auf. Wir starten mit Gl. (4.2) und formen diese wie folgt um:

$$y(k) = y(k-1) + y(k-2) + x(k)$$

$$\underbrace{\sum_{k=-\infty}^{\infty} y(k)z^{-k}}_{(a)} = \underbrace{\sum_{k=-\infty}^{\infty} y(k-1)z^{-k}}_{(b)} + \underbrace{\sum_{k=-\infty}^{\infty} y(k-2)z^{-k}}_{(c)} + \underbrace{\sum_{k=-\infty}^{\infty} x(k)z^{-k}}_{(d)}. \tag{4.3}$$

Wir nehmen dabei an, dass für $k \to \infty$ und für $k \to -\infty$ die Summen konvergieren, d. h., dass $\lim_{k\to-\infty} z^k = \lim_{k\to\infty} z^k = 0$ gilt. Die einzelnen Terme aus Gl. (4.3) werden im Folgenden genauer betrachtet.

(a) Die Summe

$$Y(z) = \sum_{k=-\infty}^{\infty} y(k)z^{-k}$$

wollen wir als Z-Transformierte $Y(z)$ der Folge $y(k)$ bezeichnen.

(d) Da $x(k) = \delta(k)$ ist und der Dirac-Impuls nur für $k = 0$ gleich 1 und sonst 0 ist, gilt

$$\sum_{k=-\infty}^{\infty} x(k)z^{-k} = \sum_{k=-\infty}^{\infty} \delta(k)z^{-k} = 1 \cdot z^0 = 1.$$

(b) Wir substituieren in diesem Teil $k - 1$ durch l. Wenn $k - 1$ von $-\infty$ bis ∞ läuft, so läuft auch l von $-\infty$ bis ∞.

$$\sum_{k=-\infty}^{\infty} y(k-1)z^{-k} = \underbrace{\sum_{l=-\infty}^{\infty} y(l)z^{-l-1}}_{l=k-1} = z^{-1} \cdot \underbrace{\sum_{l=-\infty}^{\infty} y(l)z^{-l}}_{Y(z)} = z^{-1} \cdot Y(z).$$

Die Verzögerung der Folge $y(k)$ um 1 ist die Multiplikation der Z-Transformierten $Y(z)$ mit z^{-1}.

(c) Die gleiche Umformung können wir nun mit dem Teil, der $y(k-2)$ enthält, durchführen, indem wir statt $l = k - 1$ die Substitution $l = k - 2$ benutzen, und erhalten

$$\sum_{k=-\infty}^{\infty} y(k-2)z^{-k} = \underbrace{\sum_{l=-\infty}^{\infty} y(l)z^{-l-2}}_{l=k-2} = z^{-2} \cdot \sum_{k=-\infty}^{\infty} y(k)z^{-k} = z^{-2} \cdot Y(z).$$

Wir können die Gl. (4.3) also folgendermaßen schreiben:

$$Y(z) = z^{-1} \cdot Y(z) + z^{-2} \cdot Y(z) + 1.$$

Aufgelöst nach $Y(z)$ ergibt sich:

$$Y(z) = \frac{1}{1 - z^{-1} - z^{-2}} = \frac{z^2}{z^2 - z - 1}.$$

Im Prinzip haben wir somit unser Ziel erreicht, denn

$$Y(z) = \sum_{k=-\infty}^{\infty} y(k) z^{-k} = \frac{z^2}{z^2 - z - 1}.$$

Wir kennen also $Y(z)$ und müssen daraus noch $y(k)$ berechnen. Bevor wir dies tun, halten wir zunächst die wichtigsten Ergebnisse fest:

Definition 4.10 Z-Transformation

Die Z-Transformation eines digitalen Signals $y(k)$ ist definiert durch die Beziehung

$$Y(z) = \sum_{k=-\infty}^{\infty} y(k) z^{-k}.$$

Satz 4.11 Verschiebungssatz der Z-Transformation

Verschiebt man ein Signal $y(k)$ um j Stellen nach rechts *zu $y(k-j)$, so ist die Z-Transformierte des Signals $y(k-j)$ gleich der Z-Transformierten des Signals $y(k)$ mit z^{-j} multipliziert*

$$Y(z) = \sum_{k=-\infty}^{\infty} y(k) z^{-k} \quad \longleftrightarrow \quad \sum_{k=-\infty}^{\infty} y(k-j) z^{-k} = z^{-j} \cdot Y(z).$$

Beispiel 4.12 Verschiebungssatz der Z-Transformation

Wir berechnen die Z-Transformation des Dirac-Impulses $\delta(k)$ und des verschobenen Dirac-Impulses $\delta(k-5)$. Für den Dirac-Impuls haben wir die Transformierte bereits in Gl. (4.3) zu $Y(z) = 1$ berechnet. Der verschobene Dirac-Impuls lautet:

$$\delta(k-5) = \begin{cases} 1, & k = 5 \\ 0, & k \neq 5. \end{cases}$$

Die Z-Transformierte dazu berechnet sich durch

$$V(z) = \sum_{k=-\infty}^{\infty} \delta(k-5) z^{-k} = z^{-5}.$$

Wir können jedoch $V(z)$ auch mithilfe des Verschiebungssatzes berechnen zu

$$V(z) = z^{-5} \cdot Y(z) = z^{-5}.$$

◇

Nun wollen wir aus $Y(z)$ die Werte von $y(k)$ berechnen. Dazu führen wir zunächst eine Nebenrechnung durch. Wir setzen

$$1 + a \cdot z^{-1} + a^2 \cdot z^{-2} + a^3 \cdot z^{-3} + \ldots = \eta.$$

Wenn wir diese Gleichung mit $-\frac{a}{z}$ multiplizieren, erhalten wir:

$$-a \cdot z^{-1} - a^2 \cdot z^{-2} - a^3 \cdot z^{-3} - \ldots = -\frac{a}{z} \cdot \eta.$$

Unter der Annahme, dass die Werte $a^k z^{-k}$ für $k \to \infty$ gegen null gehen, ergibt die Addition dieser beiden Gleichungen

$$1 = \eta - \frac{a}{z} \cdot \eta \longrightarrow \eta = \frac{z}{z-a}$$

und wir erhalten

$$\eta = \frac{z}{z-a} = 1 + a \cdot z^{-1} + a^2 \cdot z^{-2} + a^3 \cdot z^{-3} + \ldots = \sum_{k=0}^{\infty} a^k z^{-k}. \tag{4.4}$$

Damit haben wir einen Zusammenhang zwischen einem Signal $f(k)$ und seiner Z-Transformierten $F(z)$ berechnet, nämlich

$$f(k) = a^k, k \geq 0 \quad \longleftrightarrow F(z) = \frac{z}{z-a}.$$

Das Ergebnis dieser Nebenrechnung wollen wir nutzen, um unsere $y(k)$ zu bestimmen. Wir bringen dazu $Y(z)$ auf eine Form, die $F(z)$ entspricht. Beginnen wir mit der Lösung:

$$Y(z) = \frac{z^2}{z^2 - z - 1} = \frac{\frac{1}{2}\left(1 + \frac{1}{\sqrt{5}}\right) z}{z - \frac{1}{2}\left(1 + \sqrt{5}\right)} + \frac{\frac{1}{2}\left(1 - \frac{1}{\sqrt{5}}\right) z}{z - \frac{1}{2}\left(1 - \sqrt{5}\right)}.$$

Wir verifizieren diese Gleichung, indem wir die rechte Seite auf den Hauptnenner bringen. Dazu multiplizieren wir zunächst den Zähler des linken Summanden mit dem Nenner des rechten und erhalten

$$\frac{1}{2}\left(1 + \frac{1}{\sqrt{5}}\right) z \cdot \left[z - \frac{1}{2}\left(1 - \sqrt{5}\right)\right] = \frac{1}{2}\left(1 + \frac{1}{\sqrt{5}}\right) z^2 - \frac{1}{4}\left(\frac{1}{\sqrt{5}} - \sqrt{5}\right) z.$$

Nun multiplizieren wir den Zähler des rechten Summanden mit dem Nenner des linken Summanden und erhalten

$$\frac{1}{2}\left(1 - \frac{1}{\sqrt{5}}\right) z \cdot \left[z - \frac{1}{2}\left(1 + \sqrt{5}\right)\right] = \frac{1}{2}\left(1 - \frac{1}{\sqrt{5}}\right) z^2 + \frac{1}{4}\left(\frac{1}{\sqrt{5}} - \sqrt{5}\right) z.$$

Die Addition dieser beiden Ergebnisse ergibt z^2, was dem Zähler entspricht. Der Nenner ergibt sich durch die Multiplikation der beiden Nenner zu

$$\left[z - \frac{1}{2}\left(1 + \sqrt{5}\right)\right] \cdot \left[z - \frac{1}{2}\left(1 - \sqrt{5}\right)\right] = z^2 - z - 1.$$

Damit haben wir die Gleichung verifiziert, und aus dieser Verifizierung können wir ein Verfahren ableiten, mit dem wir die Lösung berechnen können. Das Verfahren ist unter dem Namen Partialbruchzerlegung bekannt und funktioniert wie folgt: Zunächst berechnen wir die Nullstellen des Nennerpolynoms $z^2 - z - 1$ mithilfe der „Mitternachtsformel"

$$z^2 - z - 1 = (z-a)(z-b) \quad \text{mit} \quad a = \frac{1}{2}\left(1+\sqrt{5}\right), \quad b = \frac{1}{2}\left(1-\sqrt{5}\right). \tag{4.5}$$

Wir wenden nun den Trick an, dass wir die Unbekannten A und B ansetzen und $Y(z)$ schreiben als

$$Y(z) = \frac{z^2}{z^2 - z - 1} = \frac{Az}{z-a} + \frac{Bz}{z-b}.$$

Die Werte von A und B können berechnet werden, indem wir die Gleichung auf den Hauptnenner bringen

$$Y(z) = \frac{z^2}{z^2 - z - 1} = \frac{Az}{z-a} + \frac{Bz}{z-b} = \frac{Az^2 - bAz + Bz^2 - aBz}{(z-a)(z-b)}.$$

Durch Koeffizientenvergleich der beiden Zähler $Az^2 - bAz + Bz^2 - aBz$ und z^2 erhalten wir

$$Az^2 - bAz + Bz^2 - aBz = (A+B)z^2 + (-bA - aB)z = z^2$$

und daraus die zwei Gleichungen

$$\begin{aligned} A + B &= 1, \\ -bA - aB &= 0. \end{aligned}$$

Um die Unbekannten A und B zu berechnen, setzen wir die Werte für $a = \frac{1}{2}\left(1+\sqrt{5}\right)$ und $b = \frac{1}{2}\left(1-\sqrt{5}\right)$ und multiplizieren die obere Gleichung mit b. Die Addition der beiden Gleichungen ergibt:

$$\begin{array}{l} \frac{1}{2}\left(1-\sqrt{5}\right)A + \frac{1}{2}\left(1-\sqrt{5}\right)B = \frac{1}{2}\left(1-\sqrt{5}\right) \\ -\frac{1}{2}\left(1-\sqrt{5}\right)A - \frac{1}{2}\left(1+\sqrt{5}\right)B = 0 \\ \hline \underbrace{\left[\frac{1}{2}\left(1-\sqrt{5}\right) - \frac{1}{2}\left(1+\sqrt{5}\right)\right]}_{-\sqrt{5}} B = \frac{1}{2}\left(1-\sqrt{5}\right). \end{array}$$

Daraus können wir B berechnen und danach $A = 1 - B$ und erhalten

$$\begin{aligned} B &= \frac{1}{2}\left(1 - \frac{1}{\sqrt{5}}\right), \\ A &= \frac{1}{2}\left(1 + \frac{1}{\sqrt{5}}\right). \end{aligned}$$

Damit können wir $y(k)$ mithilfe von Gl. (4.4) berechnen, denn es gilt

$$A \cdot \frac{z}{z-a} = A \cdot \left(1 + a \cdot z^{-1} + a^2 \cdot z^{-2} + a^3 \cdot z^{-3} + \ldots\right) = A \cdot \sum_{k=0}^{\infty} a^k z^{-k}$$

und

$$B \cdot \frac{z}{z-b} = B \cdot (1 + b \cdot z^{-1} + b^2 \cdot z^{-2} + b^3 \cdot z^{-3} + \ldots) = B \cdot \sum_{k=0}^{\infty} b^k z^{-k}.$$

Da $Y(z)$ die Summe von $\frac{Az}{z-a}$ und $\frac{Bz}{z-b}$ ist, und ebenfalls gilt $Y(z) = \sum_{k=0}^{\infty} y(k)z^{-k}$ können wir schreiben

$$\begin{aligned} Y(z) &= A \cdot \frac{z}{z-a} + B \cdot \frac{z}{z-b} \\ &= A \cdot \sum_{k=0}^{\infty} a^k z^{-k} + B \cdot \sum_{k=0}^{\infty} b^k z^{-k} \\ &= \sum_{k=0}^{\infty} (Aa^k + Bb^k) z^{-k} \\ &= \sum_{k=0}^{\infty} y(k) z^{-k}. \end{aligned}$$

Der Vergleich liefert

$$y(k) = (Aa^k + Bb^k).$$

Setzen wir nun die Werte für a, b, A und B ein, so erhalten wir

$$y(k) = \left[\frac{1}{2}\left(1 + \frac{1}{\sqrt{5}}\right)\right] \cdot \left[\frac{1}{2}\left(1 + \sqrt{5}\right)\right]^k + \left[\frac{1}{2}\left(1 - \frac{1}{\sqrt{5}}\right)\right] \cdot \left[\frac{1}{2}\left(1 - \sqrt{5}\right)\right]^k.$$

Dieser Ausdruck stellt eine nichtrekursive Berechnungsvorschrift für $y(k)$ dar, und wir haben damit unser Ziel erreicht. Im folgenden Beispiel wollen wir noch diese nichtrekursive Formel anwenden.

Beispiel 4.13 Direkte Berechnung der Fibonacci-Zahlen

Um zu sehen, dass sich $\sqrt{5}$ heraushebt, berechnen wir ausführlich den Fall $k = 2$. Es ergibt sich:

$$\begin{aligned} y(2) &= \left[\frac{1}{2}\left(1 + \frac{1}{\sqrt{5}}\right)\right] \cdot \left[\frac{1}{2}(1 + \sqrt{5})\right] \cdot \left[\frac{1}{2}(1 + \sqrt{5})\right] \\ &\quad + \left[\frac{1}{2}\left(1 - \frac{1}{\sqrt{5}}\right)\right] \cdot \left[\frac{1}{2}(1 - \sqrt{5})\right] \cdot \left[\frac{1}{2}(1 - \sqrt{5})\right] \\ &= \left(\frac{1}{2} + \frac{1}{2\sqrt{5}}\right) \cdot \left(\frac{1}{4} + \frac{1}{2}\sqrt{5} + \frac{5}{4}\right) + \left(\frac{1}{2} - \frac{1}{2\sqrt{5}}\right) \cdot \left(\frac{1}{4} - \frac{1}{2}\sqrt{5} + \frac{5}{4}\right) \\ &= \frac{1}{8} + \frac{\sqrt{5}}{4} + \frac{5}{8} + \frac{\sqrt{5}}{8} + \frac{1}{4} + \frac{5}{8\sqrt{5}} + \frac{1}{8} - \frac{\sqrt{5}}{4} + \frac{5}{8} - \frac{\sqrt{5}}{8} + \frac{1}{4} - \frac{5}{8\sqrt{5}} = 2. \end{aligned}$$

Mithilfe der nichtrekursiven Formel für $y(k)$ und einem Mathematikprogramm berechnet man:

$$y(10) = 89,$$
$$y(15) = 987,$$
$$y(20) = 10\,946.$$

Diese Werte können noch relativ einfach durch die rekursive Berechnung verifiziert werden. Für große k ist jedoch die direkte Berechnung wesentlich schneller. ◇

Die Berechnung der Z-Transformation und der Umgang damit erscheint zunächst recht komplex. Selbst Studierende der Elektrotechnik benötigen einige Zeit, um damit zurecht zu kommen. Wir wollen kurz auf die Bedeutung der Z-Transformation für die Praxis eingehen. Für Ingenieure ist sie unverzichtbar, um Systeme zu beschreiben und mit Systemen zu arbeiten.

4.3.3 Lineare zeitinvariante Systeme

Bei sog. linearen zeitinvarianten Systemen genügt es die Impulsantwort zu kennen, um ein System zu beschreiben. Die Impulsantwort ist die Ausgabe eines Systems, wenn als Eingabe der Dirac-Impuls eingegeben wird. Alle Eigenschaften eines Systems sind in der Impulsantwort enthalten. Wenn ein System linear ist, dann liefert das System auf eine lineare Kombination von Eingangssignalen die lineare Kombination der entsprechenden Ausgangssignale. Es ergibt sich also das Ausgangsignal $a \cdot y_1(k) + b \cdot y_2(k)$ auf das Eingangssignal $a \cdot x_1(k) + b \cdot x_2(k)$, wenn $y_1(k)$ der Ausgang bei Eingang $x_1(k)$ und $y_2(k)$ der Ausgang bei Eingang $x_2(k)$ ist, d. h.

$$x_1(k) \to y_1(k),\ x_2(k) \to y_2(k) \longrightarrow a \cdot x_1(k) + b \cdot x_2(k) \to a \cdot y_1(k) + b \cdot y_2(k).$$

Ein System ist zeitinvariant, wenn es auf ein verschobenes Eingangssignal mit verschobenen Ausgangssignal antwortet, also

$$x(k) \to y(k) \longrightarrow x(k-j) \to y(k-j).$$

Die Impulsantwort $h(k)$ eines Systems ist das Ausgangssignal $y(k)$ des Systems, wenn das Eingangssignal $x(k)$ der Dirac-Impuls $\delta(k)$ ist

$$\delta(k) \to h(k).$$

Wie wir in unserem Kaninchen-Beispiel gesehen haben, kann die Impulsantwort unendlich lang sein, weswegen man die Z-Transformation einsetzt. Die Z-Transformierte $H(z)$ der Impulsantwort $h(k)$ spielt damit in der digitalen Signalverarbeitung[1] eine zentrale Rolle und wird System- oder auch Übertragungsfunktion genannt. Systeme mit unendlich langer Impulsantwort können nur durch die Systemfunktion vollständig beschrieben werden, was

[1] Eine Einführung in die Signalverarbeitung findet man z. B. in [16].

die Bedeutung der Z-Transformation unterstreicht. In unserem Kaninchen-Beispiel ist die Impulsantwort unendlich lang, und deshalb haben wir die Systemfunktion $H(z)$ berechnet

$$\delta(k) \rightarrow y(k) = h(k) \quad \longleftrightarrow \quad Y(z) = H(z).$$

Selbstverständlich genügt es, entweder die Impulsantwort oder die Systemfunktion zu kennen, da beide über die Z-Transformation ineinander umrechenbar sind. Während die Impulsantwort in unserem Kaninchen-Beispiel unendlich lang war, was als IIR-System (Infinite Impulse Response) bezeichnet wird, existieren auch Systeme mit endlich langer Impulsantwort, die als FIR-System (Finite Impulse Response) bezeichnet werden. Im folgenden Beispiel wollen wir ein FIR-System beschreiben.

Beispiel 4.14 FIR-System

Wenn wir im Ulmer Münster laut in die Hände klatschen, entspricht das näherungsweise einem akustischen Dirac-Impuls. Wir hören verzögert die Echos, die nach 0,5 s, 1 s, 1,5 s eintreffen, entsprechend gedämpft mit den Faktoren 0,5, 0,25, 0,125.

Wir überlegen zuerst, was die Impulsantwort des Systems Ulmer Münster ist. Der Impuls $\delta(k)$ wird direkt zu hören sein und dann um eine halbe Sekunde verzögert und mit dem Faktor $\frac{1}{2}$ gedämpft, d. h. $\frac{1}{2}\delta(k-1)$. Wir nehmen damit an, dass die Zeiteinheit $\frac{1}{2}$ s beträgt. Insgesamt ergibt sich die Impulsantwort

$$h(k) = \delta(k) + \frac{1}{2}\delta(k-1) + \frac{1}{4}\delta(k-2) + \frac{1}{8}\delta(k-3).$$

Die entsprechende Schaltung ist in **Bild 4.6** angegeben.

Ist die Eingabe in das System $x(k)$, so ist die Ausgabe entsprechend der Impulsantwort $h(k)$

$$y(k) = x(k) + \frac{1}{2}x(k-1) + \frac{1}{4}x(k-2) + \frac{1}{8}x(k-3), \quad k = 0, 1, \ldots .$$

Man kann somit ein Signal $x(k)$ durch das System virtuell ins Innere des Ulmer Münsters transformieren. Die Übertragungsfunktion des Systems ist das Polynom

$$H(z) = 1 + \frac{1}{2}z^{-1} + \frac{1}{4}z^{-2} + \frac{1}{8}z^{-3}.$$

◇

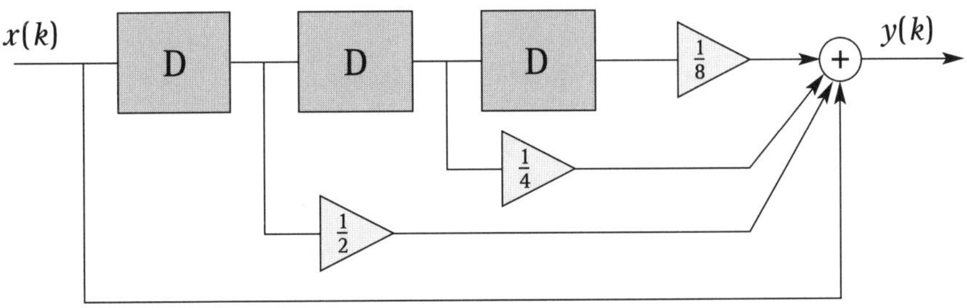

Bild 4.6 FIR-System Ulmer Münster

Die Übertragungsfunktionen von IIR-Systemen sind gebrochen rationale Funktionen und die von FIR-Systemen sind Polynome.

Die Kenntnis der Systemfunktion genügt den Ingenieuren, um ein System vollständig zu klassifizieren, d. h. zu wissen, mit welcher Ausgabe das System auf eine bestimmte Eingabe reagiert. Mithilfe der Systemfunktion $H(z)$ und der Z-Transformation kann man elegant das Ausgangssignal eines Systems bei einem beliebigen Eingangssignal berechnen. Wählen wir als Eingabe ein Signal $x(k) = v(k)$, dessen Z-Transformierte $V(z)$ ist, so ist die transformierte Ausgabe $Y(z)$ des Systems

$$Y(z) = V(z)H(z)$$

und daraus kann das Ausgangssignal $y(k)$ durch Transformation von $Y(z)$ bestimmt werden.

Mithilfe der Systemfunktion werden Systeme analysiert aber auch synthetisiert. Analyse bedeutet, dass man ein gegebenes System beschreibt und seine Eigenschaften angibt. Bei der Synthese möchte man dagegen ein System konstruieren, das eine gegebene Aufgabe löst. Systemtheorie wird in den Ingenieurwissenschaften hauptsächlich von Nachrichten- und Regelungstechnikern verwendet.

4.4 Übungsaufgaben

Aufgabe 4.1

Ein Fahrradtacho berechnet die Geschwindigkeit in Kilometer pro Stunde $\frac{\mathrm{km}}{\mathrm{h}}$, indem pro Radumdrehung ein Impuls an den Tachometer gegeben wird. Die Zeit einer Uhr ist das Eingangssignal und der Impuls vom Rad der Taktgeber der Schaltung. Der Radumfang beträgt 150 cm. Wenn der Impuls eintrifft, wird die Uhr abgelesen und die Zeit als Eingabe in das System gegeben. Geben Sie die digitale Schaltung des Tachometers an.

Hinweis: Nehmen Sie an, dass ein Schaltungsblock existiert, der den inversen Wert berechnet, d. h. als Eingabe $v(k)$ und als Ausgabe $\frac{1}{v(k)}$ hat.

Aufgabe 4.2

Um eine stabilere Geschwindigkeitsangabe zu erreichen, wird im Fahrradtachometer aus Aufgabe 4.1 der Wert von fünf aufeinanderfolgenden Geschwindigkeitswerten gemittelt. Konstruieren Sie ein System, das kontinuierlich den Mittelwert (running average) von fünf Eingangswerten bildet und ausgibt.

Die beiden folgenden Aufgaben sind etwas anspruchsvoller ausgefallen.

Aufgabe 4.3

Konstruieren Sie eine digitale Schaltung, die als Ausgabe die zurückgelegte Entfernung berechnet. Auch hier liefert das Rad mit Umfang 150 cm pro Umdrehung einen Impuls, der als Takt der Schaltung dient. Die Ausgabe soll in Kilometern erfolgen. Berechnen Sie die Übertragungsfunktion und damit die Z-Transformierte der Ausgabe.

Aufgabe 4.4

Bei einem Auto soll der mittlere Benzinverbrauch über einen sehr langen Zeitraum berechnet werden. Geben Sie eine Schaltung an, die den mittleren Benzinverbrauch bestimmt. Als Eingabe liegt der aktuelle Benzinverbrauch vor. Benutzen Sie als Hilfsschaltung, den Zähler aus Aufgabe 4.3, der zählt, der wie vielte Messwert im Moment addiert wird.

Lösungen

Lösung zu Aufgabe 4.1

Das Eingangssignal $x(k)$ ist die Uhrzeit, wenn der Magnet an den Speichen des Rads einen Impuls auslöst. Die Zeit $x(k)-x(k-1)$ wurde benötigt, um eine Radumdrehung, also $\frac{150}{100\,000}$ km zurückzulegen. Die Geschwindigkeit $v(k)$ ist damit

$$v(k) = \frac{\frac{150}{100\,000}}{x(k) - x(k-1)} = \frac{150}{100\,000}\,[x(k) - x(k-1)]^{-1},$$

wobei die Zeit in Stunden zu benutzen ist, damit das Ergebnis in $\frac{\text{km}}{\text{h}}$ vorliegt. Die entsprechende Schaltung ist in **Bild 4.7** angegeben. Der letzte Wert $x(k-1)$ wird mit -1 multipliziert und zu dem aktuellen Wert $x(k)$ addiert. Davon wird der inverse Wert gebildet und dieser mit $\frac{150}{100\,000}$ multipliziert.

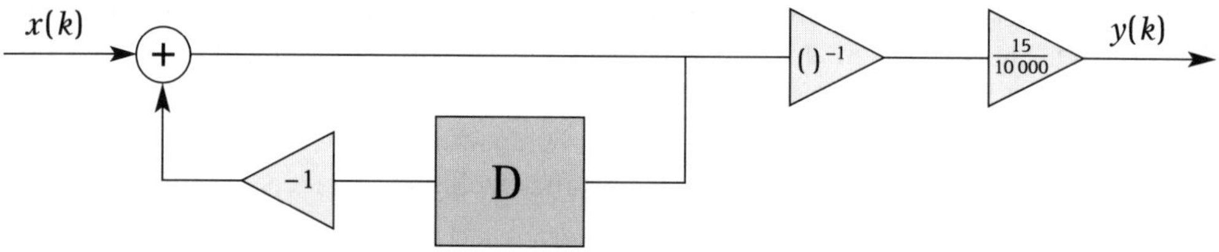

Bild 4.7 IIR-System Geschwindigkeitsmessung Fahrradtachometer

Die Übertragungsfunktion $H(z)$ des Systems (ohne die Inversion und Multiplikation) ist die Z-Transformation der Impulsantwort

$$H(z) = \frac{z}{1+z}.$$

Dies folgt aus der Rekursion entsprechend Gl. (4.3) (b) und (d)

$$y(k) = -y(k-1) + \delta(k).$$

Diese kann entsprechend den Regeln der Z-Transformation umgeformt werden zu

$$Y(z) = -z^{-1}Y(z) + 1 \quad\longleftrightarrow\quad Y(z) = \frac{1}{1+z^{-1}}.$$

Da wir als Eingabe den Dirac-Impuls gewählt haben ist $Y(z) = H(z)$. Es handelt sich um ein IIR-System und die Impulsantwort ist unendlich lang.

Lösung zu Aufgabe 4.2

Die Impulsantwort des FIR-Systems lautet

$$h(k) = \frac{1}{5}\,[\delta(k) + \delta(k-1) + \delta(k-2) + \delta(k-3) + \delta(k-4)].$$

Damit ergibt sich das Ausgangssignal zu

$$y(k) = \frac{1}{5}\left[x(k) + x(k-1) + x(k-2) + x(k-3) + x(k-4)\right].$$

Es werden, wie gefordert, die letzten fünf Werte aufaddiert und die Summe durch fünf geteilt. Die Übertragungsfunktion $H(z)$ des Systems erhält man mithilfe des Verschiebungssatzes zu

$$H(z) = \frac{1}{5}\left(1 + z^{-1} + z^{-2} + z^{-3} + z^{-4}\right).$$

Die Schaltung ist in **Bild 4.8** angegeben.

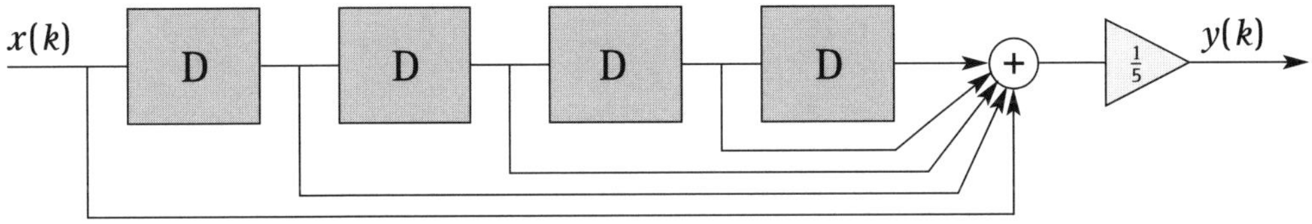

Bild 4.8 FIR-System zur kontinuierlichen Mittelwertbildung (running average)

Lösung zu Aufgabe 4.3

Um die Entfernung zu berechnen, müssen wir einfach die Radumdrehungen zählen. Dazu wählen wir als Eingang das Signal

$$x(k) = \begin{cases} 1, & k \geq 0 \\ 0, & k < 0, \end{cases}$$

da wir bei $k = 0$ anfangen zu zählen. Dieses Signal wird als Sprungfunktion $\varepsilon(k)$ bezeichnet und spielt in der Signalverarbeitung eine wichtige Rolle. Das System entsprechend **Bild 4.9** besitzt die Übertragungsfunktion

$$H(z) = \frac{z}{z-1}.$$

Dies folgt aus der Rekursion, wenn als Eingabe der Dirac-Impuls $\delta(k)$ gewählt wird

$$y(k) = y(k-1) + \delta(k).$$

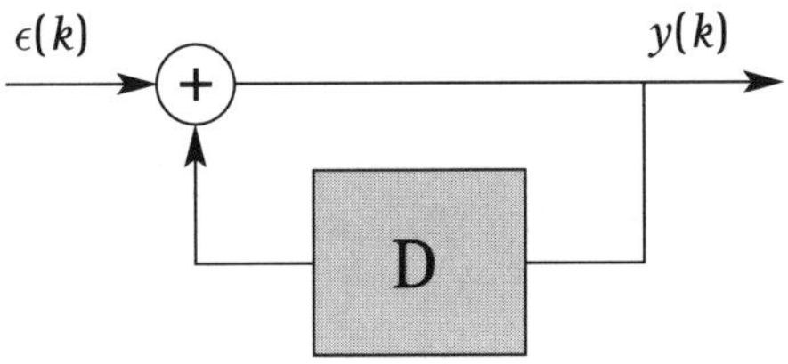

Bild 4.9 IIR-System Entfernungsmessung Fahrradtachometer

Eine Umformung entsprechend der Regeln der Z-Transformation Gl. (4.3) (b) ergibt

$$Y(z) = z^{-1}Y(z) + 1 \quad \longleftrightarrow \quad Y(z) = \frac{1}{1 - z^{-1}}.$$

Da es sich um ein IIR-System handelt, ist die Impulsantwort unendlich lang.

Wir berechnen nun den Ausgang $y(k)$, wenn wir das Signal $x(k) = \varepsilon(k) = 1, k \geq 0$ anlegen, indem wir die Z-Transformierte der Sprungfunktion mit der Übertragungsfunktion $H(z)$ multiplizieren und das zu $Y(z)$ gehörige $y(k)$ bestimmen. Die Z-Transformation der Sprungfunktion $\varepsilon(k)$ ergibt sich zu

$$X(z) = \sum_{k=\infty}^{\infty} \varepsilon(k) \cdot z^{-k} = \sum_{k=0}^{\infty} 1 \cdot z^{-k} = \frac{z}{z-1}.$$

Damit ist

$$Y(z) = H(z) \cdot X(z) = \frac{z}{z-1} \cdot \frac{z}{z-1} = \frac{z^2}{(z-1)^2}.$$

Wir müssen nun aus $Y(z)$ das Ausgangssignal $y(k)$ bestimmen. Dazu verwenden wir die Regel der Ableitung im transformierten Bereich, die lautet

$$\begin{aligned} \frac{\mathrm{d}}{\mathrm{d}z}X(z) &= \frac{\mathrm{d}}{\mathrm{d}z}\sum_{k=-\infty}^{\infty} x(k)z^{-k} = \sum_{k=-\infty}^{\infty} x(k)\frac{\mathrm{d}}{\mathrm{d}z}z^{-k} = \sum_{k=-\infty}^{\infty} -kx(k)z^{-k-1} \\ &= -z^{-1}\sum_{k=-\infty}^{\infty} kx(k)z^{-k}. \end{aligned}$$

Damit haben wir gezeigt, dass eine Multiplikation eines Signals $x(k)$ mit k der Ableitung von $X(z)$ und Multiplikation mit $-z$ entspricht, also

$$k \cdot x(k) \quad \longleftrightarrow \quad -z \cdot \frac{\mathrm{d}}{\mathrm{d}z}X(z).$$

Die Ableitung

$$\frac{\mathrm{d}}{\mathrm{d}z}\frac{z}{z-1} = \frac{z-1-z}{(z-1)^2} = \frac{-1}{(z-1)^2}$$

mit $-z$ multipliziert ist

$$\frac{z}{(z-1)^2}.$$

Wir haben damit gezeigt, dass gilt

$$k\varepsilon(k) \quad \longleftrightarrow \quad \frac{z}{(z-1)^2}.$$

Entsprechend Gl. (4.3) (b) bedeutet eine Verschiebung um eine Stelle eine Multiplikation mit z, d. h. $y(k)$ ist damit

$$y(k) = (k+1)\varepsilon(k+1) \quad \longleftrightarrow \quad \frac{z^2}{(z-1)^2}.$$

Wir überzeugen uns, dass $y(k=0)=1, y(k=1)=2, y(3)=3, y(4)=4, \ldots$ ist und somit das System aus Bild 4.9 ein Zähler ist. Die Multiplikation mit dem Radumfang in Kilometer ergibt die Entfernung.

Anmerkung: Selbstverständlich hätten wir auch $y(k)=k, k \geq 0$ wählen können, was $y(k)=k\varepsilon(k)$ entspricht.

Lösung zu Aufgabe 4.4

Das Problem ist hier, dass wir den Mittelwert m des Benzinverbrauchs $v(k)$ laufend neu berechnen müssen. Nehmen wir an, wir hätten n Messwerte (von 0 bis $n-1$), dann ist der Mittelwert

$$m(n-1)=\frac{1}{n}\sum_{i=0}^{n-1} v(k).$$

Der $(n+1)$-te Wert $v(n)$ kommt hinzu, und der neue Mittelwert $m(n)$ ist dann

$$\begin{aligned} m(n) &= \frac{1}{n+1}\sum_{i=0}^{n} v(k) = \frac{1}{n+1}\left[n\frac{1}{n}\sum_{i=0}^{n-1} v(k)+v(n)\right] \\ &= \frac{1}{n+1}[n\cdot m(n-1)+v(n)]. \end{aligned}$$

Damit haben wir eine Rekursionsgleichung und können das System entsprechend **Bild 4.10** angeben. Die Ausgabe $y(k)$ ist der Mittelwert und die Eingabe $x(k)$ sind die aktuellen Benzinverbrauchswerte.

$$y(k)=\frac{1}{k+1}[k\cdot y(k-1)+x(k)].$$

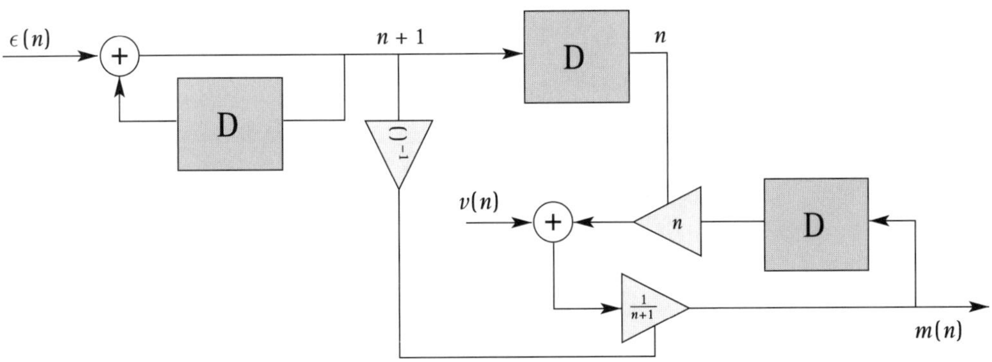

Bild 4.10 System zur Bestimmung des mittleren Benzinverbrauchs

5 Der CD-Player

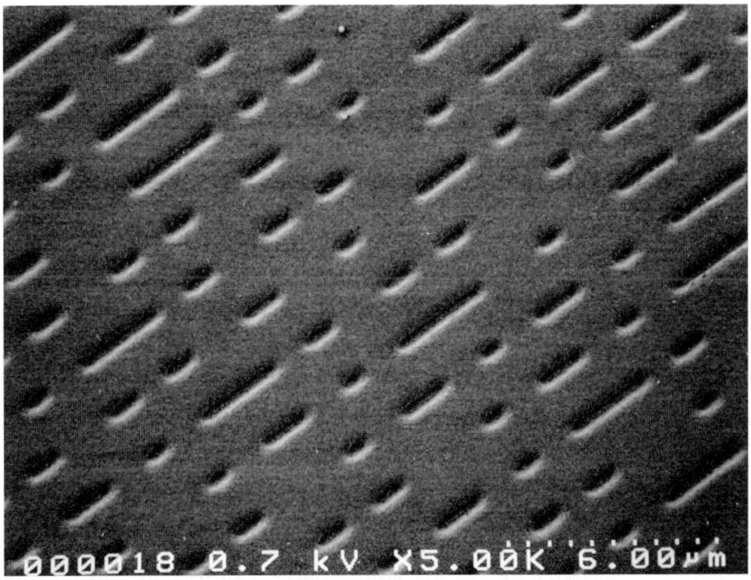

Bild 5.1 Mikroskopische Aufnahme der Oberfläche einer CD (© *Kenneth M. Bart*)

Die Musik-CD hat in einem Siegeszug in den 1980er-Jahren den Plattenspieler verdrängt und ist heute überall verbreitet. Die CD bietet eine sehr gute Musikqualität, und die CD-Player sind preiswert. Damit dieses System funktionieren konnte, musste eine Vielzahl von Problemen durch Ingenieure gelöst werden. Das erste grundsätzliche Problem, das geklärt werden musste, war, wie viel Musik auf eine CD passen sollte. Da das System neu war, konnte man diesen Parameter festlegen. Der Grund, warum man sich auf 74 min und 33 s geeinigt hat, war folgender: Es sollte mindestens Beethovens neunte Symphonie „Alle Menschen werden Brüder“ [17] auf eine CD passen. Da Ingenieure sorgfältig sind, hat man die Ausführungsdauer verschiedener Dirigenten gemessen. *Herbert von Karajan* brauchte nur 52 min, dagegen benötigte *Wilhelm Furtwängler* für diese Symphonie im Jahr 1951 bei den Bayreuther Festspielen über 70 min.

Auf der spiegelnden Seite der CD befinden sich Löcher und Nichtlöcher, welche die binären Daten repräsentieren. Die spiralförmige Spur der Daten besitzt eine Länge von 5,38 km und wird von einem Laserstrahl mit 4,8 $\frac{\text{km}}{\text{h}}$ gelesen, was ungefähr Schrittgeschwindigkeit entspricht. Man kann sich vorstellen, dass es außer der Kapazitätsfrage auch eine Menge technischer Probleme gab, die zu lösen waren. Neben den Fortschritten in der Mikroelektronik waren vor allem mathematische Methoden und Verfahren wichtig, um dieses technische Meisterwerk zu kreieren. Von der großen Menge an Mathematik, die im CD-Player enthalten ist, wollen wir hier die Methode der Fehlerkorrektur herausgreifen und beschreiben. Dabei wird die Zahlentheorie im Vordergrund stehen, die das Rechnen mit ganzen Zahlen zum Inhalt hat. Wir benötigen hier das Teilen ganzer Zahlen mit Rest.

Der Einsatz von Verfahren zur Fehlerkorrektur bei der Musik-CD ermöglicht, dass Kratzer (bis zu einem gewissen Ausmaß) nicht hörbar sind. Das Konzept besteht darin, der Information Redundanz anzufügen, die benutzt werden kann, um Fehler zu erkennen und zu korrigieren. Wir können uns die Fehlerkorrektur am Beispiel unserer Sprache verdeutlichen, die viel Redundanz enthält und somit Fehlerkorrektur ermöglicht. So wird jeder das Wort „Infarmatiom“ als „Information“ mit zwei Fehlern korrigieren, indem er das Wort „Infarmatiom“ mit allen gültigen Wörtern, dem Codebuch, vergleicht. Man nimmt dabei an, dass weniger Fehler wahrscheinlicher sind als viele. Nimmt man an, es seien drei Fehler aufgetreten, so kann man „Infarmatiom“ auch zu dem Wort „Inkarnation“ korrigieren. Wenn man alle außer einem Buchstaben als fehlerhaft annimmt, kann man zu sehr vielen gültigen Wörtern korrigieren, und dies ist nicht mehr eindeutig. Die Worte „Aufstellung“ und „Abfalleimer“ sind zwei mögliche Lösungen, die nur einen bzw. zwei Buchstaben mit „Infarmatiom“ gemeinsam haben. In Analogie zum Vorgehen bei der deutschen Sprache kann man sich ein technisches Verfahren ausdenken, das ein gegebenes Wort mit allen gültigen Codewörtern vergleicht und das wahrscheinlichste, in der Regel das mit den wenigsten Fehlern, aussucht. Wie dies im Detail funktioniert, soll hier beschrieben werden.

Anmerkung zum Lesen: Dieses Kapitel ist in zwei mathematische Niveaus gegliedert. Die Abschnitte 5.1 bis 5.3 beschreiben die mathematischen Grundlagen und die Verfahren zur Fehlerkorrektur anhand vieler Beispiele, jedoch überwiegend ohne Beweise. Für Leser, die eine etwas höhere abstrakte mathematische Denkweise mögen, wiederholen die Abschnitte 5.4 bis 5.5 die gleichen Verfahren allgemeiner, und es werden zusätzlich interessante Sätze und deren Beweise angegeben. Besonders empfehlenswert für diese Lesergruppe ist die elegante Lösung der Fehlerkorrektur durch Anwendung des euklidischen Algorithmus in Abschnitt 5.5.2. Dieser wird in Abschnitt 5.4.2 in üblicher und in erweiterter Form beschrieben. Der euklidische Algorithmus für sich selbst betrachtet ist ein Verfahren, das zur Lösung vieler Probleme einsetzbar ist.

5.1 Problemstellung

Ursprünglich gab es ein Problem bei dem Herstellungsverfahren von CDs, denn die Ausbeute bei der Fertigung war zu gering. Da die Produktion nicht gut genug war, entstanden zufällige Fehler in den Daten auf der CD, die damit Ausschuss wurde und nicht funktioniert hat. Jeder kennt das Problem, dass es schlecht gebrannte CDs gibt, die nicht mehr lesbar oder abspielbar sind. Deshalb hat man sich entschlossen Fehlerkorrektur einzusetzen, die die Fehler bei der Fertigung korrigieren kann. Als Nebeneffekt werden nun neben den Fertigungsfehlern auch Fehler, die durch Kratzer oder Schmutz entstehen, korrigiert.

Betrachten wir zunächst, wie Musik digitalisiert wird. Entsprechend Abschnitt 4.1 wandelt ein Mikrofon den Schall in ein elektrisches Signal um, das gespeichert werden muss. Im Fall der Musik-CD misst man 44 100 Mal pro Sekunde den Wert dieses Signals und speichert diese Abtastwerte in binärer Form, d. h. als Dualzahl ab. Bei der Musik-CD besteht jeder abgetastete Wert aus 16 bit. Also entstehen 16 · 44 100 = 705 600 bit/s pro Stereokanal. Die Anzahl der Quantisierungsstufen, die man entsprechend Abschnitt 4.1 nummerieren kann, ist mit $2^{16} = 65\,536$ sehr groß. Damit kann die Musik von sehr leise bis extrem laut in sehr feinen Stufen aufgelöst werden[1]. In **Bild 5.2** ist ein Blockschaltbild angegeben, das den ganzen Vorgang, von der Musik bis zur Erzeugung der binären Daten und zurück, darstellt. Man erkennt links oben die Abtastung des elektrischen Musiksignals durch den AD-Umsetzer. Dieser Block wird als Quellcodierung bezeichnet. Linear quantisiert bedeutet dabei, dass die Quantisierungsstufen der Abtastung entsprechend Abschnitt 4.1 gleich groß

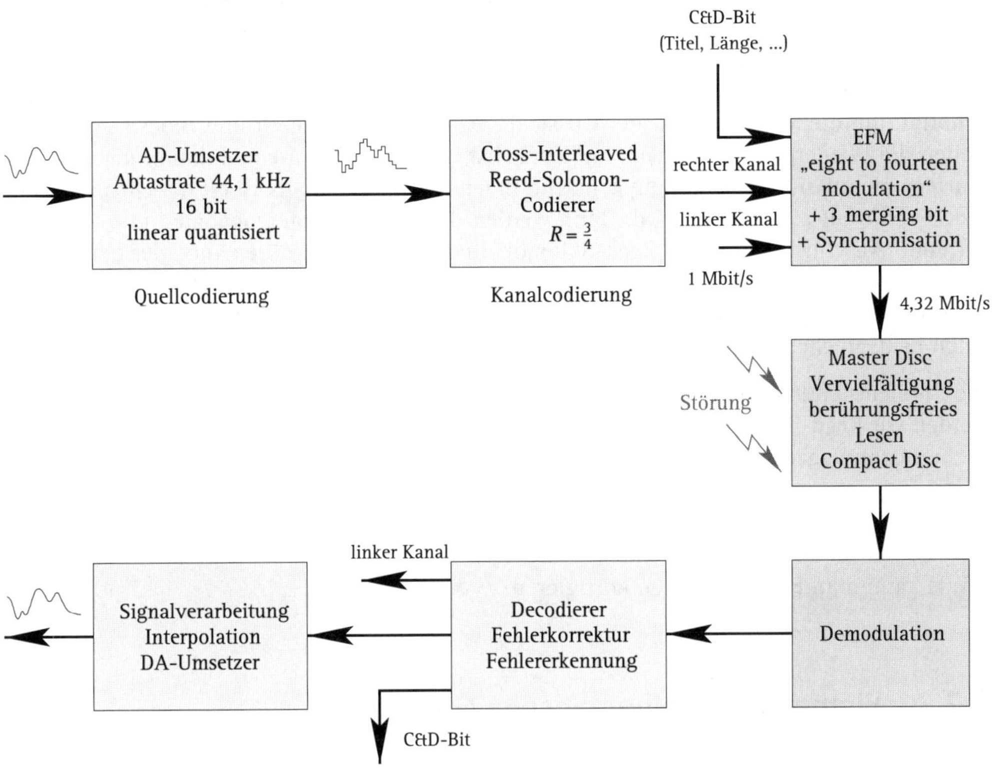

Bild 5.2 Speicherung der Bits auf der CD

[1] Als die ersten CD-Player auf den Markt kamen, gingen durch *Joseph Haydns* Symphonie Nr. 94 „mit dem Paukenschlag“ [18] etliche Lautsprecher kaputt, und zwar genau durch den Paukenschlag. Mit den Werten der Abtastung kann extrem schnell zwischen leise und laut geschaltet werden, was für viele Lautsprecher zu schnell war.

sind. Das abgetastete Signal wird dann dem Block Kanalcodierung zugeführt, in dem mit einem sog. Reed-Solomon-Codierer Redundanz zugefügt wird. Dies ist der Gegenstand dieses Kapitels, d. h.: Wir werden die Codierung und Decodierung von Reed-Solomon-Codes beschreiben. Nach der Codierung kommen zusätzliche Bits hinzu, was im Block oben rechts in Bild 5.2 skizziert ist. Zum einen die gleiche Menge Bits vom anderen Stereokanal und zum anderen die sog. C&D-Bits, die die Informationen zum Musiktitel, der Länge des Musikstücks etc. enthalten. Die *„eight to fourteen modulation"* dient zur Vermeidung von zu langen Null- oder Eins-Folgen in den Daten. Dies wird erreicht, indem man einen Block von 8 bit auf einen Block von 14 bit abbildet, der eben nicht aus lauter Nullen bzw. Einsen besteht. Entsprechend der Mikroskopaufnahme in **Bild 5.1** würde eine zu lange Folge von Nullen bedeuten, dass man sehr lange kein Loch (pit) hat. Dies hätte zur Konsequenz, dass die Synchronisation des Laserstrahls, d. h. den Laserstrahl exakt auf der Spur zu halten, nicht mehr so gut funktionieren würde. Diese Synchronisation basiert nämlich auf der Änderungen zwischen Loch (pit) und Nichtloch. Da es sich bei den pits um Dimensionen im Mikrometerbereich[1] handelt, ist klar, dass ein Kratzer oder Schmutz die gespeicherten Daten ebenso verfälschen kann, wie Probleme beim Herstellungsverfahren, was durch den mittleren Block rechts in Bild 5.2 angedeutet ist. Insgesamt werden 4 320 000 bit/s (= 4,32 Mbit/s) benötigt, um die Musikqualität der CD sicherzustellen. Die unteren drei Blöcke in Bild 5.2 stellen die Wiedergabe der Musik dar. Zunächst wird im Block Demodulation die „eight to fourteen modulation" rückgängig gemacht, indem einem Block aus 14 bit der entsprechende Block von 8 bit zugewiesen wird. Dann werden die Bits nach Stereokanälen und C&D-Bits getrennt. Anschließend ist der Reed-Solomon-Decodierer-Block gezeichnet, der evtl. aufgetretene Fehler korrigiert und erkennt und die korrigierten Daten weitergibt. Im DA-Umsetzer wird aus dem digitalen Signal wieder ein analoges Signal erzeugt, das dann verstärkt auf einen Lautsprecher gegeben wird.

Die Problemstellung lautet demnach, wie kann man Fehler in den Daten korrigieren? Dazu werden wir Reed-Solomon-Codes beschreiben, jedoch zunächst die notwendigen mathematischen Grundlagen dafür einführen.

Problemstellung
Wie kann man Fehler in Daten korrigieren?

5.2 Elementare mathematische Grundlagen

Für die Fehlerkorrektur mit Reed-Solomon-(RS-)Codes benötigen wir nur das Rechnen mit ganzen Zahlen. Dazu werden wir als erstes die Modulo-Rechnung einführen. Basis dafür ist das Teilen ganzer Zahlen mit Rest. Wir werden als Teiler Primzahlen verwenden und damit Primkörper definieren, in denen wir dann rechnen können. Die Eigenschaften eines

[1] 1 µm = 0,000 001 m

Primkörpers sind so geartet, dass wir die gewohnten Grundrechenarten Addition, Subtraktion, Multiplikation und Division benutzen können. Der Vorteil beim Rechnen in einem Primkörper ist, dass er nur endlich viele Elemente besitzt, weshalb er auch als endlicher Körper bezeichnet wird. Danach werden wir Polynome in einer Variablen über Primkörpern definieren. Die Variable kann dabei auch nur die endlich vielen Werte aus dem Körper annehmen. Zum Schluss besprechen wir noch den Fundamentalsatz der Algebra bei endlichen Körpern, der eine Schlüsselrolle bei der Definition von RS-Codes spielen wird. Außerdem werden wir *Pierre de Fermat*s kleinen Satz erörtern, dessen Aussage zu einem speziellen Polynom führt. Es sei darauf hingewiesen, dass in diesem Kapitel in Abschnitt 5.4 noch weitere mathematische Grundlagen eingeführt werden, um die Decodierung nochmals etwas abstrakter zu beschreiben.

5.2.1 Modulo-Rechnung bei ganzen Zahlen

„Die ganzen Zahlen hat der liebe Gott gemacht, alles andere ist Menschenwerk.“

Leopold Kronecker, berühmter deutscher Mathematiker, 1823–1891 [19]

Die Menge der ganzen Zahlen sei $\mathbb{Z} = \{..., -2, -1, 0, 1, 2, ...\}$. Setzen wir voraus, dass wir nur ganze Zahlen kennen, so können wir eine Division einführen, deren Ergebnis zwei ganze Zahlen liefert, nämlich ein Divisionsergebnis und einen Rest, der eine ganze Zahl kleiner als der Teiler ist. Für alle ganzen Zahlen $a, b \in \mathbb{Z}$ existiert ein Divisionsergebnis $q \in \mathbb{Z}$ und ein Rest $r \in \mathbb{Z}$ mit $0 \leq r < b$, sodass gilt:

$$a = b \cdot q + r \quad \longleftrightarrow \quad a : b = q \text{ Rest } r.$$

Bei der Modulo-Rechnung steht der Rest r im Mittelpunkt und der Quotient q ist zweitrangig. Im Prinzip führt jeder von uns täglich Modulo-Rechnung durch, indem er die Wochentage benennt. Es ist klar, dass wenn heute Sonntag ist, in sieben Tagen wieder Sonntag sein wird. Es wird auch in $14, 21, 28, ...$, also in $j \cdot 7$, $j \in \mathbb{N}$ Tagen wieder Sonntag sein. Genauso war vor -7 Tagen Sonntag und vor $-14, -21, ...$ auch. Allgemein sind alle Tage $j \cdot 7, j \in \mathbb{Z}$ Sonntage.

Definition 5.1 Modulo-Rechnung

Seien $a, b, q, r \in \mathbb{Z}$ und $b \neq 0$. Die Modulo-Rechnung $a \bmod b$ besitzt als Ergebnis den Rest r. Folgende Notationen beschreiben das Teilen ganzer Zahlen mit Rest einer Zahl a durch b.

$$\begin{aligned} a : b &= q \text{ Rest } r \\ a &= b \cdot q + r \\ a &\equiv r \bmod b && \textit{sprich: a kongruent r Modulo b} \\ b &\mid a - r && \textit{b teilt } (a - r). \end{aligned}$$

Falls der Rest $r = 0$ ist, so teilt b die Zahl a, und man schreibt $b|a$.

Wir werden im Folgenden statt $\equiv$ das Gleichheitszeichen $=$ verwenden.

Beispiel 5.2 Modulo-Rechnung

Wir wollen einige Zahlenbeispiele zur Teilung ganzer Zahlen mit Rest ausführen:

$17 : 5 = 3$ Rest $2 \longrightarrow \quad 17 = 2 \bmod 5$, offensichtlich teilt 5 die Differenz $17 - 2 = 15$ ohne Rest, d. h. $5|15$.

$29 : 7 = 4$ Rest $1 \longrightarrow \quad 29 = 1 \bmod 7$, auch hier gilt, dass 7 die Differenz $29 - 1 = 28$ ohne Rest teilt, also $7|28$.

$113 : 11 = 10$ Rest $3 \longrightarrow \quad 113 = 3 \bmod 11$, erneut können wir sagen, dass 11 die Differenz $113 - 3 = 110$ ohne Rest teilt, denn $110 = 10 \cdot 11$.

$42{:}113 = 0$ Rest $42 \longrightarrow \quad 42 = 42 \bmod 113$. ◇

Eine Besonderheit der Modulo-Rechnung ist, dass eine ganze Klasse von Zahlen das gleiche Ergebnis $\bmod b$ liefert:

$$a = c \bmod b \quad \longrightarrow \quad \forall_{i \in \mathbb{Z}} : a + i \cdot b = c \bmod b,$$

wobei ($\forall_{i \in \mathbb{Z}}$:) bedeutet: Für alle ganzen Zahlen i gilt.

Beispiel 5.3 Zahlen, die Modulo gerechnet das gleiche Ergebnis liefern

Wir suchen alle Zahlen, die mod 7 gerechnet das Ergebnis 4 liefern. Einige Beispiele sind: $18 = 4 \bmod 7, 25 = 4 \bmod 7, 11 = 4 \bmod 7$ usw. Wir können also zu der Zahl 4 Vielfache von 7 addieren und erhalten so alle Zahlen, die das gewünschte Ergebnis 4 ergeben:

$$\{..., -17, -10, -3, 4, 11, 18, 25, 32, ...\} = 4 \bmod 7$$
$$\longrightarrow \{4 + j \cdot 7, j \in \mathbb{Z}\} = 4 \bmod 7.$$

◇

Jetzt wollen wir an einem Beispiel untersuchen, wie die Modulo-Rechnung bei Summen und Produkten funktioniert.

Beispiel 5.4 Modulo-Rechnung bei Summen und Produkten

Betrachten wir zunächst eine Addition bei der mod-7-Rechnung. Wir errechnen $25 + 76 = 101 = 3 \bmod 7$, wobei wir 101 durch 7 teilen müssen und den Rest bestimmen. Rechnen wir dagegen erst $25 = 4 \bmod 7$ und $76 = 6 \bmod 7$, addieren die Ergebnisse $4 + 6 = 10$ und rechnen dies mod 7, so erhalten wir ebenfalls 3. Dass diese beiden Rechenwege immer zum gleichen Ergebnis führen, werden wir später zeigen.

Berechnen wir das Produkt $44 \cdot 78 = 3\,432 = 2 \bmod 7$, indem wir erst multiplizieren, müssen wir 3 432 durch 7 teilen und den Rest bestimmen. Viel einfacher dagegen ist es erst $44 = 2 \bmod 7$ und $78 = 1 \bmod 7$ zu berechnen, und dann die Ergebnisse zu multiplizieren. In diesem Fall ist man auch schon fertig, da das Produkt bereits kleiner als 7 ist, $2 \cdot 1 = 2 \bmod 7$. Auch hierfür werden wir zeigen, dass die beiden Rechenwege immer zum gleichen Ergebnis führen. ◇

Die Modulo-Rechnung kann bei Additionen bei den Summanden oder bei Multiplikationen bei den Faktoren durchgeführt werden, ohne dass sich das Ergebnis ändert. Dies vereinfacht das Modulo-Rechnen erheblich und wird im Folgenden gezeigt. Für die zwei Zahlen $a, b \in \mathbb{Z}$ gelte:

$$a = q_a c + r_a \quad \text{und} \quad b = q_b c + r_b,$$

anders ausgedrückt ist $a = r_a \bmod c$ und $b = r_b \bmod c$. Die Addition von r_a und r_b habe als Ergebnis d, d. h.

$$r_a + r_b = d \bmod c.$$

Die Addition von Vielfachen von c ändert das Ergebnis nicht. Also können wir schreiben

$$r_a + r_b + j \cdot c = d \bmod c.$$

Wählen wir $j = q_a + q_b$, so ergibt sich

$$d = r_a + r_b + j \cdot c = r_a + r_b + (q_a + q_b)c = r_a + q_a \cdot c + r_b + q_b \cdot c = a + b \bmod c.$$

Für die Multiplikation von a und b kann man schreiben:

$$a \cdot b = (q_a c + r_a) \cdot (q_b c + r_b) = q_a q_b cc + q_a r_b c + q_b r_a c + r_a r_b = r_a r_b \bmod c.$$

Wir haben damit gezeigt, dass gilt:

$$(a + b) \bmod c = (a \bmod c + b \bmod c) \bmod c$$
$$(a \cdot b) \bmod c = [(a \bmod c) \cdot (b \bmod c)] \bmod c.$$

Eine Anwendung dieser Regeln wollen wir benutzen, um den folgenden Satz zu beweisen.

Satz 5.5 Teilbarkeit einer Zahl durch 9

Eine ganze Zahl a ist durch 9 teilbar, wenn ihre Quersumme durch 9 teilbar ist.

Beweis

Eine $(s + 1)$-stellige Dezimalzahl a kann durch ihre Ziffern wie folgt beschrieben werden

$$a = a_0 \cdot 10^0 + a_1 \cdot 10^1 + \ldots + a_s \cdot 10^s, \quad \text{mit} \quad a_i \in \{0, 1, 2, 3, \ldots, 9\}.$$

Nun brauchen wir nur beide Seiten Modulo 9 zu rechnen und sehen, dass gilt $10 = 1 \bmod 9$, $100 = 1 \bmod 9$, $1\,000 = 1 \bmod 9$ usw. Damit erhalten wir $a \bmod 9 = (a_0 + a_1 + a_2 + \ldots + a_s) \bmod 9$, wobei rechts genau die Quersumme steht. Wenn die Quersumme gleich $0 \bmod 9$ ist, ist auch die Zahl gleich $0 \bmod 9$, d. h. durch 9 teilbar.

□

Nun wollen wir noch Primzahlen einführen, da sie eine wichtige Rolle bei den RS-Codes spielen werden.

Definition 5.6 Primzahl

Eine Zahl $p \in \mathbb{Z}$, $p > 1$, die nur durch 1 und sich selbst teilbar ist, heißt Primzahl.

Die Zahl 2 erfüllt die Definition einer Primzahl und ist die einzige gerade Primzahl. Bereits *Euklid* hat bewiesen, dass es unendlich viele Primzahlen gibt. Dass eine Primzahl die herausragende Eigenschaft besitzt, keinen Teiler außer die 1 und sich selbst zu haben, werden wir im folgenden Abschnitt ausnutzen.

5.2.2 Primkörper, Galoisfeld GF(p)

Wir erhalten einen Primkörper, wenn wir ganze Zahlen addieren und multiplizieren, jedoch alle Operationen Modulo einer Primzahl p, also $\bmod p$ durchführen. In der Mathematik bezeichnet der Begriff Körper eine Menge von Elementen mit zwei Rechenoperationen und bestimmten Eigenschaften für das Rechnen. Wir werden sehen, dass wenn man in einem Primkörper rechnet, das Leben sehr einfach ist.

Man bezeichnet einen Primkörper auch als Galoisfeld[1] GF(p). Offensichtlich treten als Ergebnisse bei der Addition und der Multiplikation nur Zahlen aus der Menge $\{0, 1, 2, ..., p-1\}$ auf, da der Rest beim Teilen durch p immer echt kleiner als p ist.

Definition 5.7 Primkörper, Galoisfeld GF(p)

Sei p eine Primzahl. Ein Primkörper besteht aus den Elementen $\mathrm{GF}(p) = \{0, 1, 2, ..., p-1\}$, sowie der Addition und der Multiplikation der Elemente $a, b \in \mathrm{GF}(p)$ Modulo p, d. h. $a + b \bmod p$ und $a \cdot b \bmod p$

$$\forall_{a\in\mathbb{Z}} : a = b \bmod p,\ b \in \{0, 1, 2, ..., p-1\}. \tag{5.1}$$

*Die Eigenschaften eines Primkörpers sind in **Tabelle 5.1** zusammengefasst.*

Beispiel 5.8 Primkörper GF(5)

Der Primkörper mit $p = 5$ ist: $\mathrm{GF}(5) = \{0, 1, 2, 3, 4\}$.
Die Multiplikation von Zahlen: $3 \cdot 4 = 12 = 2 \bmod 5$.
Die Addition von Zahlen: $5 + 6 = 11 = 1 \bmod 5$.
Eine gemischte Rechnung: $(2 + 6) \cdot (5 + 6) = 3 \cdot 1 = 3 \bmod 5$. ◇

[1] Die Theorie wurde begründet durch den Mathematiker *Évariste Galois*. Eine Legende besagt, dass er 1832 im Alter von 20 Jahren bei einem Duell wegen einer jungen Dame starb, jedoch am Abend vorher noch seine mathematischen Gedanken aufgeschrieben und einem Freund gegeben hat.

Eigenschaften des GF(p)

Seien $a, b, c, e \in \mathrm{GF}(p)$ und die Multiplikation und Addition von ganzen Zahlen wird $\bmod p$ durchgeführt, dann gelten die folgenden Eigenschaften:

1. Abgeschlossenheit: Für Multiplikation und Addition $\bmod p$ gilt die Abgeschlossenheit, d. h., das Ergebnis jeder Rechnung ist eine Zahl zwischen 0 und $p - 1$.

2. Assoziativität: Für Multiplikation und Addition gilt die Assoziativität, d. h.

   $a + (b + c) = (a + b) + c \bmod p$ und $a \cdot (b \cdot c) = (a \cdot b) \cdot c \bmod p$.

3. Neutrales Element: Für Multiplikation und Addition existiert je ein neutrales Element e_+ und e. Die Verknüpfung eines Elements mit dem neutralen Element ergibt das Element selbst.

   Für die Multiplikation ist das neutrale Element $e = 1$, denn für alle Elemente $a \in \mathrm{GF}(p)$ gilt $a \cdot 1 = a \bmod p$.

   Für die Addition ist das neutrale Element $e_+ = 0$, denn für alle Elemente $a \in \mathrm{GF}(p)$ gilt $a + 0 = a \bmod p$.

4. Inverses Element: Jedes Element a besitzt ein inverses Element a^{-1} bezüglich der Addition und der Multiplikation (ohne Null), d. h., für die Multiplikation gilt $a \cdot a^{-1} = e$ (e neutrales Element).

   Für die Addition ist der Beweis einfach, denn es gilt:

   $a - a = 0 = a + (-a \bmod p) = a + (p - a) \bmod p$.

   Für die Multiplikation beruht der Beweis auf dem euklidischen Algorithmus, den wir erst später in Abschnitt 5.4.2 einführen werden. Zunächst ist für das weitere Verständnis nur wichtig, dass jedes Element, außer der Null, bezüglich der Multiplikation ein inverses Element besitzt.

5. Distributivgesetz: Es gilt das Distributivgesetz, d. h.

   $a \cdot (b + c) = a \cdot b + a \cdot c \bmod p$.

6. Kommutativgesetz: Das Kommutativgesetz gilt in Primkörpern, d. h.

   $a + b = b + a \bmod p$ und $a \cdot b = b \cdot a \bmod p$.

Tabelle 5.1 Eigenschaften eines Primkörpers, Galoisfelds GF(p)

Zwei Operationen (Multiplikation und Addition) und eine Menge von Elementen mit den in Tabelle 5.1 beschriebenen Eigenschaften (Abgeschlossenheit, Assoziativität, Existenz eines neutralen Elements, Existenz eines inversen Elements, Distributivgesetz, Kommutativgesetz) bilden einen endlichen Körper bzw. ein Galoisfeld.

Beispiel 5.9 Inverse Elemente in GF(7)

Wir wollen am Beispiel mod 7 überprüfen, ob jedes Element, außer der Null, ein Inverses bezüglich der Multiplikation besitzt.

$$1 \cdot 1 = 1 \Rightarrow 1^{-1} = 1 \bmod 7,$$
$$2 \cdot 4 = 1 \Rightarrow 4^{-1} = 2 \bmod 7,$$
$$3 \cdot 5 = 1 \Rightarrow 3^{-1} = 5 \bmod 7,$$
$$6 \cdot 6 = 1 \Rightarrow 6^{-1} = 6 \bmod 7.$$

Damit haben wir ebenfalls die inversen Elemente $2^{-1} = 4 \bmod 7$ und $5^{-1} = 3 \bmod 7$ erhalten.

◇

Satz 5.10 Existenz eines primitiven Elements

Jeder Primkörper besitzt mindestens ein Element α, dessen Potenzen alle Elemente außer der Null erzeugen

$$\mathrm{GF}(p) = \{0, 1, 2, ..., p - 1\} = \{0, \alpha^0, \alpha^1, \alpha^2, ..., \alpha^{p-2}\}.$$

Ein solches Element wird als primitives Element bezeichnet.

Diesen Satz werden wir nicht beweisen. Für uns ist nur wichtig zu wissen, dass wir in jedem Primkörper ein primitives Element finden, mit dem wir den Körper (außer der Null) erzeugen können.

Beispiel 5.11 Primitives Element in GF(5)

Ein primitives Element des Primkörpers GF(5) ist $\alpha = 3$, d. h., seine Potenzen erzeugen GF(5) ohne das Nullelement.
$3^0 = 1 \bmod 5$; $3^1 = 3 \bmod 5$; $3^2 = 4 \bmod 5$; $3^3 = 2 \bmod 5$; $3^4 = 3^3 \cdot 3 = 2 \cdot 3 = 1 \bmod 5$;
$3^5 = 3^1 = 3 \bmod 5$; $3^6 = 3^2 = 4 \bmod 5$; $3^7 = 3^3 = 2 \bmod 5$; ....
Man erkennt, dass sich die Elemente periodisch wiederholen. Damit können wir eine Rechentabelle angeben, mit der die Elemente von GF(5) durch Potenzen des primitiven Elements 3 ausgedrückt werden können.

i	0	1	2	3
α^i	1	3	4	2

Das Element $\beta = 2 \in \mathrm{GF}(5)$ ist ebenfalls ein primitives Element, denn es erzeugt alle Elemente außer der Null $2^0 = 1 \bmod 5$; $2^1 = 2 \bmod 5$; $2^2 = 4 \bmod 5$; $2^3 = 8 = 3 \bmod 5$.

◇

Beispiel 5.12 Primitives Element in GF(7)

Ein primitives Element des Primkörpers GF(7) ist $\alpha = 5$, d. h. seine Potenzen erzeugen GF(7) ohne das Nullelement.

$5^0 = 1 \bmod 7$; $5^1 = 5 \bmod 7$; $5^2 = 4 \bmod 7$; $5^3 = 6 \bmod 7$; $5^4 = 5^3 \cdot 5 = 6 \cdot 5 = 2 \bmod 7$; $5^5 = 3 \bmod 7$; $5^6 = 1 \bmod 7$; $5^7 = 5^1 = 5 \bmod 7$; $5^8 = 5^2 = 4 \bmod 7$; ...
Damit können wir eine Rechentabelle angeben

i	0	1	2	3	4	5
α^i	1	5	4	6	2	3

Das Element $\beta = 2 \in \mathrm{GF}(7)$ ist kein primitives Element, denn
$2^0 = 1 \bmod 7$; $2^1 = 2 \bmod 7$; $2^2 = 4 \bmod 7$; $2^3 = 8 = 1 \bmod 7$;
$2^4 = 2^3 \cdot 2^1 = 1 \cdot 2 = 2 \bmod 7$; $2^5 = 2^3 \cdot 2^2 = 1 \cdot 4 = 4 \bmod 7$; ...
Die Elemente wiederholen sich periodisch, und man kann mit $\beta = 2$ nur die Zahlen $\{1, 2, 4\}$ erzeugen.
Das Element $\gamma = 3 \in \mathrm{GF}(7)$ ist ein weiteres primitives Element, wegen
$3^0 = 1 \bmod 7$; $3^1 = 3 \bmod 7$; $3^2 = 2 \bmod 7$; $3^3 = 6 \bmod 7$; $3^4 = 4 \bmod 7$; $3^5 = 5 \bmod 7$
d. h., die Potenzen von $\gamma = 3$ erzeugen alle Elemente von GF(7) außer dem Element 0.

◇

Wir können damit alle Elemente eines Primkörpers außer der Null auf zwei Arten darstellen: Entweder durch das Elemente selbst oder aber durch den Exponenten des primitiven Elements. Die Addition $\bmod p$ wird am einfachsten mit den Elementen selbst durchgeführt. Da die Multiplikation von Potenzen einer Zahl ausgeführt werden kann, indem man die Exponenten addiert, kann die Multiplikation von Elementen eines Primkörpers einfach durchgeführt werden, indem die Exponenten addiert werden. Die Addition der Exponenten muss $\bmod p - 1$ durchgeführt werden, da für das primitive Element gilt $\alpha^{p-1} = 1$, was später in Satz 5.14 bewiesen werden wird.

Beispiel 5.13 Rechnen mit primitivem Element

Betrachten wir GF(7) und benutzen das primitive Element $\alpha = 5$. Der Einfachheit halber wiederholen wir nochmals unsere Rechentabelle.

i	0	1	2	3	4	5
α^i	1	5	4	6	2	3

Die Addition wird wie bereits beschrieben durchgeführt: $6 + 4 = 10 = 3 \bmod 7$.
Die Multiplikation können wir durch Addition des Exponenten des primitiven Elements durchführen: $4 \cdot 6 = 5^2 \cdot 5^3 = 5^5 = 3$.
Dabei muss die Addition des Exponenten mod 6 durchgeführt werden:
$2 \cdot 3 = 5^4 \cdot 5^5 = 5^9 = 5^6 \cdot 5^3 = 1 \cdot 5^3 = 5^{9 \bmod 6} = 6$.
Will man zwei Elemente, die durch das primitive Element dargestellt sind, addieren, so wandelt man sie gemäß Tabelle um, addiert sie und wandelt dann zurück: $5^1 + 5^3 = 5 + 6 = 4 = 5^2$. ◇

Die Aussage des kleinen Satzes von *Fermat* spielt eine zentrale Rolle bei der Beschreibung von RS-Codes, weshalb wir zum besseren Verständnis den Satz beweisen wollen.

Satz 5.14 Kleiner Satz von *Fermat*

Für jedes Element $\beta \neq 0$ *eines Primkörpers* GF(p) *gilt*

$$\beta^{p-1} = 1 \bmod p.$$

Beweis 1: Multipliziert man alle Elemente von GF(p) mit einem Faktor $\beta \in$ GF(p), so erhält man genau wieder alle Elemente von GF(p), jedoch in einer anderen Reihenfolge

$$\{0, 1, 2, ..., p-1\} = \{\beta \cdot 0, \beta \cdot 1 \bmod p,\ \beta \cdot 2 \bmod p, ...,\ \beta \cdot (p-1) \bmod p\}.$$

Denn aus

$$\beta \cdot \gamma = \beta \cdot \delta \bmod p$$

folgt, dass $\gamma = \delta$ sein muss. Damit sind die beiden Mengen identisch. Die Null wird auf die Null abgebildet. Deshalb können wir folgern, dass gilt

$$\prod_{i=1}^{p-1} i = \prod_{i=1}^{p-1} \beta \cdot i \bmod p = \beta^{p-1} \bmod p \cdot \prod_{i=1}^{p-1} i.$$

Aus dieser Gleichung folgt

$$\beta^{p-1} = 1 \bmod p$$

für jedes $\beta \in$ GF(p). □

Beweis 2: Wir wenden die vollständige Induktion an. Zuerst multiplizieren wir die Behauptung mit β

$$\beta^p = \beta \bmod p \quad \longleftrightarrow \quad \beta^p - \beta = 0 \bmod p.$$

Diese Gleichung gilt für $\beta = 0$ und für $\beta = 1$. Nehmen wir an die Gleichung gelte für $\beta = \gamma$, d. h.

$$\gamma^p - \gamma = 0 \bmod p.$$

Dann gilt sie auch für $\gamma + 1$, denn

$$(\gamma+1)^p - (\gamma+1) = \gamma^p + 1 + \sum_{i=1}^{p-1} \binom{p}{i} \gamma^i - \gamma - 1 = \gamma^p - \gamma + \sum_{i=1}^{p-1} \binom{p}{i} = 0 \bmod p,$$

da der Binominalkoeffizient

$$\binom{p}{i} = 0 \bmod p$$

ist. Damit gilt die Gleichung für 0, 1, 2, 3, ... □

Anmerkungen: Da der Primkörper GF(p) nur p Elemente inklusive Null enthält, gibt es genau $p-1$ Elemente ungleich null. Damit sind die $p-1$ Potenzen β^j, $j = 0, 1, ..., p-2$ entweder alle unterschiedlich, oder es sind einige identische darunter. Diese zwei Fälle wollen wir unterscheiden.

Alle Potenzen sind unterschiedlich[1]: Die Potenz β^{p-1} muss gleich irgendeinem der vorherigen Elemente β^l, $0 \le l < p-1$ sein, da GF(p) nur p Elemente inklusive Null enthält. Dann gilt $\beta^l = \beta^{p-1}$. Nehmen wir an, dass $l \ne 0$ ist und teilen beide Seiten durch β, so erhalten wir $\beta^{l-1} = \beta^{p-2}$ was unserer Annahme, dass alle Elemente β^j, $j = 0, 1, ..., p-2$ unterschiedlich sind, widerspricht. Damit muss $l = 0$ sein und somit ist $\beta^0 = \beta^{p-1} = 1$.

Es existieren gleiche Elemente in der Menge $\{\beta^j,\ j = 0, 1, ..., p-2\}$: Nehmen wir an, dass $\beta^i = \beta^j$, mit $i < j$ ist. Aus $i < j$ folgt, dass es eine Zahl $l > 0$ gibt, sodass $i + l = j$ und damit $\beta^{i+l} = \beta^j$ gilt. Des Weiteren muss gelten: $\beta^{i+1} = \beta^{j+1}$ und $\beta^{i+2} = \beta^{j+2}$ ... $\beta^{i+(l-1)} = \beta^{j+(l-1)}$. Aus dem nächsten Schritt $\beta^{i+l} = \beta^{j+l}$ folgt mit der Gleichung $\beta^{i+l} = \beta^j$, dass $\beta^i = \beta^{j+l}$ sein muss. Da wir die Überlegungen ebenfalls für die Zahlen l bis $2l$ usw. wiederholen können, kann es somit nur $l-1$ unterschiedliche Elemente geben. Daraus folgt, dass gelten muss

$$\beta^i = \beta^{i+l} = \beta^{i+2l} = \beta^{i+3l} = \dots .$$

Konsequenterweise muss $\beta^l = 1$ sein, da $\beta^i = \beta^{i+l} = \beta^i \cdot \beta^l$ nur erfüllt ist, wenn $\beta^l = 1$ ist. Man nennt in diesem Fall l die Ordnung des Elements β. Die Ordnung eines Elements l teilt $p-1$. Denn, nehmen wir an l teilt nicht $p-1$, so können wir schreiben $p-1 = l \cdot j + i$ mit $0 < i < l$. Da jedoch $\beta^{p-1} = 1 \bmod p$ gilt und jedes Element durch eine Potenz des primitiven Elements $\beta = \alpha^m$ dargestellt werden kann, gilt:

$$\beta^{p-1} = 1 = \beta^{jl+i} = (\beta^l)^j \cdot \beta^i = \beta^i \ne 1 \bmod p.$$

Dies ist ein Widerspruch, und damit teilt l die Zahl $p-1$.

Beispiel 5.15 Kleiner Satz von *Fermat*

Die Elemente von GF(7) sind $\{0, 1, 2, 3, 4, 5, 6\}$. Im Beweis haben wir berücksichtigt, dass sich die gleichen Elemente in geänderter Reihenfolge ergeben, wenn wir jede Zahl mit $a = 4$ multiplizieren,

$$\{0 \bmod 7,\ 1 \cdot 4 = 4 \bmod 7,\ 2 \cdot 4 = 8 = 1 \bmod 7,\ 3 \cdot 4 = 12 = 5 \bmod 7,$$
$$4 \cdot 4 = 16 = 2 \bmod 7,\ 4 \cdot 5 = 20 = 6 \bmod 7,\ 4 \cdot 6 = 24 = 3 \bmod 7\}.$$

Betrachten wir alle Elemente von GF(7) und nehmen diese zur Potenz 6, so ergeben sich
$2^6 = 64 = 1 \bmod 7$,
$3^6 = 3^3 \cdot 3^3 = 27 \cdot 27 = 6 \cdot 6 = 1 \bmod 7$,
$4^6 = (2^2)^6 = (2^6)^2 = 1 \bmod 7$,
$5^6 = (5 \cdot 5)^3 = 4^3 = 64 = 1 \bmod 7$,
$6^6 = (6 \cdot 6)^3 = 1^3 = 1 \bmod 7$. ◊

[1] In diesem Fall ist β ein primitives Element entsprechend Satz 5.10.

Die Codewörter eines Reed-Solomon-Codes können als Polynome beschrieben werden. Deshalb wollen wir Polynome definieren und das Rechnen mit ihnen erläutern.

Polynome über GF(7)

Wir betrachten Polynome in x mit den Koeffizienten $B_i \in \mathrm{GF}(p = 7)$:

$$B(x) = B_0 + B_1 x + B_2 x^2 + B_3 x^3 + B_4 x^4 + B_5 x^5 \quad B_i \in \mathrm{GF}(7), x \in \mathrm{GF}(7) \setminus \{0\}. \tag{5.2}$$

Die Koeffizienten B_i der Polynome nehmen nur Elemente aus GF(7) an. Dagegen werden wir für die Variable x nur die Werte $\{1, 2, ..., 6\}$ einsetzen, also alle Werte aus GF(7) außer der Null. Damit können wir auch die, durch das primitive Element $\alpha = 5$ aus Beispiel 5.12 erzeugten sechs Elemente $\{\alpha^0, \alpha^1, \alpha^2, ..., \alpha^5\}$ benutzen, die ja genau alle Elemente von GF(7) außer der Null sind. Man beachte, dass die Exponenten von α von 0 bis 5 gehen, also genau sechs Elemente sind. Weiterhin gilt, dass die Null als Koeffizient eines Polynoms erlaubt ist, d. h. dass für ein beliebiges i gilt: $B_i \in \mathrm{GF}(7)$. Es wird später klar werden, warum wir nur Polynome vom Grad ≤ 5 betrachten müssen. Zuvor wollen wir unsere wichtigste Operation, das Auswerten von Polynomen an den Elementen des Körpers, einführen.

Auswertung von Polynomen

Das Polynom soll an allen existierenden sechs Stellen ausgewertet werden. Wir verwenden bei der Auswertung jedoch nicht die Reihenfolge $\{1, 2, 3, 4, 5, 6\}$, sondern $\{\alpha^0, \alpha^1, \alpha^2, \alpha^3, \alpha^4, \alpha^5\} = \{1, 5, 4, 6, 2, 3\}$, also

$$b_i = B(x = \alpha^i = 5^i) = B_0 + B_1\alpha^i + B_2\alpha^{2i} + B_3\alpha^{3i} + B_4\alpha^{4i} + B_5\alpha^{5i}, \quad i = 0, 1, 2, 3, 4, 5.$$

Diese b_i können wir nun als Koeffizienten eines Polynoms

$$b(x) = b_0 + b_1 x + b_2 x^2 + b_3 x^3 + b_4 x^4 + b_5 x^5 \tag{5.3}$$

betrachten. Da wir nur das Auswerten von Polynomen an den Stellen $x = 5^i, i = 0, 1, 2, 3, 4, 5$ benutzen, müssen wir nur Polynome vom Grad kleiner 6 betrachten. Denn eine Auswertung des Polynoms $B(x)$ an der Stelle $x = 5^8$ würde den gleichen Wert wie bei 5^2 ergeben, da wegen des kleinen Satzes von *Fermat* 5.14 gilt: $5^8 = 5^6 \cdot 5^2 = 1 \cdot 5^2 = 5^2$. Diese Tatsache wollen wir im folgenden Beispiel erläutern.

Beispiel 5.16 Polynome vom Grad >5 als Polynome vom Grad ≤5

Gegeben seien die Polynome $A(x) = A_2 x^2$ und $W(x) = W_2 x^2 + W_8 x^8$ mit Koeffizienten aus GF(7), d. h. $A_2, W_2, W_8 \in \mathrm{GF}(7)$. Wählen wir $A_2 = W_2 + W_8 \bmod 7$, so ergibt die Auswertung beider Polynome an allen Stellen $x = 5^i$ den gleichen Wert. Setzen wir $A_2 = 4$ $W_2 = 1$ und $W_3 = 3$, so erhalten wir die Polynome

$$A(x) = 4x^2 \text{ und } W(x) = x^2 + 3x^8.$$

Werten wir diese Polynome an der Stelle $\alpha^3 = 5^3 = 6$ aus, so ergibt sich:

$$a_3 = A(x = \alpha^3) = A(6) = 4 \cdot 6^2 = 4 \bmod 7$$

und

$$w_3 = W(x = \alpha^3) = W(6) = 6^2 + 3 \cdot 6^8 = 1 + 3 = 4 \bmod 7.$$

Die folgenden Gleichungen zeigen, dass bei der Auswertung an allen α^i die gleichen Ergebnisse entstehen.

$$\begin{aligned}
A(\alpha^0) &= A_2\alpha^0 = (W_2 + W_8)\alpha^0; \quad & W(\alpha^0) &= W_2\alpha^0 + W_8\alpha^0 = W_2\alpha^0 + W_8\alpha^0,\\
A(\alpha^1) &= A_2\alpha^2 = (W_2 + W_8)\alpha^2; \quad & W(\alpha^1) &= W_2\alpha^2 + W_8\alpha^8 = W_2\alpha^2 + W_8\alpha^2,\\
A(\alpha^2) &= A_2\alpha^4 = (W_2 + W_8)\alpha^4; \quad & W(\alpha^2) &= W_2\alpha^4 + W_8\alpha^{16} = W_2\alpha^4 + W_8\alpha^4,\\
A(\alpha^3) &= A_2\alpha^6 = (W_2 + W_8)\alpha^0; \quad & W(\alpha^3) &= W_2\alpha^6 + W_8\alpha^{24} = W_2\alpha^0 + W_8\alpha^0,\\
A(\alpha^4) &= A_2\alpha^2 = (W_2 + W_8)\alpha^2; \quad & W(\alpha^4) &= W_2\alpha^2 + W_8\alpha^8 = W_2\alpha^2 + W_8\alpha^2,\\
A(\alpha^5) &= A_2\alpha^2 = (W_2 + W_8)\alpha^2; \quad & W(\alpha^5) &= W_2\alpha^2 + W_8\alpha^8 = W_2\alpha^2 + W_8\alpha^2.
\end{aligned}$$

Dabei haben wir immer ausgenutzt, dass $\alpha^6 = 1$ ist, d. h. $\alpha^{16} = \alpha^{12}\alpha^4 = \alpha^6\alpha^6\alpha^4 = 1 \cdot 1 \cdot \alpha^4 = \alpha^4$ oder aber $\alpha^{24} = \alpha^6\alpha^6\alpha^6\alpha^6 = 1$. ◇

Das Beispiel hat gezeigt, dass wir nur Polynome $A(x)$ vom Grad kleiner 6 betrachten müssen, um alle möglichen Polynome $a(x)$ durch die Vorschrift $a_i = A(x = 5^i)$ erzeugen zu können. Man überlegt sich, dass es $7^6 = 117\,649$ unterschiedliche Polynome $a(x)$ gibt und gleich viele Polynome $A(x)$, da man ja für jeden Koeffizienten einen der sieben Werte des GF(7) wählen darf. Bei einem Koeffizienten haben wir sieben Möglichkeiten, bei zwei Koeffizienten gibt es $7 \cdot 7 = 49$ Möglichkeiten usw.

Multiplikation von Polynomen

Eine weitere Konsequenz aus der Tatsache, dass wir nur endlich viele Elemente benutzen, ergibt sich für die Polynommultiplikation. Auch hier können die Koeffizienten an den Stellen $i \geq p - 1$ zu denen an den Stellen $j < p - 1$ mit $i = j \bmod (p - 1)$ addiert werden, wie das folgende Beispiel zeigt.

Beispiel 5.17 Polynommultiplikation

Wir wollen zwei Polynome $U(x)$ und $V(x)$ über GF(5) miteinander multiplizieren und nennen das Ergebnis $W(x)$. Entsprechend Beispiel 5.16 brauchen wir bei GF(5) nur Polynome bis zum Grad 3 betrachten. Wir wollen $W(x) = U(x) \cdot V(x)$ berechnen und schreiben zunächst die Polynome an

$$\begin{aligned}
U(x) &= U_0 + U_1x + U_2x^2 + U_3x^3,\\
V(x) &= V_0 + V_1x + V_2x^2 + V_3x^3,\\
W(x) &= W_0 + W_1x + W_2x^2 + W_3x^3.
\end{aligned}$$

Für alle Koeffizienten gilt: $U_i, V_i, W_i \in$ GF(5). Die übliche Polynommultiplikation ergibt ein Polynom $W(x) = U(x)V(x)$ mit Grad 6. Die einzelnen Koeffizienten W_ix^i berechnen sich zu:

$$\begin{aligned}
W_0x^0 &= U_0 \cdot V_0x^0,\\
W_1x^1 &= (U_0 \cdot V_1 + U_1 \cdot V_0)x^1,\\
W_2x^2 &= (U_0 \cdot V_2 + U_1 \cdot V_1 + U_2 \cdot V_0)x^2,\\
W_3x^3 &= (U_0 \cdot V_3 + U_1 \cdot V_2 + U_2 \cdot V_1 + U_3 \cdot V_0)x^3,\\
W_4x^4 &= (U_1 \cdot V_3 + U_2 \cdot V_2 + U_3 \cdot V_1)x^4,\\
W_5x^5 &= (U_2 \cdot V_3 + U_3 \cdot V_2)x^5,\\
W_6x^6 &= (U_3 \cdot V_3)x^5.
\end{aligned}$$

Da wegen dem kleinen Satz von *Fermat* 5.14 gilt $\alpha^5 = \alpha^4\alpha = 1 \cdot \alpha$, können wir die Polynommultiplikation umschreiben. Der Koeffizient an der Stelle x^4 kann zu dem an der Stelle x^0 addiert werden, der an der Stelle x^5 zu dem bei x^2 und der bei x^6 zu dem bei x^3. Damit ergibt sich:

$$\begin{aligned}
W_0x^0 &= (U_0 \cdot V_0 + U_1 \cdot V_3 + U_2 \cdot V_2 + U_3 \cdot V_1)x^0,\\
W_1x^1 &= (U_0 \cdot V_1 + U_1 \cdot V_0 + U_2 \cdot V_3 + U_3 \cdot V_2)x^1,\\
W_2x^2 &= (U_0 \cdot V_2 + U_1 \cdot V_1 + U_2 \cdot V_0 + U_3 \cdot V_3)x^2,\\
W_3x^3 &= (U_0 \cdot V_3 + U_1 \cdot V_2 + U_2 \cdot V_1 + U_3 \cdot V_0)x^3.
\end{aligned}$$

◇

Wir wollen die Polynommultiplikation noch allgemein für Polynome $U(x)$, $V(x)$ und $W(x)$ vom Grad $(p-2)$ über GF(p) angeben.

Multiplikation von Polynomen über GF(p)

$$\begin{aligned}
W_0x^0 &= (U_0 \cdot V_0 + U_1 \cdot V_{p-2} + U_2 \cdot V_{p-3} + \ldots + U_{p-2} \cdot V_1)x^0,\\
W_1x^1 &= (U_0 \cdot V_1 + U_1 \cdot V_0 + U_2 \cdot V_{p-2} + \ldots + U_{p-2} \cdot V_2)x^1,\\
W_2x^2 &= (U_0 \cdot V_2 + U_1 \cdot V_1 + U_2 \cdot V_{p-1} + \ldots + U_{p-2} \cdot V_3)x^2,\\
&\vdots\\
W_{p-3}x^{p-3} &= (U_0 \cdot V_{p-3} + U_1 \cdot V_{p-4} + U_2 \cdot V_{p-5} + \ldots + U_{p-2} \cdot V_{p-2})x^{p-2},\\
W_{p-2}x^{p-2} &= (U_0 \cdot V_{p-2} + U_1 \cdot V_{p-3} + U_2 \cdot V_{p-4} + \ldots + U_{p-2} \cdot V_0)x^{p-2}.
\end{aligned} \tag{5.4}$$

Zur Fehlerkorrektur benötigen wir außerdem noch das Hamming-Gewicht und die Hamming-Distanz von Polynomen. Das Hamming-Gewicht eines Polynoms ist die Anzahl von Koeffizienten ungleich null und die Hamming-Distanz zweier Polynome gibt an, an wie vielen Koeffizienten sich die Polynome unterscheiden.

Definition 5.18 Hamming-Gewicht und Hamming-Distanz

Seien $a(x)$ und $b(x)$ zwei Polynome vom Grad $p-2$ und Koeffizienten aus GF(p), *dann ist das Hamming-Gewicht die Anzahl der Koeffizienten ungleich null*

$$\mathrm{wt}(a(x)) = \sum_{i=0}^{p-2} \mathrm{wt}(a_i), \quad \mathrm{wt}(a_i) = \begin{cases} 1 & a_i \neq 0 \\ 0 & a_i = 0. \end{cases}$$

Die Hamming-Distanz von zwei Polynomen ist die Anzahl der unterschiedlichen Koeffizienten.

$$\mathrm{dist}(a(x), b(x)) = \sum_{i=0}^{p-2} \mathrm{dist}(a_i, b_i), \quad \mathrm{dist}(a_i, b_i) = \begin{cases} 1 & a_i \neq b_i \\ 0 & a_i = b_i. \end{cases}$$

Das Hamming-Gewicht der Differenz zweier Polynome ist gleich der Hamming-Distanz dieser Polynome. Sind die Koeffizienten an der Stelle i gleich, so ist der Koeffizient der Differenz null und genau dann ungleich null, wenn sie verschieden sind. Damit gilt:

$$\mathrm{dist}\,(a(x), b(x)) = \mathrm{wt}\,(a(x) - b(x)) = \mathrm{wt}\,(b(x) - a(x))\,.$$

Fundamentalsatz der Algebra

Der Fundamentalsatz der Algebra macht eine Aussage über die Zahl an Nullstellen, die ein Polynom besitzen kann. In unserem Fall eines endlichen Körpers, macht er damit eine Aussage, für wie viele Werte α^i, die Auswertung eines Polynoms null ergeben kann. Wir wollen durch folgendes Beispiel zunächst die Begriffe Nullstelle und Linearfaktor definieren.

Beispiel 5.19 Nullstelle und Linearfaktor eines Polynoms

Gegeben sei das Polynom $A(x) = 6x^2 + 4x + 3$ mit Koeffizienten aus GF(7). Durch probieren kann man herausfinden, dass das Element $\beta = 2$ eine Nullstelle ist, denn

$$A(x = 2) = 6 \cdot 2^2 + 4 \cdot 2 + 3 = 24 + 8 + 3 = 35 = 0 \bmod 7.$$

Man nennt das Polynom $(x - 2) = (x + 5)$ einen Linearfaktor des Polynoms $A(x)$. Dieser teilt $A(x)$ ohne Rest

$$6x^2 + 4x + 3 : (x + 5) = (6x + 2),$$

denn

$$(6x + 2)(x + 5) = 6x^2 + 2x + 2x + 3 = 6x^2 + 4x + 3.$$

◇

Satz 5.20 Fundamentalsatz der Algebra

Ein Polynom $A(x) = A_0 + A_1x + A_2x^2 + \ldots A_{k-1}x^{k-1}$ *vom Grad* $k - 1$ *mit Koeffizienten aus* GF(p), *wobei gilt* $0 < k < p$, *besitzt höchstens* $k - 1$ *Nullstellen aus* GF(p).

Beweis: Ist $\beta \in \mathrm{GF}(p)$ eine Nullstelle von $A(x)$, d. h. $A(x = \beta) = 0$, so enthält $A(x)$ den Linearfaktor $(x - \beta)$, d. h., $(x - \beta)$ teilt das Polynom $A(x)$ ohne Rest. Wir können also schreiben $A(x) = (x - \beta)A^*(x)$, wobei gilt $\mathrm{grad}\,A(x) = \mathrm{grad}\,A^*(x) + 1$. Falls $A^*(x)$ eine Nullstelle besitzt, können wir wieder durch den Linearfaktor dividieren usw. Wir können höchstens $k - 1$ Linearfaktoren abspalten, denn dann hat das resultierende Polynom den Grad null und kann somit keine Nullstelle mehr besitzen.

□

Diesen Satz werden wir später ausnutzen, um Codes zu definieren.

Eine interessante Folgerung aus dem kleinen Satz von *Fermat* 5.14 und dem Fundamentalsatz der Algebra 5.20 ergibt sich für das Polynom $x^{p-1} - 1$. Nach dem Satz von *Fermat* gilt für jedes Element $\beta \in \mathrm{GF}(p)$, dass $\beta^{p-1} = 1$ ist. Somit sind alle Elemente des $\mathrm{GF}(p)$ außer der Null, nämlich $\alpha^i, i = 0, 1, \ldots, p-2$ Nullstellen des Polynoms $x^{p-1} - 1$. Das Polynom besitzt daher $p - 1$ Nullstellen; wir können es als Produkt aller seiner Linearfaktoren schreiben zu

$$x^{p-1} - 1 = \left(x - \alpha^0\right)\left(x - \alpha^1\right)\ldots\left(x - \alpha^{p-2}\right) = \prod_{i=0}^{p-2}\left(x - \alpha^i\right).$$

Damit kennen wir alle Grundlagen und können die Fehlerkorrektur, die bei der CD verwendet wird, beschreiben.

5.3 Fehlerkorrektur mit Reed-Solomon-Codes GF(7)

Die nachfolgenden Ableitungen gelten für jeden Primkörper, sollen aber wegen der Anschaulichkeit[1] in GF(7) durchgeführt werden.

Bevor wir den RS-Code definieren, benötigen wir noch die Umrechnung von Polynomen ineinander. Bisher haben wir Polynome $a(x)$ durch Auswertung von Polynomen $A(x)$ an den Stellen $x = 5^i$, $i = 0, 1, \ldots, 5$ berechnet, d. h.

$$a_i = A\left(x = \alpha^i\right) = A\left(x = 5^i\right), \; i = 0, 1, 2, 3, 4, 5.$$

Man kann nun aus $a(x)$ eindeutig wieder $A(x)$ berechnen, was wir später bei den weiteren mathematischen Grundlagen beweisen werden. Die Vorschrift hierfür lautet:

$$A_j = (p-1)^{-1} a\left(x = \alpha^{-j}\right) = 6^{-1} a\left(x = 5^{-j}\right), \; j = 0, 1, 2, 3, 4, 5.$$

Diese Umrechnung wollen wir *Transformation* nennen und sagen $A(x)$ ist die Transformierte von $a(x)$. Überlegen wir uns nun, was $6^{-1} \bmod 7$ bedeutet. Es ist das inverse Element zu 6, denn $6^{-1} \cdot 6 = 1$. Da $6 \cdot 6 = 36 = 1 \bmod 7$ ist, ist $6^{-1} = 6$. Im folgenden Beispiel wollen wir eine Umrechnung von Polynomen durchführen.

Beispiel 5.21 Abbildung zwischen $c(x)$ und $C(x)$

Wir benutzen das Galoisfeld GF(7) mit dem primitiven Element $\alpha = 5$. Betrachten wir das Polynom $C(x)$ (die Transformierte von $c(x)$)

$$C(x) = C_0 + C_1 x = 5 + 3x$$

[1] *Albert Einstein* hat gesagt: Man soll die Dinge so einfach wie möglich darstellen, aber nicht einfacher [20].

und werten $C(x)$ an allen sechs Stellen $5^i, i = 0, 1, \ldots, 5$ aus, was Gl. (5.9) entspricht. Wir schreiben dazu nochmals unsere Rechentabelle an.

i	0	1	2	3	4	5
α^i	1	5	4	6	2	3

$$\begin{aligned} c_0 &= C\left(x = \alpha^0 = 1\right) = 5 + 3 \cdot 1 = 1 \bmod 7, \\ c_1 &= C\left(x = \alpha^1 = 5\right) = 5 + 3 \cdot 5 = 6 \bmod 7, \\ c_2 &= C\left(x = \alpha^2 = 4\right) = 5 + 3 \cdot 4 = 3 \bmod 7, \\ c_3 &= C\left(x = \alpha^3 = 6\right) = 5 + 3 \cdot 6 = 2 \bmod 7, \\ c_4 &= C\left(x = \alpha^4 = 2\right) = 5 + 3 \cdot 2 = 4 \bmod 7, \\ c_5 &= C\left(x = \alpha^5 = 3\right) = 5 + 3 \cdot 3 = 0 \bmod 7. \end{aligned}$$

Also $c(x) = 1 + 6x + 3x^2 + 2x^3 + 4x^4 + 0x^5$. Aus $c(x)$ kann $C(x)$ wieder berechnet werden. Die Berechnungsvorschrift lautet:

$$C_j = 6^{-1} c\left(x = \alpha^{-j}\right), \; j = 0, 1, 2, 3, 4, 5.$$

Damit ergibt sich:

$$\begin{aligned} C_0 &= 6 \cdot c\left(\alpha^{-0} = \alpha^0 = 1\right) = 6 \cdot (1 + 6 \cdot 1 + 3 \cdot 1 + 2 \cdot 1 + 4 \cdot 1 + 0 \cdot 1) = 6 \cdot 2 = 5 \bmod 7, \\ C_1 &= 6 \cdot c\left(\alpha^{-1} = \alpha^5 = 3\right) = 6 \cdot (1 + 6 \cdot 3 + 3 \cdot 2 + 2 \cdot 6 + 4 \cdot 4 + 0 \cdot 5) = 6 \cdot 4 = 3 \bmod 7, \\ C_2 &= 6 \cdot c\left(\alpha^{-2} = \alpha^4 = 2\right) = 6 \cdot (1 + 6 \cdot 2 + 3 \cdot 4 + 2 \cdot 1 + 4 \cdot 2 + 0 \cdot 4) = 6 \cdot 0 = 0 \bmod 7, \\ C_3 &= 6 \cdot c\left(\alpha^{-3} = \alpha^3 = 6\right) = 6 \cdot (1 + 6 \cdot 6 + 3 \cdot 1 + 2 \cdot 6 + 4 \cdot 1 + 0 \cdot 6) = 6 \cdot 0 = 0 \bmod 7, \\ C_4 &= 6 \cdot c\left(\alpha^{-4} = \alpha^2 = 4\right) = 6 \cdot (1 + 6 \cdot 4 + 3 \cdot 2 + 2 \cdot 1 + 4 \cdot 4 + 0 \cdot 2) = 6 \cdot 0 = 0 \bmod 7, \\ C_5 &= 6 \cdot c\left(\alpha^{-5} = \alpha^1 = 5\right) = 6 \cdot (1 + 6 \cdot 5 + 3 \cdot 4 + 2 \cdot 6 + 4 \cdot 2 + 0 \cdot 3) = 6 \cdot 0 = 0 \bmod 7. \end{aligned}$$

◇

Das Beispiel hat gezeigt, dass wir aus $c(x)$ das transformierte Polynom $C(x)$ berechnen können und umgekehrt. Später, in Satz 5.23 wird bewiesen werden, dass diese Aussage für alle Polynome gilt, d. h. dass immer zwei Polynome existieren, die eindeutig ineinander umrechenbar sind. Hier zeigt sich, wie wertvoll ein abstrakter Beweis ist, da wir sonst selbst in diesem kleinen Beispiel $2 \cdot 7^6 = 2 \cdot 117\,649$ Polynome an sechs verschiedenen Elementen auswerten müssten, um die Behauptung zu überprüfen.

Ein Reed-Solomon-Code über GF(7) kann entsprechend Beispiel 5.21 aus einem Informationswort $C(x)$ ein Codewort $c(x)$ berechnen. Der Information (C_0, C_1) wird also das Codewort $(c_0, c_1, c_2, c_3, c_4, c_5)$, das Redundanz enthält, zugeordnet. Diese Redundanz wird ausgenutzt, um Fehler zu korrigieren. Aus diesem Grund werden auf der CD statt der Informationsworte die Codewörter gespeichert. Wir geben zunächst die Definition eines RS-Codes an und leiten dann seine Mindestdistanz ab.

Definition 5.22 Reed-Solomon-(RS-)Code über GF(7)

Die Codewörter $c(x)$ eines RS-Codes sind die Menge aller Polynome, die aus der Menge der Polynome $C(x)$ durch Transformation berechnet werden können. Dabei gilt für die Polynome $C(x)$ mit Koeffizienten aus $\mathrm{GF}(7)$: $\mathrm{grad}\, C(x) < k,\ 1 \leq k \leq 5$. *Die Berechnungsvorschrift der Transformation lautet:* $c_i = C(x = 5^i)$.

$$\mathcal{C} = \left\{c(x) : c_i = C\left(x = 5^i\right),\ C_i \in \mathrm{GF}(7),\ \mathrm{grad}\, C(x) < k\right\}.$$

Gemäß des Fundamentalsatzes der Algebra 5.20 besitzt ein Polynom $C(x)$ vom Grad kleiner k höchstens $k - 1$ Nullstellen. Daher sind höchstens $k - 1$ von den $p - 1 = 6$ Koeffizienten c_i von $c(x)$ gleich null. Also sind mindestens $p - 1 - (k - 1) = p - k = 7 - k$ Stellen ungleich null. Damit haben wir bewiesen, dass das minimale Gewicht eines beliebigen Codeworts (außer dem Null-Codewort) mindestens $7 - k$ ist. Unsere folgenden Ausführungen, werden zeigen, dass bei linearen Codes das minimale Gewicht gleich der Mindestdistanz d eines Codes ist. Die Mindestdistanz bestimmt, wie viele Fehler man mit einem Code korrigieren kann.

Anmerkung: Wenn das Polynom vom Grad $k - 2$ ist, kann es höchstens $k - 2$ Nullstellen besitzen und damit sind höchstens $k - 2$ Koeffizienten c_i gleich null. Die Aussage, dass mindestens $p - 1 - (k - 1)$ Stellen ungleich null sind, ist dann ebenfalls korrekt. Andererseits muss ein Polynom vom Grad kleiner k nicht so viele Nullstellen, wie sein Grad besitzen, es kann auch weniger haben. Aber auch dann ist die Aussage, mindestens $p - 1 - (k - 1)$ Koeffizienten sind ungleich null, korrekt.

Die Mindestdistanz eines Codes ist das Minimum der Distanz zweier beliebiger unterschiedlicher Codewörter

$$d = \min_{\substack{c_1(x), c_2(x) \in \mathcal{C} \\ c_1(x) \neq c_2(x)}} \mathrm{dist}\left(c_1(x), c_2(x)\right) = \min_{\substack{c_1(x), c_2(x) \in \mathcal{C} \\ c_1(x) \neq c_2(x)}} \mathrm{wt}\left(c_1(x) - c_2(x)\right). \tag{5.5}$$

Die rechte Gleichung folgt aus Definition 5.18. Zwei beliebige unterschiedliche Codewörter besitzen also mindestens die Hamming-Distanz d voneinander. Tritt nun ein Fehler auf, etwa ein Kratzer auf einer CD, so können wir dies beschreiben durch die Addition eines Fehlerpolynoms $e(x)$ zu dem Codewort $c(x)$

$$c(x) + e(x).$$

Die Decodierung muss aus $c(x) + e(x)$ möglichst wieder $c(x)$ bestimmen. Die Frage ist nun: Wie viele Fehler können noch eindeutig decodiert werden? Da sich zwei Codewörter in mindestens d Stellen unterscheiden, kann man mit einem Fehler vom Gewicht kleiner als die halbe Mindestdistanz nicht näher an ein anderes Codewort als das gesendete gelangen. In diesem Fall wird der Decodierer eindeutig das gesendete Codewort $c(x)$ aus dem empfangenen $c(x) + e(x)$ decodieren, denn für $\mathrm{wt}(e(x)) \leq [\frac{d-1}{2}]$ gilt für alle $a(x), c(x) \in \mathcal{C}$ mit $a(x) \neq c(x)$

$$\mathrm{dist}(c(x) + e(x), c(x)) < \mathrm{dist}(c(x) + e(x), a(x)).$$

Es bleibt noch zu zeigen, dass das minimale Hamming-Gewicht eines Codes gleich seiner Mindestdistanz ist. Dazu benötigen wir die Linearität. Der RS-Code ist linear, d. h., die Addition von zwei mit einem beliebigen Element aus GF(7) multiplizierten Codewörtern ist wieder ein Codewort

$$a(x), b(x) \in \mathcal{C} \quad \longrightarrow \quad \gamma a(x) + \beta b(x) \in \mathcal{C};\ \gamma, \beta \in \mathrm{GF}(7).$$

Betrachten wir zunächst die Transformierten der Codewörter $a(x)$ und $b(x)$, d. h. $A(x)$ und $B(x)$ mit $k = 2$. Gemäß Definition 5.22 besitzen beide den Grad kleiner 2. Die Addition der beiden Transformierten mit den Faktoren γ und β

$$\gamma A(x) + \beta B(x) = (\gamma A_0 + \beta B_0) + (\gamma A_1 + \beta B_1)x$$

besitzt ebenfalls den Grad kleiner 2. Damit gilt

$$\gamma a_i + \beta b_i = \gamma A(x = 5^i) + \beta B(x = 5^i) = (\gamma A_0 + \beta B_0) + (\gamma A_1 + \beta B_1)5^i,\ i = 0, 1, \ldots, 5,$$

woraus folgt, dass $\gamma a(x) + \beta b(x)$ ebenfalls ein Codewort ist.

Aufgrund der Linearität ist die Differenz von Codewörtern ($\gamma = 1, \beta = -1$) wieder ein Codewort. Wenden wir dies in Gl. (5.5) an, so erhalten wir:

$$d = \min_{\substack{c_1(x), c_2(x) \in \mathcal{C} \\ c_1(x) \neq c_2(x)}} \mathrm{wt}(c_1(x) - c_2(x)) = \min_{\substack{c(x) \in \mathcal{C} \\ c(x) \neq 0}} \mathrm{wt}(c(x)).$$

Damit haben wir gezeigt, dass die Mindestdistanz bei Reed-Solomon-Codes gleich dem minimalen Gewicht entspricht. Bei einem RS-Code über GF(7) und der Wahl $k = 2$ ergibt sich eine Mindestdistanz $d = 7 - 2 = 5$ und wir können bis zu zwei Fehler eindeutig korrigieren. Fassen wir noch die wichtigsten Eigenschaften eines Reed-Solomon-Codes über GF(7) zusammen:

Länge	$p - 1 = 6$
Anzahl Codworte	$p^k = 7^k$
(Dimension)	k
Mindestdistanz	$d = p - k = 7 - k$
Linearität	$c_1(x), c_2(x) \in \mathcal{C} \rightarrow c_1(x) + c_2(x) \in \mathcal{C}$

Wir werden nun einen Code mit Mindestdistanz $d = 5$ konstruieren, indem wir alle Polynome $C(x)$ vom Grad kleiner gleich eins verwenden, die damit höchstens eine Nullstelle besitzen können. Das Polynom $c(x)$ kann dann höchstens einen Koeffizienten gleich null besitzen, d. h., das minimale Gewicht ist 5, und somit ist auch die Mindestdistanz $d = 5$.

Codierung von RS-Codes über GF(7)

Codierung bedeutet, dass wir der Information Redundanz zufügen. Das muss jedoch nicht so verstanden werden, dass wir die Information im Codewort unverändert sehen können.

Jedoch muss die Abbildung Informationswort auf Codewort eindeutig sein. Kennen wir das Codewort, können wir die Information eindeutig berechnen und umgekehrt. Jetzt wollen wir eine mögliche Codiervorschrift angeben, d. h. eine Möglichkeit, wie wir die Information auf ein Codewort abbilden. Es existieren 49 unterschiedliche Polynome $C(x) = C_0 + C_1x$ vom Grad kleiner 2, da jeder Koeffizient sieben Werte aus GF(7) annehmen kann. Diese stellen die Informationswörter dar. Wir haben also 49 unterschiedliche Nachrichten, und zu jeder Nachricht $C(x)$ kann ein entsprechendes Codewort $c(x)$ berechnet werden, indem die Abbildungsvorschrift $c_i = C(x = \alpha^i), i = 0, 1, 2, 3, 4, 5$ angewendet wird. Im Folgenden ist die Codierung tabellarisch aufgelistet:

$$
\begin{aligned}
C(x) &= 0 + 0x \longrightarrow c(x) = 0 + 0x + 0x^2 + 0x^3 + 0x^4 + 0x^5,\\
C(x) &= 0 + 1x \longrightarrow c(x) = 1 + 5x + 4x^2 + 6x^3 + 2x^4 + 3x^5,\\
C(x) &= 0 + 2x \longrightarrow c(x) = 2 + 3x + 1x^2 + 5x^3 + 4x^4 + 6x^5,\\
&\vdots \qquad\qquad\qquad \vdots\\
C(x) &= 1 + 0x \longrightarrow c(x) = 1 + 1x + 1x^2 + 1x^3 + 1x^4 + 1x^5,\\
C(x) &= 1 + 1x \longrightarrow c(x) = 2 + 6x + 5x^2 + 0x^3 + 3x^4 + 4x^5,\\
&\vdots \qquad\qquad\qquad \vdots\\
C(x) &= 5 + 3x \longrightarrow c(x) = 1 + 6x + 3x^2 + 2x^3 + 4x^4 + 0x^5,\\
&\vdots \qquad\qquad\qquad \vdots\\
C(x) &= 6 + 4x \longrightarrow c(x) = 3 + 5x + 1x^2 + 2x^3 + 0x^4 + 4x^5,\\
C(x) &= 6 + 5x \longrightarrow c(x) = 4 + 3x + 5x^2 + 1x^3 + 2x^4 + 0x^5,\\
C(x) &= 6 + 6x \longrightarrow c(x) = 5 + 1x + 2x^2 + 0x^3 + 4x^4 + 3x^5.
\end{aligned}
$$

Es gibt also so viele Codewörter wie Informationswörter. Die Koeffizienten der Polynome können ebenfalls in Vektorform geschrieben werden. Möchten wir eine bestimmte Nachricht, z. B. $(5, 3)$ übertragen, so übertragen wir stattdessen das zugehörige Codewort $(1, 6, 3, 2, 4, 0)$, das Redundanz zur Fehlerkorrektur enthält.

Decodierung von RS-Codes über GF(7)

Bild 5.3 stellt ein abstraktes Modell der fehlerbehafteten Datenübertragung dar, das für viele Situationen Gültigkeit besitzt. Die Daten einer Quelle werden zunächst in ein Codewort $c(x)$ codiert und dann übertragen. Im Kanal wird ein Fehler $e(x)$ addiert, und der Decodierer erhält die Summe aus Codewort $c(x)$ und Fehler $e(x)$, d. h. $r(x) = c(x) + e(x)$. Aus diesem $r(x)$ muss der Decodierer nun berechnen, welches Codewort mit größter Wahrscheinlichkeit gesendet wurde. Er trifft eine Entscheidung $\hat{c}(x)$, die entweder gleich $c(x)$ ist, dann hat er korrekt decodiert, oder aber die Entscheidung ist ungleich $c(x)$, dann hat er falsch decodiert. Dies kann vorkommen, wenn sehr viele Fehler aufgetreten sind. Die Senke steht für die Einheit, für die die Daten bestimmt sind. Deshalb liefert der Decodierer seine Entscheidung der Information $\hat{i}(x)$ an die Senke ab.

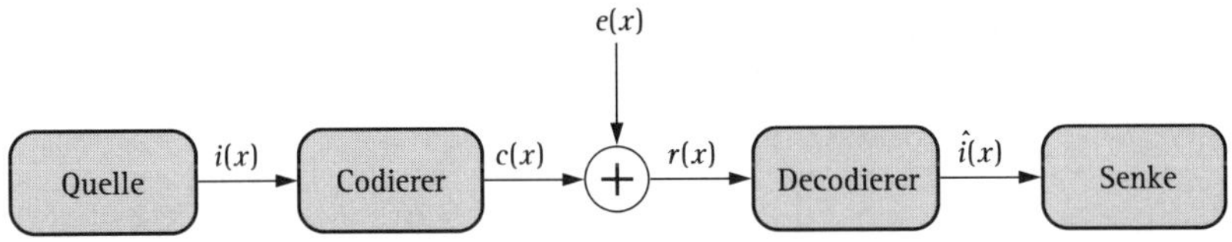

Bild 5.3 Datenübertragungsmodell

Wir wollen annehmen, das Codewort $c(x) = 1 + 6x + 3x^2 + 2x^3 + 4x^4 + 0x^5$ werde übertragen und der Fehler $e(x) = 0 + 3x + 0x^2 + 0x^3 + 5x^4 + 0x^5$ tritt auf. Wir empfangen also das Polynom

$$\begin{aligned} r(x) &= c(x) + e(x) \\ &= (1 + 6x + 3x^2 + 2x^3 + 4x^4 + 0x^5) + (0 + 3x + 0x^2 + 0x^3 + 5x^4 + 0x^5) \\ &= 1 + 2x + 3x^2 + 2x^3 + 2x^4 + 0x^5. \end{aligned}$$

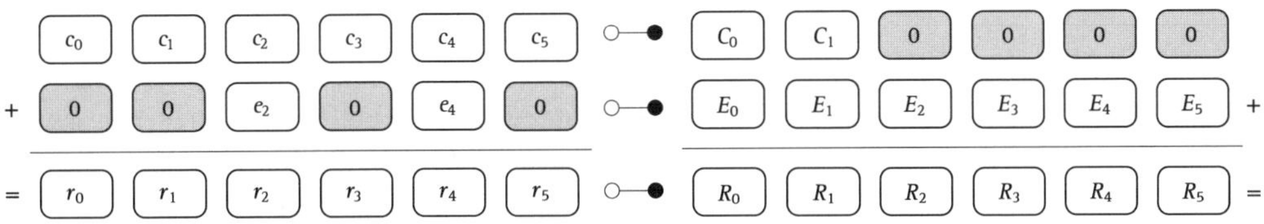

Bild 5.4 Idee der Decodierung von RS-Codes

In **Bild 5.4** sind das Codepolynom $c(x)$, das Fehlerpolynom $e(x)$, das empfangene Polynom $r(x)$ und ihre Transformierten dargestellt. Die Transformation ist dabei durch eine „Hantel" (○—●) symbolisiert. Das Polynom $R(x)$ ist bekannt, jedoch nicht die Polynome $C(x)$ und $E(x)$. Der Decodierer weiß, dass für ein gültiges Codewort $C_2 = C_3 = C_4 = C_5 = 0$ gelten muss. Also wäre $r(x)$ ein gültiges Codewort, wenn gelten würde: $R_2 = R_3 = R_4 = R_5 = 0$, wobei wir die Vorschrift $R_j = 6^{-1} r(x = \alpha^{-j})$ anwenden. Eine Berechnung von $R(x)$ aus $r(x)$ ergibt

$$\begin{aligned} R_0 &= 6 \cdot r\left(x = \alpha^0 = 1\right) = 6 \cdot (1 + 2 \cdot 1 + 3 \cdot 1 + 2 \cdot 1 + 2 \cdot 1 + 0 \cdot 1) = 6 \cdot 3 = 4 \bmod 7, \\ R_1 &= 6 \cdot r\left(x = \alpha^{-1} = 3\right) = 6 \cdot (1 + 2 \cdot 3 + 3 \cdot 2 + 2 \cdot 6 + 2 \cdot 4 + 0 \cdot 5) = 6 \cdot 5 = 2 \bmod 7, \\ R_2 &= 6 \cdot r\left(x = \alpha^{-2} = 2\right) = 6 \cdot (1 + 2 \cdot 2 + 3 \cdot 4 + 2 \cdot 1 + 2 \cdot 2 + 0 \cdot 4) = 6 \cdot 2 = 5 \bmod 7, \\ R_3 &= 6 \cdot r\left(x = \alpha^{-3} = 6\right) = 6 \cdot (1 + 2 \cdot 6 + 3 \cdot 1 + 2 \cdot 6 + 2 \cdot 1 + 0 \cdot 6) = 6 \cdot 2 = 5 \bmod 7, \\ R_4 &= 6 \cdot r\left(x = \alpha^{-4} = 4\right) = 6 \cdot (1 + 2 \cdot 4 + 3 \cdot 2 + 2 \cdot 1 + 2 \cdot 4 + 0 \cdot 2) = 6 \cdot 4 = 3 \bmod 7, \\ R_5 &= 6 \cdot r\left(x = \alpha^{-5} = 5\right) = 6 \cdot (1 + 2 \cdot 5 + 3 \cdot 4 + 2 \cdot 6 + 2 \cdot 2 + 0 \cdot 3) = 6 \cdot 4 = 3 \bmod 7. \end{aligned}$$

Wir wissen nun, dass es sich bei $r(x)$ um kein gültiges Codewort handelt, dass also Fehler aufgetreten sein müssen, da in unserem Fall alle Koeffizienten R_2, R_3, R_4, R_5 ungleich null sind. Wir kennen jedoch den oder die Fehler nicht. Unser Ziel ist, das Fehlerpolynom zu berechnen. Dazu verwendet man die sog. algebraische Decodierung, die eine sehr elegante Lösung zur Fehlerkorrektur darstellt und die wir nun beschreiben wollen.

Nehmen wir an, wir würden die Fehlerstellen kennen. Dann könnten wir uns ein Polynom $\lambda(x)$ definieren, das genau an den Fehlerstellen null ist und sonst beliebig, jedoch ungleich null, und das wir Fehlerstellenpolynom nennen wollen.

$$e_i \neq 0 \longleftrightarrow \lambda_i = 0 \quad \text{und} \quad e_i = 0 \longleftrightarrow \lambda_i \neq 0, \quad i = 0, 1, 2, 3, 4, 5.$$

Damit gelten für die Multiplikation der Koeffizienten von Fehlerpolynom $e(x)$ und Fehlerstellenpolynom $\lambda(x)$ die folgenden Gleichungen

$$e_i \cdot \lambda_i = 0, \quad i = 0, 1, 2, 3, 4, 5.$$

Wir können für das Fehlerstellenpolynom $\lambda(x)$ aussagen, dass es genau so viele Koeffizienten gleich null hat, wie Fehler aufgetreten sind. Außerdem wissen wir, dass wir das Fehlerstellenpolynom $\lambda(x)$ aus einem Polynom $\Lambda(x)$ durch die Vorschrift

$$\lambda_i = \Lambda\left(x = \alpha^i\right), \; i = 0, 1, 2, 3, 4, 5$$

berechnen können. Das Polynom $\Lambda(x)$ muss damit genau so viele Nullstellen haben, wie Fehler aufgetreten sind. Wegen des Fundamentalsatzes der Algebra 5.20 können wir sagen, dass der Grad von $\Lambda(x)$ damit mindestens so groß wie die Zahl der Fehler sein muss. Da wir die Koeffizienten von $\Lambda(x)$ berechnen müssen, wollen wir den Grad möglichst klein wählen. Wir können den Grad genau gleich der Zahl der Fehler wählen, denn es existiert immer ein Polynom, das genau so viele Nullstellen wie sein Grad besitzt. Wir kennen nicht die Anzahl der Fehler t, und somit nicht den Grad von $\Lambda(x)$, führen den Gedankengang jedoch trotzdem weiter.

Wir wissen, dass die Koeffizienten R_2, R_3, R_4 und R_5 entsprechend **Bild 5.4** nur vom Fehler $e(x)$ und nicht vom Codewort $c(x)$ abhängen, da $C_2 = C_3 = C_4 = C_5 = 0$ gilt. Wir kennen also einen Teil des Fehlers $E(x)$, der durch die Vorschrift $E_j = 6^{-1}e(x = \alpha^{-j})$ berechnet wird. Es gilt nämlich $E_2 = R_2$, $E_3 = R_3$, $E_4 = R_4$ und $E_5 = R_5$. Bild 5.4 zeigt auf der linken Seite, wie das empfangene Polynom $r(x)$ durch die Addition von Codewort $c(x)$ und Fehlerpolynom $e(x)$ gebildet wird. Die rechte Seite zeigt die entsprechenden Polynome, das Codewort $C(x)$, den Fehler $E(x)$ und das empfangene Polynom $R(x)$, das wir durch Transformation von $r(x)$, das wir ja kennen, berechnen können.

In **Bild 5.5** ist das Fehlerstellenpolynom $\lambda(x)$ und das transformierte Fehlerstellenpolynom $\Lambda(x)$ eingezeichnet, dessen Grad genau der Anzahl an Fehlern entspricht. Wir benötigen nun die folgende Beziehung, die später als sog. Faltungssatz hergeleitet wird.

$$\lambda_i \cdot e_i = 0, \; i = 0, 1, 2, 3, 4, 5 \quad \longleftrightarrow \quad \Lambda(x) \cdot E(x) = 0 \bmod \left(x^6 - 1\right).$$

Dabei bedeutet mod $(x^6 - 1)$, dass die Multiplikation entsprechend Gl. (5.4) durchgeführt wird (siehe hierzu auch Beispiel 5.17). Diese Gleichung ist in Bild 5.5 veranschaulicht, indem die Polynommultiplikation $\Lambda(x)E(x)$ durch die drei Polynome $\Lambda_0 E(x)$, $\Lambda_1 xE(x)$ und $\Lambda_2 x^2 E(x)$ eingezeichnet ist. Man erkennt, dass die Multiplikation mit x einer zyklischen Verschiebung entspricht. Diese Beziehung wollen wir nun ausnutzen und zunächst annehmen, es sei ein

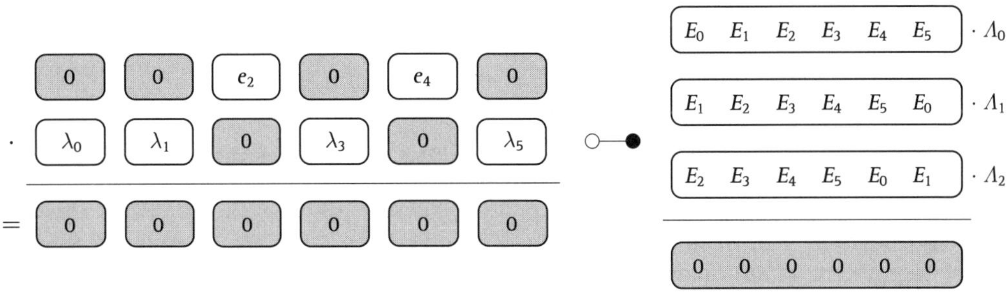

Bild 5.5 Fehlerstellenpolynom bei der Decodierung von RS-Codes

Fehler aufgetreten. Dann hat $\Lambda(x)$ den Grad 1 und wir können annehmen $\Lambda(x) = \Lambda_0 + \Lambda_1 x$. Nun schreiben wir das Produkt

$$\Lambda(x) \cdot E(x) = (\Lambda_0 + \Lambda_1 x)\left(E_0 + E_1 x + E_2 x^2 + E_3 x^3 + E_4 x^4 + E_5 x^5\right) = 0 \bmod \left(x^6 - 1\right)$$

ausführlich an, indem wir die Koeffizienten bei den Potenzen x^i ausrechnen.

$$\begin{aligned}
x^0 &: \Lambda_0 \cdot E_0 + \Lambda_1 \cdot E_5 = 0 \bmod 7,\\
x^1 &: \Lambda_0 \cdot E_1 + \Lambda_1 \cdot E_0 = 0 \bmod 7,\\
x^2 &: \Lambda_0 \cdot E_2 + \Lambda_1 \cdot E_1 = 0 \bmod 7,\\
x^3 &: \Lambda_0 \cdot E_3 + \Lambda_1 \cdot E_2 = 0 \bmod 7,\\
x^4 &: \Lambda_0 \cdot E_4 + \Lambda_1 \cdot E_3 = 0 \bmod 7,\\
x^5 &: \Lambda_0 \cdot E_5 + \Lambda_1 \cdot E_4 = 0 \bmod 7.
\end{aligned}$$

Wir können in diesem Gleichungssystem ausnutzen, dass wir einen Teil von $E(x)$, nämlich E_2, E_3, E_4 und E_5 durch $R(x)$ kennen.

$$\begin{aligned}
x^0 &: \Lambda_0 \cdot E_0 + \Lambda_1 \cdot E_5 = \Lambda_0 \cdot E_0 + \Lambda_1 \cdot R_5 = 0 \bmod 7,\\
x^1 &: \Lambda_0 \cdot E_1 + \Lambda_1 \cdot E_0 = \Lambda_0 \cdot E_1 + \Lambda_1 \cdot E_0 = 0 \bmod 7,\\
x^2 &: \Lambda_0 \cdot E_2 + \Lambda_1 \cdot E_1 = \Lambda_0 \cdot R_2 + \Lambda_1 \cdot E_1 = 0 \bmod 7,\\
x^3 &: \Lambda_0 \cdot E_3 + \Lambda_1 \cdot E_2 = \Lambda_0 \cdot R_3 + \Lambda_1 \cdot R_2 = 0 \bmod 7,\\
x^4 &: \Lambda_0 \cdot E_4 + \Lambda_1 \cdot E_3 = \Lambda_0 \cdot R_4 + \Lambda_1 \cdot R_3 = 0 \bmod 7,\\
x^5 &: \Lambda_0 \cdot E_5 + \Lambda_1 \cdot E_4 = \Lambda_0 \cdot R_5 + \Lambda_1 \cdot R_4 = 0 \bmod 7.
\end{aligned}$$

Die drei letzten Gleichungen enthalten nur bekannte $R_i, i = 2, 3, 4, 5$ und zwei Unbekannte Λ_0 und Λ_1. Ein Polynom vom Grad t besitzt höchstens t Nullstellen hat aber $t + 1$ Koeffizienten, nämlich Λ_0 bis Λ_t. Deshalb gibt es für uns nicht wirklich zwei Unbekannte, sondern nur eine, denn für uns sind nur die Nullstellen von $\Lambda(x)$ wichtig und nicht der Wert von Λ_1 oder Λ_0. Anders ausgedrückt, const $\cdot (x - a)$ mit const $\in$ GF(p) besitzt die Nullstelle a, egal welchen Wert die Konstante besitzt (außer null). Wir haben unser Polynom $\Lambda(x)$ so definiert, dass es genau so viele Nullstellen wie sein Grad besitzt. Damit können wir einen Koeffizienten frei wählen, z. B. $\Lambda_1 = 1$. Wir haben dadurch drei Gleichungen und eine Unbekannte, nämlich Λ_0:

$$\begin{aligned} x^3 &: \Lambda_0 \cdot R_3 + \Lambda_1 \cdot R_2 = \Lambda_0 \cdot 5 + 1 \cdot 5 = 0 \bmod 7, \\ x^4 &: \Lambda_0 \cdot R_4 + \Lambda_1 \cdot R_3 = \Lambda_0 \cdot 3 + 1 \cdot 5 = 0 \bmod 7, \\ x^5 &: \Lambda_0 \cdot R_5 + \Lambda_1 \cdot R_4 = \Lambda_0 \cdot 3 + 1 \cdot 3 = 0 \bmod 7. \end{aligned}$$

Aus der ersten Gleichung errechnen wir Λ_0 zu 6, denn $6 \cdot 5 + 5 = 35 = 0 \bmod 7$. Aus der zweiten jedoch $\Lambda_0 = 3$, denn $3 \cdot 3 + 5 = 14 = 0 \bmod 7$. Dies ist ein Widerspruch, d. h.: Das Gleichungssystem ist unlösbar.

Damit müssen wir annehmen, dass zwei Fehler aufgetreten sind. Also treffen wir eine neue Annahme, nämlich $\Lambda(x) = \Lambda_0 + \Lambda_1 x + \Lambda_2 x^2$, wobei wir $\Lambda_2 = 1$ setzen, da uns auch hier nur die Nullstellen interessieren. Damit erhalten wir ein neues Gleichungssystem.

$$\begin{aligned} x^0 &: \Lambda_0 \cdot E_0 + \Lambda_1 \cdot E_5 + \Lambda_2 \cdot E_4 = \Lambda_0 \cdot E_0 + \Lambda_1 \cdot R_5 + 1 \cdot R_4 = 0 \bmod 7, \\ x^1 &: \Lambda_0 \cdot E_1 + \Lambda_1 \cdot E_0 + \Lambda_2 \cdot E_5 = \Lambda_0 \cdot E_1 + \Lambda_1 \cdot E_0 + 1 \cdot R_5 = 0 \bmod 7, \\ x^2 &: \Lambda_0 \cdot E_2 + \Lambda_1 \cdot E_1 + \Lambda_2 \cdot E_0 = \Lambda_0 \cdot R_2 + \Lambda_1 \cdot E_1 + 1 \cdot E_0 = 0 \bmod 7, \\ x^3 &: \Lambda_0 \cdot E_3 + \Lambda_1 \cdot E_2 + \Lambda_2 \cdot E_1 = \Lambda_0 \cdot R_3 + \Lambda_1 \cdot R_2 + 1 \cdot E_1 = 0 \bmod 7, \\ x^4 &: \Lambda_0 \cdot E_4 + \Lambda_1 \cdot E_3 + \Lambda_2 \cdot E_2 = \Lambda_0 \cdot R_4 + \Lambda_1 \cdot R_3 + 1 \cdot R_2 = 0 \bmod 7, \\ x^5 &: \Lambda_0 \cdot E_5 + \Lambda_1 \cdot E_4 + \Lambda_2 \cdot E_3 = \Lambda_0 \cdot R_5 + \Lambda_1 \cdot R_4 + 1 \cdot R_3 = 0 \bmod 7. \end{aligned} \tag{5.6}$$

Wir erkennen, dass in den beiden letzten Gleichungen nur bekannte R_i und zwei Unbekannte, Λ_0 und Λ_1, vorkommen.

$$\begin{aligned} x^4 &: \Lambda_0 \cdot R_4 + \Lambda_1 \cdot R_3 + 1 \cdot R_2 = \Lambda_0 \cdot 3 + \Lambda_1 \cdot 5 + 1 \cdot 5 = 0 \bmod 7, \\ x^5 &: \Lambda_0 \cdot R_5 + \Lambda_1 \cdot R_4 + 1 \cdot R_3 = \Lambda_0 \cdot 3 + \Lambda_1 \cdot 3 + 1 \cdot 5 = 0 \bmod 7. \end{aligned}$$

Subtrahieren wir die zweite von der ersten Gleichung, erhalten wir $2\Lambda_1 = 0$, d. h. $\Lambda_1 = 0$. Dies eingesetzt ergibt $3\Lambda_0 + 5 = 0$. Subtrahieren wir auf beiden Seiten 5, erhalten wir $3\Lambda_0 = -5 = 2 \bmod 7$ und damit $\Lambda_0 = \frac{2}{3}$, was keine ganze Zahl ist. Aber wir müssen ja in unserem Primkörper rechnen, und deshalb erhalten wir $\Lambda_0 = 2 \cdot 3^{-1}$. Das inverse Element zu 3 ist 5, da $3 \cdot 5 = 1 \bmod 7$ ist, d. h. $\Lambda_0 = 2 \cdot 5 = 3 \bmod 7$. Und schließlich erhalten wir

$$\Lambda(x) = 3 + x^2 = (x - 2) \cdot (x - 5). \tag{5.7}$$

Die Nullstellen sind 2 und 5, was den Exponenten 4 und 1 entspricht, denn $\alpha^4 = 2$ und $\alpha^1 = 5$. Die Fehlerstellen sind daher die Stellen 1 und 4, was korrekt ist.

Nun müssen wir noch die zu den Fehlerstellen gehörigen Fehlerwerte, d. h. die Koeffizienten e_1 und e_4 des Polynoms $e(x)$ berechnen. Ein möglicher Weg ist, zunächst $E(x)$ vollständig zu berechnen und danach mithilfe der Transformation die Fehlerwerte. Da wir nun $\Lambda(x)$ kennen, können wir aus dem Gl. (5.6) rekursiv E_0 und E_1 berechnen zu

$$\begin{aligned} \Lambda_0 \cdot E_0 + \Lambda_1 \cdot R_5 + 1 \cdot R_4 &= 3 \cdot E_0 + 3 = 0 \bmod 7 \quad \longrightarrow \quad E_0 = 6 \\ \Lambda_0 \cdot E_1 + \Lambda_1 \cdot E_0 + 1 \cdot R_5 &= 3 \cdot E_1 + 3 = 0 \bmod 7 \quad \longrightarrow \quad E_1 = 6. \end{aligned}$$

Nun kennen wir $E(x)$ und wissen, dass $e_i = 0$ ist für $i = 0, 2, 3, 5$. Für die erste Stelle ergibt sich

$$e_1 = E(\alpha = 5) = 6 + 6 \cdot 5 + 5 \cdot 5^2 + 5 \cdot 5^3 + 3 \cdot 5^4 + 3 \cdot 5^5 = 6 + 2 + 6 + 2 + 6 + 2 = 3 \bmod 7$$

und für die vierte Stelle ergibt sich

$$e_4 = E(\alpha^4 = 2) = 6 + 6 \cdot 2 + 5 \cdot 2^2 + 5 \cdot 2^3 + 3 \cdot 2^4 + 3 \cdot 2^5 = 6 + 5 + 6 + 5 + 6 + 5 = 5 \bmod 7.$$

Wir kennen jetzt den Fehler $e(x) = 0 + 3x + 0x^2 + 0x^3 + 5x^4 + 0x^5$ und subtrahieren diesen von $r(x) = 1 + 2x + 3x^2 + 2x^3 + 2x^4 + 0x^5$

$$\begin{aligned} r(x) - e(x) &= (1 - 0) + (2 - 3)x + (3 - 0)x^2 + (2 - 0)x^3 + (2 - 5)x^4 + (0 - 0)x^5 = \\ &= 1 + 6x + 3x^2 + 2x^3 + 4x^4 + 0x^5 = c(x). \end{aligned}$$

Wir haben damit die zwei Fehler korrigiert und das Codewort $c(x) = 1 + 6x + 3x^2 + 2x^3 + 4x^4 + 0x^5$ decodiert.

Fassen wir die Schritte nochmals zusammen:

- Entsprechend Bild 5.4 berechnen wir das transformierte $R(x)$ von dem empfangenen Polynom $r(x)$. Der Teil, in dem das transformierte Codewort null ist, hängt nur vom Fehler $e(x)$ ab.
- Wir definieren das Fehlerstellenpolynom $\lambda(x)$, das genau an den Fehlerstellen e_i Koeffizienten gleich null hat, was in Bild 5.5 veranschaulicht ist.
- Wir berechnen $\Lambda(x)$ durch die bekannten Stellen des transformierten Fehlers $E(x)$. Da wir den Grad von $\Lambda(x)$ (die Anzahl der Fehler) nicht kennen, nehmen wir zunächst einen Fehler an und versuchen, das entsprechende Gleichungssystem zu lösen. Ist das Gleichungssystem nicht lösbar, nehmen wir an, es sind zwei Fehler aufgetreten usw.
- Wir berechnen die Nullstellen von $\Lambda(x)$, indem wir alle Werte des GF(7) für x einsetzen. Die Fehlerstellen sind die Exponenten des primitiven Elements der Nullstellen.
- Die Fehlerwerte berechnen wir, indem wir zunächst $E(x)$ vollständig berechnen und dann durch Transformation die entsprechenden e_i bestimmen.
- Zu guter Letzt subtrahieren wir $e(x)$ von $r(x)$ und erhalten eine Entscheidung $\hat{c}(x)$, aus der wir ggf. die Information $\hat{i}(x)$ ermitteln können.

5.4 Weitere mathematische Grundlagen

In diesem Abschnitt wird die diskrete Fourier-Transformation (DFT) allgemein eingeführt, die wir im letzten Abschnitt am Beispiel GF(7) verwendet haben, ohne sie explizit als DFT zu benennen. Danach werden wir den Faltungssatz der DFT einführen, der die Polynommultiplikation, die in endlichen Körpern der zyklischen Faltung entspricht, verknüpft mit der koeffizientenweisen Multiplikation von Polynomen. Zusätzlich werden wir den euklidischen Algorithmus erörtern, der den größten gemeinsamen Teiler ggT zweier Zahlen berechnet. Außerdem werden wir eine Erweiterung des euklidischen Algorithmus definieren, die es erlaubt, jeden Rest als Kombination der zwei ursprünglichen Zahlen auszudrücken. Der euklidische Algorithmus gilt nicht nur für Zahlen, sondern auch für Polynome, was wir ausnutzen werden, um Reed-Solomon-Codes zu decodieren.

Polynome über Primkörpern GF(p)

Wir betrachten Polynome in x mit den Koeffizienten $B_i \in \mathrm{GF}(p)$:

$$B(x) = B_0 + B_1 x + B_2 x^2 + \dots + B_{p-2} x^{p-2}; \quad B_i \in \mathrm{GF}(p), x \in \{1, 2, \dots, (p-1)\}. \qquad (5.8)$$

Für die Koeffizienten der Polynome können wir alle Werte aus GF(p) einsetzen und für die Variable x alle Werte, die wir durch ein primitives Element $\alpha \in \mathrm{GF}(p)$ erzeugen können, d. h. $\mathrm{GF}(p) \setminus \{0\} = \{\alpha^0, \alpha^1, \alpha^2, \dots, \alpha^{p-2}\}$. Die Exponenten von α gehen von 0 bis $p-2$ und stellen $(p-1)$ unterschiedliche Elemente dar.

Eine wichtige Operation zur Beschreibung der RS-Codes ist die Auswertung von Polynomen $B(x)$ an allen $(p-1)$ Stellen $\alpha^i, i = 0, 1, \dots (p-2)$, d. h.

$$b_i = B\left(x = \alpha^i\right), i = 0, 1, 2, \dots, (p-2).$$

Die Werte b_i können wir als Koeffizienten eines Polynoms $b(x) = b_0 + b_1 x + \dots, + b_{p-2} x^{p-2}$ betrachten.

Wenn wir in GF(p) rechnen, benötigen wir nur Polynome vom Grad $< (p-1)$, denn wir können zu jedem Polynom $W(x)$ vom Grad größer $p-2$ ein Polynom $A(x)$ vom Grad kleiner $p-1$ angeben, das, an allen Stellen $x = \alpha^i; i = 0, 1, \dots, p-2$ ausgewertet, die gleichen Werte annimmt. Denn wegen des kleinen Satzes von *Fermat* 5.14 gilt für jedes Element $\beta \in \mathrm{GF}(p)$, $\beta^{p-1} = 1 \bmod p$, d. h.

$$\beta^j = \beta^{j+p-1} = \beta^{j+2p-2} = \beta^{j+3p-3} = \beta^{j+4p-4} = \dots .$$

Deswegen können wir alle Koeffizienten $W_{j+l(p-1)}$ eines Polynoms $W(x)$ addieren und erhalten den Koeffizienten A_j eines Polynoms $A(x)$ mit

$$A_j = W_j + W_{j+p-1} + W_{j+2p-2} + W_{j+3p-3} + W_{j+4p-4} + \dots .$$

Für die Auswertung an allen Stellen α^i gilt: $A(x = \alpha^i) = W(x = \alpha^i)$. Anders ausgedrückt, wenn wir die Menge aller Polynome $W(x)$ beliebigen Grads an den Stellen $x = \alpha^i; i = 0, 1, \dots, p-2$ auswerten und als Polynome $w(x)$ bezeichnen, wobei gelten soll $w_i = W(\alpha^i)$, erhalten wir die gleiche Menge an Polynomen $a(x)$, die wir durch Auswertung der Menge aller Polynome $A(x)$ mit Grad kleiner $p-1$ an den Stellen $x = \alpha^i; i = 0, 1, \dots, p-2$ errechnen, d. h.

$$\left\{w(x) : w_i = W\left(\alpha^i\right)\right\} = \left\{a(x) : a_i = A\left(\alpha^i\right), \mathrm{grad}\, A(x) < p-1\right\}.$$

Wir können uns daher auf die Betrachtung von Polynomen vom Grad kleiner $p-1$ beschränken.

Ein wichtiges Hilfsmittel wird sein, dass wir zwei Darstellungsmöglichkeiten von Polynomen mit Koeffizienten aus $\mathrm{GF}(p)$ vom Grad kleiner $(p-1)$ haben. Einerseits das Polynom mit seinen Koeffizienten und andererseits die Werte der Auswertung des Polynoms an den Stellen $x = \alpha^i; i = 0, 1, ..., p-2$. Kennen wir eine Darstellung, so können wir die andere berechnen. Also benötigen wir entweder die Koeffizienten des Polynoms, dann können wir die Auswertungen berechnen, oder aber wir haben die Auswertungen eines Polynoms an allen Stellen $x = \alpha^i; i = 0, 1, ..., p-2$, dann können wir die Koeffizienten berechnen. Genau diese Umwandlung leistet die sog. diskrete Fourier-Transformation.

5.4.1 Diskrete Fourier-Transformation (DFT)

Die diskrete Fourier-Transformation stellt die Verbindung zwischen der Auswertung von Polynomen an den Elementen α^i eines endlichen Körpers und den Koeffizienten eines Polynoms her.

Satz 5.23 Diskrete Fourier-Transformation, DFT

Gegeben sei ein Galoisfeld $\mathrm{GF}(p)$ *und ein Polynom* $A(x) = A_0 + A_1x + A_2x^2 + ...A_{p-2}x^{p-2}$ *mit Koeffizienten aus* $\mathrm{GF}(p)$*. Sei* α *ein primitives Element von* $\mathrm{GF}(p)$*, d. h.* $\mathrm{GF}(p) = \{0, \alpha^i, i = 0, 1, ..., p-2\}$*. Das Polynom* $a(x) = a_0 + a_1x + a_2x^2 + ...a_{p-2}x^{p-2}$ *mit den Koeffizienten*

$$a_i = A\left(x = \alpha^i\right), \ i = 0, 1, ..., p-2 \tag{5.9}$$

ist die inverse diskrete Fourier-Transformation (IDFT) von $A(x)$*.*
Aus $a(x)$ *kann durch die diskrete Fourier-Transformation (DFT) das Polynom* $A(x)$ *wieder berechnet werden durch*

$$A_j = (p-1)^{-1} a\left(x = \alpha^{-j}\right); \ j = 0, 1, ..., p-2. \tag{5.10}$$

Der Beweis kann beim ersten Lesen übersprungen werden, da er etwas anspruchsvoller ist.

Beweis: Im ersten Schritt ersetzen wir die Polynomauswertung in Gl. (5.9) durch eine Summe und erhalten damit

$$a_i = A\left(x = \alpha^i\right) = A_0 + A_1\alpha^i + A_2\left(\alpha^i\right)^2 + ...A_{p-2}\left(\alpha^i\right)^{p-2} = \sum_{j=0}^{p-2} A_j\alpha^{ij}. \tag{5.11}$$

Ebenfalls können wir die Auswertung in Gl. (5.10) als Summe schreiben

$$\begin{aligned} A_j &= (p-1)^{-1} a\left(x = \alpha^{-j}\right) = (p-1)^{-1}\left(a_0 + a_1\alpha^{-j} + a_2\left(\alpha^{-j}\right)^2 + ...a_{p-2}\left(\alpha^{-j}\right)^{p-2}\right) \\ &= (p-1)^{-1} \sum_{l=0}^{p-2} a_l\alpha^{-jl}. \end{aligned} \tag{5.12}$$

Wir überprüfen nun, ob sich wieder a_i ergibt, wenn wir in Gl. (5.11) den Koeffizienten A_j durch Gl. (5.12) ersetzen. Denn damit hätten wir gezeigt, dass die Polynome $a(x)$ und $A(x)$ durch die Fourier-Transformation ineinander umrechenbar sind. Die Ersetzung von A_j ergibt:

$$\sum_{j=0}^{p-2} \overbrace{(p-1)^{-1} a(x = \alpha^{-j})}^{A_j} \alpha^{ij} = \sum_{j=0}^{p-2} (p-1)^{-1} \sum_{l=0}^{p-2} a_l \alpha^{-jl} \alpha^{ij}. \tag{5.13}$$

Jetzt vertauschen wir die Summationen und schreiben den Faktor $(p-1)^{-1}$ vor die Summation, d. h.

$$(p-1)^{-1} \sum_{l=0}^{p-2} a_l \sum_{j=0}^{p-2} \alpha^{-jl} \alpha^{ij} = (p-1)^{-1} \sum_{l=0}^{p-2} a_l \sum_{j=0}^{p-2} \alpha^{(i-l)j}. \tag{5.14}$$

Betrachten wir die rechte Summe genauer, so können wir zwei Fälle unterscheiden:

1. $l \neq i$:

   In diesem Fall benutzen wir die Gleichung $\sum_{j=0}^{p-2} z^j = \frac{1-z^{p-1}}{1-z}$, mit der wir schreiben können

   $$\sum_{j=0}^{p-2} \alpha^{(i-l)j} = \sum_{j=0}^{p-2} \left(\alpha^{i-l}\right)^j = \frac{1 - (\alpha^{(i-l)})^{(p-1)}}{1 - \alpha^{i-l}} = 0 \bmod p.$$

   Denn gemäß des kleinen Satzes von *Fermat* 5.14 ist jedes Element $(\alpha^{(i-l)})^{(p-1)} = 1$, und somit ist der Zähler gleich null. Der Nenner ist ungleich null, da wir den Fall $l \neq i$ betrachten. Damit ergibt die Summe null.

2. $l = i$:

   Der Exponent $(i-l)j$ von α ist in diesem Fall gleich null, also

   $$\sum_{j=0}^{p-2} \alpha^{(i-l)j} = \sum_{j=0}^{p-2} \alpha^0 = \sum_{j=0}^{p-2} 1 = p - 1.$$

Setzen wir nun dieses Ergebnis in Gl. (5.14) ein, so erhalten wir

$$(p-1)^{-1} \sum_{l=0}^{p-2} a_l \sum_{j=0}^{p-2} \alpha^{(l-i)j} = \begin{cases} (p-1)^{-1} a_i (p-1) = a_i & \text{für } l = i \\ (p-1)^{-1} a_l \cdot 0 = 0 & \text{für } l \neq i. \end{cases}$$

Damit haben wir gezeigt, dass wenn die Transformation von $A(x)$ das Polynom $a(x)$ ergibt, dann die inverse Transformation von $a(x)$ wieder $A(x)$ ist.

□

Beispiel 5.24 Diskrete Fourier-Transformation

Wir benutzen das Galoisfeld GF(7) mit dem primitiven Element $\alpha = 5$. Betrachten wir das Polynom

$$A(x) = A_0 + A_1 x + A_4 x^4 = 4 + 2x + 5x^4$$

und werten $A(x)$ an allen sechs Stellen $\alpha^i; i = 0, 1, ..., 5$ aus, was Gl. (5.9) entspricht, so erhalten wir:

$$\begin{aligned}
a_0 &= A\left(x = \alpha^0 = 1\right) = 4 + 2 \cdot 1 + 5 \cdot 1 = 4 \bmod 7,\\
a_1 &= A\left(x = \alpha^1 = 5\right) = 4 + 2 \cdot 5 + 5 \cdot 2 = 3 \bmod 7,\\
a_2 &= A\left(x = \alpha^2 = 4\right) = 4 + 2 \cdot 4 + 5 \cdot 4 = 4 \bmod 7,\\
a_3 &= A\left(x = \alpha^3 = 6\right) = 4 + 2 \cdot 6 + 5 \cdot 1 = 0 \bmod 7,\\
a_4 &= A\left(x = \alpha^4 = 2\right) = 4 + 2 \cdot 2 + 5 \cdot 2 = 4 \bmod 7,\\
a_5 &= A\left(x = \alpha^5 = 3\right) = 4 + 2 \cdot 3 + 5 \cdot 4 = 2 \bmod 7.
\end{aligned}$$

Also ist $a(x) = 4 + 3x + 4x^2 + 0x^3 + 4x^4 + 2x^5$. Aus $a(x)$ kann $A(x)$ wieder berechnet werden. Man bezeichnet, wie bereits erwähnt, die Berechnung von $a(x)$ aus $A(x)$ entsprechend Gl. (5.9) als inverse diskrete Fourier-Transformation (IDFT) und die Transformation von $a(x)$ nach $A(x)$ gemäß Gl. (5.10) als DFT. Die Berechnungsvorschrift lautet:

$$A_j = (7-1)^{-1} c\left(x = \alpha^{-j}\right);\; j = 0, 1, ..., 5.$$

Das inverse Element zu 6 kennen wir bereits, es ist $6^{-1} = 6$. Führen wir die Transformation durch, so erhalten wir wieder $A(x)$.

$$\begin{aligned}
A_0 &= 6 \cdot a\left(\alpha^{-0} = \alpha^0 = 1\right) = 6 \cdot (4 + 3 \cdot 1 + 4 \cdot 1 + 0 \cdot 1 + 4 \cdot 1 + 2 \cdot 1) = 6 \cdot 3 = 4 \bmod 7,\\
A_1 &= 6 \cdot a\left(\alpha^{-1} = \alpha^5 = 3\right) = 6 \cdot (4 + 3 \cdot 3 + 4 \cdot 2 + 0 \cdot 6 + 4 \cdot 4 + 2 \cdot 5) = 6 \cdot 5 = 2 \bmod 7,\\
A_2 &= 6 \cdot a\left(\alpha^{-2} = \alpha^4 = 2\right) = 6 \cdot (4 + 3 \cdot 2 + 4 \cdot 4 + 0 \cdot 1 + 4 \cdot 2 + 2 \cdot 4) = 6 \cdot 0 = 0 \bmod 7,\\
A_3 &= 6 \cdot a\left(\alpha^{-3} = \alpha^3 = 6\right) = 6 \cdot (4 + 3 \cdot 6 + 4 \cdot 1 + 0 \cdot 6 + 4 \cdot 1 + 2 \cdot 6) = 6 \cdot 0 = 0 \bmod 7,\\
A_4 &= 6 \cdot a\left(\alpha^{-4} = \alpha^2 = 4\right) = 6 \cdot (4 + 3 \cdot 4 + 4 \cdot 2 + 0 \cdot 1 + 4 \cdot 4 + 2 \cdot 2) = 6 \cdot 2 = 5 \bmod 7,\\
A_5 &= 6 \cdot a\left(\alpha^{-5} = \alpha^1 = 5\right) = 6 \cdot (4 + 3 \cdot 5 + 4 \cdot 4 + 0 \cdot 6 + 4 \cdot 2 + 2 \cdot 3) = 6 \cdot 0 = 0 \bmod 7.
\end{aligned}$$

◇

Faltungssatz der DFT

Zur Definition des Fehlerstellenpolynoms, dessen Berechnung für die Decodierung notwendig ist, benötigen wir den Faltungssatz der Fourier-Transformation. Diesen wollen wir im Folgenden einführen. Auch hier gilt, dass der Beweis etwas anspruchsvoller ist und ggf. übersprungen werden kann.

Satz 5.25 Faltungssatz der diskreten Fourier-Transformation

Seien $a(x)$ und $b(x)$ Polynome mit Koeffizienten aus $\mathrm{GF}(p)$ und $A(x)$ und $B(x)$ die entsprechenden Fourier-Transformierten. Dann gelten die folgenden Beziehungen

$$\begin{aligned}
w_i = a_i \cdot b_i;\; i = 0, 1, ..., p-2 \quad &\longleftrightarrow \quad W(x) = A(x) \cdot B(x) \bmod \left(x^{p-1} - 1\right)\\
w(x) = n^{-1} a(x) \cdot b(x) \bmod \left(x^{p-1} - 1\right) \quad &\longleftrightarrow \quad W_j = A_j \cdot B_j;\; j = 0, 1, ..., p-2.
\end{aligned}$$

Beweis: Zum Beweis betrachten wir den Koeffizienten W_j des Produkts $A(x) \cdot B(x) \bmod (x^{p-1} - 1)$. Diesen schreiben wir als Summe, wobei wir zur besseren Übersichtlichkeit die Notation

$[j-i] = (j-i) \bmod (p-1)$ verwenden. Entsprechend Gl. (5.4) ergibt sich damit für den Koeffizienten W_j:

$$W_j = \sum_{i=0}^{p-2} A_{[j-i]} \cdot B_i.$$

Wir wollen zeigen, dass sich dieses Ergebnis auch dann ergibt, wenn wir W_j berechnen, indem wir die Definition der DFT einsetzen, $w_i = a_i \cdot b_i$ verwenden und anschließend die a_i und b_i durch die Transformation von $A(x)$ und $B(x)$ ersetzen. Die Definition der DFT ergibt:

$$W_j = (p-1)^{-1} w\left(\alpha^{-j}\right) = (p-1)^{-1} \sum_{l=0}^{p-2} w_l \alpha^{[-jl]}.$$

Nun benutzen wir die Gleichung $w_l = a_l \cdot b_l$ und erhalten

$$W_j = (p-1)^{-1} \sum_{l=0}^{p-2} a_l b_l \alpha^{[-jl]}.$$

Jetzt setzen wir für b_l die Definition der IDFT ein

$$W_j = (p-1)^{-1} \sum_{l=0}^{p-2} a_l \underbrace{\left(\sum_{i=0}^{p-2} B_i \alpha^{il} \right)}_{b_l} \alpha^{[-jl]}$$

und vertauschen die Summationen, was

$$W_j = \left(p - 1^{-1}\right) \sum_{i=0}^{p-2} B_i \left(\sum_{l=0}^{p-2} a_l \alpha^{[l(i-j)]} \right) = \sum_{i=0}^{p-2} B_i \left((p-1)^{-1} \sum_{l=0}^{p-2} a_l \alpha^{[-l(j-i)]} \right)$$

ergibt. Gemäß Definition der DFT ist

$$(p-1)^{-1} \sum_{l=0}^{p-2} a_l \alpha^{[-l(j-i)]} = A_{[j-i]},$$

und wir erhalten

$$W_j = \sum_{i=0}^{p-2} A_{[j-i]} \cdot B_i,$$

was dem Koeffizienten W_j des Produkts $A(x) \cdot B(x) \bmod (x^{p-1} - 1)$ entspricht. Damit haben wir die Korrektheit der ersten Behauptung des Faltungssatzes bewiesen. Der Beweis der zweiten Behauptung verläuft analog, wird jedoch hier nicht explizit durchgeführt.

□

Beispiel 5.26 Faltungssatz der diskreten Fourier-Transformation

Gegeben seien die Polynome $A(x) = 4 + 2x + 5x^4$ aus Beispiel 5.24 und $B(x) = x^3$, beide über GF(7). Berechnen wir zunächst das Produkt

$$W(x) = A(x)B(x) = (4 + 2x + 5x^4)x^3 = 4x^3 + 2x^4 + 5x^7 = 5x + 4x^3 + 2x^4 \bmod (x^6 - 1).$$

Die Multiplikation mit x wird auch zyklische Verschiebung genannt. Wegen $B(x) = x^3$ handelt es sich hier um eine zyklische Verschiebung um drei Stellen.

Das transformierte Polynom $b(x)$ ist

$$\begin{aligned} b(x) &= \sum_{i=0}^{6} B(\alpha^i)x^i = \sum_{i=0}^{6} (\alpha^i)^3 x^i = \alpha^0x^0 + \alpha^3x^1 + \alpha^0x^2 + \alpha^3x^3 + \alpha^0x^4 + \alpha^3x^5 \\ &= 1 + 6x + x^2 + 6x^3 + x^4 + 6x^5. \end{aligned}$$

Die komponentenweise Multiplikation von $a(x) = 4 + 3x + 4x^2 + 0x^3 + 4x^4 + 2x^5$ mit $b(x)$ ergibt

$$\begin{aligned} w(x) &= (4 \cdot 1) + (3 \cdot 6)x + (4 \cdot 1)x^2 + (0 \cdot 6)x^3 + (4 \cdot 1)x^4 + (2 \cdot 6)x^5 \\ &= 4 + 4x + 4x^2 + 0x^3 + 4x^4 + 5x^5. \end{aligned}$$

Die inverse Transformation von $w(x)$ ergibt $W(x)$.

◇

5.4.2 Euklidischer Algorithmus

Der größte gemeinsame Teiler ggT von zwei ganzen Zahlen $a \neq 0$ und $b \neq 0$ ist die größte ganze Zahl, die a und b ohne Rest teilt. Um diese Zahl zu berechnen, kann der euklidische Algorithmus verwendet werden. Dieser wird durch die nachfolgende Rechenvorschrift beschrieben. Wir nehmen an, die Zahl a sei kleiner als b. Wir teilen dann b durch a und erhalten einen Quotienten q_1 und einen Rest r_1. Im nächsten Schritt teilen wir a durch den Rest r_1, was den Quotienten q_2 und den Rest r_2 ergibt. Nun teilen wir den ersten Rest r_1 durch den Rest r_2 und erhalten wieder einen Quotienten und einen Rest usw.

Euklidischer Algorithmus

$$\begin{array}{rcll} b = q_1a + r_1 & \longleftrightarrow & b : a = q_1 & \text{Rest } r_1 \\ a = q_2r_1 + r_2 & \longleftrightarrow & a : r_1 = q_2 & \text{Rest } r_2 \\ r_1 = q_3r_2 + r_3 & \longleftrightarrow & r_1 : r_2 = q_3 & \text{Rest } r_3 \\ \vdots & & \vdots & \\ r_j = q_{j+2}r_{j+1} + r_{j+2} & \longleftrightarrow & r_j : r_{j+1} = q_{j+2} & \text{Rest } r_{j+2} \\ \vdots & & \vdots & \\ r_{l-1} = q_{l+1}r_l + r_{l+1} & \longleftrightarrow & r_{l-1} : r_l = q_{l+1} & \text{Rest } r_{l+1} \\ r_l = q_{l+2}r_{l+1} + 0 & \longleftrightarrow & r_l : r_{l+1} = q_{l+2} & \text{Rest } 0 \end{array}$$

$$\text{ggT}(a, b) = r_{l+1}$$

Satz 5.27 Euklidischer Algorithmus

Seien $a = r_0$, $b = r_{-1}$ zwei positive ganze Zahlen mit $0 < a < b$, dann berechnet die Rekursion

$$r_{j-1} = q_{j+1} \cdot r_j + r_{j+1}; \quad j = 0, \ldots, l+1,$$

mit $r_{l+2} = 0$ den größten gemeinsamen Teiler $\mathrm{ggT}(a, b) = r_{l+1}$.

Beweis: Der Rest r_{l+1} teilt r_l ohne Rest, da ja $r_l = q_{l+2} \cdot r_{l+1} + 0$ ist.

Damit teilt r_{l+1} auch r_{l-1}, weil $(r_{l-1} = q_{l+1} \cdot r_l + r_{l+1})$ gilt, und wenn wir r_l ersetzen, erhalten wir

$$r_{l-1} = q_{l+1} \cdot \underbrace{q_{l+2} \cdot r_{l+1}}_{r_l} + r_{l+1} = (q_{l+1} \cdot q_{l+2} + 1)\, r_{l+1}.$$

Diese Kette können wir weiterführen für r_{l-2}. Denn für r_{l-2} gilt: $(r_{l-2} = q_l \cdot r_{l-1} + r_l)$. Wenn wir r_{l-1} ersetzen durch $r_{l-1} = (q_{l+1} \cdot q_{l+2} + 1) r_{l+1}$ und r_l durch $r_l = q_{l+2} \cdot r_{l+1} + 0$, so ergibt sich

$$r_{l-2} = q_l \cdot \underbrace{(q_{l+1} \cdot q_{l+2} + 1) \cdot r_{l+1}}_{r_{l-1}} + \underbrace{q_{l+2} \cdot r_{l+1}}_{r_l} = (q_l \cdot q_{l+1} \cdot q_{l+2} + q_l + q_{l+2}) \cdot r_{l+1}.$$

Somit teilt r_{l+1} auch r_{l-2}.

Dieser Gedankengang kann fortgesetzt werden bis zu $r_0 = a$ und $r_{-1} = b$, und somit teilt r_{l+1} auch a und b.

Es bleibt zu zeigen, dass r_{l+1} der größte gemeinsame Teiler ist. Gäbe es einen Teiler t von a und b mit $t > r_{l+1}$, so würde t auch r_1 teilen. Dies folgt aus $r_1 = b - q_1 \cdot a$ und der Tatsache, dass t sowohl a als auch b teilt und somit auch r_1 teilen muss. Da t sowohl r_1 als auch a teilt, muss er wegen $r_2 = a - q_2 \cdot r_1$ auch r_2 teilen. Diese Kette kann fortgesetzt werden bis zu: t teilt r_{l+1}. Damit kann t nicht größer als r_{l+1} sein und r_{l+1} ist der größte gemeinsame Teiler. □

Beispiel 5.28 Euklidischer Algorithmus

Wir berechnen den größten gemeinsamen Teiler von 32 und 70, $\mathrm{ggT}(32, 70)$:

$$\begin{aligned} 70 : 32 &= 2 \quad \text{Rest } 6, & 70 &= 2 \cdot 32 + 6, \\ 32 : 6 &= 5 \quad \text{Rest } 2, & 32 &= 5 \cdot 6 + 2, \\ 6 : 2 &= 3 \quad \text{Rest } 0, & 6 &= 3 \cdot 2 + 0, \end{aligned}$$

$$\mathrm{ggT}(32, 70) = 2.$$

◇

Satz 5.29 Erweiterter euklidischer Algorithmus

Für alle ganzen Zahlen $a, b \neq 0$ existieren zwei ganze Zahlen v_j und w_j derart, dass jeder Rest r_j durch Kombination von a und b berechnet werden kann

$$r_j = a\,w_j + b\,v_j, \quad j = -1, 0, 1, \ldots l + 2.$$

Die Werte für w_j und v_j können rekursiv, mit den Anfangswerten $w_{-1} = 0; w_0 = 1, v_{-1} = 1$ und $v_0 = 0$, berechnet werden durch die Vorschrift

$$w_j = w_{j-2} - q_j w_{j-1} \quad \textit{und} \quad v_j = v_{j-2} - q_j v_{j-1},$$

wobei die Werte q_j entsprechend Satz 5.27 errechnet werden. Damit können wir auch den ggT *als Linearkombination von a und b schreiben*

$$\mathrm{ggT}(a, b) = r_{l+1} = a w_{l+1} + b v_{l+1}.$$

Beweis: Mit den Anfangswerten $w_{-1} = 0, w_0 = 1, v_{-1} = 1$ und $v_0 = 0$ ergibt sich

$$b = v_{-1} b + w_{-1} a = 1 \cdot b + 0 \cdot a,$$
$$a = v_0 b + w_0 a = 0 \cdot b + 1 \cdot a.$$

Nun berechnen wir den ersten Rest r_1, indem wir die Gleichungen $v_1 = v_{-1} - q_1 v_0$ und $w_1 = w_{-1} - q_1 w_0$ verwenden zu

$$r_1 = v_1 b + w_1 a = (v_{-1} - q_1 v_0) \cdot b + (w_{-1} - q_1 w_0) \cdot a = b - q_1 \cdot a.$$

Dies entspricht genau dem ersten Schritt in Satz 5.27. Berechnen wir r_2, so erhalten wir:

$$r_2 = v_2 b + w_2 a = (v_0 - q_2 v_1) \cdot b + (w_0 - q_2 w_1) \cdot a = \underbrace{-q_2 \cdot b + q_2 \cdot q_1 \cdot a}_{-q_2 \cdot r_1} + a = a - q_2 \cdot r_1,$$

was dem zweiten Schritt in Satz 5.27 entspricht. Diese Kette kann bis zu

$$r_{l+2} = v_{l+2} \cdot b + w_{l+2} \cdot a = 0$$

fortgesetzt werden.

□

Die Rechenvorschriften für den erweiterten euklidischen Algorithmus sind nachfolgend noch einmal zusammengefasst.

Erweiterter euklidischer Algorithmus

$$
\begin{aligned}
v_{-1} &= 1, & w_{-1} &= 0,\\
v_0 &= 0, & w_0 &= 1,\\
v_1 &= v_{-1} - q_1 v_0, & w_1 &= w_{-1} - q_1 w_0,\\
&\vdots & &\vdots\\
v_j &= v_{j-2} - q_j v_{j-1}, & w_j &= w_{j-2} - q_j w_{j-1}.
\end{aligned}
$$

$$
\begin{aligned}
b &= v_{-1} b + w_{-1} a,\\
a &= v_0 b + w_0 a,\\
r_1 &= v_1 b + w_1 a,\\
&\vdots\\
r_j &= v_j b + w_j a,\\
&\vdots\\
r_{l+1} &= v_{l+1} b + w_{l+1} a,\\
r_{l+2} &= v_{l+2} b + w_{l+2} a = 0.
\end{aligned}
$$

Beispiel 5.30 Erweiterter euklidischer Algorithmus

Wir berechnen den größten gemeinsamen Teiler von 36 und 64, ggT(36, 64):

$$
\begin{aligned}
64 : 36 &= 1 \quad \text{Rest } 28, & 64 &= 1 \cdot 36 + 28,\\
36 : 28 &= 1 \quad \text{Rest } 8, & 36 &= 1 \cdot 28 + 8,\\
28 : 8 &= 3 \quad \text{Rest } 4, & 28 &= 3 \cdot 8 + 4,\\
8 : 4 &= 2 \quad \text{Rest } 0, & 8 &= 4 \cdot 2 + 0,
\end{aligned}
$$

$$\mathrm{ggT}(36, 64) = 4.$$

Wir können alle Reste 28, 8, 4 und 0 als Linearkombination der Zahlen 64 und 36 schreiben. Dazu berechnen wir die Zahlen v_i und w_i entsprechend der Rekursion. Aus dem euklidischen Algorithmus haben wir $q_1 = 1,\ \ q_2 = 1,\ \ q_3 = 3$ und $q_4 = 2$ erhalten. Damit ergeben sich:

$$
\begin{aligned}
v_{-1} &= 1, & w_{-1} &= 0,\\
v_0 &= 0, & w_0 &= 1,\\
v_1 &= v_{-1} - q_1 v_0 = 1, & w_1 &= w_{-1} - q_1 w_0 = -1,\\
v_2 &= v_0 - q_2 v_1 = -1, & w_2 &= w_0 - q_2 w_1 = 2,\\
v_3 &= v_1 - q_3 v_2 = 4, & w_3 &= w_1 - q_3 w_2 = -7,\\
v_4 &= v_2 - q_4 v_3 = -9, & w_4 &= w_2 - q_4 w_3 = 16\,.
\end{aligned}
$$

Mit diesem Ergebnis können wir schreiben

$$\begin{aligned} 64 &= 1 \cdot 64 - 0 \cdot 36, \\ 36 &= 0 \cdot 64 + 1 \cdot 36, \\ 28 &= 1 \cdot 64 - 1 \cdot 36, \\ 8 &= -1 \cdot 64 + 2 \cdot 36, \\ 4 &= 4 \cdot 64 - 7 \cdot 36, \\ 0 &= -9 \cdot 64 + 16 \cdot 36. \end{aligned}$$

◇

Satz 5.31 Existenz eines multiplikativen inversen Elements

Jedes Element $\beta \in \mathrm{GF}(p) \setminus \{0\}$ besitzt ein inverses Element bezüglich der Multiplikation.

Beweis: Da p eine Primzahl ist, gilt $\mathrm{ggT}(\beta, p) = 1$. Mit dem erweiterten euklidischen Algorithmus können wir ganze Zahlen w und v berechnen, sodass gilt

$$1 = w\beta + vp.$$

Nun brauchen wir diese Gleichung nur noch Modulo p zu rechnen und erhalten

$$1 = w\beta \bmod p,$$

und damit ist w das Inverse zu β. □

Beispiel 5.32 Berechnung des inversen Elements

Wir möchten das inverse Element zu 19 im Primkörper GF(73) berechnen.

$$\begin{array}{lll} 73 : 19 = 3 & \text{Rest } 16, & 73 = 3 \cdot 19 + 16, \\ 19 : 16 = 1 & \text{Rest } 3, & 19 = 1 \cdot 16 + 3, \\ 16 : 3 = 5 & \text{Rest } 1, & 16 = 5 \cdot 3 + 1, \\ 3 : 1 = 3 & \text{Rest } 0, & 3 = 3 \cdot 1 + 0. \end{array}$$

Die Quotienten sind $q_1 = 3$, $q_2 = 1$ und $q_3 = 5$. Wir benötigen eigentlich nur die w_j, berechnen aber trotzdem die v_j mit

$$\begin{array}{ll} v_{-1} = 1, & w_{-1} = 0, \\ v_0 = 0, & w_0 = 1, \\ v_1 = v_{-1} - q_1 v_0 = 1, & w_1 = w_{-1} - q_1 w_0 = -3, \\ v_2 = v_0 - q_2 v_1 = -1, & w_2 = w_0 - q_2 w_1 = 4, \\ v_3 = v_1 - q_3 v_2 = 6, & w_3 = w_1 - q_3 w_2 = -23. \end{array}$$

Das inverse Element zu 19 ist $-23 = 50 \bmod 73$. Wir überprüfen das Ergebnis, indem wir $19 \cdot 50 \bmod 73$ berechnen. $19 \cdot 50 = 950$ und $950 : 73 = 13$ Rest 1, d. h. $19 \cdot 50 = 1 \bmod 73$, und somit ist 50 das inverse Element zu 19.

◇

5.5 Fehlerkorrektur mit Reed-Solomon-Codes GF(p)

Wir wollen zunächst die Definition von RS-Codes für GF(p) wiederholen und danach weitere äquivalente Definitionen einführen. Außerdem wollen wir eine effizientere Codierung von RS-Codes einführen, die in der Praxis Verwendung findet. In Abschnitt 5.3 haben wir die Codierung durch Fourier-Transformation kennengelernt. Hier werden wir die Codierung durch Polynommultiplikation einführen, was weniger rechenintensiv ist.

Definition 5.33 Reed-Solomon-(RS-)Code über GF(p), gradbeschränkt

Die Codewörter $c(x)$ eines RS-Codes sind die Menge aller Polynome, die aus den Polynomen $C(x)$ mit Koeffizienten aus GF(p) und $\operatorname{grad} C(x) < k$, $1 \leq k \leq (p-2)$ mit der Vorschrift $c_i = C(x = \alpha^i)$ gebildet werden können, wobei α ein primitives Element des Primkörpers ist.

$$\mathcal{C} = \left\{c(x) : c_i = C\left(x = \alpha^i\right), i = 0, 1, \dots, (p-2),\ \operatorname{grad} C(x) < k\right\}.$$

Die Mindestdistanz des RS-Codes ist $d = p - k$, was wir nach der Definition 5.22 bereits gezeigt haben. Zwei beliebige verschiedene Codewörter unterscheiden sich daher in mindestens d Stellen (Koeffizienten). Das Argument hierfür war, dass der Code linear ist und deswegen die Mindestdistanz gleich dem Minimalgewicht ist. Ein Polynom $C(x)$ vom Grad kleiner k kann gemäß des Fundamentalsatzes der Algebra 5.20 höchstens $(k-1)$ Nullstellen besitzen. Daher müssen mindestens $p - 1 - (k - 1) = p - k$ Stellen c_i ungleich null sein, was das Minimalgewicht ist.

Da wir für jeden der k Koeffizienten des Polynoms $C(x)$ p mögliche Elemente wählen können, gibt es p^k unterschiedliche Codewörter.

Mithilfe des Faltungssatzes der DFT 5.25 können wir folgende Überlegung durchführen. Verschieben wir die Polynome $C(x)$ zyklisch, so entsteht ein anderer RS-Code, der jedoch die gleiche Mindestdistanz besitzt. Wie wir später sehen werden, ist ein verschobener Code besser geeignet, um die Decodierung mit dem euklidischen Algorithmus zu erklären. Es gilt die Beziehung

$$\hat{C}(x) = x^l C(x) \bmod \left(x^{p-1} - 1\right) \quad \longleftrightarrow \quad \hat{c}_i = \alpha^{il} c_i,\ i = 0, 1, \dots, (p-2).$$

Ein Koeffizient $\hat{c}_i$ ist also genau dann null, wenn $c_i = 0$ ist, und $\hat{c}(x)$ besitzt daher das gleiche Gewicht wie $c(x)$, und der entsprechende Code hat folglich die gleiche Mindestdistanz. Daher können wir eine modifizierte Definition angeben, da nur wichtig ist, $(d-1)$ aufeinanderfolgende Stellen gleich null in den transformierten Codewörtern zu haben.

Definition 5.34 RS-Code über GF(p), aufeinanderfolgende Nullen

Die Codewörter $c(x)$ eines RS-Codes sind die Menge aller Polynome, die aus den Polynomen $C(x)$ mit Koeffizienten aus GF(p) und $C_j = 0; j = l, l+1, \dots, l+d-2 \bmod (p-2)$ mit der Vorschrift $c_i = C(x = \alpha^i)$ gebildet werden können, wobei α ein primitives Element des Primkörpers ist und $d = p - k$ die Mindestdistanz

$$\mathcal{C} = \left\{c(x) : c_i = C\left(x = \alpha^i\right),\ C_j \in \mathrm{GF}(p), C_j = 0; j = l, l+1, \dots, l+d-2 \bmod (p-2)\right\}.$$

Codierung von RS-Codes über GF(p)

Wir wollen auch hier Codewörter $c(x)$ aus k Informationssymbolen berechnen, deren Transformierte $C(x)$ genau $d-1$ aufeinanderfolgende Koeffizienten 0 besitzen. Die k Informationssymbole schreiben wir hier in ein Polynom $i(x) = i_0 + i_1 x + \ldots i_{k-1}x^{k-1}$. Wir definieren ein sog. Generatorpolynom $g(x)$, mit dem wir die Codewörter $c(x)$ des RS-Codes durch Multiplikation eines Informationspolynoms $i(x)$ mit dem Generatorpolynom $g(x)$, d. h.

$$c(x) = i(x) \cdot g(x),$$

berechnen. Definiert man das Generatorpolynom durch

$$g(x) = \left(x - \alpha^0\right)\left(x - \alpha^{-1}\right) \ldots \left(x - \alpha^{-d+2}\right) = \prod_{i=0}^{d-2}\left(x - \alpha^{-i}\right),$$

so besitzt es genau $(d-1)$ Nullstellen. Das transformierte Polynom $G(x)$ ist damit 0 an den Koeffizienten $G_0 = G_1 = \ldots = G_{d-2} = 0$. Wenn wir ein Polynom $I(x)$ (die Transformierte eines Informationspolynoms $i(x)$) komponentenweise mit $G(x)$ multiplizieren, so erhalten wir ein Polynom $C(x)$, das $(d-1)$ aufeinanderfolgende Stellen gleich null hat, also die Transformierte eines RS-Codeworts ist. Denn gemäß des Faltungssatzes der DFT 5.25 gilt:

$$C_j = G_j \cdot I_j;\ j = 0, 1, \ldots, (p-2) \quad \longleftrightarrow \quad c(x) = i(x) \cdot g(x) \bmod \left(x^{p-1} - 1\right).$$

Benutzen wir als Informationspolynome nur solche vom Grad kleiner k, so brauchen wir nicht Modulo zu rechnen, da der Grad von $g(x)$ gleich $d-1 = p-k-1$ ist und somit der Grad von $c(x) = i(x) \cdot g(x)$ kleiner $p-1$.

Definition 5.35 RS-Code über GF(p), Generatorpolynom

Die Codewörter $c(x)$ eines RS-Codes sind die Menge aller Polynome, die aus den Informationspolynomen $i(x)$, vom Grad kleiner k, durch Multiplikation mit dem Generatorpolynom $g(x)$ gebildet werden. Dabei ist

$$g(x) = \prod_{i=l}^{l+d-2 \bmod (p-2)} \left(x - \alpha^{-i}\right),$$

wobei α ein primitives Element des Primkörpers und $d = p - k$ die Mindestdistanz ist.

$$\mathcal{C} = \{c(x) : c(x) = i(x) \cdot g(x), \operatorname{grad} i(x) < k\}.$$

Es existieren genauso viele Codewörter wie Informationswörter, nämlich p^k. Möchten wir ein bestimmtes Informationspolynom übertragen, so übertragen wir stattdessen das zugehörige Codewort, das Redundanz zur Fehlerkorrektur enthält.

Anmerkung: Die Abbildung der k Informationsstellen auf ein Codewort $c(x)$ eines RS-Codes ist unterschiedlich, je nachdem, ob man das Codewort durch Transformation oder durch Multiplikation mit dem Generatorpolynom bestimmt. Jedoch ist die Wahl der Abbildung für die Fehlerkorrektur unerheblich. Die gewählte Abbildung muss jedoch bekannt sein, um aus dem Codewort wieder die Information zu berechnen.

5.5.1 Decodierung von RS-Code über GF(*p*)

Entsprechend Bild 5.3 werden die Daten einer Quelle zunächst in ein Codewort $c(x)$ codiert, was wir im letzten Abschnitt besprochen haben, und werden dann übertragen. Dann wird im Kanal ein Fehler $e(x)$ addiert, und der Decodierer erhält die Summe aus Codewort $c(x)$ und Fehler $e(x)$, d. h. $r(x) = c(x) + e(x)$. Aus diesem $r(x)$ muss der Decodierer nun berechnen, welches Codewort mit größter Wahrscheinlichkeit gesendet wurde. Er trifft eine Entscheidung $\hat{c}(x)$, die entweder gleich $c(x)$ ist, dann hat er korrekt decodiert, oder aber die Entscheidung ist ungleich $c(x)$, dann hat er falsch decodiert.

In **Bild 5.6** ist die Vorgehensweise der algebraischen Decodierung gezeigt. Aus dem empfangenen Polynom $r(x)$ berechnen wir durch die Transformation $R(x)$. Wenn gilt $R_i = 0$ an allen Koeffizienten, bei denen ein gültiges Codewort null ist, dann ist $r(x)$ ein Codewort und der Fehler war null oder aber der Fehler war selbst ein gültiges Codewort. Denn wegen der Linearität des Codes ergibt nur die Addition von Codewörtern wieder ein gültiges Codewort. Sind die Koeffizienten ungleich null, so muss der Fehler $e(x)$ berechnet und korrigiert werden.

Seien t Fehler an den Stellen $\{i_1, i_2, ..., i_t\}$ aufgetreten, also $e(x) = e_{i_1}x^{i_1} + e_{i_2}x^{i_2} + ... + e_{i_t}x^{i_t}$. Dann definieren wir das Fehlerstellenpolynom $\lambda(x)$ dessen Koeffizienten $\lambda_{i_1} = \lambda_{i_2} = ... = \lambda_{i_t} = 0$ und dessen andere Koeffizienten ungleich null sind. Wegen der Auswertung $\lambda_i = \Lambda(x = \alpha^i)$ erfüllt das folgende Polynom genau diese Bedingungen:

$$\Lambda(x) = \left(x - \alpha^{i_1}\right)\left(x - \alpha^{i_2}\right) ... \left(x - \alpha^{i_t}\right) = \prod_{j=1}^{t}\left(x - \alpha^{i_j}\right).$$

Jetzt wenden wir den Faltungssatz der DFT an, um das Fehlerstellenpolynom zu berechnen. Es gilt

$$\lambda_i \cdot e_i = 0 \quad \longleftrightarrow \quad \Lambda(x) \cdot E(x) = 0 \bmod \left(x^{p-1} - 1\right),$$

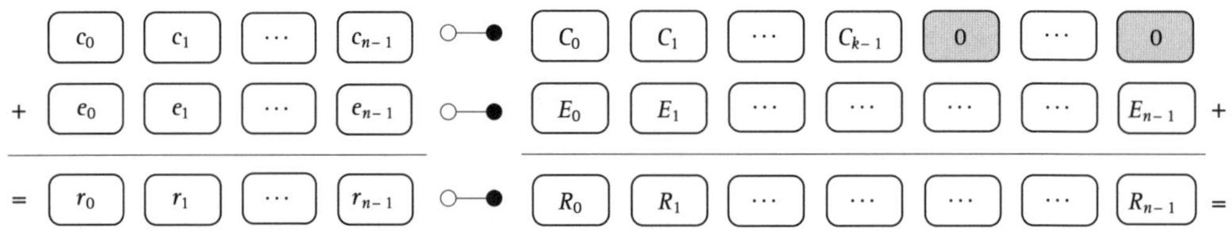

Bild 5.6 Idee der Decodierung von RS-Codes

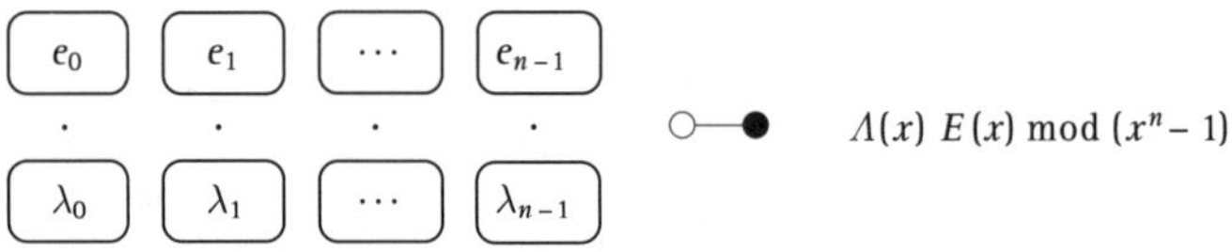

Bild 5.7 Decodierung von RS-Codes durch das Fehlerstellenpolynom

was in Bild 5.7 veranschaulicht ist. Wir nehmen an, dass t Fehler aufgetreten sind und $\Lambda(x)$ habe Grad t. Wir setzen den Koeffizienten $\Lambda_t = 1$, da wir nur an den Nullstellen interessiert sind. Nun schreiben wir formal die Multiplikation $\Lambda(x) \cdot E(x) \bmod (x^{p-1} - 1)$

$$
\begin{array}{rlll}
x^0: & \Lambda_0 \cdot E_0 + \Lambda_1 \cdot E_{p-2} + \Lambda_2 \cdot E_{p-3} + & \dots + \Lambda_{t-1} E_{p-t} + 1 \cdot E_{p-t-1} & = 0, \\
x^1: & \Lambda_0 \cdot E_1 + \Lambda_1 \cdot E_0 + \Lambda_2 \cdot E_{p-2} + & \dots + \Lambda_{t-1} E_{p-t+1} + 1 \cdot E_{p-t} & = 0, \\
x^2: & \Lambda_0 \cdot E_2 + \Lambda_1 \cdot E_1 + \Lambda_2 \cdot E_0 + & \dots + \Lambda_{t-1} E_{p-t+2} + 1 \cdot E_{p-t+1} & = 0, \\
 & \vdots & \vdots & \\
x^j: & \Lambda_0 \cdot E_j + \Lambda_1 \cdot E_{j-1} + \Lambda_2 \cdot E_{j-2} + & \dots + \Lambda_{t-1} E_{j-t+1} + 1 \cdot E_{j-t} & = 0, \\
 & \vdots & \vdots & \\
x^{p-t-1}: & \Lambda_0 \cdot E_{p-t-1} + \Lambda_1 \cdot E_{p-t-2} + \Lambda_2 \cdot E_{p-t-3} + & \dots + \Lambda_{t-1} E_{p-2t} + 1 \cdot E_{p-2t-1} & = 0, \\
 & \vdots & \vdots & \\
x^{p-3}: & \Lambda_0 \cdot E_{p-3} + \Lambda_1 \cdot E_{p-4} + \Lambda_2 \cdot E_{p-5} + & \dots + \Lambda_{t-1} E_{p-t-2} + 1 \cdot E_{p-t-1} & = 0, \\
x^{p-2}: & \Lambda_0 \cdot E_{p-2} + \Lambda_1 \cdot E_{p-3} + \Lambda_2 \cdot E_{p-4} + & \dots + \Lambda_{t-1} E_{p-t-1} + 1 \cdot E_{p-t-2} & = 0.
\end{array}
$$

Nehmen wir an, unser Code sei so definiert, dass die Stellen $C_k = C_{k+1} = C_{k+2} = \dots = C_{p-2} = 0$ sind und $d = p - k$ sei ungerade. Die letzten Gleichungen enthalten nur dann bekannte Koeffizienten, wenn $p - 2t - 1 \geq k$ gilt, was der Fall ist, wenn $2t - 1 \leq d$ ist, oder aber $t \leq \frac{(d-1)}{2}$. Dann haben wir t Gleichungen (die Koeffizienten bei x^{p-2} bis x^{p-t-1}) und t Unbekannte (die Koeffizienten Λ_0 bis Λ_{t-1}) und können das Gleichungssystem lösen. Wenn d gerade ist, kann man lediglich $t \leq \frac{(d-2)}{2}$ Fehler korrigieren.

Aus dem Gleichungssystem können wir auch erkennen, was passiert, wenn weniger als $\frac{(d-1)}{2}$ Fehler aufgetreten sind. Dazu führen wir folgendes Gedankenexperiment durch. Nehmen wir an, es sei ein Fehler weniger aufgetreten. Dann ist $\Lambda_t = 0$ und die rechte Spalte unseres Gleichungssystems $1 \cdot E_{p-t-1} \dots 1 \cdot E_{p-t-2}$ verschwindet. Da nun $\Lambda_{t-1} = 1$ ist, haben wir eine Unbekannte weniger, aber eine Gleichung kommt hinzu, da nun auch noch in der Gleichung bei x^{p-t-2} nur bekannte Koeffizienten von $E(x)$ auftreten. Dies führt zu einem überbestimmten Gleichungssystem, das nicht immer lösbar sein muss. Bei zwei Fehlern weniger haben wir zwei Unbekannte weniger und zwei Gleichungen mehr usw.

Wenn das Fehlerstellenpolynom $\Lambda(x)$ berechnet ist, folgen die weiteren Schritte wie in Abschnitt 5.3 beschrieben, bis zur Berechnung der Fehlerwerte e_i.

Doch es existiert noch eine elegantere Methode, bei der man sich keine Gedanken über die Anzahl der Fehler machen braucht, sondern direkt das Fehlerstellenpolynom errechnet.

5.5.2 Decodierung mit dem euklidischen Algorithmus

Eine Decodiermethode, die an Eleganz ihresgleichen sucht, wurde von *Yasuo Sugiyama* im Jahr 1984 beschrieben. Sie basiert auf der Erweiterung des euklidischen Algorithmus und bildet den größten gemeinsamen Teiler von $x^{p-1} - 1$ und dem transformierten Fehler $E(x)$.

Selbstverständlich kennen wir den Fehler nicht vollständig, jedoch einen Teil, wie im vorherigen Abschnitt beschrieben. Wir führen zunächst die Decodierung an einem Beispiel durch und geben dann die allgemeine Beschreibung an.

Beispiel 5.36 Decodierung mit dem euklidischen Algorithmus

Wir betrachten das gleiche Beispiel wie im Abschnitt 5.3. Das Codewort ist $c(x) = 1 + 6x + 3x^2 + 2x^3 + 4x^4 + 0x^5$ und der Fehler $e(x) = 0 + 3x + 0x^2 + 0x^3 + 5x^4 + 0x^5$. Wir empfangen also

$$r(x) = c(x) + e(x) = 1 + 2x + 3x^2 + 2x^3 + 2x^4 + 0x^5.$$

Die Transformation von $r(x)$ ergibt

$$R(x) = 4 + 2x + 5x^2 + 5x^3 + 3x^4 + 3x^5,$$

wobei wir den Teil des Fehlers $E_2x^2 + E_3x^3 + E_4x^4 + E_5x^5 = 5x^2 + 5x^3 + 3x^4 + 3x^5$ kennen. Wir berechnen nun den größten gemeinsamen Teiler von $x^6 - 1$ und den Teil des transformierten Fehlers, den wir kennen

$$\begin{array}{ll} x^6 - 1 & : 3x^5 + 3x^4 + 5x^3 + 5x^2 = 5x + 2 \quad \text{Rest} \quad 4x^4 \\ -(x^6 + x^5 + 4x^4 + 4x^3) & \\ \hline = 6x^5 + 3x^4 + 3x^3 + \ldots & \\ -(6x^5 + 6x^4 + 3x^3 + \ldots) & \\ \hline = \qquad 4x^4 + 0x^3 + \ldots . & \end{array}$$

Dabei ignorieren wir die Koeffizienten bei x^1 und x^0, da wir diese nicht kennen. Wir teilen nun den bekannten Fehler durch den Rest

$$\begin{array}{ll} 3x^5 + 3x^4 + 5x^3 + 5x^2 & : 4x^4 + 0x^3 + \ldots = 6x + 6 \quad \text{Rest} \quad 5x^3 \\ -(3x^5 + 0x^4 + \ldots) & \\ \hline = 3x^4 + 5x^3 + \ldots & \\ -(3x^4 + 0x^3 + \ldots) & \\ \hline = \qquad 5x^3 + \ldots & \end{array}$$

Da der Grad des Rests kleiner als $p - 1 - 2 = 4$ ist, sind wir fertig und können das Fehlerstellenpolynom berechnen. Mit $w_{-1} = 0$ und $w_0 = 1$ errechnen wir

$$w_1 = w_{-1} - q_1 w_0 = 0 - (5x + 2) = 2x + 5$$

und

$$w_2 = w_0 - q_2 w_1 = 1 - (2x + 5)(6x + 6) = 1 - \left(5x^2 + 2\right) = 2x^2 + 6.$$

In der Tat besitzt das Polynom $w_2(x)$ die gleichen Nullstellen wie das aus unserem Beispiel und ist somit auch ein Fehlerstellenpolynom $\Lambda(x)$, dessen Nullstellen die Fehlerstellen lokalisieren. Es unterscheidet sich nur um einen Faktor, denn multiplizieren wir das Polynom mit 4, so erhalten wir das gleiche Polynom wie in Gl. (5.7), denn $4(2x^2 + 6) = x^2 + 3$.

◇

Der euklidische Algorithmus lässt sich eleganter beschreiben, wenn wir eine modifizierte Definition des RS-Codes benutzen. Der Gedankengang dafür im Abschnitt 5.5 bereits ausgeführt worden, soll jedoch hier wiederholt werden.

Satz 5.37 Modifizierte Definition des RS-Codes

Seien $c(x)$ mit $c_i \in \mathrm{GF}(p); i = 0, 1, ..., p-2$ die Codewörter eines RS-Codes, der durch $C(x)$ mit $\operatorname{grad} C(x) < k$ definiert ist. Alle Polynome $a(x)$, die durch die Beziehung

$$a_i = x^l C\left(x = \alpha^i\right) \bmod \left(x^{p-1} - 1\right), \quad i = 0, 1, ..., p-2$$

berechnet werden, besitzen ein gleiches Gewicht wie die Polynome $c(x)$. Die Menge der Polynome $a(x)$ sind damit ebenfalls die Codewörter eines anderen RS-Codes.

Beweis: Wenden wir den Faltungssatz 5.25 der Fourier-Transformation an, so ergibt sich

$$a_i = w_i \cdot c_i; \; i = 0, 1, ..., p-2 \quad \longleftrightarrow \quad A(x) = W(x) \cdot C(x) \bmod \left(x^{p-1} - 1\right)$$

Das Polynom $W(x) = x^l$ besitzt keine Nullstelle in $\mathrm{GF}(p) \setminus \{0\}$, da α^j stets ungleich ist, und damit sind alle $w_i = W(x = \alpha^i) = \alpha^{il} \neq 0$. Damit ist a_i nur 0 genau dann, wenn $c_i = 0$ ist. Somit besitzen beide Codewörter das gleiche Gewicht, woraus die Behauptung folgt.

□

Wir definieren nun einen RS-Code durch alle Polynome $C(x)$ mit $C_0 = C_1 = ... = C_{d-2} = 0$, d. h.

$$C(x) = C_{d-1}x^{d-1} + C_d x^d + C_{d+1}x^{d+1} + ... + C_{p-2}x^{p-2}.$$

Die Codewörter können wir durch die Transformation $c_i = C(x = \alpha_i)$ berechnen. Wir nehmen an, dass bei der Übertragung eines Codeworts $c(x)$ ein Fehler $e(x)$ auftritt und empfangen $r(x) = c(x) + e(x)$. Auch hier transformieren wir $r(x)$ in $R(x)$. Wir kennen einen Teil des Fehlers $E(x)$, nämlich genau an den Stellen, an denen das Codewort null ist, d. h. $E_0 = R_0, E_1 = R_1, ..., E_{d-2} = R_{d-2}$. Deshalb wäre es praktisch, den oberen Teil von $R(x)$ auszublenden. Das Rechnen $\bmod x^{d-1}$ leistet genau dies, denn es gilt: $x^{d-1} = 0 \bmod x^{d-1}$, damit auch $x^d = 0 \bmod x^{d-1}$ und $x^{d+j} = 0 \bmod x^{d-1}$, für alle $j > 0$. Führen wir also das Rechnen Modulo x^{d-1} ein, so können wir schreiben:

$$R(x) \bmod x^{d-1} = E(x) \bmod x^{d-1}.$$

Wir können nun zeigen, wie man mit dem euklidischen Algorithmus das Fehlerstellenpolynom berechnen kann. Es ist das Ziel eine Gleichung zu erhalten, in der $E(x) \bmod x^{d-1}$ direkt vorkommt. Das Fehlerstellenpolynom ist definiert durch

$$e_i \cdot \lambda_i = 0 \quad \longleftrightarrow \quad E(x) \cdot \Lambda(x) = 0 \bmod (x^{p-1} - 1).$$

Diese Definitionsgleichung wollen wir zunächst so abwandeln, damit wir auf das Rechnen mod $(x^{p-1} - 1)$ verzichten können. Dazu führen wir das Polynom $\Omega(x)$ ein und können schreiben

$$E(x) \cdot \Lambda(x) = \Omega(x)\left(x^{p-1} - 1\right) = -\Omega(x) + x^{p-1}\Omega(x). \tag{5.15}$$

Der Grad des Polynoms $\Omega(x)$ muss kleiner sein als der Grad des Fehlerstellenpolynoms $\Lambda(x)$. Dies folgt aus einem Vergleich der Grade der rechten und linken Seite der Gleichung. Der Grad von $E(x)$ ist kleiner gleich $p - 2$ und der von $\Lambda(x)$ ist t. Der Grad der rechten Seite ist $p - 1$ plus Grad von $\Omega(x)$. Daraus folgt, dass der Grad von $\Omega(x)$ kleiner als der Grad von $\Lambda(x)$ sein muss. Jetzt rechnen wir diese Gleichung Modulo x^{d-1} und erhalten

$$\left[E(x) \bmod x^{d-1}\right] \cdot \Lambda(x) = -\Omega(x) \bmod x^{d-1}.$$

Zur Erinnerung: Wir können nur eine Anzahl von Fehlern, die kleiner gleich der halben Mindestdistanz $\frac{d}{2}$ ist, korrigieren. Folglich kann der Grad von $\Lambda(x)$ nicht größer sein, als die halbe Mindestdistanz. Diese Gleichung können wir auch schreiben als

$$\left[E(x) \bmod x^{d-1}\right] \cdot \Lambda(x) + V(x) \cdot x^{d-1} = -\Omega(x),$$

wobei $V(x)$ ein beliebiges Polynom ist. Die Polynome $V(x)$, $\Lambda(x)$ und $-\Omega(x)$ können durch den erweiterten euklidischen Algorithmus 5.29 berechnet werden. Dazu berechnet man den größten gemeinsamen Teiler von $\left[E(x) \bmod x^{d-1}\right]$ und x^{d-1}. Das Polynom $-\Omega(x)$ entspricht einem der Reste r_j, $\Lambda(x)$ entspricht w_j, $V(x)$ entspricht v_j, $E(x) \bmod x^{d-1}$ entspricht a und x^{d-1} entspricht b. Man kann zeigen, dass man $\Lambda(x)$ berechnet hat, wenn der Grad des Rests kleiner als die Anzahl der Fehler, die man korrigieren kann, ist. Der Rest ist dann $-\Omega(x)$.

Nachdem wir $\Lambda(x)$ und $\Omega(x)$ mit dem erweiterten euklidischen Algorithmus berechnet haben, müssen wir noch die Fehlerwertberechnung durchführen. Dazu teilen wir Gl. (5.15) durch $\Lambda(x)$ und erhalten

$$E(x) = \Omega(x) \cdot \frac{(x^{p-1} - 1)}{\Lambda(x)}.$$

Es bleibt zu zeigen, dass $\Lambda(x)$ das Polynom $x^{p-1} - 1$ ohne Rest teilt. Da alle Elemente von $\mathrm{GF}(p)$ Nullstellen von $x^{p-1} - 1$ sind, gilt:

$$x^{p-1} - 1 = \prod_{i=0}^{p-2}\left(x - \alpha^{i}\right).$$

Das Fehlerstellenpolynom besitzt Nullstellen an den Fehlerstellen $i_1, i_2, \ldots, i_t$, d. h.

$$\Lambda(x) = \beta \cdot \prod_{j=1}^{t}\left(x - \alpha^{i_j}\right), \beta \in \mathrm{GF}(p), \beta \neq 0.$$

Damit teilt $\Lambda(x)$ das Polynom $x^{p-1} - 1$ ohne Rest. Der Fehlerwert kann dann einfach durch Einsetzen von α_{i_j} errechnet werden

$$e_{i_j} = \Omega(x) \cdot \frac{(x^{p-1} - 1)}{\Lambda(x)} \Big|_{x=\alpha^{i_j}}; j = 1, 2, \ldots, t.$$

Die Decodierung mit dem euklidischen Algorithmus wollen wir an einem Beispiel durchführen.

Beispiel 5.38 Euklidischer Algorithmus bei modifiziertem RS-Code

Wir wollen wieder GF(7) mit dem primitiven Element 5 benutzen und schreiben dazu nochmals unsere Rechentabelle an.

i	0	1	2	3	4	5
α^i	1	5	4	6	2	3

Zunächst benötigen wir ein Codewort eines modifizierten RS-Codes. Dazu wählen wir $C(x) = 6x^4 + 2x^5$ als Information und berechnen das Codewort durch Transformation. Es sei daran erinnert, dass Modulo 7 gerechnet wird und der Exponent Modulo 6, da $\alpha^6 = 1 \bmod 7$ ist

$$\begin{aligned}
c_0 &= & C(x = \alpha^0) &= 6 + 2 = 1 \bmod 7,\\
c_1 &= C(x = \alpha^1) &= 6 \cdot 5^4 + 2 \cdot 5^5 &= 6 \cdot 2 + 2 \cdot 3 = 4 \bmod 7,\\
c_2 &= C(x = \alpha^2) &= 6 \cdot 5^2 + 2 \cdot 5^4 &= 6 \cdot 4 + 2 \cdot 2 = 0 \bmod 7,\\
c_3 &= C(x = \alpha^3) &= 6 \cdot 5^0 + 2 \cdot 5^3 &= 6 \cdot 1 + 2 \cdot 6 = 4 \bmod 7,\\
c_4 &= C(x = \alpha^4) &= 6 \cdot 5^4 + 2 \cdot 5^2 &= 6 \cdot 2 + 2 \cdot 4 = 6 \bmod 7,\\
c_5 &= C(x = \alpha^5) &= 6 \cdot 5^2 + 2 \cdot 5^1 &= 6 \cdot 4 + 2 \cdot 5 = 6 \bmod 7.
\end{aligned}$$

Damit ist ein Codewort $c(x) = 1 + 4x + 4x^3 + 6x^4 + 6x^5$, das wir übertragen. Der Fehler sei $e(x) = 3x^3 + 2x^5$ und wir empfangen:

$$r(x) = c(x) + e(x) = 1 + 4x + 6x^4 + 1x^5.$$

Wir berechnen nun den Teil des Fehlers $E(x)$, den wir kennen

$$\begin{aligned}
E_0 &= & 6 \cdot r(x = \alpha^{-0}) &= 6 \cdot (1 + 4 + 6 + 1) = 6 \cdot 5 = 2 \bmod 7,\\
E_1 &= 6 \cdot r(x = \alpha^{-1}) &&= 6 \cdot (1 + 4 \cdot 3 + 6 \cdot 4 + 1 \cdot 5) = 6 \cdot 0 = 0 \bmod 7,\\
E_2 &= 6 \cdot r(x = \alpha^{-2}) &&= 6 \cdot (1 + 4 \cdot 2 + 6 \cdot 2 + 1 \cdot 4) = 6 \cdot 4 = 3 \bmod 7,\\
E_3 &= 6 \cdot r(x = \alpha^{-3}) &&= 6 \cdot (1 + 4 \cdot 6 + 6 \cdot 1 + 1 \cdot 6) = 6 \cdot 2 = 5 \bmod 7.
\end{aligned}$$

Damit ist $E(x) \bmod x^{d-1} = 2 + 3x^2 + 5x^3$. Wir berechnen den größten gemeinsamen Teiler von $x^{d-1} = x^4$ und $E(x) \bmod x^{d-1} = 5x^3 + 3x^2 + 2$

$$x^4 \quad : 5x^3 + 3x^2 + 2 = \underbrace{3x + 1}_{q_1} \quad \text{Rest} \quad 4x^2 + x + 5$$

$$\begin{aligned}
&-(x^4 + 2x^3 + 6x)\\
\hline
&= 5x^3 + x\\
&-(5x^3 + 3x^2 + 2)\\
\hline
&= 4x^2 + x + 5
\end{aligned}$$

Im zweiten Schritt teilen wir $5x^3 + 3x^2 + 2$ durch den Rest.

$$\begin{array}{ll} 5x^3 + 3x^2 + 2 & : 4x^2 + x + 5 = 3x \quad \text{Rest} \quad 6x + 2 \\ -(5x^3 + 3x^2 + x) & \\ \hline = 6x + 2 & \end{array}$$

Damit sind wir fertig, da der Grad des Rests kleiner als die Anzahl an Fehlern ist, die wir korrigieren können. Mit $w_{-1} = 0$ und $w_0 = 1$ errechnen wir

$$w_1(x) = w_{-1} - q_1 w_0 = 0 - (3x + 1) = 4x + 6$$

und

$$w_2(x) = w_0 - q_2 w_1(x) = 1 - (3x)(4x + 6) = 1 - \left(5x^2 + 4x\right) = 2x^2 + 3x + 1.$$

Das Polynom $w_2(x)$ ist das Fehlerstellenpolynom $\Lambda(x)$. Die Fehlerstellen sind die Nullstellen von $\Lambda(x)$. Setzen wir alle Elemente für x ein, so erhalten wir

$$\begin{aligned} \Lambda\left(x = 1 = \alpha^0\right) &= 2 \cdot 1 + 3 \cdot 1 + 1 = 6 \bmod 7, \\ \Lambda\left(x = 2 = \alpha^4\right) &= 2 \cdot 4 + 3 \cdot 2 + 1 = 1 \bmod 7, \\ \Lambda\left(x = 3 = \alpha^5\right) &= 2 \cdot 2 + 3 \cdot 3 + 1 = 0 \bmod 7, \\ \Lambda\left(x = 4 = \alpha^2\right) &= 2 \cdot 2 + 3 \cdot 4 + 1 = 3 \bmod 7, \\ \Lambda\left(x = 5 = \alpha^1\right) &= 2 \cdot 4 + 3 \cdot 5 + 1 = 3 \bmod 7, \\ \Lambda\left(x = 6 = \alpha^3\right) &= 2 \cdot 1 + 3 \cdot 6 + 1 = 0 \bmod 7. \end{aligned}$$

Die Fehlerstellen sind bei 3 und 5, da $5^3 = 6$ und $5^5 = 3$ ist. Bleibt noch, die Fehlerwerte zu berechnen. Dazu teilen wir $x^{p-1} - 1$ durch $\Lambda(x)$, was ohne Rest möglich ist, da alle Elemente von GF(p) Nullstellen des Polynoms $x^{p-1} - 1$ sind.

$$\begin{array}{ll} x^6 - 1 & : 2x^2 + 3x + 1 = 4x^4 + x^3 + 3x + 6 \quad \text{Rest} \quad 0 \\ -(x^6 + 5x^5 + 4x^4) & \\ \hline = 2x^5 + 3x^4 + 6 & \\ -(2x^5 + 3x^4 + x^3) & \\ \hline = 6x^3 + 6 & \\ -(6x^3 + 2x^2 + 3x) & \\ \hline = 5x^2 + 4x + 6 & \\ -5x^2 + 4x + 6 & \\ \hline 0 & \end{array}$$

Der erste Rest, dessen Grad kleiner als die Anzahl der Fehler ist, die wir korrigieren können, war $6x + 2$, und damit ist $\Omega(x) = -(6x + 2) = x + 5$. Damit ergeben sich die Fehlerwerte zu

$$(x+5)\left(4x^4 + x^3 + 3x + 6\right)|_{x=5^3=6} = (6+5)(4+6+4+6) = 4 \cdot 6 = 3 \bmod 7$$

und

$$(x+5)\left(4x^4 + x^3 + 3x + 6\right)|_{x=5^5=3} = (3+5)(2+6+2+6) = 1 \cdot 2 = 2 \bmod 7.$$

Der Fehler ist damit $e(x) = 3x^3 + 2x^5$. Daraus errechnen wir die Entscheidung des Decodierers zu

$$\hat{c}(x) = r(x) - e(x) = 1 + 4x + 6x^4 + 1x^5 - \left(3x^3 + 2x^5\right) = 1 + 4x + 4x^3 + 6x^4 + 6x^5.$$

Dies entspricht dem gesendeten Codewort $c(x)$, und wir haben korrekt decodiert. Die Information erhalten wir durch Transformation von $\hat{c}(x)$ zu $(6, 2)$. ◇

Prinzipiell kann man zu jeder Primzahl einen RS-Code konstruieren. In technischen Anwendungen benutzt man jedoch gerne Bits, d. h. binäre Symbole. Deshalb verwendet man statt der Primkörper sog. Erweiterungskörper, deren Elemente keine Zahlen sind, sondern die Koeffizienten von Polynomen. Bei der CD setzt man einen Erweiterungskörper ein, bei dem ein Element aus 1 Byte also 8 bit besteht. Die Decodierung kann dabei ohne Probieren durchgeführt werden, denn der euklidische Algorithmus liefert u. a. direkt die Anzahl der Fehler mit. Er berechnet, wie gerade erklärt, das Fehlerstellenpolynom durch Polynomdivision, sodass kein Gleichungssystem gelöst werden muss.

Die RS-Codes werden auch noch bei vielen weiteren Anwendungen eingesetzt, von denen die wichtigsten die Satellitenübertragung und die Computerfestplatten sind.

5.6 Übungsaufgaben

Aufgabe 5.1

Wir rechnen in GF(11).

a) Bestimmen Sie die inversen Elemente zu 4, 6 und 10 mod 11.

b) Finden Sie ein primitives Element von GF(11), und stellen Sie damit eine Rechentabelle auf.

c) Bestimmen Sie die Nullstellen des Polynoms $x^2 + x + 10$ in GF(11).

Aufgabe 5.2

Bestimmen Sie die Quadrate aller Elemente außer der Null von GF(5), GF(7), GF(11) und GF(13). Die Ergebnisse der Quadrierung werden als quadratische Reste bezeichnet. Verifizieren Sie, dass in GF(p) genau $\frac{p-1}{2}$ verschiedene quadratische Reste existieren.

Aufgabe 5.3

Multiplizieren Sie mod $(x^6 - 1)$ die Polynome $a(x)$ und $b(x)$ mit Koeffizienten aus GF(7).

$$a(x) = 3 + 4x + x^2 + 6x^4 \quad \text{und} \quad b(x) = 6 + 5x + 4x^3 + 6x^5.$$

Aufgabe 5.4

Gegeben sei GF(7) mit dem primitiven Element $\alpha = 5$. Berechnen Sie das transformierte Polynom $a(x)$, wobei $A(x) = 3x^5 + 4x^3 + 5x^2 + 2x + 6$ ist. Führen Sie die Probe durch, indem Sie durch Transformation aus $a(x)$ wieder $A(x)$ berechnen.

Aufgabe 5.5

Bestimmen Sie mithilfe des erweiterten euklidischen Algorithmus das inverse Element von 47 in GF(113).

Aufgabe 5.6

Bestimmen Sie mit dem euklidischen Algorithmus den größten gemeinsamen Teiler der Polynome $a(x)$ und $b(x)$ mit Koeffizienten aus GF(7).

$$a(x) = x^3 + 4x^2 + x + 1 \text{ und } b(x) = x^5 + 5x^4 + 4x^3 + 6x^2 + 2x + 3.$$

Aufgabe 5.7

Es wurde ein Codewort eines RS-Codes übertragen, bei dem die Stellen $C_0 = C_1 = C_2 = C_3 = 0$ sind und GF(7) mit dem primitiven Element $\alpha = 5$ benutzt wurde.

a) Die Transformation des empfangenen Polynoms hat ergeben: $R_0 = E_0 = 2$, $R_1 = E_1 = 4$, $R_2 = E_2 = 2$ und $R_3 = E_3 = 4$. Berechnen Sie den Fehler $e(x)$ durch Lösung des Gleichungssystems $\Lambda(x)E(x) = 0 \bmod (x^6 - 1)$. Beginnen Sie mit der Annahme von einem Fehler.

b) Die Transformation eines anderen empfangenen Polynoms hat ergeben: $R_0 = E_0 = 3$, $R_1 = E_1 = 2$, $R_2 = E_2 = 6$ und $R_3 = E_3 = 4$. Berechnen Sie den Fehler $e(x)$ mit dem euklidischen Algorithmus, indem Sie den größten gemeinsamen Teiler von x^4 und $E(x) \bmod x^4 = 4x^3 + 6x^2 + 2x + 3$ bestimmen.

Aufgabe 5.8

Für diese Aufgabe empfiehlt es sich, einen Rechner zu Hilfe zu nehmen. Ein Codewort eines RS-Codes über GF(11) mit dem primitiven Element 2 lautet

$$c(x) = 7x^9 + 8x^7 + x^6 + 5x^5 + 4x^4 + 2x^3 + 10x^2 + 7.$$

a) Bestimmen Sie die Stellen i, an denen $C_i = 0$ ist.

b) Es wurde $r(x) = 3x^9 + 8x^7 + 9x^6 + 5x^5 + 4x^4 + 6x^3 + 10x^2 + 7$ empfangen, berechnen Sie den bekannten Teil des Fehlers $E(x) \bmod x^6$.

c) Berechnen Sie das Fehlerstellenpolynom $\Lambda(x)$ mit dem erweiterten euklidischen Algorithmus und die Fehlerstellen.

d) Bestimmen Sie die Fehlerwerte, indem Sie $x^{10} - 1$ durch $\Lambda(x)$ teilen und an den Fehlerstellen auswerten und mit der Auswertung von $\Omega(x)$ multiplizieren.

Aufgabe 5.9

Dies ist eine Aufgabe für Grübler. Es wird der RS-Code aus Aufgabe 5.7 verwendet. Es wurden drei Polynome $r_1(x) = c_1(x) + e(x)$, $r_2(x) = c_2(x) + f(x)$ und $r_3(x) = c_3(x) + g(x)$ empfangen und man weiß, dass der Kanal die Fehler immer an den gleichen Stellen gemacht hat. Mit dem verwendeten Code $\mathcal{C}$, aus dem die Codewörter $c_1(x), c_2(x)$ und $c_3(x)$ stammen, kann man nur bis zu zwei Fehler korrigieren. Bestimmen Sie trotzdem die Fehlerstellen aus den drei transformierten Polynomen.

$$\begin{aligned} E(x) \bmod x^4 &= 2x^3 + 3x^2 + 4x + 5, \\ F(x) \bmod x^4 &= 5x^3 + 4x^2 + 2, \\ G(x) \bmod x^4 &= 5x^3 + 5x^2 + 6x + 2. \end{aligned}$$

Hinweis: Es sind jeweils drei Fehler aufgetreten. Mit einem der Polynome $E(x)$, $F(x)$ oder $G(x)$ allein kann man die Fehler nicht korrigieren, aber mit allen zusammen.

Lösungen

Lösung zu Aufgabe 5.1

Teil a) Wir bestimmen die inversen Elemente durch Probieren, was in diesem relativ kleinen Galoisfeld möglich ist. Zunächst die 4:

$$1 \cdot 4 = 4 \bmod 11, \quad 2 \cdot 4 = 8 \bmod 11, \quad 3 \cdot 4 = 1 \bmod 11,$$

und damit ist das inverse Element zu 4 die 3.
Nun zu der 6:

$$1 \cdot 6 = 6 \bmod 11, \quad 2 \cdot 6 = 1 \bmod 11,$$

also ist 2 das inverse Element zu 6.
Für die 10 probieren wir nicht, sondern erinnern uns, dass gilt:

$$(p-1)^2 = p^2 - 2p + 1 = p(p-2) + 1 = 1 \bmod p$$

und damit ist 10 selbstinvers.

Teil b) Wir benötigen ein Element, dessen Potenzen alle Elemente außer der Null erzeugt. Probieren wir das Element 5, das in GF(7) ein primitives Element ist.
$5^0 = 1 \bmod 11$, $5^1 = 5 \bmod 11$, $5^2 = 3 \bmod 11$, $5^3 = 5 \cdot 5^2 = 5 \cdot 3 = 4 \bmod 11$, $5^4 = 5 \cdot 5^3 = 5 \cdot 4 = 9 \bmod 11$, $5^5 = 5 \cdot 5^4 = 5 \cdot 9 = 1 \bmod 11$, $5^6 = 5 \bmod 11$, ...
Das Element 5 ist somit kein primitives Element.

Probieren wir das Element 2.
$2^0 = 1 \bmod 11$, $2^1 = 2 \bmod 11$, $2^2 = 4 \bmod 11$, $2^3 = 8 \bmod 11$, $2^4 = 2 \cdot 2^3 = 2 \cdot 8 = 5 \bmod 11$, $2^5 = 2 \cdot 2^4 = 2 \cdot 5 = 10 \bmod 11$, $2^6 = 2 \cdot 2^5 = 2 \cdot 10 = 9 \bmod 11$, $2^7 = 2 \cdot 2^6 = 2 \cdot 9 = 7 \bmod 11$, $2^8 = 2 \cdot 2^7 = 2 \cdot 7 = 3 \bmod 11$, $2^9 = 2 \cdot 2^8 = 2 \cdot 3 = 6 \bmod 11$.
Die 2 ist ein primitives Element.

Wir erstellen eine Rechentabelle zu GF(11) mit dem primitiven Element 2.

i:	0	1	2	3	4	5	6	7	8	9
2^i:	1	2	4	8	5	10	9	7	3	6

Die 3 ist kein primitives Element, da $3^5 = 3^3 \cdot 3^2 = 5 \cdot 9 = 45 = 1 \bmod 11$. Das gleiche gilt für 4 und 9, denn $4^5 = 1 \bmod 11$ und $9^5 = 1 \bmod 11$. Für die $10 = p - 1$ wissen wir bereits aus Teil a), dass 10 selbstinvers ist und somit kein primitives Element sein kann. Dagegen sind 6, 7 und 8 weitere primitive Elemente.

Teil c) Zur Bestimmung der Nullstellen setzen wir die Elemente für x der Reihe nach ein, bis wir eine Nullstelle gefunden haben.

$1 : 1^2 + 1 \cdot 1 + 10 = 12 = 1 \bmod 11$,
$2 : 2^2 + 1 \cdot 2 + 10 = 16 = 5 \bmod 11$,
$3 : 3^2 + 1 \cdot 3 + 10 = 9 + 3 + 10 = 0 \bmod 11$.

Damit haben wir eine Nullstelle $x = 3$ gefunden. Wir können nun $x^2 + x + 10$ durch $(x - 3) = (x+8)$ ohne Rest teilen. Das Ergebnis ist $(x+4) = (x-7)$. In der Tat ist 7 die zweite Nullstelle, denn $7^2 + 7 + 10 = 5 + 7 + 10 = 22 = 0 \bmod 11$. Wegen des Fundamentalsatzes der Algebra können keine weiteren Nullstellen existieren.

Lösung zu Aufgabe 5.2

Berechnen wir zunächst die Quadrate der Elemente von GF(5)

$1^2 = 1 \bmod 5$, $2^2 = 4 \bmod 5$, $3^2 = 4 \bmod 5$ und $4^2 = 1 \bmod 5$.

Wir erhalten nur die Zahlen 1 und 4.

Jetzt berechnen wir die Quadrate von GF(7):

$1^2 = 1 \bmod 7$, $2^2 = 4 \bmod 7$, $3^2 = 2 \bmod 7$, $4^2 = 2 \bmod 7$, $5^2 = 4 \bmod 7$ und $6^2 = 1 \bmod 7$.

Wir erhalten nur die Zahlen 1, 2 und 4.

Jetzt berechnen wir die Quadrate von GF(11):

$1^2 = 1 \bmod 11$, $2^2 = 4 \bmod 11$, $3^2 = 9 \bmod 11$, $4^2 = 5 \bmod 11$, $5^2 = 3 \bmod 11$, $6^2 = 3 \bmod 11$, $7^2 = 5 \bmod 11$, $8^2 = 9 \bmod 11$, $9^2 = 4 \bmod 11$, und $10^2 = 1 \bmod 11$.

Wir erhalten nur die Zahlen 1, 3, 4, 5 und 9.

Außerdem erkennen wir bereits, dass die gleichen Zahlen im zweiten Teil (ab $\frac{(p-1)}{2}$) in umgekehrter Reihenfolge auftreten. Wir wollen noch die Quadrate von GF(13) ausrechnen:

$1^2 = 1 \bmod 13$, $2^2 = 4 \bmod 13$, $3^2 = 9 \bmod 13$, $4^2 = 3 \bmod 13$, $5^2 = 12 \bmod 13$, $6^2 = 10 \bmod 13$, $7^2 = 10 \bmod 13$, $8^2 = 12 \bmod 13$, $9^2 = 3 \bmod 13$, $10^2 = 9 \bmod 13$, $11^2 = 4 \bmod 13$, und $12^2 = 1 \bmod 13$.

Wir erhalten nur die Zahlen 1, 3, 4, 9, 10 und 12.

Für alle Elemente $a \in GF(p), a \neq 0$ gilt:

$$a^2 \bmod p = (p - a)^2 = p^2 - 2ap + a^2 = p(p - 2a) + a^2 = a^2 \bmod p.$$

Damit sind die Quadrate der Zahlen 1 bis $\frac{p-1}{2}$ die Menge der quadratischen Reste, denn $1^2 = (p - 1)^2 \bmod p$, $2^2 = (p - 2)^2 \bmod p$, $3^2 = (p - 3)^2 \bmod p$ usw.

Lösung zu Aufgabe 5.3

Wir multiplizieren $a(x) = 3 + 4x + x^2 + 6x^4$ mit den Koeffizienten von $b(x) = 6 + 5x + 4x^3 + 6x^5$ und erinnern uns dabei, dass $x^6 = x^0$ ist, egal welches Element wir für x einsetzen. Damit ist mod $(x^6 - 1)$ gerechnet $x^7 = x$ und $x^8 = x^2$ usw.

$$\begin{array}{rcl}
6\,(3 + 4x + x^2 + 6x^4) &=& 4 + 3x + 6x^2 + x^4 \bmod 7,\\
+5x\,(3 + 4x + x^2 + 6x^4) &=& x + 6x^2 + 5x^3 + 2x^5 \bmod 7,\\
+4x^2\,(3 + 4x + x^2 + 6x^4) &=& 3 + 5x^2 + 2x^3 + 4x^4 \bmod 7,\\
+6x^5\,(3 + 4x + x^2 + 6x^4) &=& 3 + 6x + x^3 + 4x^5 \bmod 7,\\
\hline
&=& 3 + 3x + 3x^2 + x^3 + 5x^4 + 6x^5 \bmod 7.
\end{array}$$

Also ist $a(x) \cdot b(x) = 3 + 3x + 3x^2 + x^3 + 5x^4 + 6x^5 \bmod (x^6 - 1)$.

Lösung zu Aufgabe 5.4

Wir listen zunächst unsere Rechentabelle für GF(7) auf.

i	0	1	2	3	4	5
5^i	1	5	4	6	2	3

Das Polynom $a(x)$ ergibt sich aus dem Polynom $A(x) = 3x^5 + 4x^3 + 5x^2 + 2x + 6$ durch Transformation $a_i = A(x = \alpha^i)$; $i = 0, 1, ..., 5$. Wir berechnen die Koeffizienten von $a(x)$:

$$\begin{aligned}
a_0 &= 6 \cdot 1 + 2 \cdot 1 + 5 \cdot 1 + 4 \cdot 1 + 3 \cdot 1 &&= 6 + 2 + 5 + 4 + 3 = 6 \bmod 7,\\
a_1 &= 6 \cdot 5^0 + 2 \cdot 5^1 + 5 \cdot 5^2 + 4 \cdot 5^3 + 3 \cdot 5^5 &&= 6 + 3 + 6 + 3 + 2 = 6 \bmod 7,\\
a_2 &= 6 \cdot 4^0 + 2 \cdot 4^1 + 5 \cdot 4^2 + 4 \cdot 4^3 + 3 \cdot 4^5 &&= 6 + 1 + 3 + 4 + 6 = 6 \bmod 7,\\
a_3 &= 6 \cdot 6^0 + 2 \cdot 6^1 + 5 \cdot 6^2 + 4 \cdot 6^3 + 3 \cdot 6^5 &&= 6 + 5 + 5 + 3 + 4 = 2 \bmod 7,\\
a_4 &= 6 \cdot 2^0 + 2 \cdot 2^1 + 5 \cdot 2^2 + 4 \cdot 2^3 + 3 \cdot 2^5 &&= 6 + 4 + 6 + 4 + 5 = 4 \bmod 7,\\
a_5 &= 6 \cdot 3^0 + 2 \cdot 3^1 + 5 \cdot 3^2 + 4 \cdot 3^3 + 3 \cdot 3^5 &&= 6 + 6 + 3 + 3 + 1 = 5 \bmod 7.
\end{aligned}$$

Damit ist $a(x) = 6 + 6x + 6x^2 + 2x^3 + 4x^4 + 5x^5$.

Aus $a(x)$ berechnen wir zur Probe wieder $A(x)$, wobei die Transformationsvorschrift $A_j = 6 \cdot a(x = \alpha^{-j})$ ist; auch hier wird mod 7 gerechnet.

$$\begin{aligned}
A_0 &= 6\,(6 + 6 \cdot 1 + 6 \cdot 1 + 2 \cdot 1 + 4 \cdot 1 + 5 \cdot 1) &&= 6(6 + 6 + 6 + 2 + 4 + 5) = 6,\\
A_1 &= 6\,(6 + 6 \cdot 3^1 + 6 \cdot 3^2 + 2 \cdot 3^3 + 4 \cdot 3^4 + 5 \cdot 3^5) &&= 6(6 + 4 + 5 + 5 + 2 + 4) = 2,\\
A_2 &= 6\,(6 + 6 \cdot 2^1 + 6 \cdot 2^2 + 2 \cdot 2^3 + 4 \cdot 2^4 + 5 \cdot 2^5) &&= 6(6 + 5 + 3 + 2 + 1 + 6) = 5,\\
A_3 &= 6\,(6 + 6 \cdot 6^1 + 6 \cdot 6^2 + 2 \cdot 6^3 + 4 \cdot 6^4 + 5 \cdot 6^5) &&= 6(6 + 1 + 6 + 5 + 4 + 2) = 4,\\
A_4 &= 6\,(6 + 6 \cdot 4^1 + 6 \cdot 4^2 + 2 \cdot 4^3 + 4 \cdot 4^4 + 5 \cdot 4^5) &&= 6(6 + 3 + 5 + 2 + 2 + 3) = 0,\\
A_5 &= 6\,(6 + 6 \cdot 5^1 + 6 \cdot 5^2 + 2 \cdot 5^3 + 4 \cdot 5^4 + 5 \cdot 5^5) &&= 6(6 + 2 + 3 + 5 + 1 + 1) = 3.
\end{aligned}$$

Wir haben wieder $A(x) = 3x^5 + 4x^3 + 5x^2 + 2x + 6$ aus $a(x)$ errechnet.

Lösung zu Aufgabe 5.5

Da 113 eine Primzahl ist, gilt für alle Zahlen $1 \le a < 113$, $\mathrm{ggT}(a, 113) = 1$. Jeden Rest, und damit auch 1, kann man mithilfe des erweiterten euklidischen Algorithmus darstellen als

$$a \cdot w + 113 \cdot v = 1 \quad \longrightarrow \quad a \cdot w = 1 \bmod 113 \quad \longrightarrow \quad w = a^{-1}.$$

Führen wir den euklidischen Algorithmus durch, so erhalten wir

$$\begin{aligned}
113 : 47 &= 2 \text{ Rest } 19,\\
47 : 19 &= 2 \text{ Rest } 9,\\
19 : 9 &= 2 \text{ Rest } 1.
\end{aligned}$$

Nun werden wir w_i und v_i berechnen:

$$\begin{aligned}
v_{-1} &= 1, & w_{-1} &= 0,\\
v_0 &= 0, & w_0 &= 1,\\
v_1 &= 1 - 2 \cdot 0 = 1, & w_1 &= 0 - 2 \cdot 1 = -2,\\
v_2 &= 0 - 2 \cdot 1 = -2, & w_2 &= 1 - (2 \cdot (-2)) = 5,\\
v_3 &= 1 - (2 \cdot (-2)) = 5, & w_2 &= -2 - (2 \cdot 5) = -12.
\end{aligned}$$

Damit können wir alle Reste als Linearkombination von 47 und 113 darstellen:

$$\begin{aligned} 0 \cdot 47 + 1 \cdot 113 &= 113, \\ 1 \cdot 47 + 0 \cdot 113 &= 47, \\ -2 \cdot 47 + 1 \cdot 113 &= 19, \\ 5 \cdot 47 - 2 \cdot 113 &= 9, \\ -12 \cdot 47 + 5 \cdot 113 &= 1. \end{aligned}$$

Das inverse Element zu 47 ist $-12 = 101 \bmod 113$. In der Tat ist $47 \cdot 101 = 4\,747$ und $4\,747 : 113 = 42$ Rest 1, also $47 \cdot 101 = 1 \bmod 113$.

Lösung zu Aufgabe 5.6

Wir bestimmen den ggT der Polynome $a(x) = x^3 + 4x^2 + x + 1$ und $b(x) = x^5 + 5x^4 + 4x^3 + 6x^2 + 2x + 3$, indem wir den euklidischen Algorithmus durchführen. Zuerst teilen wir $b(x)$ durch $a(x)$:

$$\begin{aligned} &x^5 + 5x^4 + 4x^3 + 6x^2 + 2x + 3 \quad : x^3 + 4x^2 + x + 1 = x^2 + x + 6 \quad \text{Rest} \quad x^2 + 2x + 4 \\ &-(x^5 + 4x^4 + x^3 + x^2) \\ \hline &= x^4 + 3x^3 + 5x^2 + 2x + 3 \\ &-(x^4 + 4x^3 + x^2 + x) \\ \hline &= 6x^3 + 4x^2 + x + 3 \\ &-(6x^3 + 3x^2 + 6x + 6) \\ \hline &= x^2 + 2x + 4. \end{aligned}$$

Nun teilen wir $a(x)$ durch den Rest:

$$\begin{aligned} &x^3 + 4x^2 + x + 1 \quad : x^2 + 2x + 4 = x + 2 \quad \text{Rest} \quad 0 \\ &-(x^3 + 2x^2 + 4x) \\ \hline &= 2x^2 + 4x + 1 \\ &-(2x^2 + 4x + 1) \\ \hline &0. \end{aligned}$$

Der letzte Rest vor dem Rest 0 ist der ggT, d. h. $x^2 + 2x + 4 = (x - 1)(x - 4)$. Dadurch wissen wir außerdem, dass beide Polynome die Nullstellen 1 und 4 haben.

Lösung zu Aufgabe 5.7

Teil a) Wir nehmen zunächst an, es sei ein Fehler aufgetreten, d. h. $\Lambda(x) = x + \Lambda_0$. Das Produkt $\Lambda(x) \cdot E(x) = 0 \bmod (x^6 - 1)$ ergibt folgende Gleichungen, die nur bekannte Fehlerkoeffizienten beinhalten

$$\begin{aligned} x^1 &: \Lambda_0 \cdot E_1 + E_0 = \Lambda_0 \cdot 4 + 2 = 0, \\ x^2 &: \Lambda_0 \cdot E_2 + E_1 = \Lambda_0 \cdot 2 + 4 = 0, \\ x^3 &: \Lambda_0 \cdot E_3 + E_2 = \Lambda_0 \cdot 4 + 2 = 0. \end{aligned}$$

Die erste und die dritte Gleichung sind identisch und ergeben $\Lambda_0 = 3$. Die zweite Gleichung ergibt $\Lambda_0 = 5$, also einen Widerspruch. Wir nehmen nun an, es sind zwei Fehler aufgetreten und erhalten damit die folgenden Gleichungen:

$$x^2 : \Lambda_0 \cdot E_2 + \Lambda_1 \cdot E_1 + E_0 = \Lambda_0 \cdot 2 + \Lambda_1 \cdot 4 + 2 = 0,$$
$$x^3 : \Lambda_0 \cdot E_3 + \Lambda_1 \cdot E_2 + E_1 = \Lambda_0 \cdot 4 + \Lambda_1 \cdot 2 + 4 = 0.$$

Nehmen wir die erste Gleichung mal zwei und ziehen sie von der zweiten Gleichung ab, erhalten wir $\Lambda_1 = 0$. Setzen wir dies in eine der beiden Gleichungen ein, errechnen wir $\Lambda_0 = 6$. Damit ist $\Lambda(x) = x^2 + 6$. Die Nullstellen sind 1 und 6, was die Fehlerstellen 0 und 3 bedeutet, da $5^0 = 1$ und $5^3 = 6$ gilt. Der aufgetretene Fehler ist damit an den Stellen 0 und 3, d. h. $e(x) = e_0 + e_3x^3$.

Die Fehlerwerte können wir aus den Gleichungen $E_0 = 6(e_0 + e_3) = 2 \bmod 7$ und $E_1 = 6(e_0 + e_3 3^3) = 4 \bmod 7$ berechnen. Die Multiplikation mit sechs ergibt: $(e_0 + e_3) = 5 \bmod 7$ und $(e_0 + 6e_3) = 3 \bmod 7$. Durch Subtraktion der ersten von der zweiten Gleichung erhalten wir: $5e_3 = 5$, d. h. $e_3 = 1$. Daraus errechnen wir $e_0 = 4$. Der Fehler ist somit $e(x) = 4 + x^3$.

Teil b) Wir führen den euklidischen Algorithmus solange durch, bis der Rest vom Grad kleiner 2 ist:

$$\begin{array}{l} x^4 \quad : 4x^3 + 6x^2 + 2x + 3 = 2x + 4 \quad \text{Rest} \quad 2 \\ -(x^4 + 5x^3 + 4x^2 + 6x) \\ \hline = 2x^3 + 3x^2 + x \\ -(2x^3 + 3x^2 + x + 5) \\ \hline = 2. \end{array}$$

Damit sind wir fertig, da der Rest bereits vom Grad kleiner 2, also kleiner als die Anzahl an Fehlern, die wir korrigieren können, ist. Das Fehlerstellenpolynom ist $\Lambda(x) = 0 - (2x + 4) = 5x + 3 \bmod 7$. Die Nullstelle ist die Fehlerstelle und durch Umformung erhalten wir: $3(5x + 3) = x + 2 = x - 5 \bmod 7$. Da $5 = \alpha^1$ ist ein Fehler an der ersten Stelle aufgetreten. Der Fehler ist $e(x) = e_1x$. Um e_1 zu bestimmen, können wir $E_0 = 6 \cdot e_1 \cdot (x = \alpha^0) = 3$ benutzen und errechnen $e_1 = 4$, denn $6 \cdot 4 \cdot 1 = 3 \bmod 7$. Damit ist der Fehler $e(x) = 4x$.

Lösung zu Aufgabe 5.8

Zur besseren Übersicht wiederholen wir unsere Rechentabelle für GF(11) mit dem primitiven Element 2.

i:	0	1	2	3	4	5	6	7	8	9
2^i:	1	2	4	8	5	10	9	7	3	6

Bei dieser Aufgabe sollte ein Rechner zu Hilfe genommen werden.

Teil a) Wir berechnen mit dem Polynom $c(x) = 7x^9 + 8x^7 + x^6 + 5x^5 + 4x^4 + 2x^3 + 10x^2 + 7$ ausführlich die ersten drei Koeffizienten C_0, C_1 und C_2. Die Transformationsvorschrift ist:

$C_j = (p-1)^{-1}C(\alpha^{-j})$.

$$C_0 = 10c(1) = 10(7+8+1+5+4+2+10+7) = 0 \bmod 11,$$
$$C_1 = 10c(6) = 10\left(7\cdot 6^8 + 8\cdot 6^7 + 6^6 + 5\cdot 6^5 + 4\cdot 6^4 + 2\cdot 6^3 + 10\cdot 6^2 + 7\right) = 0 \bmod 11,$$
$$C_2 = 10c(3) = 10\left(7\cdot 3^8 + 8\cdot 3^7 + 3^6 + 5\cdot 3^5 + 4\cdot 3^4 + 2\cdot 3^3 + 10\cdot 3^2 + 7\right) = 0 \bmod 11.$$

Die komplette Transformation liefert das Polynom

$$C(x) = 9x^9 + 3x^8 + x^7 + 2x^6.$$

Die Stellen 0 bis 5 sind beim transformierten Codewort null, d. h. $C_0 = C_1 = C_2 = C_3 = C_4 = C_5 = 0$. Somit können bis zu zwei Fehler korrigiert werden.

Teil b) Die Transformation von $r(x) = 3x^9 + 8x^7 + 9x^6 + 5x^5 + 4x^4 + 6x^3 + 10x^2 + 7$ liefert:

$$R(x) = x^9 + 4x^8 + 10x^7 + 8x^5 + 9x^4 + 8x^3 + 6x^2 + 5x + 8.$$

Damit ist

$$E(x) \bmod x^6 = 8x^5 + 9x^4 + 8x^3 + 6x^2 + 5x + 8.$$

Teil c) Wir führen nun den euklidischen Algorithmus aus und schreiben das Ergebnis etwas anders als bisher, in der Form

$$b(x) : a(x) = q(x) \quad \text{Rest} \quad r(x) \qquad \longleftrightarrow \qquad b(x) = a(x)q(x) + r(x).$$

Die Ergebnisse des Algorithmus sind:

$$\begin{aligned}
x^6 &= (8x^5 + 9x^4 + 8x^3 + 6x^2 + 5x + 8)\cdot(7x + 10)\\
&\quad + (8x^4 + 10x^3 + 4x^2 + 4x + 8),\\
8x^5 + 9x^4 + 8x^3 + 6x^2 + 5x + 8 &= (8x^4 + 10x^3 + 4x^2 + 4x + 8)\cdot(x + 4)\\
&\quad + (8x^3 + 8x^2 + 3x + 9),\\
8x^4 + 10x^3 + 4x^2 + 4x + 8 &= (8x^3 + 8x^2 + 3x + 9)\cdot(x + 3)\\
&\quad + (10x^2 + 8x + 3),\\
8x^3 + 8x^2 + 3x + 9 &= (10x^2 + 8x + 3)\cdot(3x + 5)\\
&\quad + (9x + 5),\\
10x^2 + 8x + 3 &= (9x + 5)\cdot(6x)\\
&\quad + (3).
\end{aligned}$$

Aus den Quotienten können wir die $w_i(x)$ rekursiv mit $w_i(x) = w_{i-2}(x) - (q_i(x)w_{i-1}(x))$ berechnen:

$$\begin{aligned}
w_1(x) &= 4x + 1,\\
w_2(x) &= 7x^2 + 5x + 8,\\
w_3(x) &= 4x^3 + 7x^2 + 3x + 10,\\
w_4(x) &= 10x^4 + 3x^3 + 7x^2 + 4x + 3.
\end{aligned}$$

Die entsprechenden Reste waren

$$\begin{aligned} r_1(x) &= 8x^4 + 10x^3 + 4x^2 + 4x + 8, \\ r_2(x) &= 8x^3 + 8x^2 + 3x + 9, \\ r_3(x) &= 10x^2 + 8x + 3, \\ r_4(x) &= 9x + 5. \end{aligned}$$

Man kann den Algorithmus beenden, sobald der Grad vom Rest $r_i(x)$ kleiner als der Grad von $w_i(x)$ ist. Damit ist $\Lambda(x) = w_3(x)$, denn der Grad vom Rest $r_3(x) = -\Omega(x)$ ist kleiner als der Grad von $w_3(x)$. Die Nullstellen von $\Lambda(x)$ kann man bestimmen, wenn man alle Elemente einsetzt. Es gilt:

$$\Lambda(x) = w_3(x) = 4x^3 + 7x^2 + 3x + 10 = 4(x-9)(x-8)(x-6).$$

Damit sind die Nullstellen 9, 8 und 6, was den Fehlerstellen 9, 6 und 3 entspricht, da $\alpha^6 = 9$, $\alpha^3 = 8$ und $\alpha^9 = 6$ ist.

Teil d) Die Fehlerwerte berechnen wir mithilfe von $\Omega(x) = -r_3(x) = x^2 + 3x + 8$ und

$$\frac{x^{10} - 1}{\Lambda(x)} = 8x^7 + 8x^6 + 2x^5 + 9x^4 + 4x^3 + 6x^2 + 8x + 10.$$

Die Fehlerwerte errechnet man damit zu

$$(x^2 + 3x + 8)(8x^7 + 8x^6 + 2x^5 + 9x^4 + 4x^3 + 6x^2 + 8x + 10)|_{x=\alpha^9,\,\alpha^6,\,\alpha^3}.$$

Die Auswertung ergibt: $\alpha^6 = 9 \rightarrow 8$, $\alpha^3 = 8 \rightarrow 4$, $\alpha^9 = 6 \rightarrow 7$.
Der Fehler ist damit: $e(x) = 7x^9 + 8x^6 + 4x^3$.

Lösung zu Aufgabe 5.9

Da alle drei Fehlerpolynome $e(x), f(x)$ und $g(x)$ Koeffizienten ungleich null an den gleichen Stellen besitzen, haben sie alle das gleiche Fehlerstellenpolynom $\Lambda(x) = \Lambda_0 + \Lambda_1 x + \Lambda_2 x^2 + x^3$. Diese Tatsache werden wir ausnutzen. Wenn drei Fehler aufgetreten sind, ergibt die Multiplikation von $\Lambda(x) \cdot E(x) = 0 \bmod (x^6 - 1)$:

$$\begin{aligned} x^0 &: E_0\Lambda_0 + E_5\Lambda_1 + E_4\Lambda_2 + E_3 \cdot 1 = 0, \\ x^1 &: E_1\Lambda_0 + E_0\Lambda_1 + E_5\Lambda_2 + E_4 \cdot 1 = 0, \\ x^2 &: E_2\Lambda_0 + E_1\Lambda_1 + E_0\Lambda_2 + E_5 \cdot 1 = 0, \\ x^3 &: E_3\Lambda_0 + E_2\Lambda_1 + E_1\Lambda_2 + E_0 \cdot 1 = 0, \\ x^4 &: E_4\Lambda_0 + E_3\Lambda_1 + E_2\Lambda_2 + E_1 \cdot 1 = 0, \\ x^5 &: E_5\Lambda_0 + E_4\Lambda_1 + E_3\Lambda_2 + E_2 \cdot 1 = 0. \end{aligned}$$

Von diesen sechs Gleichungen können wir nur diejenige bei x^3 benutzen, da wir nur die Koeffizienten E_0, E_1, E_2 und E_3 des Fehlers kennen. Die fünf restlichen Gleichungen enthalten alle uns unbekannte Koeffizienten. Das Gleiche gilt für $F(x)$ und $G(x)$, d. h., wir haben die drei folgenden Gleichungen:

$$\begin{aligned} E_3\Lambda_0 + E_2\Lambda_1 + E_1\Lambda_2 + E_0 \cdot 1 &= 0, \\ F_3\Lambda_0 + F_2\Lambda_1 + F_1\Lambda_2 + F_0 \cdot 1 &= 0, \\ G_3\Lambda_0 + G_2\Lambda_1 + G_1\Lambda_2 + G_0 \cdot 1 &= 0. \end{aligned}$$

Damit können die drei unbekannten Koeffizienten von $\Lambda(x)$ berechnet werden. Wir setzen die gegebenen Werte der transformierten Fehler

$$\begin{aligned} E(x) \bmod x^4 &= 2x^3 + 3x^2 + 4x + 5, \\ F(x) \bmod x^4 &= 5x^3 + 4x^2 + 2, \\ G(x) \bmod x^4 &= 5x^3 + 5x^2 + 6x + 2 \end{aligned}$$

in unser Gleichungssystem ein und erhalten:

$$2\Lambda_0 + 3\Lambda_1 + 4\Lambda_2 + 5 \cdot 1 = 0 \bmod 7 \tag{5.16}$$

$$5\Lambda_0 + 4\Lambda_1 + 0 \quad + 2 \cdot 1 = 0 \bmod 7 \tag{5.17}$$

$$5\Lambda_0 + 5\Lambda_1 + 6\Lambda_2 + 2 \cdot 1 = 0 \bmod 7. \tag{5.18}$$

Gleichung (5.16) wird mit zwei multipliziert und Gl. (5.18) addiert, wir erhalten:

$$2\Lambda_0 + 4\Lambda_1 + 5 = 0 \bmod 7. \tag{5.19}$$

Von dieser Gl. (5.19) ziehen wir die Gl. (5.17) ab, was

$$4\Lambda_0 + 3 = 0 \bmod 7 \quad \text{oder} \quad 4\Lambda_0 = 4 \bmod 7$$

ergibt, woraus $\Lambda_0 = 1$ folgt. Setzen wir $\Lambda_0 = 1$ in Gl. (5.17) ein, so erhalten wir

$$5 + 4\Lambda_1 + 2 = 0 \bmod 7 \quad \text{oder} \quad 4\Lambda_1 = 0 \bmod 7,$$

woraus sich $\Lambda_1 = 0$ ergibt. Nun setzen wir noch $\Lambda_0 = 1$ und $\Lambda_1 = 0$ in Gl. (5.16) ein und erhalten:

$$2 + 0 + 4\Lambda_2 + 5 = 0 \bmod 7 \quad \text{oder} \quad 4\Lambda_2 = 0 \bmod 7,$$

woraus sich $\Lambda_2 = 0$ ergibt.

Damit haben wir das Fehlerstellenpolynom berechnet zu:

$$\Lambda(x) = x^3 + 1.$$

Nun müssen wir noch die Fehlerstellen berechnen. Dazu werten wir das Fehlerstellenpolynom $\Lambda(x)$ an allen Stellen α^i aus und, die Nullstellen sind die Fehlerstellen:

$$\begin{aligned} \Lambda\,(x = \alpha^0 = 5^0 = 1) &= 1 + 1^3 = 1 + 1 = 2 \bmod 7, \\ \Lambda\,(x = \alpha^1 = 5^1 = 5) &= 1 + 5^3 = 1 + 6 = 0 \bmod 7, \\ \Lambda\,(x = \alpha^2 = 5^2 = 4) &= 1 + 4^3 = 1 + 1 = 2 \bmod 7, \\ \Lambda\,(x = \alpha^3 = 5^3 = 6) &= 1 + 6^3 = 1 + 6 = 0 \bmod 7, \\ \Lambda\,(x = \alpha^4 = 5^4 = 2) &= 1 + 2^3 = 1 + 1 = 2 \bmod 7, \\ \Lambda\,(x = \alpha^5 = 5^5 = 3) &= 1 + 3^3 = 1 + 6 = 0 \bmod 7. \end{aligned}$$

Die Anzahl der Nullstellen entspricht dem Grad des Fehlerstellenpolynoms, und damit ist es ein gültiges Fehlerstellenpolynom. Die Fehlerstellen sind $1, 3$ und 5, und die drei Fehler ergeben sich zu:

$$\begin{aligned} e(x) &= e_5x^5 + e_3x^3 + e_1x, \\ f(x) &= f_5x^5 + f_3x^3 + f_1x, \\ g(x) &= g_5x^5 + g_3x^3 + g_1x. \end{aligned}$$

Zur Berechnung der Fehlerwerte nutzen wir wieder aus, dass wir die Transformation durchführen, deren Ergebnis wir kennen, d. h. zunächst für $e(x)$

$$\begin{aligned} E_0 = 5 &= 6e\,(x = \alpha^{-0} = 1) = 6\,(e_1 \cdot 1 + e_3 \cdot 1^3 + e_5 \cdot 1^5) = 6e_1 + 6e_3 + 6e_5 \bmod 7, \\ E_1 = 4 &= 6e\,(x = \alpha^{-1} = 3) = 6\,(e_1 \cdot 3 + e_3 \cdot 3^3 + e_5 \cdot 3^5) = 4e_1 + e_3 + 2e_5 \bmod 7, \\ E_2 = 3 &= 6e\,(x = \alpha^{-2} = 2) = 6\,(e_1 \cdot 2 + e_3 \cdot 2^3 + e_5 \cdot 2^5) = 5e_1 + 6e_3 + 3e_5 \bmod 7. \end{aligned}$$

Die erste Gleichung minus drei mal der zweiten und die erste minus zwei mal der dritten ergeben

$$\begin{aligned} 0 &= e_1 + 3e_3 \bmod 7, \\ 6 &= 3e_1 + e_3 \bmod 7. \end{aligned}$$

Daraus ergibt sich $e_1 = 4$ und $e_3 = 1$. Dies, in eine der Gleichungen eingesetzt, führt zu $e_5 = 4$. Die Fehlerwerte von $f(x)$ errechnen sich analog:

$$\begin{aligned} F_0 = 2 &= 6f\,(x = \alpha^{-0} = 1) = 6\,(f_1 \cdot 1 + f_3 \cdot 1^3 + f_5 \cdot 1^5) = 6f_1 + 6f_3 + 6f_5 \bmod 7, \\ F_1 = 0 &= 6f\,(x = \alpha^{-1} = 3) = 6\,(f_1 \cdot 3 + f_3 \cdot 3^3 + f_5 \cdot 3^5) = 4f_1 + f_3 + 2f_5 \bmod 7, \\ F_2 = 4 &= 6f\,(x = \alpha^{-2} = 2) = 6\,(f_1 \cdot 2 + f_3 \cdot 2^3 + f_5 \cdot 2^5) = 5f_1 + 6f_3 + 3f_5 \bmod 7. \end{aligned}$$

$$\begin{aligned} 2 &= f_1 + 3f_3 \bmod 7, \\ 1 &= 3f_1 + f_3 \bmod 7. \end{aligned}$$

Wir errechnen $f_1 = 1, f_3 = 5$ und $f_5 = 6$. Entsprechend die Fehlerwerte von $g(x)$:

$$\begin{aligned} G_0 = 2 &= 6g\,(x = \alpha^{-0} = 1) = 6\,(g_1 \cdot 1 + g_3 \cdot 1^3 + g_5 \cdot 1^5) = 6g_1 + 6g_3 + 6g_5 \bmod 7, \\ G_1 = 6 &= 6g\,(x = \alpha^{-1} = 3) = 6\,(g_1 \cdot 3 + g_3 \cdot 3^3 + g_5 \cdot 3^5) = 4g_1 + g_3 + 2g_5 \bmod 7, \\ G_2 = 5 &= 6g\,(x = \alpha^{-2} = 2) = 6\,(g_1 \cdot 2 + g_3 \cdot 2^3 + g_5 \cdot 2^5) = 5g_1 + 6g_3 + 3g_5 \bmod 7. \end{aligned}$$

$$\begin{aligned} 5 &= g_1 + 3g_3 \bmod 7, \\ 6 &= 3g_1 + g_3 \bmod 7. \end{aligned}$$

Wir errechnen $g_1 = 6, g_3 = 2$ und $g_5 = 4$. Damit haben wir drei Fehler in drei Codewörtern korrigiert. Die Fehler sind:

$$\begin{aligned} e(x) &= 4x^5 + x^3 + 4x, \\ f(x) &= 6x^5 + 5x^3 + x, \\ g(x) &= 4x^5 + 2x^3 + 6x. \end{aligned}$$

Mit dem euklidischen Algorithmus

Obwohl wir das Problem gelöst haben, wollen wir noch die Berechnung des Fehlerstellenpolynoms mit dem euklidischen Algorithmus durchführen. Die Decodierung von sog. IRS-Codes (Interleaved Reed-Solomon-Codes), bei denen mehrere Codewörter gemeinsam decodiert werden, ist ein Gebiet der aktuellen Forschung (Stand: 2008). Es erscheint uns reizvoll, den Lesern einen Einblick in ein aktuelles Forschungsgebiet zu geben. Deshalb ist der Rest dieses Kapitels nur für solche Leser gedacht, die anspruchsvolle Ableitungen mögen. Diese Ableitungen führen hier zu einem Algorithmus, mit dem mehr Fehler korrigiert werden können, als normalerweise bei einem RS-Code möglich ist. Dies wird durch die gemeinsame Betrachtung von mehreren RS-Codes erreicht. Da mit drei Fehlern die Korrekturfähigkeit des RS-Codes überschritten ist, ergibt sich das Fehlerstellenpolynom nicht direkt aus dem euklidischen Algorithmus. Es lässt sich jedoch durch Kombination der Ergebnisse, die bei der Durchführung des Algorithmus auftreten, berechnen.

Dazu führen wir zunächst wie üblich den euklidischen Algorithmus für x^4 und $E(x) \bmod x^4$ durch:

$$\begin{array}{l} x^4 \quad : 2x^3 + 3x^2 + 4x + 5 = 4x + 1 \quad \text{Rest} \quad 2x^2 + 4x + 2 \\ -(x^4 + 5x^3 + 2x^2 + 6x) \\ \hline = 2x^3 + 5x^2 + x \\ -(2x^3 + 3x^2 + 4x + 5) \\ \hline = 2x^2 + 4x + 2, \end{array}$$

$$\begin{array}{l} 2x^3 + 3x^2 + 4x + 5 \; : 2x^2 + 4x + 2 = x + 3 \quad \text{Rest} \quad 4x + 6 \\ -(2x^3 + 4x^2 + 2x) \\ \hline = 6x^2 + 2x + 5 \\ -(6x^2 + 5x + 6) \\ \hline = 4x + 6, \end{array}$$

$$\begin{array}{l} 2x^2 + 4x + 2 \quad : 4x + 6 = 4x + 2 \quad \text{Rest} \quad 4 \\ -(2x^2 + 3x) \\ \hline = x + 2 \\ -(x + 5) \\ \hline = 4. \end{array}$$

Nun berechnen wir die $w_i(x)$, durch die Rekursion $w_i(x) = w_{i-2}(x) - [q_i(x) \cdot w_{i-1}(x)]$ und den Anfangswerten $w_{-1}(x) = 0$ und $w_0(x) = 1$.

$$\begin{aligned} w_1(x) &= 0 - (q_1(x) \cdot 1) = -((4x+1) \cdot 1) = 3x + 6 \bmod 7, \\ w_2(x) &= 1 - (q_2(x) \cdot (3x+6)) = 1 - ((x+3) \cdot (3x+6)) = 1 - (3x^2 + x + 4) \\ &= 4x^2 + 6x + 4 \bmod 7, \\ w_3(x) &= 3x + 6 - (q_3(x) \cdot (4x^2 + 6x + 4)) = 3x + 6 - ((4x+2) \cdot (4x^2 + 6x + 4)) \\ &= 3x + 6 - (2x^3 + 4x^2 + 1) = 5x^3 + 3x^2 + 3x + 5 \bmod 7. \end{aligned}$$

Die Reste, die sich bei der Rechnung ergeben haben, sind:

$$\begin{aligned} r_1(x) &= 2x^2 + 4x + 2, \\ r_2(x) &= 4x + 6, \\ r_3(x) &= 4. \end{aligned}$$

Die Tatsache, dass wir gemäß Satz 5.29 jeden Rest als Linearkombination von x^4 und $E(x) \bmod x^4$ schreiben können, ergibt die folgenden Gleichungen. Dabei ersparen wir uns die $v_i(x)$ auszurechnen, indem wir die Gleichungen $\bmod x^4$ rechnen, weshalb $v_i(x) \cdot x^4 = 0 \bmod x^4$ ergibt.

$$\begin{aligned} w_1(x) \cdot (E(x) \bmod x^4) &= r_1(x) \bmod x^4, \\ w_2(x) \cdot (E(x) \bmod x^4) &= r_2(x) \bmod x^4, \\ w_3(x) \cdot (E(x) \bmod x^4) &= r_3(x) \bmod x^4. \end{aligned}$$

Die konkreten Werte eingesetzt, ergibt:

$$\begin{aligned} (3x+6) \cdot (2x^3 + 3x^2 + 4x + 5) &= 2x^2 + 4x + 2 \bmod x^4, \\ (4x^2 + 6x + 4) \cdot (2x^3 + 3x^2 + 4x + 5) &= 4x + 6 \bmod x^4, \\ (5x^3 + 3x^2 + 3x + 5) \cdot (2x^3 + 3x^2 + 4x + 5) &= 4 \bmod x^4. \end{aligned} \tag{5.20}$$

In diesem Fall wissen wir, dass drei Fehler aufgetreten sind und können das Fehlerstellenpolynom $\Lambda(x)$ vom Grad drei annehmen, das die folgende Gleichung erfüllen muss:

$$\left(x^3 + \Lambda_2 x^2 + \Lambda_1 x^1 + \Lambda_0\right) \cdot \left(E(x) \bmod x^4\right) = -\Omega_2 x^2 - \Omega_1 x - \Omega_0. \tag{5.21}$$

Es kann gezeigt werden, dass eine Linearkombination von $w_1(x), w_2(x)$ und $w_3(x)$ das Fehlerstellenpolynom $\Lambda(x)$ ergibt, d. h.

$$[\beta_1 \cdot w_1(x) + \beta_2 \cdot w_2(x) + \beta_3 \cdot w_3(x)] \cdot \left[E(x) \bmod x^4\right] = \Lambda(x) \cdot \left[E(x) \bmod x^4\right].$$

Damit ist auch

$$-\Omega(x) = \beta_1 \cdot r_1(x) + \beta_2 \cdot r_2(x) + \beta_3 \cdot r_3(x).$$

Wenn die Anzahl der Fehler kleiner gleich der halben Mindestdistanz war, ergab sich das Polynom $\Omega(x)$ direkt als Rest bei der Berechnung. Hier haben wir jedoch mehr Fehler als die halbe Mindestdistanz, weswegen $\Omega(x)$ eine Linearkombination der Reste ist. Wie viele Reste wir kombinieren müssen, hängt vom Grad von $\Lambda(x)$ ab. Wir haben mit Gl. (5.15) gezeigt, dass $\text{grad}\,\Omega(x) < \text{grad}\,\Lambda(x)$ sein muss. Der höchste Koeffizient von $\Omega(x)$, der ungleich null sein kann, ist $-\Omega_2 \neq 0$. Eine Linearkombination der Gl. (5.20) mit den Faktoren β_1, β_2 und β_3 erreicht werden kann.

$$\begin{aligned}&(\beta_3(5x^3 + 3x^2 + 3x + 5) + \beta_2(4x^2 + 6x + 4) + \beta_1(3x + 6)) \cdot (2x^3 + 3x^2 + 4x + 5)\\ &= \beta_3(4) + \beta_2(4x + 6) + \beta_1(2x^2 + 4x + 2) \bmod x^4.\end{aligned}$$

Durch Vergleich dieser Gleichung mit Gl. (5.21) können wir folgern, dass

$$\begin{aligned}(x^3 + \Lambda_2 x^2 + \Lambda_1 x^1 + \Lambda_0) &= \beta_3 \cdot w_1(x) + \beta_3 \cdot w_1(x) + \beta_3 \cdot w_1(x)\\ (x^3 + \Lambda_2 x^2 + \Lambda_1 x^1 + \Lambda_0) &= \beta_3\,(5x^3 + 3x^2 + 3x + 5) + \beta_2\,(4x^2 + 6x + 4) + \beta_1(3x + 6).\end{aligned} \tag{5.22}$$

Damit ist $\beta_3 = 3$, denn $3 \cdot 5 = 1 \bmod 7$. Bleibt noch, die zwei Unbekannten β_1 und β_2 zu bestimmen. Der Koeffizient bei x^3 in Gl. (5.21) muss null sein, da $\Omega_3 = 0$ ist, d. h.

$$E_3\Lambda_0 + E_2\Lambda_1 + E_1\Lambda_2 + E_0 \cdot 1 = 0.$$

Aus Gl. (5.22) können wir die Koeffizienten von $\Lambda(x)$ mit den Unbekannten β_i berechnen zu:

$$\begin{aligned}\Lambda_2 &= \beta_3 \cdot 3 + \beta_2 \cdot 4 + \beta_1 \cdot 0 = 2 + 4\beta_2,\\ \Lambda_1 &= \beta_3 \cdot 3 + \beta_2 \cdot 6 + \beta_1 \cdot 3 = 2 + 6\beta_2 + 3\beta_1,\\ \Lambda_0 &= \beta_3 \cdot 5 + \beta_2 \cdot 4 + \beta_1 \cdot 6 = 1 + 4\beta_2 + 6\beta_1.\end{aligned}$$

Mit den Polynomen $F(x) \bmod x^4 = 5x^3 + 4x^2 + 2$ und $G(x) \bmod x^4 = 5x^3 + 5x^2 + 6x + 2$ kennen wir zwei weitere Gleichungen, nämlich:

$$\begin{aligned}F_3\Lambda_0 + F_2\Lambda_1 + F_1\Lambda_2 + F_0 \cdot 1 = 0,\\ G_3\Lambda_0 + G_2\Lambda_1 + G_1\Lambda_2 + G_0 \cdot 1 = 0,\end{aligned}$$

aus denen wir β_1 und β_2 errechnen können. Berechnen wir zunächst die Gleichung für die Koeffizienten von $F(x)$:

$$5 \cdot (1 + 4\beta_2 + 6\beta_1) + 4 \cdot (2 + 6\beta_2 + 3\beta_1) + 2 \cdot 1 = 0 \cdot \beta_1 + 2 \cdot \beta_2 + 1 = 0,$$

woraus $\beta_2 = 3$ folgt. Nun noch für die Koeffizienten von $G(x)$:

$$5 \cdot (1 + 4\beta_2 + 6\beta_1) + 5 \cdot (2 + 6\beta_2 + 3\beta_1) + 6 \cdot (2 + 4\beta_2) + 2 \cdot 1 = 3 \cdot \beta_1 + 4 \cdot \beta_2 + 1 = 0,$$

woraus $3\beta_1 + 6 = 0$ und damit $\beta_1 = 5$ folgt. Damit haben wir die Koeffizienten von $\Lambda(x)$ berechnet, sie sind

$$\begin{aligned}\Lambda_2 &= \beta_3 \cdot 3 + \beta_2 \cdot 4 + \beta_1 \cdot 0 = 2 + 4 \cdot 3 = 0 \bmod 7,\\ \Lambda_1 &= \beta_3 \cdot 3 + \beta_2 \cdot 6 + \beta_1 \cdot 3 = 2 + 6 \cdot 3 + 3 \cdot 5 = 0 \bmod 7,\\ \Lambda_0 &= \beta_3 \cdot 5 + \beta_2 \cdot 4 + \beta_1 \cdot 6 = 1 + 4 \cdot 3 + 6 \cdot 5 = 1 \bmod 7.\end{aligned}$$

Und damit ergibt sich das gleiche Fehlerstellenpolynom $\Lambda(x) = x^3 + 1$, wie bei der ersten Berechnung über das lineare Gleichungssystem.

Um die Fehlerwerte zu berechnen, können wir $-\Omega(x)$ aus den Resten $r_i(x), i = 1,2,3$ und den $\beta_i, i = 1,2,3$ berechnen.

$$\begin{aligned}-\Omega(x) &= \beta_3 \cdot r_3(x) + \beta_2 \cdot r_2(x) + \beta_1 \cdot r_1(x) = 3 \cdot 4 + 3 \cdot (4x + 6) + 5 \cdot (2x^2 + 4x + 2) \\ &= 3x^2 + 4x + 5\end{aligned}$$

und damit ist $\Omega(x) = 4x^2 + 3x + 2$. Nun teilen wir $x^6 - 1$ durch das Fehlerstellenpolynom $x^3 + 1$ (was ohne Rest möglich ist) und erhalten:

$$\begin{array}{ll} x^6 - 1 & : x^3 + 1 = x^3 + 6 \quad \text{Rest} \quad 0 \\ -(x^6 + x^3) & \\ \hline = 6x^3 + 6 & \\ -(6x^3 + 6) & \\ \hline = 0. & \end{array}$$

Die Fehlerwerte sind damit

$$e_i = \Omega\left(x = \alpha^i\right) \cdot \frac{x^6 - 1}{\Lambda(x)}|_{x=\alpha^i}, \ i = 1,3,5.$$

Für $\alpha^1 = 5$ ergibt sich

$$e_1 = \left(4 \cdot 5^2 + 3 \cdot 5 + 2\right) \cdot \left(5^3 + 6\right) = (2 + 1 + 2) \cdot 5 = 4 \bmod 7,$$

für $\alpha^3 = 6$ ergibt sich

$$e_3 = \left(4 \cdot 6^2 + 3 \cdot 6 + 2\right) \cdot \left(6^3 + 6\right) = (4 + 4 + 2) \cdot 5 = 1 \bmod 7$$

und für $\alpha^5 = 3$ ergibt sich

$$e_5 = \left(4 \cdot 3^2 + 3 \cdot 3 + 2\right) \cdot \left(3^3 + 6\right) = (1 + 2 + 2) \cdot 5 = 4 \bmod 7.$$

Also haben wir exakt den gleichen Fehler $e(x) = 4x^5 + x^3 + 4x$ berechnet wie bei der anderen Berechnungsmethode.

Das Polynom $x^3 + 6$ besitzt als Nullstellen genau die Nichtfehlerstellen.

$$\begin{aligned}(x^3 + 6)\,|_{\alpha^0} &= 1^3 + 6 = 0 \bmod 7, \\ (x^3 + 6)\,|_{\alpha^2} &= 4^3 + 6 = 0 \bmod 7, \\ (x^3 + 6)\,|_{\alpha^4} &= 2^3 + 6 = 0 \bmod 7.\end{aligned}$$

Dies folgt aus der Tatsache, dass $x^6 - 1$ alle Elemente außer der Null als Nullstellen besitzt. Denn $\Lambda(x) = x^3 + 1$ besitzt die Nullstellen α^1, α^3 und α^5, und es gilt: $x^6 - 1 = (x^3 + 1)(x^3 + 6)$, daher muss $x^3 + 6$ die Nullstellen α^0, α^2 und α^4 haben.

Nun wollen wir noch die Fehlerwerte von $f(x)$ und $g(x)$ berechnen. Dazu überlegen wir uns, dass für $F(x)$ ebenfalls wie für $E(x)$ gilt:

$$F(x) \cdot \Lambda(x) = \Omega^F(x) \cdot (x^6 - 1) \qquad \longleftrightarrow \qquad F(x) = \Omega^F(x)\frac{x^6 - 1}{\Lambda(x)} = \Omega^F(x) \cdot \left(x^3 + 6\right).$$

Wir können daher $\Omega^F(x)$ berechnen, da wir $F_0 + F_1x + F_2x^2 + F_3x^3$ kennen und grad $\Omega^F(x) \leq 2$ gilt. Aus

$$\Omega^F(x) \cdot (x^3 + 6) = 6\Omega_0^F + 6\Omega_1^F x + 6\Omega_2^F x^2 + \Omega_0^F x^3 = 2 + 4x^2 + 5x^3 \bmod x^4$$

folgt $\Omega_0^F = 5$, $\Omega_1^F = 0$ und $\Omega_2^F = 3$. Damit können wir nun die Fehlerwerte berechnen

$$\begin{aligned} f_1 &= (3 \cdot 5^2 + 5) \cdot (5^3 + 6) = (5 + 5) \cdot 5 = 1 \bmod 7, \\ f_3 &= (3 \cdot 6^2 + 5) \cdot (6^3 + 6) = (3 + 5) \cdot 5 = 5 \bmod 7, \\ f_5 &= (3 \cdot 3^2 + 5) \cdot (3^3 + 6) = (6 + 5) \cdot 5 = 6 \bmod 7. \end{aligned}$$

Das ist der gleiche Fehler $f(x) = x + 5x^3 + 6x^5$, den wir auch mit der vorherigen Methode berechnet haben. Entsprechend gehen wir bei $g(x)$ vor.

$$G(x) \cdot \Lambda(x) = \Omega^G(x) \cdot (x^6 - 1) \qquad \longleftrightarrow \qquad G(x) = \Omega^G(x)\frac{x^6 - 1}{\Lambda(x)} = \Omega^G(x) \cdot (x^3 + 6).$$

Aus

$$\Omega^G(x) \cdot (x^3 + 6) = 6\Omega_0^G + 6\Omega_1^G x + 6\Omega_2^G x^2 + \Omega_0^G x^3 = 2 + 6x + 5x^2 + 5x^3 \bmod x^4$$

folgt $\Omega_0^G = 5$, $\Omega_1^G = 1$ und $\Omega_2^G = 2$. Die Fehlerwerte berechnen sich zu

$$\begin{aligned} g_1 &= (2 \cdot 5^2 + 5 + 5) \cdot (5^3 + 6) = (1 + 5 + 5) \cdot 5 = 6 \bmod 7, \\ g_3 &= (2 \cdot 6^2 + 6 + 5) \cdot (6^3 + 6) = (2 + 6 + 5) \cdot 5 = 2 \bmod 7, \\ g_5 &= (2 \cdot 3^2 + 3 + 5) \cdot (3^3 + 6) = (4 + 3 + 5) \cdot 5 = 4 \bmod 7. \end{aligned}$$

Im ersten Moment könnte man vermuten, dass die Berechnung mit dem euklidischen Algorithmus aufwendiger sei als über das lineare Gleichungssystem. Aber bei genauerer Betrachtung stellt sich heraus, dass die Methode mit dem euklidischen Algorithmus bei längeren Codes weniger Aufwand bedeutet.

6 Die DVD

Bild 6.1 DVD

Das klassische Fernsehen mit seinen analogen terrestrischen Sendern, die inzwischen abgeschaltet sind, wurde durch die Verteilung über Kabel und durch das Digitalfernsehen abgelöst. Digitales Fernsehen benötigt sehr viel weniger Sendeleistung, d. h., statt einer Sendeleistung im Kilowatt-Bereich, wie beim analogen Fernsehen, wird im digitalen Fall nur eine Sendeleistung im Watt-Bereich benötigt. Zur Digitalisierung des Fernsehens haben sich weltweit Ingenieure aus Universitäten und Industrie getroffen und einen Standard erarbeitet, der unter dem Namen MPEG-2 bekannt ist [21]. Die Abkürzung erklärt sich durch den Namen der Expertenkommission, sie heißt *Moving Picture Experts Group* [22]. Dieser Standard wird auch auf der DVD eingesetzt, auf der 740 MByte[1] Daten gespeichert werden können. Es existieren viele Varianten von MPEG-2, die in verschiedenen speziellen Situationen verwendet werden: Wir wollen uns hier jedoch auf eine Standardvariante konzentrieren, was genügt, um das Prinzip zu erläutern.

Betrachten wir zunächst die Datenmengen eines Fernsehbilds. Ein Fernsehbild besteht aus 720×576 Bildpunkten, den sog. Pixeln. Anders formuliert besteht ein Fernsehbild aus

[1] Ein Byte sind 8 bit, d. h. 740 MByte = $740 \cdot 8 \cdot 1\,000\,000$ bit

576 Zeilen und jede Zeile besteht aus 720 Pixeln. Jedes Pixel wird aus den Farben Rot, Grün und Blau (RGB abgekürzt) zusammengesetzt. Für jede Farbkomponente wird die Intensität/Helligkeit mit 8 bit codiert, d. h. jedes Pixel besteht aus 24 bit. Also benötigt man $720 \cdot 576 \cdot 24 = 9\,953\,280$ bit, um ein Fernsehbild zu beschreiben. In einem Film werden 25 Bilder pro Sekunde gezeigt, was einer Datenrate von 248 832 000 bit/s, also ca. 249 Mbit/s, entspricht. Für die DVD wird daraus eine Datenrate von kleiner gleich 6 Mbit/s erzeugt, d. h. eine über 40-mal geringere Datenrate. Dazu benötigt man die sog. Quellencodierung, ein Teilgebiet der Informationstheorie, die wir später beschreiben werden.

Um zu verstehen, was es bedeutet, 8 bit oder 4 bit oder eine beliebige andere Anzahl von Bits zu verwenden, um einen Wert zu quantisieren, stellen wir uns die Intensität normiert vor, d. h., die Intensität besitzt Werte zwischen 0 und 1. Benutzen wir zur Quantisierung 2 bit, so können wir genau vier Werte darstellen, d. h., wir können nur unterscheiden, ob die Intensität 0, $\frac{1}{3}$, $\frac{2}{3}$ oder 1 ist. Bei 4 bit können wir 16 Werte darstellen. Es ist offensichtlich, dass die Bildqualität mit der Anzahl der Quantisierungsstufen zunimmt. Andererseits existiert eine Anzahl an Quantisierungsstufen, bei der das menschliche Auge eine Erhöhung der Anzahl an Quantisierungsstufen nicht mehr wahrnehmen kann. Diese Tatsachen haben Ingenieure ausgenutzt, um die Datenmenge zu reduzieren.

Das menschliche Auge reagiert nicht so empfindlich auf die Anzahl der Quantisierungsstufen der Farbe wie auf die der Intensität. Deshalb wurde zunächst eine Farbraumtransformation durchgeführt, die hier nicht näher erläutert werden soll. Die Auswirkung dieser Farbraumtransformation ist, dass aus den Werten von RGB die Parameter YUV berechnet werden. Dabei repräsentiert Y die Intensität und U und V die Farben. Nun kann man ohne einen erkennbaren Qualitätsverlust Y durch 8 bit und U, V durch jeweils 4 bit quantisieren, und hat dadurch die Datenrate bereits um ein Drittel auf 166 Mbit/s reduziert, indem ein Pixel jetzt durch 16 bit statt 24 bit beschrieben wird.

Eine weitere Beobachtung war, dass sich in fast allen Filmen von einem zum nächsten Bild nicht viel ändert. Deshalb kann die Differenz zum letzten Bild durch wenige Bit beschrieben werden. Auf dieser Tatsache beruht das Verfahren, zunächst ein komplettes Bild zu speichern und danach für einige Bilder nur die Änderungen zum letzen Bild. Dieses Verfahren bringt eine erhebliche Datenreduktion. Wie häufig das komplette Bild eingefügt werden muss, wurde bei der Standardisierung aufgrund vieler Versuche festgelegt, bei denen die subjektive Qualität durch Testseher gemessen wurde. Dieser Aspekt soll jedoch hier nicht näher erläutert werden, sondern wir wollen die Quellencodierung beschreiben, die einen wichtigen Anteil an der Datenreduktion besitzt. Dazu wird zunächst ein Maß für die Information, die in einer Menge von Daten enthalten ist, definiert. Dieses Maß gibt an, wie stark die Daten komprimierbar sind. Mit Verfahren zur Quellencodierung werden diese Daten anschließend bestmöglich komprimiert. Durch die Quellencodierung wird also ein Bild durch weniger Bits beschrieben.

Zukünftig wird es vermehrt Fernseher mit einer höheren Auflösung geben. Die Verfahren für hochauflösendes Fernsehen (HDTV – High Definition Television) existieren bereits. Zu diesen Verfahren gibt es auch bereits eine hochauflösenden DVD, die als HD-DVD bezeichnet wird. Der HDTV-Standard benutzt Bilder mit $1\,920 \times 1\,080$ Pixeln, wodurch eine bessere Bildqualität entsteht. Jedoch muss dabei die vierfache Datenmenge verarbeitet und gespeichert werden. Dazu wurde eine neue Speichertechnik entwickelt, die sog. Blu-ray Disc[1]. Diese kann 30 GByte oder 54 GByte speichern. Der Name stammt von der Verwendung eines blauen statt eines roten Lasers zum Lesen der Daten. Bei der höheren Speicherkapazität (54 GByte) werden die Daten in zwei Schichten auf der Disc gespeichert. Zusätzlich verwendet man neue verbesserte Verarbeitungsverfahren zum Lesen der Daten.

6.1 Problemstellung

Die Informationstheorie definiert eine gedächtnislose Datenquelle als eine Quelle, die zufällig voneinander unabhängige Symbole aus einem Symbolalphabet generiert und diese ausgibt. Als mögliche Datenquelle kann man sich die Buchstaben eines Romans vorstellen. Damit wäre das Symbolalphabet die 26 Buchstaben des Alphabets (Sonderzeichen betrachten wir hierbei nicht). Unsere Quelle ist sicher nicht gedächtnislos, d. h., die Buchstaben sind nicht unabhängig voneinander, da die Wahrscheinlichkeit für ein „h“ nach einem „sc“ sehr viel größer ist als für ein „h“ nach einem „q“. Trotzdem ist dieses Beispiel sehr gut geeignet, die Begriffe der Quellencodierung zu veranschaulichen. Was hat nun eine gedächtnislose Quelle, die zufällig Symbole erzeugt, mit einem Film zu tun? Der DVD-Standard muss alle Filme speichern können, die, die existieren, und die, die noch gedreht werden. Betrachtet man Bilder, die zufällig aus verschiedenen Filmen ausgewählt werden, so sehen die 9 953 280 bit wie zufällig aus. Deshalb wird die Codierung eines Films durchgeführt, indem man die Bits, die ein Bild repräsentieren, als zufällig betrachtet.

Die Quellencodierung codiert die Quellensymbole durch Codesymbole mit dem Ziel, weniger Daten zu erhalten als die Daten der Quelle, d. h. eine Datenkompression durchzuführen. Ein Verfahren zur Quellencodierung wurde bereits 1833 von *Samuel Morse* mit seinem sog. Morsealphabet beschrieben. Die Quellensymbole sind dabei die Buchstaben unseres Alphabets, und die Codesymbole sind die drei Signale: kurz, lang und Pause. Jedem Quellensymbol wird ein Codewort, eine Folge von Codesymbolen zugeordnet. Das Codesymbol Pause wird nur verwendet, um Anfang und Ende eines Codeworts zu signalisieren. Damit haben wir nur zwei Symbole zur Codierung eines Buchstabens zur Verfügung. Würde man gleichlange Codewörter benutzen, so würde man fünf Symbole benötigen, um jedem der 26 Buchstaben ein Codewort zuzuweisen. Die Kernidee der Quellencodierung ist es, den wahrscheinlicheren Quellensymbolen kurze Codewörter und den unwahrscheinlicheren lange Codewörter zuzuordnen. Damit kommt man im Mittel mit einer geringeren Anzahl an Codesymbolen aus. *Samuel Morse* hat diese Idee bereits benutzt und dem Buchstaben mit größter Wahrscheinlichkeit, dem „E“, ein Codewort der Länge 1 zugeordnet.

Die zentrale Frage der Quellencodierung lautet: Gegeben eine gedächtnislose Quelle. Wie viele Bits pro Quellensymbol benötigt man, um die Quelle verlustfrei zu codieren? Dabei

[1] Die Schreibweise Blu-ray statt Blue-ray wurde bewusst gewählt, um eine Eintragung als Marke zu ermöglichen.

bedeutet verlustfrei, dass man aus den Codewörtern die Quellensymbole eindeutig wieder rekonstruieren kann.

Problemstellung
Wie viele Bit benötigt man, um die Symbole einer Quelle zu codieren?

6.2 Mathematische Grundlagen

Die Wahrscheinlichkeitsrechnung wurde bereits in Abschnitt 2.2.1 eingeführt. Deshalb wollen wir hier eine andere Einführung in die Wahrscheinlichkeitsrechnung angeben, indem wir den Schritten der Originalarbeit des russischen Mathematikers *Andrej Kolmogorov* [23] folgen. Dessen Arbeit aus dem Jahr 1933, die er in Deutsch publiziert hat, ist so klar geschrieben, dass sich das Lesen lohnt. Außerdem wurden durch seine Arbeit die Grundlagen der modernen Wahrscheinlichkeitsrechnung gelegt. *Andrej Kolmogorov* führt die Wahrscheinlichkeitsrechnung axiomatisch ein.

Wir benötigen Mengen von Elementarereignissen, die nicht weiter geteilt werden können. Diese Elementarereignisse sind die möglichen Ausgänge eines Zufallsexperiments. Zur Veranschaulichung der Begriffe werden wir einen gewöhnlichen Würfel mit den Zahlen 1 bis 6 verwenden.

Sei $\Gamma = \{\gamma_1, \gamma_2, ..., \gamma_n\}$ eine Menge von Elementarereignissen. Dies sind die Zahlen 1 bis 6 beim Würfel. Mit Ω bezeichnen wir eine Menge von Teilmengen von Γ. Beispielsweise

$$\Omega = \{\{\gamma_1, \gamma_2,\}, \{\gamma_1, \gamma_2, \gamma_5\}, \{\gamma_7\}, \{\gamma_7, \gamma_8\}, ...\} .$$

Eine Menge Ω von Teilmengen von Γ ist ein Mengenkörper, wenn gilt:

a) Die leere Menge ist Element von Ω, d. h. $\emptyset \in \Omega$.

b) Sind $\mathcal{A}, \mathcal{B} \in \Omega$, so muss gelten:

- die Schnittmenge $\mathcal{A} \cap \mathcal{B} \in \Omega$,
- die Vereinigungsmenge $\mathcal{A} \cup \mathcal{B} \in \Omega$ und
- die Differenzmenge $\mathcal{A} \setminus \mathcal{B} \in \Omega$.

In der Menge Ω sind alle möglichen Teilmengen von Γ enthalten, wie das folgende Beispiel eines Würfels zeigt. Die Schnittmenge wird oft auch als $\mathcal{AB} = \mathcal{A} \cap \mathcal{B}$ und die Vereinigungsmenge als $\mathcal{A} + \mathcal{B} = \mathcal{A} \cup \mathcal{B}$ notiert.

Beispiel 6.1 Mengenkörper des Würfels

Die Menge der Elementarereignisse ist $\Gamma = \{1, 2, 3, 4, 5, 6\}$. Die Elemente der Menge Ω stellen Ereignisse dar, die den Ausgang des Zufallsexperiments beschreiben. Beim Würfel kann ein

Ereignis *gerade Zahl*, *Primzahl* oder auch 1 sein. Das Ereignis gerade Zahl ist die Vereinigung der Elementarereignisse 2, 4 und 6, d. h.

$$\{2\} \cup \{4\} \cup \{6\} = \{2, 4, 6\}.$$

Das Ereignis Primzahl ist

$$\{2\} \cup \{3\} \cup \{5\} = \{2, 3, 5\}.$$

Die Schnittmenge der Ereignisse Primzahl und gerade Zahl muss ebenfalls in der Menge Ω sein und ist

$$\{2, 3, 5\} \cap \{2, 4, 6\} = \{2\}.$$

Dies kann für alle denkbaren Mengen fortgeführt werden, sodass wir am Ende den folgenden Mengenkörper Ω erhalten.

$$\Omega = \begin{Bmatrix} \emptyset, \{1\}, \{2\}, \{3\}, \{4\}, \{5\}, \{6\}, & \\ \{1,2\}, \{1,3\}, \{1,4\}, \{1,5\}, \{1,6\}, \{2,3\}, \{2,4\}, \ldots & \ldots\{5,6\} \\ \{1,2,3\}, \{1,2,4\}, \{1,2,5\}, \{1,2,6\}, \{1,3,4\}, \{1,3,5\}, \ldots & \ldots\{4,5,6\} \\ \{1,2,3,4\}, \{1,3,4,5\}, \{1,4,5,6\}, \ldots & \ldots, \{3,4,5,6\} \\ \{1,2,3,4,5\}, \{1,3,4,5,6\}, \ldots & \ldots, \{2,3,4,5,6\} \\ \{1,2,3,4,5,6\} & \end{Bmatrix}.$$

◇

Nachdem wir nun einen Mengenkörper eingeführt haben, können wir die Axiome von *Kolmogorov* angeben und erläutern.

Die Axiome von *Kolmogorov*

I. Ω ist ein Mengenkörper
II. Ω enthält die Menge Γ, d. h. $\Gamma \in \Omega$
III. Jeder Menge $\mathcal{A} \in \Omega$ ist eine nichtnegative reelle Zahl $P(\mathcal{A})$ zugeordnet. Diese Zahl $P(\mathcal{A})$ nennt man die Wahrscheinlichkeit des Ereignisses $\mathcal{A}$
IV. $P(\Gamma) = 1$
V. Wenn $\mathcal{A}, \mathcal{B}$ disjunkt sind, d. h. $\mathcal{A} \cap \mathcal{B} = \emptyset$ ist, dann gilt:

$$P(\mathcal{A} \cup \mathcal{B}) = P(\mathcal{A}) + P(\mathcal{B}).$$

Andrej Kolmogorov nennt sein Axiomensystem widerspruchsfrei, und verweist dafür auf das folgende Beispiel.

Beispiel 6.2 Γ mit nur einem Element γ

In diesem Fall besteht die Menge Ω aus zwei Elementen $\emptyset$ und $\Gamma = \{\gamma\}$. Es gilt $P(\Gamma) = P(\gamma) = 1$ und $P(\emptyset) = 0$. ◇

Aus den fünf Axiomen kann man Folgerungen ableiten, was wir nun tun wollen. Wir nehmen an, ein Zufallsexperiment besitzt als Ausgang ein Ereignis $\mathcal{A} \in \Omega$ mit Wahrscheinlichkeit $P(\mathcal{A})$ oder ein Ereignis $\mathcal{B} \in \Omega$ mit Wahrscheinlichkeit $P(\mathcal{B})$.

Wir stellen zunächst die mengentheoretische Terminologie der von Ereignissen gegenüber.

Sind zwei Mengen disjunkt, so sind die Ereignisse unvereinbar und es gilt $\mathcal{A} \cap \mathcal{B} = \emptyset$.

Ist $\mathcal{C}$ die Schnittmenge $\mathcal{A} \cap \mathcal{B} = \mathcal{C}$, so, das Ereignis $\mathcal{C}$ die gleichzeitige Realisierung der Ereignisse $\mathcal{A}$ und $\mathcal{B}$.

Ist $\mathcal{C}$ die Vereinigungsmenge $\mathcal{A} \cup \mathcal{B} = \mathcal{C}$, so besteht das Ereignis $\mathcal{C}$ aus der Realisierung von mindestens einem der Ereignisse $\mathcal{A}$ oder $\mathcal{B}$.

Die Komplementmenge $\overline{\mathcal{A}}$ ist das entgegengesetzte Ereignis, d. h., dass nicht $\mathcal{A}$ eintritt.

Die leere Menge $\emptyset$ ist das unmögliche Ereignis und die Menge Γ das sichere Ereignis.

Wenn $\mathcal{B} \subset \mathcal{A}$ gilt, dann ist auch das Ereignis $\mathcal{B}$ eingetreten, wenn das Ereignis $\mathcal{A}$ eingetreten ist.

Aus $\overline{\mathcal{A}} + \mathcal{A} = \Gamma$ und den Axiomen IV und V folgt

$$P\left(\overline{\mathcal{A}}\right) + P(\mathcal{A}) = 1, \quad P(\mathcal{A}) = 1 - P\left(\overline{\mathcal{A}}\right)$$

und daraus mit $\overline{\Gamma} = \emptyset$, dass

$$P(\emptyset) = 1 - P(\Gamma) = 0.$$

Eine wichtige Definition ist die statistische Unabhängigkeit von Ereignissen. Sie sagt aus, wann das Auftreten des Ereignisse $\mathcal{B}$ unabhängig ist vom Auftreten des Ereignisses $\mathcal{A}$ und umgekehrt.

Definition 6.3 Statistische Unabhängigkeit

Zwei Ereignisse $\mathcal{A}$ und $\mathcal{B}$ sind statistisch unabhängig, wenn gilt

$$P(\mathcal{A} \cap \mathcal{B}) = P(\mathcal{AB}) = P(\mathcal{A}) \cdot P(\mathcal{B}).$$

Die bedingte Wahrscheinlichkeit $P(\mathcal{B}|\mathcal{A})$ ist die Wahrscheinlichkeit, dass das Ereignis $\mathcal{B}$ eintritt unter der Bedingung, dass das Ereignis $\mathcal{A}$ bereits eingetreten ist. Beim Würfel kann man die bedingte Wahrscheinlichkeit für das Ereignis 2 berechnen unter der Bedingung, dass das Ereignis Primzahl eingetreten ist. Diese Wahrscheinlichkeit ist ein Drittel, da entweder $2, 3$ oder 5 eingetreten ist und alle die gleiche Wahrscheinlichkeit besitzen.

Mit der bedingten Wahrscheinlichkeit können wir die Wahrscheinlichkeit der Schnittmenge $P(\mathcal{A} \cap \mathcal{B})$, die auch Produktwahrscheinlichkeit $P(\mathcal{AB})$ genannt wird, anders ausdrücken. Die Produktwahrscheinlichkeit ist die Wahrscheinlichkeit, dass beide Ereignisse $\mathcal{A}$ und $\mathcal{B}$ gleichzeitig eingetreten sind. Sie ist aber auch die Wahrscheinlichkeit, dass das Ereignis $\mathcal{B}$ auftritt unter der Bedingung, dass das Ereignis $\mathcal{A}$ bereits eingetreten ist, mal der Wahrscheinlichkeit, dass das Ereignis $\mathcal{A}$ eintritt. Somit ergibt sich mit $P(\mathcal{A}) > 0$ für die bedingte Wahrscheinlichkeit folgende Formel

$$P(\mathcal{B}|\mathcal{A}) = \frac{P(\mathcal{AB})}{P(\mathcal{A})}.$$

Andererseits kann man die Produktwahrscheinlichkeit auch interpretieren als die Wahrscheinlichkeit, dass $\mathcal{A}$ auftritt unter der Bedingung, dass das Ereignis $\mathcal{B}$ bereits eingetreten ist, mal der Wahrscheinlichkeit, dass $\mathcal{B}$ eintritt. Es gilt also für $P(\mathcal{B}) > 0$

$$P(\mathcal{A}|\mathcal{B}) = \frac{P(\mathcal{AB})}{P(\mathcal{B})}.$$

Lösen wir beide Interpretationen nach $P(\mathcal{AB})$ auf und setzen sie gleich, so erhalten wir

$$P(\mathcal{B}|\mathcal{A}) \cdot P(\mathcal{A}) = P(\mathcal{A}|\mathcal{B}) \cdot P(\mathcal{B}).$$

Die Division durch $P(\mathcal{B})$ liefert die Formel von *Thomas Bayes.*

Definition 6.4 Bayes-Formel

Für die bedingten Wahrscheinlichkeiten gilt der Zusammenhang

$$P(\mathcal{A}|\mathcal{B}) = \frac{P(\mathcal{B}|\mathcal{A})P(\mathcal{A})}{P(\mathcal{B})}.$$

Die bedingte Wahrscheinlichkeit besitzt Eigenschaften, die abhängig von der Beziehung der Mengen $\mathcal{A}$ und $\mathcal{B}$ sind. Diese wollen wir nachfolgend auflisten

a) Für disjunkte Ereignisse gilt: $P(\mathcal{A}|\mathcal{B}) = 0$,

   $\mathcal{A} \cap \mathcal{B} = \emptyset \longrightarrow P(\mathcal{AB}) = 0 \longrightarrow P(\mathcal{A}|\mathcal{B}) = 0.$

b) Wenn $\mathcal{B}$ Teilmenge von $\mathcal{A}$ ist gilt: $P(\mathcal{A}|\mathcal{B}) = 1$,

   $\mathcal{B} \subset \mathcal{A} \longrightarrow P(\mathcal{AB}) = P(\mathcal{B}) \longrightarrow P(\mathcal{A}|\mathcal{B}) = 1.$

c) Wenn $\mathcal{A}$ Teilmenge von $\mathcal{B}$ ist gilt: $P(\mathcal{A}|\mathcal{B}) = \frac{P(\mathcal{A})}{P(\mathcal{B})}$,

   $\mathcal{A} \subset \mathcal{B} \longrightarrow P(\mathcal{AB}) = P(\mathcal{A}) \longrightarrow P(\mathcal{A}|\mathcal{B}) = \frac{P(\mathcal{A})}{P(\mathcal{B})}.$

d) Wenn $\mathcal{A}$ und $\mathcal{B}$ statistisch unabhängig sind, gilt: $P(\mathcal{A}|\mathcal{B}) = P(\mathcal{A})$,

   $\mathcal{A}, \mathcal{B}$ statistisch unabhängig $\longrightarrow P(\mathcal{AB}) = P(\mathcal{A})P(\mathcal{B}) \longrightarrow P(\mathcal{A}|\mathcal{B}) = P(\mathcal{A}).$

Damit man unabhängig von speziellen Zufallsexperimenten wird, wurde das Konzept einer Zufallsvariablen eingeführt, die als Ergebnis eine beliebige Menge von Werten annehmen kann. Zusammen mit den entsprechenden Wahrscheinlichkeiten kann man dann charakteristische Kenngrößen der Zufallsvariablen definieren, von denen wir die wichtigsten nachfolgend angeben wollen. Eine ausführliche Erklärung der Begriffe Zufallsvariable und Erwartungswert finden sich in Abschnitt 2.2.1.

Zufallsvariable: Eine Zufallsvariable V ist die Zuordnung von Ereignissen eines Zufallsexperiments zu Zahlen. Sei V eine Zufallsvariable, die die Werte $\{v_1, v_2, ..., v_L\}$ annehmen kann und die entsprechenden Wahrscheinlichkeiten seien

$$P(V = v_i) = q_i \, , i = 1, 2, ..., L,$$

dann muss gelten $\sum_{i=1}^{L} q_i = 1$.

Definition 6.5 Erwartungswert (linearer Mittelwert) einer Zufallsvariablen

Der Erwartungswert $E[V]$ (auch linearer Mittelwert genannt) einer Zufallsvariablen V mit den Werten $\{v_1, v_2, ..., v_L\}$ und den entsprechenden Wahrscheinlichkeiten $\{q_1, q_2, ..., q_L\}$ ist

$$E[V] = \sum_{i=1}^{L} q_i \cdot v_i.$$

Definition 6.6 Varianz einer Zufallsvariablen

Die Varianz $E[(V - E[V])^2]$ einer Zufallsvariablen V mit den Werten $\{v_1, v_2, ..., v_L\}$ und den entsprechenden Wahrscheinlichkeiten $\{q_1, q_2, ..., q_L\}$ gibt an, wie stark die Werte der Zufallsvariablen vom Erwartungswert abweichen, und wird berechnet durch

$$E\left[(V - E[V])^2\right] = \sum_{i=1}^{L} q_i \cdot (v_i - E[V])^2 .$$

Beispiel 6.7 Zufallsvariable

Die Zufallsvariable V kann die Werte $\{v_1 = 8, v_2 = 20, v_3 = 48\}$ mit den Wahrscheinlichkeiten $q_1 = \frac{1}{8}, q_2 = \frac{2}{8}, q_3 = \frac{5}{8}$ annehmen. Der Erwartungswert der Zufallsvariablen ist dann

$$E[V] = \sum_{i=1}^{3} q_i \cdot v_i = \frac{1}{8} \cdot 8 + \frac{2}{8} \cdot 20 + \frac{5}{8} \cdot 48 = 36.$$

Ihre Varianz errechnet sich zu

$$\begin{aligned} E\left[(V - E[V])^2\right] &= \sum_{i=1}^{L} q_i \cdot (v_i - E[V])^2 \\ &= \frac{1}{8}(8 - 36)^2 + \frac{2}{8} \cdot (20 - 36)^2 + \frac{5}{8} \cdot (48 - 36)^2 = 252. \end{aligned}$$

Damit können wir nun im Folgenden die Quellencodierung beschreiben und analysieren.

6.3 Informationstheorie: Quellencodierung

Zunächst wollen wir mit einem Beispiel beginnen, das veranschaulichen soll, was Quellencodierung bedeutet. Speziell soll gezeigt werden, dass unterschiedliche Codierer unterschiedliche Datenraten erzeugen. Anschließend werden wir den zentralen Begriff der Quellencodierung einführen, die Unsicherheit von *Claude E. Shannon*. Mit diesem Maß werden wir das Shannon-Quellencodiertheorem herleiten. Es gibt an, wie stark man Quellen höchstens komprimieren kann. Danach werden wir noch zwei praktische Verfahren zur Quellencodierung beschreiben.

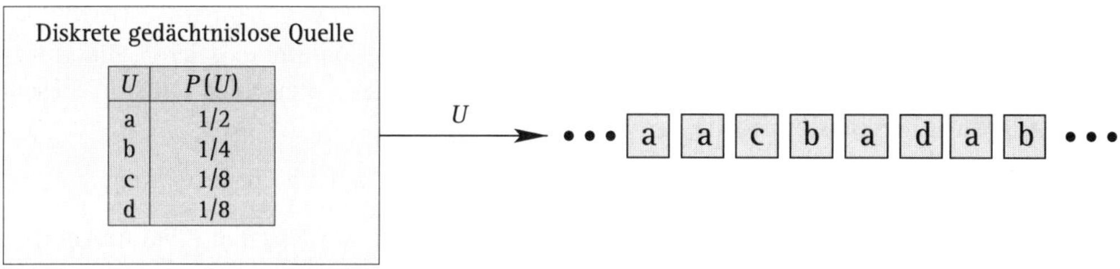

Bild 6.2 Gedächtnislose Quelle mit Alphabet $\{a, b, c, d\}$

Beispiel 6.8 Quellencodierung

Gegeben sei eine gedächtnislose Quelle, die zufällig einen der vier Buchstaben $\{a, b, c, d\}$ erzeugt. Entsprechend **Bild 6.2** treten dabei die Buchstaben mit unterschiedlicher Wahrscheinlichkeit auf. Der Buchstabe a tritt mit Wahrscheinlichkeit $P(a) = \frac{1}{2}$ auf, b mit $P(b) = \frac{1}{4}$ und c, d mit den Wahrscheinlichkeiten $P(c) = P(d) = \frac{1}{8}$.

Zunächst können wir einfach jedem der vier Symbole zwei Bit zuordnen, was in **Bild 6.3** gezeigt ist.

a → 0 0, b → 0 1, c → 1 0, d → 1 1

Bild 6.3 Codewörter mit konstanter Länge

Wenn wir einen Text mit 10 000 Buchstaben codieren, benötigen wir 20 000 bit. Wir können jedoch die Zuordnung auch anders machen, nämlich den Buchstaben unterschiedlich lange Codewörter zuordnen, wie es in **Bild 6.4** gezeigt ist.

a → 0, b → 1 0, c → 1 1 0, d → 1 1 1

Bild 6.4 Codewörter mit variabler Länge

Wir wollen überlegen, wie viel Bits wir bei diesem Codierer benötigen, um 10 000 Symbole zu codieren. Dazu berechnen wir zunächst den Erwartungswert $E[L]$ für die pro Quellensymbol benötigten Bits. Mit Wahrscheinlichkeit $\frac{1}{2}$ tritt der Buchstabe a auf, d. h. wir benötigen 1 bit. Mit Wahrscheinlichkeit $\frac{1}{4}$ tritt der Buchstabe b auf, und wir benötigen 2 bit. Die Buchstaben c, d treten mit Wahrscheinlichkeit $\frac{1}{8}$ auf, und wir benötigen jeweils 3 bit, um sie zu codieren. Damit errechnet sich der Erwartungswert pro Symbol zu:

$$E[L] = \frac{1}{2} \cdot 1 + \frac{1}{4} \cdot 2 + \frac{1}{8} \cdot 3 + \frac{1}{8} \cdot 3 = 1{,}75.$$

Insgesamt erwarten wir, dass wir 17 500 bit zur Codierung benötigen, also 2 500 bit weniger als im Fall mit konstanter Codewortlänge. ◇

An diesem Beispiel haben wir gesehen, dass unterschiedliche Codierer existieren, die unterschiedliche Datenraten liefern. Bei großen Datenmengen ist der Unterschied selbst in diesem kleinen Beispiel bereits signifikant.

Generell sind bei der Quellencodierung zwei entscheidende Fragen zu beantworten:

- Wie muss eine Codierung mit variabler Länge konstruiert werden, damit sie umkehrbar eindeutig ist?
- Wie viel Bits benötigt man mindestens zur Codierung einer Quelle?

Untersuchen wir zunächst die erste Frage, wann eine Codierung umkehrbar ist. Eine uns allen vertraute Codierung mit variabler Länge sind die Telefonnummern. Eine Nummer codiert einen Teilnehmer. Diese Codierung ist umkehrbar, weil keine Telefonnummer vergeben werden, deren vorderer Teil die Telefonnummer eines anderen Teilnehmers ist. Denn nehmen wir an, die Nummer des Teilnehmers A sei der vordere Teil der Nummer von Teilnehmer B. Wollen wir nun die Nummer von Teilnehmer B wählen, so müssen wir zunächst die von Teilnehmer A wählen und landen bei A. Wir können B nie erreichen, und damit wäre diese Abbildung nicht umkehrbar. Der vordere Teil eines Codeworts wird Präfix genannt und wird nun definiert.

Definition 6.9 Präfix

Gegeben sei ein Codewort $\boldsymbol{x}_i$ der Länge w_i mit $\boldsymbol{x}_i = \left(x_{i_1}, x_{i_2}, x_{i_3}, \ldots, x_{i_{w_i}}\right)$. Als Präfixe bezeichnet man alle Vektoren (x_{i_1}), (x_{i_1}, x_{i_2}), $(x_{i_1}, x_{i_2}, x_{i_3}), \ldots, (x_{i_1}, x_{i_2}, x_{i_3}, \ldots, x_{i_{w_i-1}})$.

Am Beispiel der Telefonnummern haben wir gesehen, dass eine Codiervorschrift, die Codewörter mit variabler Länge verwendet, umkehrbar ist, wenn kein Codewort Präfix eines anderen ist. Bei einer Codiervorschrift mit Codewörtern konstanter Länge muss diese Aussage selbstverständlich nicht gelten, da man die Codewörter in diesem Fall durch die konstante Länge eindeutig zuordnen kann.

Definition 6.10 Präfixfreier Code

Ein Code mit variabler Länge ist präfixfrei, wenn kein Codewort Präfix eines anderen Codeworts ist.

Satz 6.11 Umkehrbare Codierung

Eine Codierung durch Codewörter mit variabler Länge ist umkehrbar eindeutig, wenn der Code präfixfrei ist.

Die Gültigkeit dieses Satzes wird an den folgenden Beispielen deutlich. Eine anschauliche Darstellung der eingeführten Definitionen und abgeleiteten Aussagen kann durch den sog. Codebaum, erreicht werden. Er ergibt sich, wenn man die Codiervorschrift in einen Graphen mit Knoten und Zweigen einzeichnet, wie das folgende Beispiel demonstriert.

Beispiel 6.12 Codebaum

Wir wollen die Codiervorschrift mit variabler Länge aus Beispiel 6.8 in einen Graphen mit Knoten und Zweigen einzeichnen. Dies ist in **Bild 6.5** gezeigt. Wir starten an einem Knoten und zeichnen zwei Zweige, einen nach oben für die 0 und einen nach unten für die 1. Am Ende der Zweige zeichnen wir Knoten ein. Da a durch 0 codiert wird, können wir bereits a an den obersten Knoten notieren usw.

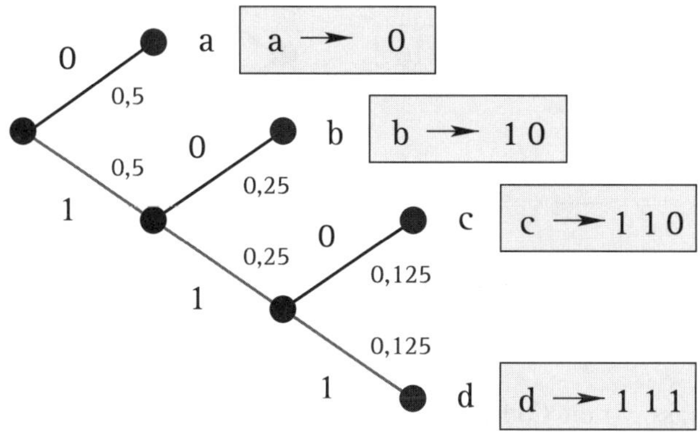

Bild 6.5 Codebaum

Man erkennt, dass jedes Codewort einem Endknoten in diesem Codebaum entspricht. Somit ist der Code präfixfrei. Mit einem Codebaum kann auch die Decodierung beschrieben werden. Wenn man eine Bitfolge decodieren will, so läuft man entsprechend der Bitwerte auf den Zweigen des Codebaums, und wenn man einen Endknoten erreicht, notiert man das entsprechende Symbol und fängt erneut vorne am Codebaum an.

Wenn man die Wahrscheinlichkeiten der Symbole (a, b, c, d) an die Endknoten schreibt und sie addiert, ergibt sich eine interessante Beobachtung. Die Addition von $P(d) + P(c) = 0{,}125 + 0{,}125 = 0{,}25$ kann man an den Knoten notieren, von dem die Zweige für c und d ausgehen. Dies kann man entsprechend Bild 6.5 fortführen und erhält dann am Ursprungsknoten, der auch als Wurzel bezeichnet wird, die Wahrscheinlichkeit 1. ◇

Wir wollen noch ein weiteres Beispiel angeben, um zu demonstrieren, wie ein nicht präfixfreier Code und sein entsprechender Codebaum aussehen.

Beispiel 6.13 Präfixfreier und nicht präfixfreier Code

Gegeben seien die Codewörter eine präfixfreien und eines nicht präfixfreien Codes.

präfixfrei	nicht präfixfrei
0	1
10	00
11	11

Die entsprechenden Codebäume sind in **Bild 6.6** gezeichnet, und man erkennt, dass im rechten Graphen nicht alle Codewörter den Endknoten des Codebaums entsprechen. ◇

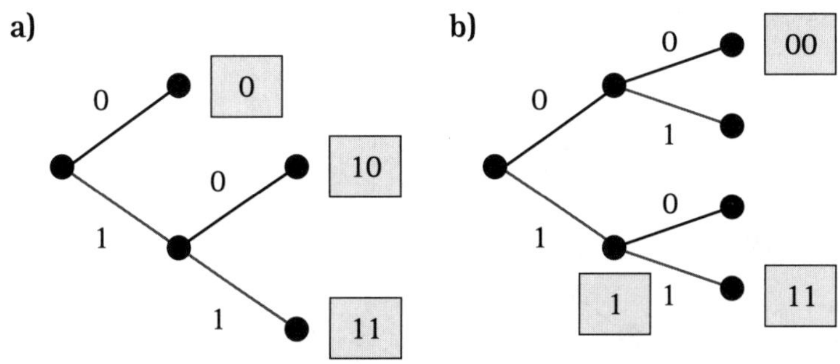

Bild 6.6 Codierung – a) präfixfrei, b) nicht präfixfrei

Damit ist geklärt, dass wir die Codierung mit variabler Länge wieder eindeutig zurück abbilden können, wenn die Codewörter nur Endknoten entsprechen. Die Kraft-Ungleichung gibt an, ob ein präfixfreier Code existieren kann.

Satz 6.14 Kraft-Ungleichung

Ein binärer präfixfreier Code mit den Codewortlängen $(w_1, w_2, ..., w_L)$ existiert genau dann, wenn gilt:

$$\sum_{i=1}^{L} 2^{-w_i} \leq 1.$$

Beweis: Bezeichnen wir mit w_m das Maximum aller Codewortlängen, d. h.

$$w_m = \max\{w_1, w_2, ..., w_L\}.$$

Einen binären Codebaum, bei dem alle Codewörter gleiche Länge besitzen, nennt man einen vollständigen Codebaum. Als Tiefe t eines Knotens bezeichnet man die Anzahl an Verbindungslinien, die man vom Startknoten benötigt, um zu dem Knoten zu gelangen. Damit besitzt ein vollständiger Codebaum der Tiefe t genau 2^t Endknoten. Wählen wir einen Endknoten der Tiefe $t-1$, verlieren wir zwei der 2^t Endknoten. Wählen wir einen Endknoten der Tiefe $t-2$, verlieren wir 2^2 Endknoten der 2^t Endknoten. Allgemein verlieren wir 2^l Knoten, wenn wir einen Endknoten der Tiefe $t-l$ wählen. Für unseren Code stellen wir also zunächst einen vollständigen Codebaum auf, der 2^{w_m} Endknoten besitzt. Als Codewörter wählen wir für alle i Endknoten der Tiefe w_i und verlieren dadurch jeweils $2^{w_m-w_i}$ Endknoten. Da wir zu Beginn nur 2^{w_m} Endknoten hatten, kann die Summe aller Verluste nicht größer sein als 2^{w_m}, d. h.

$$\sum_{i=1}^{L} 2^{w_m-w_i} \leq 2^{w_m} \quad \longleftrightarrow \quad \sum_{i=1}^{L} 2^{-w_i} \leq 1.$$

Damit haben wir Kraft-Ungleichung bewiesen.

□

Die Beantwortung der zweiten Frage, wie viele Bits man mindestens benötigt, um die Symbole einer bestimmten Quelle zu codieren, ist eines der herausragenden Ergebnisse von *Claude E. Shannon*, das Quellencodiertheorem. Dazu führen wir zunächst im folgenden Abschnitt die Unsicherheit (meistens als Entropie bezeichnet) ein.

6.3.1 Shannon'sche Unsicherheit, Entropie

Wir wollen die Unsicherheit zunächst an einem Beispiel motivieren. Dazu stellen wir uns vor, wir spielen auf einer Party mit 33 Personen das folgende Spiel[1]. Eine Person, der Rater, verlässt den Raum, und die anderen 32 Personen einigen sich auf eine bestimmte Person, den Erwählten. Das Ziel des Raters ist nun, den Erwählten mit möglichst wenigen Fragen zu finden. Wie viele Fragen, auf die nur mit Ja oder Nein geantwortet werden darf, muss der Rater mindestens stellen, um den Erwählten sicher zu finden. Mit der Wahrscheinlichkeit $\frac{1}{32}$ ist eine zufällig gewählte Person der Erwählte. Wenn der Rater eine Person nach der anderen zufällig auswählt, so kann es vorkommen, dass er 31 Fragen benötigt. Mit folgender Methode benötigt der Rater jedoch genau fünf Fragen.

Er teilt die Personen in zwei Gruppen zu je 16 Personen und stellt die Frage: Ist der Erwählte in dieser Gruppe? Dann teilt er die Gruppe, in der sich der Erwählte befindet, in zwei Gruppen zu je acht auf und stellt für eine dieser Gruppen erneut die Frage. Nun teilt er die Gruppe, in der sich der Erwählte befindet, in zwei Gruppen zu je vier Personen auf und stellt für eine Gruppe wiederum seine Frage. Die verbliebenen vier Personen, unter denen sich der Erwählte befindet, teilt er in zwei Gruppen zu je zwei Personen auf und stellt seine Frage zum vierten Mal. Die fünfte Frage lautet: Ist diese Person der Erwählte?

[1] In [24] wird dieses Spiel als Bar-Kochba-Spiel beschrieben.

Bei fünf Fragen kann man damit eine von $2^5 = 32$ Personen identifizieren, d. h. man benötigt $\log_2(32) = 5$ Fragen. Wir können nun behaupten, dass man bei L Personen $H(L)$ Fragen benötigt mit

$$H(L) = \log_2(L).$$

Diese Behauptung wollen wir nachfolgend genauer untersuchen. Was bedeutet es, wenn L keine Zweierpotenz ist, d. h., wenn $H(L)$ eine reelle Zahl ist? Bei neun Personen benötigen wir mindestens vier Fragen, um sicher den Erwählten zu erraten. Denn wenn wir Pech haben, ist der Erwählte unter den fünf und nicht unter den vier Personen bei der ersten Teilung, unter den drei bei der zweiten Teilung und unter den zwei bei der dritten Teilung; das bedeutet vier Fragen. Gemäß Formel benötigen wir jedoch

$$H(L = 9) = \log_2(9) = 3{,}1699...$$

Fragen. Das Symbol $\lceil x \rceil$ ist die kleinste ganze Zahl, die größer oder gleich x ist. In unserem Beispiel benötigen wir $\lceil \log_2(9) \rceil = 4$ Fragen, um immer sicher die gesuchte Person zu identifizieren. Wie kann jedoch der Wert 3,1699... mithilfe unseres Spiels erklärt werden? Betrachten wir n Spiele auf einmal, mit jeweils L Personen pro Spiel. Dann müssen wir einen Vektor mit n Erwählten erraten. Dieser Vektor ist ein Vektor aus L^n möglichen Vektoren, da es für jede Komponente L Möglichkeiten gibt. Man muss also einen Vektor unter L^n möglichen finden, entsprechend unserer Formel benötigen wir hierfür $\lceil \log_2(L^n) \rceil$ Fragen, um den Vektor sicher zu erraten. Somit kann die Zahl der benötigten Fragen F abgeschätzt werden durch:

$$\log_2(L^n) \le F < \log_2(L^n) + 1.$$

Denn für $\lceil \log_2(L^n) \rceil$ gilt stets:

$$\lceil \log_2(L^n) \rceil < \log_2(L^n) + 1.$$

Da allen n Spielen die gleiche Menge an Personen zugrunde liegt, können wir die Zahl der Fragen für ein Spiel durch Mittelung (Teilen durch n) erhalten, d. h.

$$\log_2(L) \le \frac{F}{n} < \log_2(L) + \frac{1}{n}.$$

Da $\frac{1}{n}$ gegen null geht für $n \to \infty$, geht die mittlere Anzahl an Fragen F für ein Spiel gegen den Wert $\log_2(L) = H(L)$. Anders ausgedrückt, stellt dieser Wert $H(L)$ einen Erwartungswert dar, an den wir uns bei beliebig häufigem Spielen von oben annähern.

Dieses $H(L)$ wurde von *Ralph Hartley* im Jahr 1933 als Unsicherheit definiert. Wir wollen diese Gleichung etwas anders schreiben.

$$H(L) = \log_2(L) = \underbrace{\left(\sum_{i=1}^{L} \frac{1}{L}\right)}_{=1} \log_2(L) = -\sum_{i=1}^{L} \frac{1}{L} \log_2\left(\frac{1}{L}\right),$$

wobei wir benutzt haben, dass $\log x = -\log \frac{1}{x}$ gilt. Bei Betrachtung dieser Gleichung fällt auf, dass $\frac{1}{L}$ genau die Wahrscheinlichkeit eines Ereignisses darstellt, wenn alle L Ereignisse gleichwahrscheinlich sind. Sind die Ereignisse jedoch nicht gleichwahrscheinlich, so müssen wir $\frac{1}{L}$ durch die entsprechende Wahrscheinlichkeit ersetzen, um genau bei *Claude E. Shannons* Definition der Unsicherheit, die auch häufig Entropie genannt wird, zu landen. Der Begriff Unsicherheit beschreibt bei unserem Ratespiel, wie viele Fragen man mindestens stellen muss, um sicher den Erwählten zu finden. Je mehr Personen am Spiel teilnehmen, desto größer ist die Unsicherheit. Wenn wir das Spiel so modifizieren, dass bestimmte Personen häufiger gewählt werden, so gilt nicht mehr die Gleichwahrscheinlichkeit, und die Unsicherheit wird kleiner. In der folgenden Definition ist nur die Gleichwahrscheinlichkeit $\frac{1}{L}$ durch die Wahrscheinlichkeit $P(u_i)$ ersetzt.

Definition 6.15 Shannon'sche Unsicherheit, Entropie

Gegeben sei eine gedächtnislose Quelle mit dem Symbolalphabet $U = \{u_1, u_2, ..., u_L\}$ *und den Auftrittswahrscheinlichkeiten* $P(u_i) = p_i$, $i = 1, 2, ..., L$ *mit* $\sum_{i=1}^{L} p_i = 1$ *und* $\forall_i : p_i > 0$. *Dann ist die Unsicherheit* $H(U)$ *definiert durch*

$$H(U) = -\sum_{i=1}^{L} p_i \cdot \log_2(p_i).$$

Anmerkung: Da wir uns nur mit diskreten Wahrscheinlichkeiten beschäftigen, können wir in der Definition der Unsicherheit Ereignisse mit Wahrscheinlichkeit 0 weglassen. Damit kann der Fall $\log_2(0)$ nicht auftreten. Andererseits wird auch häufig $\lim_{x \to 0} x \cdot \log_2(x) = 0$ verwendet, was entsprechend **Bild 6.9** eine sinnvolle Ergänzung ist.

Wir wollen diese Definition an einem Beispiel vertiefen, indem wir zunächst die Unsicherheit von gleichwahrscheinlichen Bits mit der von nicht gleichwahrscheinlichen vergleichen.

Beispiel 6.16 Gleichwahrscheinliche und nicht gleichwahrscheinliche Bits

Wir ziehen zufällige Bits aus der Urne a) mit Zurücklegen. Da gleich viele Bits 0 und 1 vorhanden sind, gilt $P(0) = P(1) = \frac{1}{2}$. Die Unsicherheit hierbei errechnet sich zu:

$$\begin{aligned} H_a(X) &= -P(0)\log_2 P(0) - P(1)\log_2 P(1) \\ &= \frac{1}{2} + \frac{1}{2} = 1\,\text{bit}. \end{aligned}$$

Die Unsicherheit eines Bit ist damit 1 bit, was der größtmögliche Wert ist.

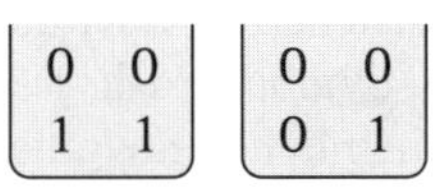

a) b)

Bild 6.7 Beispiel zur binären Entropie

Beim Ziehen aus der Urne b) sind die Wahrscheinlichkeiten unterschiedlich, nämlich $P(0) = \frac{3}{4}$ und $P(1) = \frac{1}{4}$. Intuitiv ist klar, dass die Unsicherheit kleiner ist als bei der Urne a), da wir dreimal so häufig eine Null erwarten wie eine Eins. In der Tat ergibt die Unsicherheit

$$\begin{aligned} H_b(X) &= -P(0)\log_2 P(0) - P(1)\log_2 P(1) \\ &= -\frac{3}{4}\log_2\left(\frac{3}{4}\right) - \frac{1}{4}\log_2\left(\frac{1}{4}\right) = 0{,}811\,\text{bit} \end{aligned}$$

und ist damit kleiner als 1 bit. ◇

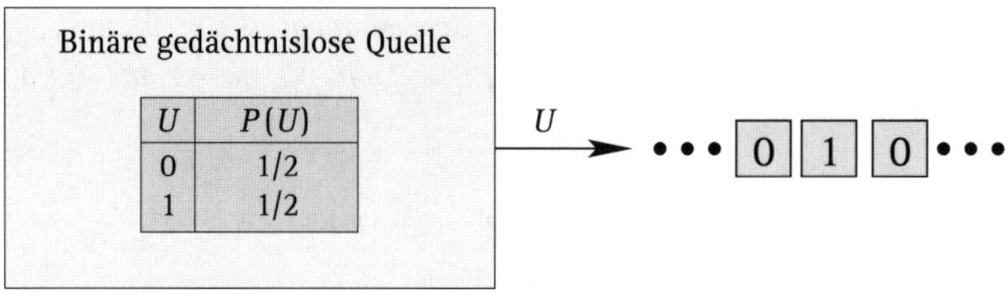

Bild 6.8 Binäre gedächtnislose Quelle

Eine zentrale Rolle in der Quellencodierung spielt die binäre gedächtnislose Quelle, die in **Bild 6.8** für gleichwahrscheinliche Bits dargestellt ist. Im binären Fall benötigt man nur eine Variable p für die Wahrscheinlichkeit eines der beiden Ereignisse, da die Wahrscheinlichkeit des anderen dann $1 - p$ ist.

Definition 6.17 Binäre Unsicherheitsfunktion, Entropie

Gegeben sei die binäre Zufallsvariable U mit $U = \{u_1, u_2\}$, und $P(u_1) = p$, $P(u_2) = 1 - p$. Die binäre Unsicherheit errechnet sich zu

$$H(U) = -p\log_2(p) - (1-p)\log_2(1-p) = h(p). \tag{6.1}$$

Wegen der großen Bedeutung der binären Unsicherheit wird sie mit $h(p)$ bezeichnet. In Bild 6.9 ist $h(p)$ in Abhängigkeit von p angegeben. Man erkennt, dass $\lim_{p\to 0} h(p) = 0$ ist.

Die binäre Unsicherheit $h(p)$ aus Bild 6.9 ist symmetrisch, was entsprechend Gl. (6.1) einleuchtend ist, da man die Rollen von p und $1 - p$ vertauschen kann. Sie ist null für $p = 0$ und $p = 1$, denn dann gibt es keine Unsicherheit über die Ausgabe der Quelle. Das Maximum ergibt sich für gleichwahrscheinliche Symbole, d. h. $p = 1 - p = \frac{1}{2}$. Dass das Maximum der Unsicherheit immer bei gleichwahrscheinlichen Ereignissen erreicht wird, werden wir beweisen. Wir benötigen dazu das folgende Ergebnis, das als Ungleichung der Informationstheorie (IT-Ungleichung) bekannt ist.

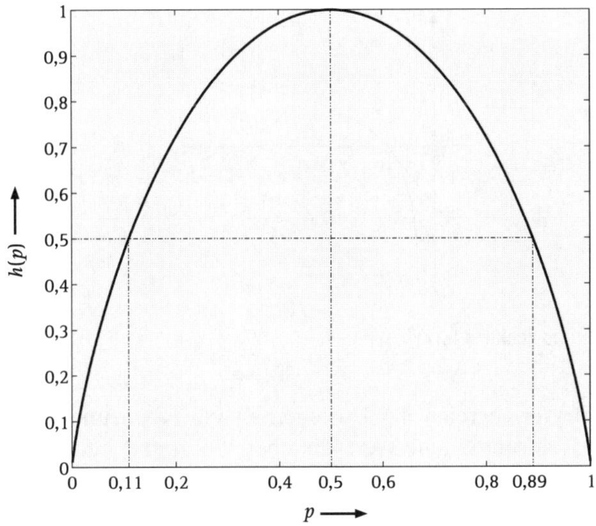

Bild 6.9 Schaubild der Unsicherheit einer binären Quelle

Satz 6.18 Ungleichung der Informationstheorie (IT-Ungleichung)

Für $r \in \mathbb{R}$, $r > 0$ und $b \in \mathbb{N}$ gilt:

$$\log_b(r) \leq (r-1)\log_b(e).$$

Gleichheit gilt nur für $r = 1$.

Beweis: Aus den Logarithmengesetzen ist bekannt, dass gilt:

$$\log_b(r) = \frac{\log_a(r)}{\log_a(b)}.$$

Mit diesem Ergebnis können wir unsere Ungleichung umschreiben

$$\frac{\log_b(r)}{\log_b(e)} \leq (r-1) \quad \longleftrightarrow \quad \ln(r) \leq (r-1),$$

wobei die gebräuchliche Schreibweise $\ln(r) = \log_e(r)$ verwendet wurde. Für $r = 1$ erhalten wir Gleichheit, denn $1 - 1 = \ln(1)$. Dies werden wir zum Beweis ausnutzen, indem wir die Steigung von $\ln(r)$ für $r \neq 1$ untersuchen:

$$\frac{\mathrm{d}\ln(r)}{\mathrm{d}r} = \frac{1}{r} = \begin{cases} < 1, & r > 1 \\ > 1, & r < 1. \end{cases}$$

Die Gerade $r - 1$ besitzt überall die Steigung 1. Für $r > 1$ ist die Steigung von $\ln(r)$ stets kleiner 1 und für $r < 1$ stets größer 1. Damit besitzt $\ln(r)$ mit der Geraden $r-1$ keine weiteren Schnittpunkte, wie auch in **Bild 6.10** gezeigt ist. □

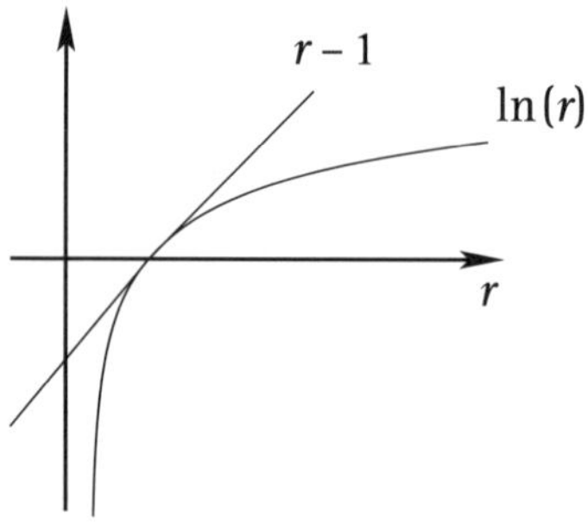

Bild 6.10 Gerade $r-1$ und Funktion $\ln(r)$

Wir wollen nun den Wertebereich der Unsicherheit von oben und unten einschränken. Es wird sich zeigen, dass der maximale Wert, die obere Schranke, bei Gleichwahrscheinlichkeit erreicht wird.

Satz 6.19 Schranken der Unsicherheit

Ist U eine Zufallsvariable mit dem Alphabet $U = \{u_1, u_2, \ldots, u_L\}$ *und den Auftrittswahrscheinlichkeiten* $P(u_i) = p_i$; $i = 1, 2, \ldots, L$ *mit* $\sum_{i=1}^{L} p_i = 1$ *und* $\forall_i : p_i > 0$, *so gilt für die Unsicherheit* $H(U)$

$$0 \leq H(U) = -\sum_{i=1}^{L} p_i \cdot \log_2(p_i) \leq \log_2(L).$$

Beweis: Um die linke Seite der Ungleichung zu zeigen, betrachten wir einen beliebigen Summanden von $H(U)$. Für diesen Summanden gilt:

$$-p_i \cdot \log_2(p_i) = p_i \cdot \log_2\left(\frac{1}{p_i}\right) \begin{cases} > 0, & 0 < p_i < 1 \\ = 0, & p_i = 1, \end{cases}$$

da für $0 < p_i < 1$ das Argument des Logarithmus $\frac{1}{p_i}$ immer echt größer als 1 ist und damit der Logarithmus positiv ist. Damit ergibt sich die linke Ungleichung, da durch Summation von Werten ≥ 0 die Summe nicht < 0 werden kann.

Zum Beweis der rechten Ungleichung zeigen wir, dass die Differenz $H(U) - \log_2(L)$ immer kleiner gleich null ist.

$$\begin{aligned} H(U) - \log_2(L) &= \sum_{i=1}^{L} p_i \cdot \log_2\left(\frac{1}{p_i}\right) - \log_2(L) \\ &= \sum_{i=1}^{L} p_i \cdot \left[\log_2\left(\frac{1}{p_i}\right) - \log_2(L)\right] \\ &= \sum_{i=1}^{L} p_i \cdot \log_2\left(\frac{1}{L \cdot p_i}\right). \end{aligned}$$

Mit der IT-Ungleichung aus Satz 6.18 können wir, indem wir für $r = \frac{1}{L \cdot p_i}$ einsetzen, den letzten Ausdruck abschätzen zu:

$$\sum_{i=1}^{L} p_i \cdot \log_2\left(\frac{1}{L \cdot p_i}\right) \leq \sum_{i=1}^{L} p_i \cdot \left(\frac{1}{L \cdot p_i} - 1\right) \cdot \log_2(e).$$

Dies wollen wir benutzen, um die Differenz abzuschätzen:

$$\begin{aligned} H(U) - \log_2(L) &= \sum_{i=1}^{L} p_i \cdot \log_2\left(\frac{1}{L \cdot p_i}\right) \\ &\leq \sum_{i=1}^{L} p_i \cdot \left(\frac{1}{L \cdot p_i} - 1\right) \cdot \log_2(e) \\ &= \left(\sum_{i=1}^{L} \frac{1}{L} - \sum_{i=1}^{L} p_i\right) \log_2(e) \\ &= (1 - 1) \log_2(e) = 0. \end{aligned}$$

Damit haben wir gezeigt, dass die Differenz $H(U) - \log_2(L) \leq 0$ ist und deshalb gilt $H(U) \leq \log_2(L)$. □

Anmerkung: Es sei nochmals daran erinnert, dass das Gleichheitszeichen für den Fall gilt, dass alle L Ereignisse gleichwahrscheinlich sind, d. h. $p_i = \frac{1}{L}$. Denn dann gilt:

$$H(U) = \sum_{i=1}^{L} p_i \cdot \log_2\left(\frac{1}{p_i}\right) = \sum_{i=1}^{L} \frac{1}{L} \cdot \log_2\left(\frac{1}{1/L}\right) = \log_2(L) \cdot \underbrace{\sum_{i=1}^{L} \frac{1}{L}}_{=1} = \log_2(L).$$

Da wir später mehrere Quellensymbole zu einem Vektor zusammenfassen werden, wollen wir untersuchen, was mit der Unsicherheit passiert, wenn man einen Vektor $\boldsymbol{V}$ aus zwei statistisch unabhängigen Zufallsvariablen U und W bildet, d. h. $\boldsymbol{V} = (U, W)$.

Satz 6.20 Unsicherheit von Vektoren

Seien U und W statistisch unabhängige Zufallsvariablen mit den Alphabeten $U = \{u_1, u_2, \ldots, u_L\}$ und $W = \{w_1, w_2, \ldots, w_M\}$ und den Auftrittswahrscheinlichkeiten $P(u_i)$ und $P(w_j)$. Dann errechnet sich die Unsicherheit des Vektors $\boldsymbol{V} = (U, W)$ zu

$$H(\boldsymbol{V}) = H(U) + H(W).$$

Beweis: Wir schreiben die Definition der Unsicherheit an und führen schrittweise Umformungen durch. In jeder neuen Gleichung ist nur eine solche Umformung durchgeführt.

$$
\begin{aligned}
H(V) &= -\sum_{i=1}^{L}\sum_{j=1}^{M} P(u_i)P(w_j)\cdot \log_2\left[P(u_i)P(w_j)\right] \\
&= -\sum_{i=1}^{L}\sum_{j=1}^{M} P(u_i)P(w_j)\cdot \left[\log_2(P(u_i)) + \log_2(P(w_j))\right] \\
&= -\sum_{i=1}^{L}\sum_{j=1}^{M} P(u_i)P(w_j)\left[\log_2(P(u_i))\right] - \sum_{i=1}^{L}\sum_{j=1}^{M} P(u_i)P(w_j)\left[\log_2(P(w_j))\right] \\
&= -\underbrace{\sum_{j=1}^{M} P(w_j)}_{=1}\sum_{i=1}^{L} P(u_i)\cdot\left[\log_2(P(u_i))\right] - \underbrace{\sum_{i=1}^{L} P(u_i)}_{=1}\sum_{j=1}^{M} P(w_j)\left[\log_2(P(w_j))\right] \\
&= H(U) + H(W).
\end{aligned}
$$

□

Die Konsequenz aus diesem Satz ist, dass wenn wir die Zufallsvariable $W = U$ wählen, der Vektor (U, U) die Unsicherheit $2 \cdot H(U)$ besitzt. Bilden wir also mit der Zufallsvariablen U einen Vektor der Länge n, so besitzt dieser die Unsicherheit $nH(U)$.

Nach dieser Vorarbeit sind wir jetzt bereit, eines der Hauptergebnisse von *Claude E. Shannon* zu beweisen.

6.3.2 Shannon-Quellencodiertheorem

Das Quellencodiertheorem aus dem Jahr 1948 ist ein bahnbrechendes Ergebnis, das selbst über ein halbes Jahrhundert nach seiner Entdeckung noch fasziniert. Die Arbeit von *Claude E. Shannon* ist umso beeindruckender, wenn man sich vor Augen führt, dass es damals weder digitale Medien noch Computer gab. Es wird eine Aussage getroffen, mit wie viel Bits man mindestens die Symbole einer gedächtnislosen Quelle codieren muss, damit die Codierung verlustfrei ist. Die Quellensymbole können dabei wieder eindeutig verlustfrei aus den Codewörtern rekonstruiert werden. Die Aussage des Quellencodiertheorems ist jedoch auch, dass man nicht weniger Bits nehmen kann, sonst kann man die Quelle nicht verlustfrei rekonstruieren. Man hat dadurch eine Schranke, mit der man Codierverfahren einordnen kann. Wir werden später zwei Codierverfahren kennenlernen, die beide nahezu optimal sind, d. h. mit genau so vielen Bits auskommen, wie das Quellencodiertheorem vorhersagt.

Satz 6.21 Shannon-Quellencodiertheorem

Gegeben sei eine gedächtnislose Quelle mit dem Alphabet $U = \{u_1, u_2, ..., u_L\}$ *und den Auftrittswahrscheinlichkeiten* $P(u_i) = p_i$; $i = 1, 2, ..., L$ *mit* $\sum_{i=1}^{L} p_i = 1$ *und der Unsicherheit*

$H(U)$. Die Quelle liefert eine Sequenz $U_1, U_2, ..., U_n$ mit $U_j \in \{u_1, u_2, ..., u_L\}$. Für $n \to \infty$ kann man die Quelle mit $H(U)$ Bits pro Symbol verlustfrei codieren. Man benötigt also $n \cdot H(U)$ Bits.

Der Beweis ist etwas anspruchsvoller und kann beim ersten Lesen übersprungen werden, sodass ggf. mit Abschnitt 6.3.3 fortgefahren werden kann.

Beweis: Wir wollen zu Beginn den Gedankengang angeben, den *Claude E. Shannon* für seinen Beweis gewählt hat. Zunächst hat er typische Sequenzen definiert, die eine gedächtnislose Quelle liefert. Dann hat er gezählt bzw. von oben und unten abgeschätzt, wie viele typische Sequenzen die Quelle liefert. Aufgrund der Tatsache, dass die Wahrscheinlichkeit für eine atypische Sequenz gegen null geht, braucht man atypische Sequenzen nicht zu codieren, sondern kann ihnen eine eindeutige Kennung zuweisen. Diese Kennung muss von den Codewörtern für die typischen Sequenzen eindeutig unterschieden werden können. Man benötigt daher nur so viele Codewörter, wie es typische Sequenzen gibt. Nummerieren wir die typischen Sequenzen mit Dualzahlen fester Länge, so ist die Länge der Dualzahlen die Anzahl Bits, die wir benötigen, um alle typischen Sequenzen zu codieren. Die Codewörter sind also die Nummern der typischen Sequenzen als Dualzahl. Die Definition der typischen Sequenzen entspricht der Aussage des sog. schwachen Gesetzes der großen Zahlen, einem fundamentalen Satz der Wahrscheinlichkeitsrechnung, den wir separat beweisen. Wir werden nachfolgend die einzelnen Schritte des Gedankengangs von *Claude E. Shannon* erläutern und als erstes die typischen Sequenzen definieren.

Die Konsequenz aus Satz 6.20 ist, dass die Zufallsvariable X, die zufällig Vektoren $\boldsymbol{x} = (x_1, x_2, ..., x_n)$ der Länge n aus Symbolen der gedächtnislosen Quelle mit dem Alphabet $U = \{u_1, u_2, ..., u_L\}$ und den Auftrittswahrscheinlichkeiten $P(u_i) = p_i,\ i = 1, 2, ..., L$ erzeugt, die Unsicherheit

$$H(X) = n \cdot H(U) = n \cdot \sum_{i=1}^{L} p_i \cdot \log_2\left(\frac{1}{p_i}\right) \tag{6.2}$$

besitzt. Da die Symbole der Quelle statistisch unabhängig sind, ist die Wahrscheinlichkeit, mit der ein bestimmter Vektor $\boldsymbol{x}$ auftritt, das Produkt der Wahrscheinlichkeiten der einzelnen Symbole, d. h.

$$P(\boldsymbol{x}) = \prod_{j=1}^{n} P(x_j), \quad x_j \in \{u_1, u_2, ..., u_L\}. \tag{6.3}$$

Definieren wir n_i als die Anzahl, mit der das Symbol u_i in der Sequenz $\boldsymbol{x}$ vorkommt, dann gilt:

$$\sum_{i=1}^{L} n_i = n,$$

und wir können die Wahrscheinlichkeit $P(\boldsymbol{x})$ aus Gl. (6.3) auch schreiben als:

$$P(\boldsymbol{x}) = \prod_{j=1}^{n} P(x_j) = \prod_{i=1}^{L} (P(u_i))^{n_i} = \prod_{i=1}^{L} (p_i)^{n_i}. \tag{6.4}$$

Im Folgenden werden wir die Kurzschreibweise p_i statt $P(u_i)$ verwenden. Der Bruch $\frac{n_i}{n}$ wird relative Häufigkeit genannt. Eine Sequenz $\boldsymbol{x} = (x_1, x_2, ..., x_n)$ ist eine sog. ε-typische Sequenz[1], mit $\varepsilon > 0$, wenn gilt:

$$(1-\varepsilon)p_i \leq \frac{n_i}{n} \leq (1+\varepsilon)p_i; \quad i = 1, 2, ..., L. \tag{6.5}$$

Die relative Häufigkeit $\frac{n_i}{n}$ jedes Quellensymbols darf bei einer ε-typischen Sequenz um weniger als ε von der Wahrscheinlichkeit p_i des Quellensymbols abweichen. Aus der rechten Seite der Ungleichung (6.5) erhalten wir durch Multiplikation mit n die Ungleichung $n_i \leq n(1-\varepsilon)p_i$. Diese setzen wir in Gl. (6.4) ein und erhalten

$$P(\boldsymbol{x}) = \prod_{i=1}^{L} (p_i)^{n_i} \geq \prod_{i=1}^{L} (p_i)^{n\cdot(1+\varepsilon)p_i}. \tag{6.6}$$

Denn für eine Zahl $p_i < 1$ wird der Wert von p_i^x kleiner, wenn der Exponent $x > 0$ größer wird. Wir setzen die Beziehung

$$p_i = 2^{\log_2(p_i)}$$

in Ungleichung (6.6) ein und erhalten

$$P(\boldsymbol{x}) \geq \prod_{i=1}^{L} 2^{n\cdot(1+\varepsilon)p_i \log_2(p_i)}. \tag{6.7}$$

Man erkennt bereits, dass darin die Unsicherheit der Quelle $H(U)$ versteckt ist, die durch Ausnutzung der Tatsache

$$2^a \cdot 2^b = 2^{a+b}$$

ersichtlich wird, denn damit gilt:

$$P(\boldsymbol{x}) \geq 2^{n\cdot(1+\varepsilon)\sum\limits_{i=1}^{L} p_i \log_2(p_i)} = 2^{-n\cdot(1+\varepsilon)H(U)}. \tag{6.8}$$

Die gleichen Schritte können wir mit der linken Seite der Ungleichung Gl. (6.5) durchführen und erhalten dann die Eigenschaft ε-typischer Sequenzen

$$2^{-n\cdot(1+\varepsilon)H(U)} \leq P(\boldsymbol{x}) \leq 2^{-n\cdot(1-\varepsilon)H(U)}. \tag{6.9}$$

Für $\varepsilon \to 0$ kann aus Ungleichung (6.9) geschlossen werden, dass alle ε-typischen Sequenzen $\boldsymbol{x}$ mit ungefähr gleicher Wahrscheinlichkeit $P(\boldsymbol{x}) = 2^{-nH(U)}$ auftreten. Wir setzen die Zahl der ε-typischen Sequenzen gleich M. Die Gleichwahrscheinlichkeit im Fall von M Elementen errechnet sich als $\frac{1}{M}$, und damit gilt:

$$\lim_{\varepsilon \to 0} \frac{1}{P(\boldsymbol{x})} = 2^{nH(U)} = M.$$

[1] Es sind andere Definitionen möglich, die ebenfalls zum gleichen Ergebnis führen.

Wir können jedoch die Anzahl M der ε-typischen Sequenzen auch anders abschätzen. Dazu summieren wir die Wahrscheinlichkeiten $P(\boldsymbol{x})$ in der linken Ungleichung (6.9) über alle M auf, was 1 ergibt, da gemäß Satz 6.22 die atypischen Sequenzen mit Wahrscheinlichkeit 0 für $n \longrightarrow \infty$ vorkommen. Wir benötigen dabei keinen Index, da die Wahrscheinlichkeiten von allen ε-typischen Sequenzen gleich sind, d. h., für alle i, j gilt: $P(\boldsymbol{x}_i) = P(\boldsymbol{x}_j)$. Wir erhalten also

$$1 = \sum_{i=1}^{M} P(\boldsymbol{x}) \geq M \cdot 2^{-n\cdot(1+\varepsilon)H(U)} \tag{6.10}$$

und damit

$$M \leq 2^{n\cdot(1+\varepsilon)H(U)}. \tag{6.11}$$

Entsprechendes können wir noch für die rechte Seite der Ungleichung Gl. (6.9) durchführen und erhalten die Abschätzung für M zu:

$$2^{n\cdot(1-\varepsilon)H(U)} \leq M \leq 2^{n\cdot(1+\varepsilon)H(U)}. \tag{6.12}$$

Für $n \longrightarrow \infty$ geht gemäß Satz 6.22 die relative Häufigkeit gegen die Wahrscheinlichkeit, und für $\varepsilon \longrightarrow 0$ erhalten wir die Aussage des Quellencodiertheorems, nämlich, man benötigt genau $\log_2(M) = nH(U)$ Bits um eine gedächtnislose Quelle verlustfrei zu codieren. Damit haben wir das Quellencodiertheorem bewiesen.

□

Wir haben im Beweis in Gl. (6.5) das schwache Gesetz der großen Zahlen verwendet, indem wir angenommen haben, dass ε-typische Sequenzen mit Wahrscheinlichkeit nahezu 1 auftreten. Dies wollen wir im folgenden Satz beweisen.

Satz 6.22 Schwaches Gesetz der großen Zahlen

Die Wahrscheinlichkeit, dass die relative Häufigkeit $\frac{n_i}{n}$ eines Ereignisses u_i bei $n \longrightarrow \infty$ Wiederholungen eines Zufallsexperiments um mehr als $\varepsilon > 0$ von der Wahrscheinlichkeit p_i des Ereignisses abweicht, geht gegen null. Eine äquivalente Aussage ist: Die Wahrscheinlichkeit, dass die relative Häufigkeit $\frac{n_i}{n}$ eines Ereignisses u_i bei $n \longrightarrow \infty$ Wiederholungen eines Zufallsexperiments um höchstens $\varepsilon > 0$ von der Wahrscheinlichkeit p_i des Ereignisses abweicht, geht gegen eins.

$$\lim_{n\to\infty} P\left(\left|\frac{n_i}{n} - p_i\right| \leq \varepsilon\right) = 1 \quad \longleftrightarrow \quad \lim_{n\to\infty} P\left(\left|\frac{n_i}{n} - p_i\right| > \varepsilon\right) = 0.$$

Beweis: Der Beweis folgt dem Gedankengang aus der Vorlesung zur Informationstheorie von *James L. Massey* an der ETH in Zürich [25–27]. Die Aussage des Satzes entspricht unserer verwendeten Definition für ε-typische Sequenzen von Gl. (6.5) und soll nun hergeleitet werden. Dazu benötigen wir zunächst die Tschebyscheff-Ungleichung, die für eine Zufallsvariable V lautet

$$P(|V - E[V]| \geq \varepsilon) \leq \frac{E\left[(V - E[V])^2\right]}{\varepsilon^2}, \tag{6.13}$$

wobei $E[V]$ der Erwartungswert und $E[(V - E[V])^2]$ die Varianz der Zufallsvariablen V aus den Definitionen 6.5 und 6.6 sind. Die Zufallsvariable kann die Ereignisse $\{v_1, v_2, ..., v_L\}$ mit den Wahrscheinlichkeiten $\{q_1, q_2, ..., q_L\}$ annehmen. Zur besseren Lesbarkeit verwenden wir die Abkürzung $E[V] = \overline{V}$. Die Tschebyscheff-Ungleichung sagt aus, dass der Betrag der Differenz des Werts einer Zufallsvariable und deren Erwartungswert größer ε ist, mit einer Wahrscheinlichkeit kleiner als die Varianz durch ε^2. Um die Ungleichung zu verifizieren, führen wir die Wahrscheinlichkeiten der beiden komplementären Ereignisse ein

$$P\left(\left|V - \overline{V}\right| \geq \varepsilon\right) + P\left(\left|V - \overline{V}\right| < \varepsilon\right) = 1. \tag{6.14}$$

Wir schreiben nun die Varianz als Summe der bedingten Erwartungswerte und zwar unter der Bedingung, dass $\left|V - \overline{V}\right| \geq \varepsilon$ ist und unter der Bedingung, dass $\left|V - \overline{V}\right| < \varepsilon$ ist. Ein bedingter Erwartungswert ist definiert durch:

$$E\left[\left(V - \overline{V}\right)^2 \mid \left|V - \overline{V}\right| \geq \varepsilon\right] = \sum_{i=1}^{L} a_i \cdot q_i \cdot \left(v_i - \overline{V}\right)^2, \quad \text{mit} \quad a_i = \begin{cases} 0, & \left|V - \overline{V}\right| < \varepsilon \\ 1, & \left|V - \overline{V}\right| \geq \varepsilon. \end{cases}$$

Die bedingten Erwartungswerte müssen wir mit ihren entsprechenden Wahrscheinlichkeiten multiplizieren und aufsummieren und erhalten damit:

$$\begin{aligned} E\left[\left(V - \overline{V}\right)^2\right] = {} & E\left[\left(V - \overline{V}\right)^2 \mid \left|V - \overline{V}\right| \geq \varepsilon\right] \cdot P\left(\left|V - \overline{V}\right| \geq \varepsilon\right) \\ & + E\left[\left(V - \overline{V}\right)^2 \mid \left|V - \overline{V}\right| < \varepsilon\right] \cdot P\left(\left|V - \overline{V}\right| < \varepsilon\right). \end{aligned}$$

Es gilt dann sicher

$$E\left[\left(V - \overline{V}\right)^2\right] \geq E\left[\left(V - \overline{V}\right)^2 \mid \left|V - \overline{V}\right| \geq \varepsilon\right] \cdot P\left(\left|V - \overline{V}\right| \geq \varepsilon\right), \tag{6.15}$$

da wir einen nicht negativen Summanden weglassen. Wenn aber $\left|V - \overline{V}\right| \geq \varepsilon$ ist, gilt auch immer $(V - \overline{V})^2 \geq \varepsilon^2$ und damit muss auch der Erwartungswert $E[(V - \overline{V})^2 \mid |V - \overline{V}| \geq \varepsilon] \geq \varepsilon^2$ sein. Setzen wir die in Ungleichung (6.15) ein, ergibt sich

$$E\left[\left(V - \overline{V}\right)^2\right] \geq \varepsilon^2 P\left(\left|V - \overline{V}\right| \geq \varepsilon\right)$$

und durch Teilen von beiden Seiten mit ε^2 folgt die Tschebyscheff-Ungleichung (6.13).

Jetzt werden wir die Tschebyscheff-Ungleichung nutzen, um das schwache Gesetz der großen Zahlen zu verifizieren und damit zu zeigen, dass die Wahrscheinlichkeit für atypische Quellensequenzen gegen null geht. Wir betrachten die Sequenzen $\boldsymbol{x} = (x_1, x_2, ..., x_n)$ mit $x_i \in U = \{u_1, u_2, ..., u_L\}$ und bilden den Mittelwert s_n mit

$$s_n = \frac{1}{n} \cdot \sum_{i=1}^{n} x_i.$$

Das Ergebnis dieser Mittelung kann als Zufallsvariable S_n betrachtet werden, für deren Erwartungswert gilt:

$$E[S_n] = E\left[\frac{1}{n} \cdot \sum_{i=1}^{n} x_i\right] = \frac{1}{n}\left(E\left[\sum_{i=1}^{n} x_i\right]\right) = \frac{1}{n}\left(\sum_{i=1}^{n} E[x_i]\right) = \frac{1}{n} nE[U] = E[U] = \overline{U},$$

da die Berechnung des Erwartungswerts linear ist und die n Summanden jeweils den Erwartungswert $E[U] = \overline{U}$ besitzen.

Die Varianz der Zufallsvariable S_n ist

$$E\left[\left(S_n - \overline{U}\right)^2\right] = E\left[(S_n)^2 - 2 \cdot S_n\overline{U} + \overline{U}^2\right] = E\left[S_n^2\right] - 2\overline{U}E\left[S_n\right] + \overline{U}^2 = E\left[S_n^2\right] - \overline{U}^2.$$

Andererseits ist damit die Varianz von $n \cdot S_n$ gleich

$$\begin{aligned} E\left[(n \cdot S_n - E\left[n \cdot S_n\right])^2\right] &= E\left[(n \cdot S_n)^2 - 2n \cdot S_n E\left[n \cdot S_n\right] + (E\left[n \cdot S_n\right])^2\right] \\ &= n^2 E\left[S_n^2\right] - n^2\left(E\left[S_n\right]\right)^2 \\ &= n^2 \cdot E\left[\left(S_n - \overline{U}\right)^2\right]. \end{aligned}$$

Die Varianz der Summe von zwei Zufallsvariablen ist die Summe der Varianzen der Zufallsvariablen, d. h. es gilt:

$$E\left[(n \cdot S_n - E\left[n \cdot S_n\right])^2\right] = n^2 \cdot E\left[\left(S_n - \overline{U}\right)^2\right] = E\left[\left(\sum_{i=1}^{n} x_i - \overline{U}\right)^2\right] = n \cdot E\left[\left(U - \overline{U}\right)^2\right].$$

Es besteht ein wesentlicher Unterschied zwischen der Varianz der Summation von Zufallsvariablen und der Varianz, der mit einem Faktor multiplizierten Zufallsvariablen. Denn es ist einsichtig, dass etwa beim Würfeln mit fünf Würfeln die Varianz fünfmal so groß ist wie die Varianz eines Würfels. Die Varianz, die entsteht, wenn man die mit einem Würfel gewürfelte Augenzahl mal fünf nimmt, ist dagegen 25-mal so groß wie die Varianz eines Würfels. Für die Varianz der Zufallsvariable S_n gilt also:

$$E\left[\left(S_n - \overline{U}\right)^2\right] = \frac{1}{n} E\left[\left(U - \overline{U}\right)^2\right].$$

Diese Gleichung können wir in die Tschebyscheff-Ungleichung Gl. (6.13) einsetzen und erhalten

$$P\left(\left|S_n - \overline{U}\right| \geq \varepsilon\right) \leq \frac{E[(U - \overline{U})^2]}{n\varepsilon^2}.$$

Mithilfe Gl. (6.14) können wir dies umschreiben zu

$$P\left(\left|S_n - \overline{U}\right| < \varepsilon\right) \geq 1 - \frac{E[(U - \overline{U})^2]}{n\varepsilon^2}.$$

Unter der Annahme, dass die Varianz $E[(U - \overline{U})^2]$ endlich ist, erhält man für $n \longrightarrow \infty$

$$\lim_{n \longrightarrow \infty} P\left(\left|S_n - \overline{U}\right| < \varepsilon\right) = 1.$$

Um zur Aussage des Satzes zu gelangen brauchen wir nur eine Zufallsvariable Y einzuführen, die genau dann 1 ist, wenn das Ereignis u_i eintritt und sonst 0. Dann geht S_n über in $\frac{n_i}{n}$ und $\overline{U}$ in p_i. Damit ist der Satz bewiesen.

□

Nun werden wir noch zwei praktische Verfahren beschreiben, mit denen man gedächtnislose Quellen nahezu optimal codieren kann.

6.3.3 Huffman-Codierung

Nachdem ein gewisser *Robert Fano* die Arbeiten von *Claude E. Shannon* gelesen hat, hat er sofort sein bisheriges Forschungsgebiet aufgegeben und sich mit Informationstheorie beschäftigt. In seiner Vorlesung zur Informationstheorie hat er jedes Jahr die Hausaufgabe gestellt: Konstruiere einen optimalen Quellencodierer. Er hat den Studierenden jedoch nicht verraten, dass dies ein ungelöstes Forschungsproblem war. *Claude E. Shannon* und *Robert Fano* hatten gemeinsam einen Quellencodierer entwickelt, der jedoch nicht optimal war. Deshalb rechnete er nicht damit, eine Lösung zu erhalten. Ein Student namens *David Huffman* kam überraschenderweise mit einer Lösung, die optimal war. Für *Robert Fano* spricht, dass dieses Verfahren unter dem Namen Huffman-Codierung bekannt geworden ist. Die Idee *David Huffmans*, die zum Erfolg geführt hat, war, einen Codebaum von hinten her aufzubauen.

Ein binärer präfixfreier Code bildet die L-wertigen Quellensymbole auf binäre Codewörter ab. Der Code kann durch die Endknoten eines binären Codebaums dargestellt werden. Die Huffman-Codierung erzeugt einen optimalen binären präfixfreien Code für eine Quelle, die einer Zufallsvariablen U entspricht. Der Code wird erzeugt durch den nachfolgend beschriebenen Algorithmus.

Algorithmus zur binären Huffman-Codierung

Gegeben sei eine gedächtnislose Quelle mit dem Alphabet $U = \{U_1, U_2, ..., U_L\}$ und den Auftrittswahrscheinlichkeiten $P(U_i) = p_i;\ i = 1, 2, ..., L$, und es gelte $\forall_i : P(U_i) > 0$.

a) Ordne den Elementen U_i jeweils einen Endknoten zu. Es entstehen also insgesamt L Endknoten. Die Menge $\mathcal{M}$ der Elemente ist $\mathcal{M} = \{U_1, U_2, ..., U_L\}$.

b) Wähle aus der Menge $\mathcal{M}$ die zwei Knoten U_{j_1} und U_{j_2} mit den kleinsten Wahrscheinlichkeiten, $P(U_{j_1})$ und $P(U_{j_2})$. Verbinde die beiden Elemente durch einen neuen Knoten $U_{j_1+j_2}$, der als Wahrscheinlichkeit die Summe der Wahrscheinlichkeiten besitzt, d. h. $P(U_{j_1}) + P(U_{j_2})$. Streiche U_{j_1} und U_{j_2} aus der Menge $\mathcal{M}$ und füge $U_{j_1+j_2}$ mit der Wahrscheinlichkeit $P(U_{j_1}) + P(U_{j_2})$ zur Menge $\mathcal{M}$ hinzu. Wiederhole Schritt zwei solange, bis die Menge $\mathcal{M}$ nur noch aus einem Knoten mit der Wahrscheinlichkeit 1 besteht.

Zu dem Algorithmus wollen wir ein Beispiel angeben, das *James L. Massey* in seiner Vorlesung zur Informationstheorie an der ETH in Zürich [25–27] benutzt hat.

Beispiel 6.23 Binäre Huffman-Codierung

Gegeben sei eine Quelle mit einem sechswertigen Alphabet $U_1, U_2, U_3, U_4, U_5, U_6$ mit den Wahrscheinlichkeiten entsprechend **Bild 6.11**. Wir wählen zunächst die Menge $\mathcal{M}$ mit den zugehörigen Wahrscheinlichkeiten P zu

$$\mathcal{M} = \{U_1, U_2, U_3, U_4, U_5, U_6\}, \quad P = (0{,}05; 0{,}1; 0{,}15; 0{,}2; 0{,}23; 0{,}27).$$

Wir ordnen jedem Element U_i einen Endknoten zu.

$P(U)$		
0,05	U_1	0000
0,1	U_2	0001
0,15	U_3	001
0,2	U_4	10
0,23	U_5	11
0,27	U_6	01

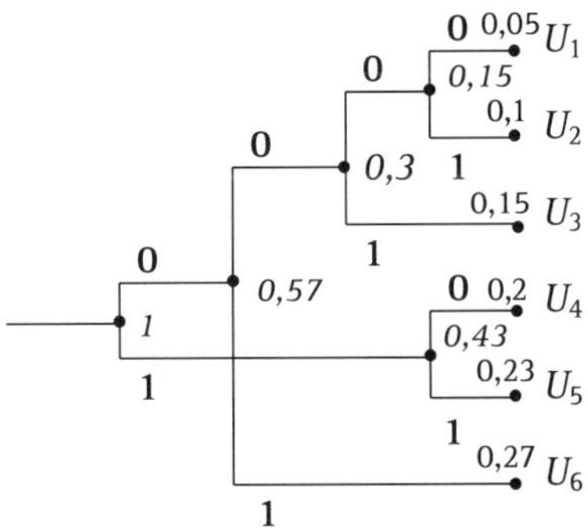

Bild 6.11 Beispiel zur binären Huffman-Codierung

Die beiden kleinsten Wahrscheinlichkeiten sind die von U_1 und U_2, die wir entsprechend Bild 6.11 verbinden. Dadurch entsteht der Knoten U_{1+2} mit der Wahrscheinlichkeit 0,05 + 0,1 = 0,15. Die neue Menge $\mathcal{M}$ mit den zugehörigen Wahrscheinlichkeiten P ist nun

$$\mathcal{M} = \{U_{1+2}, U_3, U_4, U_5, U_6\}, \quad P = (0{,}15; 0{,}15; 0{,}2; 0{,}23; 0{,}27).$$

Nun wählen wir erneut die zwei Symbole mit den kleinsten Wahrscheinlichkeiten, nämlich U_{1+2} und U_3, aus und verbinden diese zum Knoten U_{1+2+3}, der die Wahrscheinlichkeit 0,15 + 0,15 = 0,3 erhält, entsprechend Bild 6.11. Die neue Menge ergibt sich damit zu $\mathcal{M}$ mit den zugehörigen Wahrscheinlichkeiten P als

$$\mathcal{M} = \{U_{1+2+3}, U_4, U_5, U_6\}, \quad P = (0{,}3; 0{,}2; 0{,}23; 0{,}27).$$

Die zwei kleinsten Wahrscheinlichkeiten sind jetzt U_4 und U_5, die wir zum Knoten U_{4+5} mit der Wahrscheinlichkeit 0,23 + 0,2 = 0,43 verbinden. Die letzten Schritte sind entsprechend, und wir wollen nur noch die Mengen $\mathcal{M}$ mit den zugehörigen Wahrscheinlichkeiten P angeben

$$\begin{aligned}
\mathcal{M} &= \{U_{1+2+3}, U_{4+5}, U_6\}, & P &= (0{,}3; 0{,}43; 0{,}27),\\
\mathcal{M} &= \{U_{1+2+3+6}, U_{4+5}\}, & P &= (0{,}57; 0{,}43),\\
\mathcal{M} &= \{U_{1+2+3+4+5+6}\}, & P &= (1, 0).
\end{aligned}$$

Damit sind die Codewörter entsprechend Bild 6.11 bestimmt. Die mittlere Codewortlänge $E[W]$ errechnet sich zu:

$$\begin{aligned} E[W] &= 4 \cdot 0{,}05 + 4 \cdot 0{,}1 + 3 \cdot 0{,}15 + 2 \cdot 0{,}2 + 2 \cdot 0{,}23 + 2 \cdot 0{,}27 \\ &= 0{,}2 + 0{,}4 + 0{,}45 + 0{,}4 + 0{,}46 + 0{,}54 = 2{,}45. \end{aligned}$$

Die Codewortlänge wurde aus Bild 6.11 entnommen. Die Unsicherheit der Quelle ist $H(U)$

$$\begin{aligned} H(U) = &-0{,}05 \log_2(0{,}05) - 0{,}1 \log_2(0{,}1) - 0{,}15 \log_2(0{,}15) \\ &-0{,}2 \log_2(0{,}2) - 0{,}23 \log_2(0{,}23) - 0{,}27 \log_2(0{,}27) = 2{,}42. \end{aligned}$$

◇

Ein entstandener Code ist sicher präfixfrei, da alle Codewörter Endknoten entsprechen. Der Huffman-Code ist optimal, d. h., er liefert die kleinst mögliche mittlere Codewortlänge, indem er den Quellensymbolen mit den kleinsten Wahrscheinlichkeiten die längsten Codewörter zuordnet. Wir wollen hierfür keinen Beweis angeben, jedoch einige Überlegungen dazu durchführen.

Wir haben gesehen, dass die mittlere Codewortlänge in dem Beispiel größer ist als die Unsicherheit der Quelle. Das Quellencodiertheorem gibt nur eine Aussage für eine unendliche lange Codierung. Wir werden später zeigen, dass bei einer Zusammenfassung von Quellensymbolen zu Vektoren die mittlere Codewortlänge beliebig nahe an die Unsicherheit herankommt.

Satz 6.24 Optimaler binärer Huffman-Code

Der binäre Codebaum eines optimalen binären präfixfreien Huffman-Codes für die Zufallsvariable U besitzt keine „leeren“ Endknoten. Des Weiteren besitzt jeder innere Knoten zwei Nachfolgeknoten.

Beweis: Entsprechend **Bild 6.12** existieren für einen leeren Endknoten nur die beiden Fälle, dass der untere Knoten leer ist, was durch ein x angedeutet ist, oder dass der obere Knoten leer ist. In beiden Fällen kann man entsprechend der Abbildung den Codebaum verkürzen und hat damit keinen leeren Endknoten mehr.

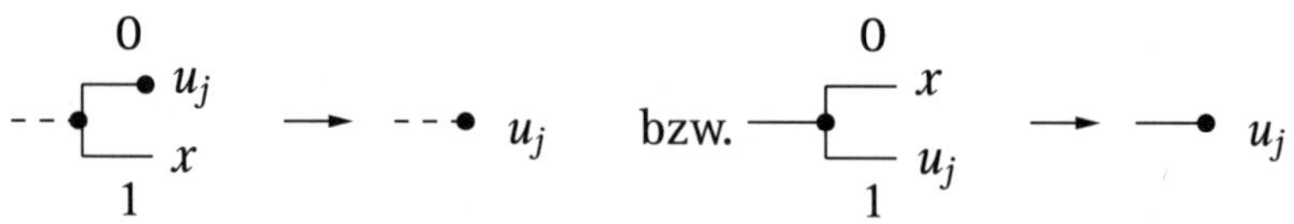

Bild 6.12 Beweis zur Huffman-Codierung

Bedingt durch die Konstruktion, die Endknoten zu inneren Knoten verbindet, kann es keine inneren Knoten geben, die keine zwei Nachfolgeknoten besitzen. □

Wir wollen Schranken für die mittlere Codewortlänge bei einer Huffman-Codierung ableiten. Gegeben sei eine gedächtnislose Quelle mit dem Alphabet $U = \{u_1, u_2, ..., u_L\}$ und den Auftrittswahrscheinlichkeiten $P(u_i) = p_i;\ i = 1, 2, ..., L$ und es gelte $\forall_i : \ P(u_i) > 0$. Die Unsicherheit der Quelle ist $H(U)$, und es gilt für die mittlere Codewortlänge $E[W]$ eines Huffman-Codierers

$$H(U) \le E[W] < H(U) + 1.$$

Die linke Ungleichung ist das Quellencodiertheorem. Die rechte Ungleichung sagt aus, dass bei einer Codewortlänge w_i für das Symbol U_i gilt

$$E[W] = \sum_{i=1}^{L} w_i \cdot p_i < H(U) + 1 = -\sum_{i=1}^{L} p_i \cdot \log_2(p_i) + 1.$$

Wegen der Optimalität des Huffman-Codes können wir davon ausgehen, dass die Codewortlängen kleiner gleich $w_i = \lceil -\log_2(p_i) \rceil$ sind. Für w_i gilt

$$w_i \ge -\log_2(p_i).$$

Mithilfe der Kraft-Ungleichung Gl. (6.14) verifizieren wir, dass für die Wahl dieser Codewortlänge ein präfixfreier Code existiert

$$\sum_{i=1}^{L} 2^{-w_i} \le \sum_{i=1}^{L} 2^{\log_2 p_i} = \sum_{i=1}^{L} p_i = 1.$$

Wenn für alle i die Codewortlänge $w_i \ge -\log_2(p_i)$ ist, kann wegen des negativen Exponenten die linke Summe nur kleiner sein.

Wir zeigen nun, dass für diese Wahl der Codewortlänge die rechte Ungleichung der Behauptung erfüllt ist. Dazu überlegen wir uns, dass gilt

$$x \le \lceil x \rceil < x + 1.$$

Damit folgt

$$w_i < -\log_2(p_i) + 1.$$

Wir multiplizieren beide Seiten mit p_i und summieren über i auf

$$\sum_{i=1}^{L} p_i \cdot w_i = E[W] < \sum_{i=1}^{L} (-p_i \cdot \log_2(p_i) + p_i) = -\sum_{i=1}^{L} p_i \cdot \log_2(p_i) + \sum_{i=1}^{L} p_i = H(U) + 1.$$

Somit ist die rechte Ungleichung erfüllt.

Nun fassen wir n Werte unserer Quelle zu einem Vektor $\boldsymbol{V} = (U_1, U_2, ..., U_n)$ zusammen. Da die Quelle gedächtnislos ist, gilt für die Unsicherheit

$$H(\boldsymbol{V}) = H(U_1) + H(U_2) + ... + H(U_n) = n \cdot H(U).$$

Wenn wir V als eine Zufallsvariable auffassen, haben wir gezeigt, dass für den Erwartungswert $E[W]$ dieser neuen Zufallsvariablen V gilt

$$E[W] \geq H(V) = n \cdot H(U).$$

Andererseits haben wir für eine Zufallsvariable auch gezeigt, dass $E[W] < H(V) + 1$ gilt, also

$$E[W] < H(V) + 1 = n \cdot H(U) + 1.$$

Damit haben wir den folgenden Satz bewiesen.

Satz 6.25 Huffman-Codierung von Vektoren der Länge *n*

Für die mittlere Codewortlänge pro Quellensymbol eines präfixfreien binären Huffman-Codierers gilt:

$$H(U) \leq \frac{E[W]}{n} < H(U) + \frac{1}{n}.$$

Man erkennt, dass für $n \longrightarrow \infty$ die mittlere Codewortlänge genau die Unsicherheit ist, da $\frac{1}{n}$ gegen null geht. Man kann das Prinzip der Huffman-Codierung auch auf nichtbinäre Codes erweitern, wobei das Alphabet des Codes beliebige viele Buchstaben besitzen kann.

Wir wollen nun noch angeben, wie diese Codierung bei der DVD eingesetzt wird. In einem Bereich des Bilds werden die Nullen und Einsen gezählt und die relative Häufigkeit berechnet. Diese stellt für dieses Bild die Wahrscheinlichkeit für 0 und 1 dar. Ausgehend von dieser Wahrscheinlichkeit kann man einen Huffman-Code für Vektoren bestimmter Länge konstruieren. Dann wird das Codebuch, also die Codewörter, und die entsprechenden Quellensymbole gespeichert und danach die Codewörter der Symbole. Dadurch wird eine Datenkompression erreicht.

6.3.4 Arithmetische Codierung

Da im MPEG-4-Standard [28] neben der Huffman-Codierung wahlweise auch arithmetische Codierung verwendet werden kann, wollen wir diese hier erläutern. Zunächst werden wir die Codierung einer Zufallsvariablen beschreiben. Danach erweitern wir die Codierung wieder auf Vektoren, um abzuschätzen, wie nahe die mittlere Codewortlänge an der Unsicherheit liegt.

Gegeben sei eine gedächtnislose Quelle mit dem Alphabet $U = \{u_1, u_2, ..., u_L\}$ und den Auftrittswahrscheinlichkeiten $P(u_i) = p_i$; $i = 1, 2, ..., L$ und es gelte $\forall_i : P(u_i) > 0$. Wir benötigen zu Beschreibung der arithmetischen Codierung die Wahrscheinlichkeitsverteilung.

Definition 6.26 Wahrscheinlichkeitsverteilung $F(u_i)$

Die Wahrscheinlichkeitsverteilung $F(u_i)$ einer gedächtnislosen Quelle erhält man, wenn man alle Wahrscheinlichkeiten p_j für $j \leq i$ aufsummiert, d. h.

$$F(u_i) = \sum_{j=1}^{i} p_j, \quad i = 1, 2, ..., L.$$

In **Bild 6.13** ist eine Wahrscheinlichkeitsverteilung abgebildet. Es gilt $F(u_L) = 1$, da $\sum_{j=1}^{L} p_j = 1$ ist.

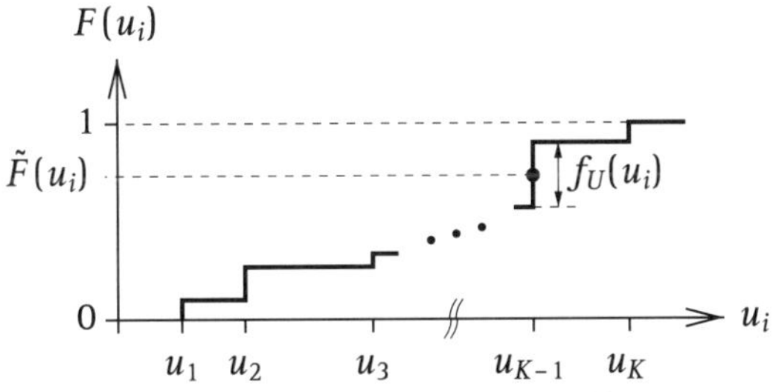

Bild 6.13 Wahrscheinlichkeitsverteilung einer gedächtnislosen Quelle

Nun bestimmen wir entsprechend Bild 6.13 die Mittelpunkte der Treppenstufen zu

$$\tilde{F}(u_i) = \sum_{j<i} p_j + \frac{1}{2} p_i.$$

Diese Werte schreiben wir wie folgt als binäre Zahl

$$\tilde{F}(u_i) = \sum_{i=1}^{l} z_i \cdot \frac{1}{2^{-i}} = z_1 \cdot \frac{1}{2} + z_2 \frac{1}{4} + z_3 \frac{1}{8} + ... + z_l \frac{1}{2^l} = 0, z_1, z_2 ... z_l.$$

Wir wählen die Codewortlänge w_i des Symbols u_i zu:

$$w_i = \left\lceil \log \frac{1}{p_i} \right\rceil + 1. \tag{6.16}$$

Nun runden wir die reellwertige Zahl $\tilde{F}(u_i)$ ab, indem wir nur die ersten w_i Bits der Zahl benutzen. Diese abgerundete Zahl bezeichnen wir mit $[\tilde{F}(x)]_{w_i}$, d. h.

$$[\tilde{F}(x)]_{w_i} = 0, z_1, z_2 ... z_{w_i}.$$

Das entsprechende Codewort ist dann

$$(u_i) \quad \longleftrightarrow \quad z_1, z_2 ... z_{w_i}.$$

Wir können immer erreichen, dass $l > w_i$ ist, indem wir Nullen ergänzen. Betrachten wir zunächst ein Beispiel[1].

Beispiel 6.27 Arithmetische Codierung einer Zufallsvariablen

Gegeben sei eine fünfwertige Quelle mit den Wahrscheinlichkeiten entsprechend **Tabelle 6.1**.

U	$P(u_i)$	$F(u_i)$	$\tilde{F}(u_i)$	$\tilde{F}(u_i)$ binär	w_i	$z_1 \dots z_{w_i}$
u_1	0,25	0,25	0,125	0,001	3	001
u_2	0,25	0,5	0,375	0,011	3	011
u_3	0,2	0,7	0,6	$0,1\overline{0011}$	4	1001
u_4	0,15	0,85	0,775	$0,110\overline{0011}$	4	1100
u_5	0,15	1,0	0,925	$0,111\overline{0110}$	4	1110

Tabelle 6.1 Beispiel zur Arithmetischen Codierung

Die Berechnung der Mittelpunkte $\tilde{F}(u_i)$ der Treppenstufen der Wahrscheinlichkeitsverteilung entsprechend Bild 6.13 sind in der Tabelle 6.1 eingetragen. Ebenfalls die Codewortlänge w_i und die präfixfreien Codewörter $z_1 \dots z_{w_i}$. Berechnen wir noch die Unsicherheit der Quelle und die mittlere Codewortlänge

$$E[W] = 3{,}5 > H(U) = 1{,}587.$$

◇

Wir wollen nun zeigen, dass der so konstruierte Code präfixfrei ist. Dazu müssen die jeweiligen Bits w_i ihr Intervall eindeutig beschreiben. Wir müssen zeigen, dass der Rundungsfehler durch das Abschneiden der hinteren Stellen nicht größer als $\frac{p_i}{2}$ ist. Durch das Runden gilt

$$\tilde{F}(u_i) - [\tilde{F}(u_i)]_{w_i} < \frac{1}{2^{w_i}},$$

da durch die Differenz nur noch Summanden $z_j \cdot \frac{1}{2^j};\ j > w_i$ übrig bleiben. Wegen der Wahl der Codewortlänge können wir schreiben

$$\begin{aligned} w_i &\geq -\log_2(p_i) + 1 \\ 2^{w_i} &\geq 2^{-\log_2(p_i)+1} \\ \tfrac{1}{2^{w_i}} &\leq 2^{\log_2(p_i)-1} = \frac{p_i}{2}. \end{aligned}$$

Es gilt somit

$$\frac{1}{2^{w_i}} \leq \frac{p_i}{2} = \tilde{F}(u_i) - F(u_{i-1}),$$

und w_i Bits beschreiben eindeutig das Intervall $[F(u_{i-1}), F(u_i)]$ der Breite p_i bzw. $[\tilde{F}(u_i)]_{w_i}$ liegt innerhalb dieses zu u_i gehörenden Intervalls. Damit ist der konstruierte Code präfixfrei.

[1] Das Beispiel stammt aus [29].

Nun wollen wir die mittlere Codewortlänge berechnen. Die Codewortlänge haben wir entsprechend Gl. (6.16) gewählt, und damit gilt:

$$E[W] = \sum_{i=1}^{L} p_i \cdot w_i = \sum_{i=1}^{L} p_i \left(\underbrace{\left\lceil \log_2 \frac{1}{p_i} \right\rceil}_{<\log_2 \frac{1}{p_i}+1} + 1 \right)$$
$$\leq H(U) + 2.$$

Diese Schranke ist in dem obigen Beispiel erfüllt. Das Verfahren ist auf den ersten Blick schlechter als Huffman-Codierung. Wir werden jedoch auch hier Vektoren betrachten und damit beliebig nahe an die Unsicherheit kommen.

Arithmetische Codierung von Vektoren

Entsprechend der Erweiterung der Huffman-Codierung auf n Symbole, können wir die arithmetische Codierung erweitern, d. h., wir betrachten Vektoren $\boldsymbol{V} = (U_1, U_2 \ldots U_n)$, wollen jedoch binäre Zufallsvariablen U_i annehmen. Man schreibt auch $v = (u_1, u_2 \ldots u_n) \in U^n$. Auch hier gilt für die Unsicherheit $H(\boldsymbol{V}) = nH(U)$. Die Wahrscheinlichkeiten $P(v)$ errechnen sich zu

$$P(v) = \prod_{i=1}^{n} p_i.$$

Die Codewortlänge wird zu

$$w(v) = \left\lceil \log \frac{1}{P(v)} \right\rceil + 1$$

gewählt. Damit ergibt sich die mittlere Codewortlänge zu

$$E[W] = \sum_{v} P(v) w(v) = \sum_{v} P(v) \left(\left\lceil \log \frac{1}{P(v)} \right\rceil + 1 \right)$$
$$\leq \sum_{v} P(v) \left[-\log P(v) + 2 \right] = H(\boldsymbol{V}) + 2 = nH(U) + 2.$$

Damit können wir die mittlere Codewortlänge pro Quellensymbol abschätzen durch

$$\frac{E[W]}{n} \leq H(U) + \frac{2}{n}.$$

Auch hier erkennt man, dass $\frac{2}{n}$ für $n \to \infty$ gegen 0 geht und somit die mittlere Codewortlänge der Unsicherheit entspricht.

6.4 Übungsaufgaben

Aufgabe 6.1

Eine Quelle liefert die sechs Symbole $U_1, U_2, U_3, U_4, U_5, U_6$. Die Wahrscheinlichkeiten der Symbole seien entsprechend der folgenden Tabelle

$P(U_1)$	$\frac{1}{32}$	$P(U_4)$	$\frac{4}{32}$
$P(U_2)$	$\frac{1}{32}$	$P(U_5)$	$\frac{8}{32}$
$P(U_3)$	$\frac{2}{32}$	$P(U_6)$	$\frac{16}{32}$

Bestimmen Sie die Unsicherheit der Quelle. Geben Sie einen Huffman-Codierer für diese Quelle an und bestimmen Sie die mittlere Codewortlänge.

Aufgabe 6.2

Kann ein binärer präfixfreier Code mit den Codewortlängen 2, 3 und 4 existieren, wobei es drei der Länge 2, drei der Länge 3 und zwei der Länge 4 gibt?

Aufgabe 6.3

Die deutsche Sprache besteht aus 26 Buchstaben, die mit den Wahrscheinlichkeiten entsprechend der folgenden Tabelle auftreten. Bestimmen Sie die Unsicherheit der Sprache, unter der Annahme, die Buchstaben seien statistisch unabhängig. Damit ignoriert man, dass die Wahrscheinlichkeit für ein „h" nach einem „sc" sehr groß ist.

A	0,0 651	B	0,0 189	C	0,0 306	D	0,0 508
E	0,1 739	F	0,0 166	G	0,0 301	H	0,0 476
I	0,0 755	J	0,0 027	K	0,0 121	L	0,0 344
M	0,0 253	N	0,0 978	O	0,0 251	P	0,0 079
Q	0,0 002	R	0,0 701	S	0,0 727	T	0,0 615
U	0,0 435	V	0,0 067	W	0,0 189	X	0,0 003
Y	0,0 004	Z	0,0 113				

Wird die Unsicherheit kleiner oder größer, wenn man die statistischen Abhängigkeiten berücksichtigen würde?

Aufgabe 6.4

Eine Quelle liefert die vier Symbole U_1, U_2, U_3, U_4. Die Wahrscheinlichkeiten der Symbole seien entsprechend der folgenden Tabelle

$P(U_1)$	$0,1$	$P(U_3)$	$0,3$
$P(U_2)$	$0,2$	$P(U_4)$	$0,4$

a) Bestimmen Sie die Unsicherheit der Quelle und die Wahrscheinlichkeitsverteilung.

b) Konstruieren Sie einen Huffman-Codierer für diese Quelle und berechnen Sie die mittlere Codewortlänge.

c) Konstruieren Sie einen arithmetischen Codierer für diese Quelle und berechnen Sie die mittlere Codewortlänge.

   Erklären Sie, was man machen müsste, um den Codierer zu verbessern.

Lösungen

Lösung zu Aufgabe 6.1

Die Unsicherheit wird berechnet durch die Gleichung

$$\begin{aligned} H(U) &= -P(U_1)\log_2 P(U_1) - P(U_2)\log_2 P(U_2) - P(U_3)\log_2 P(U_3) \\ &\quad -P(U_4)\log_2 P(U_4) - P(U_5)\log_2 P(U_5) - P(U_6)\log_2 P(U_6) \\ &= -\frac{1}{32}\log_2\frac{1}{32} - \frac{1}{32}\log_2\frac{1}{32} - \frac{2}{32}\log_2\frac{2}{32} - \frac{4}{32}\log_2\frac{4}{32} - \frac{8}{32}\log_2\frac{8}{32} - \frac{16}{32}\log_2\frac{16}{32} \\ &= 5\frac{1}{32} + 5\frac{1}{32} + 4\frac{2}{32} + 3\frac{4}{32} + 2\frac{8}{32} + 1\frac{16}{32} \\ &= \frac{5+5+8+12+16+16}{32} = \frac{62}{32} = 1{,}9\,375. \end{aligned}$$

Bei Gleichverteilung würden wir $\log_2(6) = 2{,}585$ erhalten. Dies stellt die obere Schranke dar.

Zur Konstruktion des Codebaums beginnen wir, die zwei Symbole mit den kleinsten Wahrscheinlichkeiten U_1 und U_2 zu verbinden. An den neuen Knoten schreiben wir die Summe der Wahrscheinlichkeiten $P(U_1) + P(U_2) = \frac{2}{32}$. Nun verbinden wir den neuen Knoten mit U_3 und schreiben an den neuen Knoten die Summe der Wahrscheinlichkeiten $\frac{4}{32}$. Führen wir das Verfahren weiter durch, entsteht der Codebaum, der in **Bild 6.14** gezeichnet ist.

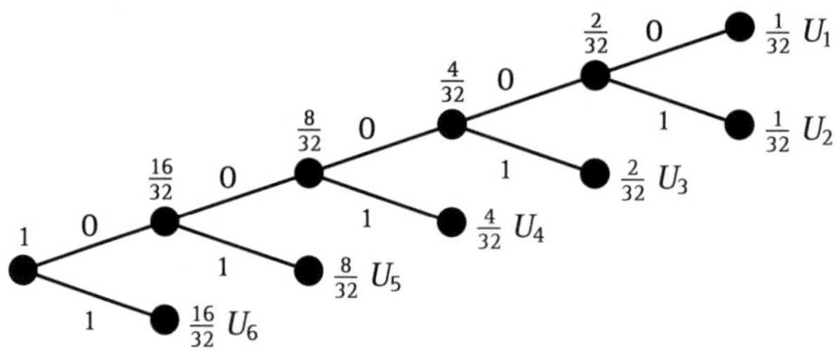

Bild 6.14 Codebaum

Die Codewörter des Huffman-Codierers sind in der folgenden Tabelle aufgelistet

U_1	0 0000	$\frac{1}{32}$
U_2	0 0001	$\frac{1}{32}$
U_3	0001	$\frac{2}{32}$
U_4	001	$\frac{4}{32}$
U_5	01	$\frac{8}{32}$
U_6	1	$\frac{16}{32}$

Wir haben zwei Möglichkeiten, die mittlere Codewortlänge $E[W]$ zu berechnen. Aus der Tabelle ergibt sich

$$E[W] = 1\frac{1}{2} + 2\frac{1}{4} + 3\frac{1}{8} + 4\frac{1}{16} + 5\frac{1}{32} + 5\frac{1}{32} = 1 + \frac{30}{32} = 1{,}9375.$$

Wir haben damit genau die Unsicherheit erreicht, was nur bei spezieller Wahl der Wahrscheinlichkeiten möglich ist.

Eine zweite Möglichkeit, die mittlere Codewortlänge zu bestimmen, ist die Addition aller Wahrscheinlichkeiten an allen Knoten des Codebaums außer den Endknoten. Entsprechend Bild 6.14 ergibt dies

$$E[W] = 1 + \frac{16}{32} + \frac{8}{32} + \frac{4}{32} + \frac{2}{32} = \frac{62}{32} = 1{,}9375.$$

Lösung zu Aufgabe 6.2

Ein präfixfreier binärer Code kann nur existieren, wenn die Kraft-Ungleichung Gl. (6.14) erfüllt ist.

Für unser Beispiel gilt

$$3 \cdot 2^{-2} + 3 \cdot 2^{-3} + 2 \cdot 2^{-4} = \frac{3}{4} + \frac{3}{8} + \frac{2}{16} = \frac{20}{16} > 1.$$

Somit kann kein präfixfreier Code mit diesen Parametern existieren.

Lösung zu Aufgabe 6.3

Wir benutzen einen Rechner, um die Unsicherheit zu berechnen

$$H(Buchstabe) = -\sum_{i=1}^{26} P(Buchstabe_i) \log_2(Buchstabe_i) \approx 4{,}063$$

Ein Vergleich mit $\log_2(26) \approx 4{,}70$, also der Gleichverteilung, ergibt, dass die Sprache Redundanz enthält.

Wenn die statistischen Abhängigkeiten berücksichtigt werden, hat bereits *Claude E. Shannon* die Unsicherheit der Sprache (Englisch) zu $\approx$ 1,5 berechnet. Dieser Wert wurde mehrfach für die deutsche Sprache verifiziert. Damit ist klar, dass Unsicherheit kleiner wird, wenn statistische Abhängigkeiten berücksichtigt werden. Ferner zeigt dies, dass die Sprache sehr viel Redundanz beinhaltet.

Lösung zu Aufgabe 6.4

a) Die Unsicherheit der Quelle ist

$$H(U) = -0{,}1 \log_2(0{,}1) - 0{,}2 \log_2(0{,}2) - 0{,}3 \log_2(0{,}3) - 0{,}4 \log_2(0{,}4) \approx 1{,}846.$$

Die Wahrscheinlichkeitsverteilung ist

$$F_1 = P(U_1) = 0{,}1; F_2 = P(U_1) + P(U_2) = 0{,}3; F_3 = P(U_1) + P(U_2) + P(U_3) = 0{,}6; F_4 = 1.$$

b) Wir fassen die zwei Symbole mit kleinster Wahrscheinlichkeit zusammen und erhalten einen neuen Knoten mit Wahrscheinlichkeit $P(U_1) + P(U_2) = 0{,}3$. Diesen fassen wir mit U_3 zusammen und erhalten wieder einen neuen Knoten mit der Wahrscheinlichkeit $P(U_1) + P(U_2) + P(U_3) = 0{,}6$, den wir mit U_4 zusammenfassen. Die Abbildung der Symbole auf die Codewörter ist in der folgenden Tabelle angegeben. Der zugehörige Codebaum ist in **Bild 6.15** dargestellt. Die mittlere Codewortlänge ist

U_1	000	0,1
U_2	001	0,2
U_3	01	0,3
U_4	1	0,4

$$E[W] = 3 \cdot 0{,}1 + 3 \cdot 0{,}2 + 2 \cdot 0{,}3 + 1 \cdot 0{,}4 = 1{,}9.$$

Wir haben damit fast die Unsicherheit erreicht

$$1.846 = H(U) \leq E[W] = 1{,}9.$$

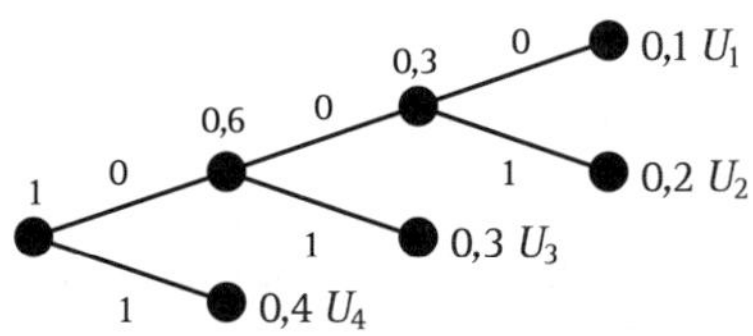

Bild 6.15 Codebaum des Huffman-Codierers

c) Die Codewortlänge w_i bei arithmetischer Codierung ist durch die Gl. (6.16) gegeben. Sie lautet

$$w_i = \left\lceil \log \frac{1}{P(U_i)} \right\rceil + 1.$$

Wir berechnen die vier Werte zu

$$w_1 = \left\lceil \log \frac{1}{P(U_1)} \right\rceil + 1 = 4 + 1 = 5,$$
$$w_2 = \left\lceil \log \frac{1}{P(U_2)} \right\rceil + 1 = 3 + 1 = 4,$$
$$w_3 = \left\lceil \log \frac{1}{P(U_3)} \right\rceil + 1 = 2 + 1 = 3,$$
$$w_4 = \left\lceil \log \frac{1}{P(U_4)} \right\rceil + 1 = 2 + 1 = 3.$$

Nun benötigen wir die vier Werte

$$\tilde{F}_1 = 0 + \frac{1}{2}P(U_1) = 0{,}05; \tilde{F}_2 = 0{,}2; \tilde{F}_3 = 0{,}45; \tilde{F}_4 = 0{,}8.$$

Diese vier Zahlen müssen wir nun als binäre Zahlen darstellen. Dazu benutzen wir die folgende Tabelle

$\frac{1}{2} = 0{,}5$	$\rightarrow$	0,1
$\frac{1}{2^2} = 0{,}25$	$\rightarrow$	0,01
$\frac{1}{2^3} = 0{,}125$	$\rightarrow$	0,001
$\frac{1}{2^4} = 0{,}0625$	$\rightarrow$	0,0001
$\frac{1}{2^5} = 0{,}03125$	$\rightarrow$	0,00001

Da das längste Codewort fünf Stellen hat, genügen uns diese Werte. Beginnen wir mit $\tilde{F}_4 = 0{,}8$.

$$\tilde{F}_4 = 0{,}8 \approx 0{,}5 + 0{,}25 + 0{,}03125 \quad \rightarrow \quad 0{,}11001.$$

Davon nehmen wir drei Stellen, d. h. 110. Jetzt berechnen wir $\tilde{F}_3$ zu

$$\tilde{F}_3 = 0{,}45 \approx 0{,}25 + 0{,}125 + 0{,}0625 \quad \rightarrow \quad 0{,}01110.$$

Da $w_3 = 3$ ist, nehmen wir auch hier drei Stellen, d. h. 011. Die Berechnung

$$\tilde{F}_2 = 0{,}2 \approx 0{,}125 + 0{,}0625 \quad \rightarrow \quad 0{,}00110$$

und mit $w_2 = 4$ ergibt sich 0011. Nun noch der letzte Wert

$$\tilde{F}_1 = 0{,}05 \approx 0{,}03125 \quad \rightarrow \quad 0{,}00001,$$

d. h. 00001.

Die Abbildung der Symbole auf die Codewörter ist in der folgenden Tabelle aufgelistet.

U_1	00001	0,1
U_2	0011	0,2
U_3	011	0,3
U_4	110	0,4

Die mittlere Codewortlänge ist

$$E[W] = 5 \cdot 0{,}1 + 4 \cdot 0{,}2 + 3 \cdot 0{,}3 + 3 \cdot 0{,}4 = 3{,}4$$

und viel schlechter als die Unsicherheit. Sie ist sogar schlechter als eine konstante Codewortlänge von zwei Bit pro Symbol.

Um die mittlere Codewortlänge zu verkleinern, muss man Vektoren der Quellensymbole bilden. Bei Vektoren der Länge zwei bildet man alle 16 Paare $(U_1, U_1), (U_1, U_2), ..., (U_4, U_4)$. Durch immer längere Vektoren gelangt man mit der mittleren Codewortlänge immer näher an die Unsicherheit der Quelle heran.

7 Das Internet

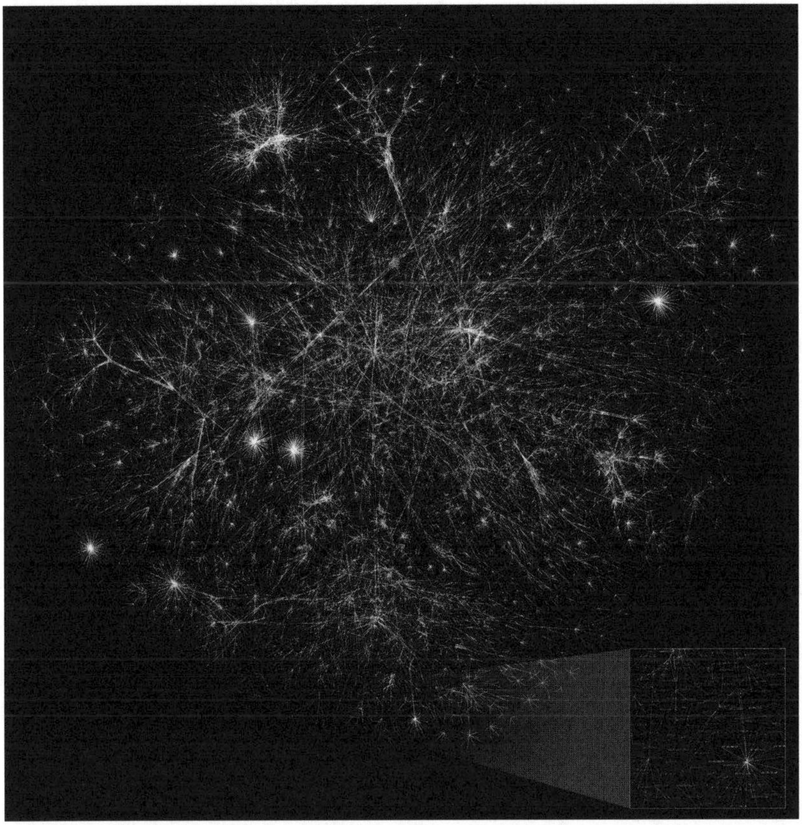

Bild 7.1 Das Internet (© *Matt Britt*)

Fast jeder benutzt das Internet. Als Vorgänger hatte das Internet das vorwiegend militärisch genutzte ARPAnet. Zu Beginn wurden über dieses Netz nur E-Mails ausgetauscht. Dann entstand die Idee, die Rechner zu vernetzen, um eine Kommunikation von beliebigen Daten zwischen ihnen zu ermöglichen. Dazu mussten Regeln und Datenformate definiert werden, damit Bilder, Musik, Videos etc. ausgetauscht werden konnten. Das Netz ist in einer atemberaubenden Geschwindigkeit gewachsen, und die Anwenderprogramme haben sich ebenfalls schwindelerregend schnell verändert. Während man früher streng zwischen Rechner- und Telefonnetz unterschied sowie verschiedene Techniken verwendete, wachsen nun beide Netze immer mehr zusammen. Es ist beeindruckend, in einem Büro in Tokyo/Japan zu sitzen, sich auf dem eigenen Rechner in Deutschland einzuloggen und zu arbeiten, als wenn er im gleichen Raum stehen würde.

Die Grundlage für die Übertragung und den Austausch von Daten stellen die sog. Protokolle dar. Protokolle sind Rechenvorschriften (verteilte Algorithmen), die zur Kommunikation zwischen Rechnern bzw. Geräten dienen. Man kann sich diese Kommunikation ähnlich vorstellen wie die zwischen Menschen. So signalisiert ein Passant etwa mit dem Wort „Entschuldigung", dass er eine Kommunikation führen (aufbauen) möchte. Falls der Angesprochene bereit ist, eine Kommunikation durchzuführen, signalisiert er dies durch „Ja bitte" und ist zum Empfang bereit. Die Kommunikation folgt danach weiteren Regeln. Falls das Gespräch an einer lauten Straße stattfindet, dann kann es sein, dass ein Satz nicht korrekt verstanden wurde. Durch ein „Wie bitte?" kann der Gesprächspartner zu einer Wiederholung des Satzes aufgefordert werden. Des Weiteren findet ein Gespräch meistens geordnet statt, d. h., einer redet (sendet) und der andere hört zu (empfängt). Da die Übertragung über das gleiche Medium stattfindet, ist diese Regel sinnvoll.

Wir wollen die mathematischen Modelle einführen, mit deren Hilfe eine Analyse der Kommunikation zwischen Geräten durchgeführt werden kann. Dabei sollen zwei wichtige Problemstellungen der Kommunikation von Rechnern oder Geräten erörtert werden. Das Protokoll, das benutzt wird, wenn viele Menschen miteinander reden wollen, und das Protokoll, das sicherstellt, dass ein Inhalt unverfälscht zum Empfänger gelangt.

Zwei andere Aspekte der Kommunikation lassen sich durch ein uns bekanntes Kommunikationsmittel, den Brief, beschreiben. Man kann auch durch Schreiben von Briefen kommunizieren. Ein Brief enthält Daten, also geschriebenen Text, auf dem Umschlag steht die Adresse des Empfängers und die des Absenders. Der Brief ist damit eine autonome Einheit, die durch ein Beförderungssystem transportiert wird. Dies entspricht im Internet den Datenpaketen, die ebenfalls Adressen und Daten beinhalten. Man wirft den Brief in einen Briefkasten, und er wird dann von der Post zum Empfänger befördert. Dazu muss der Weg bestimmt werden, auf dem er transportiert werden soll. Genauso muss im Internet der Weg für Datenpakete berechnet werden. Hierfür werden wir ein mathematisches Modell angeben und damit den Weg berechnen.

Das Internet ist ein öffentliches Netz, und der Nutzer weiß nicht, wer im Netz Zugriff auf seine Daten hat. Diese Tatsache hat das Gebiet der Kryptologie unverzichtbar gemacht. Bei der Kryptologie geht es um Verfahren, mit denen Daten gegen Abhören und gegen gezielte Verfälschungen geschützt werden können. Wir werden einige kryptologische Prinzipien exemplarisch am RSA-Verfahren diskutieren.

7.1 Problemstellung

Die gesamte Beschreibung der Techniken des Internets würde Bücher füllen. Deshalb wollen wir hier nur vier Aspekte und deren Mathematik genauer untersuchen.

Vielfachzugriff, Multiple Access

Beginnen wollen wir mit dem sog. Vielfachzugriff (oder Multiple Access). Dies entspricht dem Problem, wenn viele Menschen in einem Raum miteinander reden wollen und die Worte von den Gesprächspartnern korrekt verstanden werden sollen. Die Sprache aller wird über das Medium Luft übertragen. Wenn alle Beteiligten durcheinander reden würden, könnten nicht alle Worte korrekt verstanden werden. Deshalb benötigt man Regeln. Genauso bedarf es Regeln für die Kommunikation zwischen Rechnern.

Der Vielfachzugriff wurde im Jahr 1970 von einer Gruppe um *Norman Abramson* von der Universität Hawaii [30] untersucht. Die Universität von Hawaii ist auf verschiedene Inseln verteilt und die Rechner sollten per Funk miteinander verbunden werden. Es entstand ein Protokoll, mit dem viele Geräte über das gleiche Medium kommunizieren konnten. Dazu wurde ein mathematisches Modell und eine Menge von Regeln aufgestellt und analysiert. Diesem Protokoll wurde als Name das Hawaiianische „ALOHA" gegeben, das auf Hawaii sowohl zur Begrüßung als auch zur Verabschiedung und auch zur warmherzigen Sympathiebekundung verwendet wird. Das ALOHA-Protokoll stellt den Ursprung von vielen, heute angewandten Vielfachzugriffsprotokollen dar und vermittelt deshalb die Grundidee des Vielfachzugriffs.

Problemstellung

Wie können mehrere Computer über das gleiche Medium kommunizieren?

Zuverlässige Datenübertragung

Ein weiteres grundsätzliches Problem der Datenübertragung ist die Frage, ob die empfangenen Daten korrekt sind. Dazu gehört auch, dass die Daten in der richtigen Reihenfolge ankommen bzw. vom Empfänger in die richtige Reihenfolge gebracht werden können. Wenn man die Seiten eines Buchs einzeln in Briefkuverts von A nach B zu unterschiedlichen Zeiten schickt und annimmt, dass manche Briefe mit dem Flugzeug, andere mit dem Schiff usw. transportiert werden, so benötigt man einen Mechanismus, der sicherstellt, dass das Buch bei B korrekt und in der richtigen Reihenfolge zusammengesetzt werden kann. Die Seitenzahl ist dabei eine nützliche Hilfe. Manche Seiten können durch den Transport verloren gehen oder unleserlich werden, und diese Seiten müssen erneut angefordert werden. Wir müssen den Begriff *unleserlich* mathematisch formulieren und ein Verfahren einführen, das Unleserlichkeit feststellen kann. All die angesprochenen Probleme löst ein sog. ARQ-Protokoll, wobei ARQ für Automatic Repeat on Request steht.

Problemstellung

Wie stellt man sicher, dass die Daten korrekt und in der richtigen Reihenfolge übertragen werden?

Routing

Routing wurde früher im Deutschen mit Weglenkung bezeichnet, inzwischen wird jedoch der englische Ausdruck Routing verwendet. Wenn Daten von A nach B geschickt werden sollen, so muss man den schnellsten Weg berechnen. Alle Autofahrer wissen, dass im Fall eines Staus der kürzeste Weg nicht der schnellste sein muss. Auch hier werden wir zuerst ein mathematisches Modell einführen und dann ein Verfahren beschreiben, das den schnellsten Weg berechnet. Dabei wird ein Kommunikationsnetz als eine Art Landkarte beschrieben, auf der die Städte die Rechner darstellen und die Straßen die Datenverbindungen. Mathematisch wird ein solches Netz als Graph bezeichnet.

Problemstellung
Welches ist der kürzeste Weg vom Start zum Ziel?

Kryptologie

Das letzte Problem, das wir erläutern wollen, ist die Vertraulichkeit und die Authentizität. Zwei Nutzer, *Alice* und *Bob*[1], wollen gegenseitig Nachrichten austauschen. Die Nachrichtenübertragungsstrecke wird von einem Bösewicht, dem sog. Kryptoanalytiker, der den Namen *Eve* erhielt, abgehört. Das Abhören wird passive Attacke genannt, da er (sie) nur zuhören möchte. Aus diesem Grund möchten *Alice* und *Bob* ihre Nachrichten so verschlüsseln, dass der Kryptoanalytiker die verschlüsselte Nachricht nicht entschlüsseln und damit nicht verstehen kann. Es existieren bei der Kommunikationssicherheit noch folgende weitere Probleme. *Alice* empfängt eine Nachricht von *Bob*. Kann sie sicher sein, dass diese Nachricht von *Bob* stammt (Senderauthentizität)? Selbst wenn die Nachricht von *Bob* stammt, hat sie jemand verändert (Nachrichtenauthentizität)? Ein Kryptoanalytiker könnte auch durch eine sog. aktive Attacke (man-in-the-middle-attack) eine Nachricht im Namen von *Bob* gesendet bzw. die Nachricht von *Bob* verfälscht haben. Das Problem der Senderauthentizität wird durch eine Signatur gelöst, die nur *Bob* unter die Nachricht setzen kann. Die Authentizität der Nachricht wird sichergestellt, indem der Nachricht ein sog. Message Authentification Code angehängt wird, den *Alice* überprüfen kann, um festzustellen, ob die Nachricht verändert wurde. Genauso muss ein Teilnehmer im Mobilfunk sich authentifizieren, damit nicht ein Teilnehmer auf Kosten eines Anderen telefoniert, was wir in Abschnitt 3.5 beschrieben haben.

Problemstellung
Wie kann man die Daten abhörsicher machen und sicherstellen, dass sie nicht verändert wurden?

Jedes der vier Probleme wollen wir in einem eigenen Abschnitt beschreiben. Dabei wird zunächst das Problem nochmals detaillierter erläutert, danach die notwendigen mathematischen Grundlagen eingeführt und dann die Verfahren und Algorithmen, die das Problem lösen, angegeben und analysiert.

[1] Unter den Kryptologen hat sich diese Bezeichnung eingebürgert, statt die Personen trocken A und B zu nennen.

7.2 Vielfachzugriff, Multiple Access

Um die Problemstellung mathematisch analysieren zu können, erstellen wir uns zunächst ein Modell. Dabei ist es nicht wichtig, ob das Medium, über das die Daten übertragen werden, ein Kabel, eine Glasfaser oder Luft ist. Wir nehmen in unserem Modell an: Es gibt einen Empfänger und viele Sender, die alle ihre Daten über das gleiche Medium zu dem einen Empfänger senden wollen. Dieser kann jedoch in einem Zeitabschnitt nur die Daten von einem Sender empfangen, d. h. wenn zwei oder mehrere Sender gleichzeitig senden, kommt es zu einer Kollision und die Daten von beiden bzw. allen gehen verloren. Die Sender können keine Information untereinander austauschen, wer wann senden darf, sondern jeder sendet seine Daten, wenn er Daten zum Senden hat, unabhängig von den anderen Sendern. Man kann sich ein Wireless-LAN vorstellen, wobei die Sender viele Laptops sind, die sich ja nicht untereinander koordinieren. Wir vernachlässigen in unserem Modell bewusst, dass immer eine sog. Duplex-Datenübertragung stattfindet, dass also ein Teilnehmer Daten sendet und auch empfängt, um unser Modell so einfach wie möglich zu halten.

Eine weitere Vereinfachung ist die Annahme, dass die Zeit in sog. Zeitschlitze aufgeteilt ist, d. h. gleichlange Zeitabschnitte, die alle Sender und auch der Empfänger kennen. Mit dieser Annahme stellen wir sicher, dass wir nur drei Fälle unterscheiden müssen.

- Kein Sender greift auf den Kanal zu, also ist der Zeitschlitz leer.
- Genau ein Sender greift auf den Kanal zu, dann kommt es zu einer erfolgreichen Übertragung.
- Mindestens zwei Sender greifen gleichzeitig auf den Kanal zu, und es kommt zu einer Kollision.

Wir benötigen noch eine auf den ersten Blick unrealistische Annahme, die uns jedoch die Analyse enorm erleichtert und praktisch einfach realisierbar ist. Es ist die Annahme, dass sofort am Ende eines Zeitschlitzes jeder Sender und auch der Empfänger wissen, ob der Zeitschlitz erfolgreich oder leer war oder ob eine Kollision stattgefunden hat.

Damit nun alle Sender, die an einer Kollision beteiligt waren, ihre Daten übertragen können, benötigen wir eine Strategie bzw. Regeln für die Teilnehmer. Es wäre eine törichte Strategie, wenn alle Sender, die an einer Kollision beteiligt waren, ihre Daten sofort wieder senden würden, denn dann käme es zwangsläufig wieder zu einer Kollision, und das System befände sich in einer sog. Deadlock-Situation.[1] Um eine solche Strategie beschreiben und analysieren zu können, werden wir zunächst einige mathematische Grundlagen angeben und dann das sog. Slotted-ALOHA-Protokoll einführen, das die Basis für nahezu alle praktisch verwendeten Vielfachzugriffsprotokolle darstellt.

Unser Modell dient bei vielen Systemen zur ersten Kommunikationsaufnahme zwischen einem von vielen Sendern und einem Empfänger. Bei dieser ersten Kommunikation kann es

[1] Unter *Deadlock* versteht man einen Zustand, in dem das System verharrt und den es ohne Eingriffe von außen nicht wieder verlassen kann.

zu Kollisionen kommen. Im Fall einer erfolgreichen Kommunikation werden meist Ressourcen reserviert, d. h. der Empfänger hat zwei Zeitbereiche, einen, in dem alle Sender senden dürfen, und einen, in dem nur reservierte Sender senden dürfen. Es kann in den reservierten Bereichen zu keinen Kollisionen mehr kommen, da für jeden Sender eindeutig eine Zeit reserviert wird, in der ausschließlich er senden darf. Dieses Verfahren wird als Reservierungsverfahren bezeichnet.

7.2.1 Mathematische Grundlagen

Zur Analyse des Slotted-ALOHA-Protokolls benötigen wir die Binomialverteilung, für deren ausführliche Beschreibung wir auf Abschnitt 2.2.1 Gl. (2.1) verweisen. Die Binomialverteilung berechnet die Wahrscheinlichkeit $P(t|n)$, dass bei n-facher Wiederholung eines Zufallsexperiments mit zwei möglichen Ausgängen (Wahrscheinlichkeiten p und $(1-p)$) genau t-mal dasjenige Ereignis mit der Wahrscheinlichkeit p auftritt. Wir wählen hier die leicht modifizierte Notation $P(t|n)$ anstatt $P(t|n,p)$.

$$P(t|n) = \binom{n}{t} p^t \cdot (1-p)^{n-t} = \frac{n(n-1)(n-2)\ldots(n-t+1)}{t(t-1)(t-2)\ldots 1} p^t \cdot (1-p)^{n-t}.$$

Der Erwartungswert (Satz 2.15) für t in Abhängigkeit von n und p ergibt sich zu

$$E[X] = n \cdot p.$$

Zusätzlich benötigen wir noch den Zusammenhang von zwei statistisch unabhängigen Zufallsexperimenten. Nehmen wir an, wir hätten eine Münze A, die mit Wahrscheinlichkeit p Kopf K_a ergibt, und eine zweite Münze B, die mit Wahrscheinlichkeit q Kopf K_b ergibt. Dann ist die Wahrscheinlichkeit beim Werfen beider Münzen K_a und K_b gleichzeitig zu erhalten, gleich dem Produkt der Wahrscheinlichkeiten $p \cdot q$. Insgesamt ergeben sich beim Werfen der beiden Münzen vier mögliche Ausgänge. Die Wahrscheinlichkeit, Zahl Z_a und K_b zu werfen, ist $(1-p) \cdot q$, die Wahrscheinlichkeit für K_a und Zahl Z_b ist $(1-q) \cdot p$ und für Z_a und Z_b $(1-p) \cdot (1-q)$. Die vier Möglichkeiten sind in der folgenden Tabelle zusammengefasst.

Ausgang	K_a, K_b	K_a, Z_b	Z_a, K_b	Z_a, Z_b
Wahrscheinlichkeit	$p \cdot q$	$p(1-q)$	$(1-p)q$	$(1-p)(1-q)$

Die vier Wahrscheinlichkeiten addiert müssen eins ergeben, da dies alle möglichen Ereignisse sind. In der Tat ergibt

$$\begin{aligned} & p \cdot q + (1-p) \cdot q + (1-q) \cdot p + (1-p) \cdot (1-q) \\ & = p \cdot q + q - p \cdot q + p - p \cdot q + 1 - p - q + p \cdot q = 1. \end{aligned}$$

Nehmen wir nun an, wir hätten insgesamt n Münzen, wobei k davon Kopf K_b besitzen und damit die anderen $n-k$ Kopf K_a. Werfen wir alle n Münzen, so ist die Wahrscheinlichkeit, dass i davon K_a zeigen und $j \cdot K_b$ gleich

$$P_p(i|n-k) \cdot P_q(j|k) = \binom{n-k}{i} p^i \cdot (1-p)^{n-k-i} \cdot \binom{k}{j} q^j \cdot (1-q)^{k-j},$$

also gleich dem Produkt der beiden Wahrscheinlichkeiten, da es sich um statistisch unabhängige Zufallsgrößen handelt. Aufgrund der statistischen Unabhängigkeit und der Linearität des Erwartungswerts ist der Erwartungswert E für die Anzahl K_a und K_b bei diesem Experiment gleich der Summe der Erwartungswerte beider Münzen

$$E = (n-k)\,p + kq.$$

Dies wird offensichtlich, wenn wir als erstes die $n - k$ Münzen mit K_a werfen, und anschließend in einem weiteren Wurf die k Münzen mit K_b. Für den ersten Wurf beträgt der Erwartungswert $(n-k)\,p$ und für den zweiten Wurf kq. Also ist der gesamte Erwartungswert gleich der Summe der beiden Erwartungswerte. Damit können wir das ALOHA-Protokoll analysieren.

7.2.2 Slotted-ALOHA-Protokoll

Wir wollen annehmen, dass m Sender existieren und die Sender Datenpakete senden, die genau in einen Zeitschlitz passen. Das Slotted-ALOHA-Protokoll besteht nun aus Regeln, nach denen die Kommunikation abläuft und die nachfolgend aufgelistet sind. Wir bezeichnen dabei einen Sender als *backlogged*, wenn sein Paket an einer Kollision beteiligt war und er versuchen muss, dieses Paket erneut zu senden.

Regeln:

- Jeder nichtbacklogged Sender, der ein neues Datenpaket zu senden hat, was mit Wahrscheinlichkeit p_a eintritt, sendet dieses im nächstmöglichen Zeitschlitz.
- Jeder backlogged Sender sendet sein Paket mit Wahrscheinlichkeit p_r im nächsten Zeitschlitz.
- Ein backlogged Sender generiert keine neuen Datenpakete, solange das Paket, das an einer Kollision beteiligt war, nicht erfolgreich übertragen ist.

Die Wahrscheinlichkeit p_a kann interpretiert werden als die Wahrscheinlichkeit, mit der ein nichtbacklogged Sender auf den Kanal (Zeitschlitz) zugreift. Sobald ein Sender ein Paket erzeugt und beim ersten Mal erfolglos auf den Kanal zugegriffen hat, befindet er sich bis zur erfolgreichen Übertragung des Pakets im backlogged Zustand. Nehmen wir an, dass das System bereits eine Zeit betrieben wurde, k Sender backlogged sind und entsprechend $m - k$ Sender nicht. Dann ist die Wahrscheinlichkeit, dass i von k backlogged Stationen gleichzeitig auf einen Zeitschlitz zugreifen, gleich

$$P_r(i|k) = \binom{k}{i} p_r^i (1-p_r)^{k-i}; \tag{7.1}$$

für j Zugriffe von den $m-k$ übrigen Sendern ist die Wahrscheinlichkeit

$$P_a(j|m-k) = \binom{m-k}{j} p_a^j (1-p_a)^{m-k-j}. \tag{7.2}$$

Beispiel 7.1 Wahrscheinlichkeiten beim Vielfachzugriff

Die Anzahl der Sender sei $m = 8$, von denen aktuell $k = 3$ backlogged sind. Ferner sei $p_r = 0{,}25$ und $p_a = 0{,}1$. Wir berechnen die Wahrscheinlichkeit, dass einer der drei backlogged Sender auf einen Zeitschlitz zugreift

$$P_r(1|3) = \binom{3}{1}(0{,}25)^1 \cdot (1-0{,}25)^{3-1} = 3 \cdot \frac{1}{4} \cdot \frac{27}{64} \approx 0{,}3\,164.$$

Die Wahrscheinlichkeit, dass zwei der fünf nichtbacklogged Sender auf einen Zeitschlitz zugreifen, ist

$$P_a(2|5) = \binom{5}{2}(0{,}1)^2 \cdot (1-0{,}1)^{5-2} = 10 \cdot 0{,}01 \cdot 0{,}729 = 0{,}0729.$$

Damit ist die Wahrscheinlichkeit, dass in einem Zeitschlitz ein backlogged und zwei nichtbacklogged Sender zugreifen,

$$P_r(1|3) \cdot P_a(2|5) \approx 0{,}0\,231.$$

◇

Mit den beiden Wahrscheinlichkeiten der Gl. (7.1) und Gl. (7.2) können wir nun die Wahrscheinlichkeiten bestimmen, mit denen ein Zeitschlitz leer oder erfolgreich ist oder dass eine Kollision in einem Zeitschlitz auftritt. Ein Zeitschlitz ist leer, wenn keiner der backlogged Sender und keiner der nichtbacklogged Sender auf den Zeitschlitz zugreift. Dies geschieht mit der Wahrscheinlichkeit P_{leer}

$$\begin{aligned} P_{\text{leer}} &= P_r(0|k) \cdot P_a(0|m-k) \\ &= \left[\tbinom{k}{0} p_r^0 (1-p_r)^{k-0}\right] \cdot \left[\tbinom{m-k}{0} p_a^0 (1-p_a)^{m-k-0}\right] \\ &= (1-p_r)^k \cdot (1-p_a)^{m-k}. \end{aligned}$$

Ein Zeitschlitz ist erfolgreich, wenn entweder genau ein backlogged Sender und kein nichtbacklogged, oder aber kein backlogged und genau ein nichtbacklogged Sender zugreift. Die Wahrscheinlichkeit P_{erf} dafür ist:

$$\begin{aligned} P_{\text{erf}} &= P_r(1|k) \cdot P_a(0|m-k) + P_r(0|k) \cdot P_a(1|m-k) \\ &= \left[\binom{k}{1} p_r^1 (1-p_r)^{k-1}\right] \cdot \left[(1-p_a)^{m-k}\right] \\ &\quad + \left[(1-p_r)^k\right] \cdot \left[\binom{m-k}{1} p_a^1 (1-p_a)^{m-k-1}\right] \\ &= kp_r(1-p_r)^{k-1} \cdot (1-p_a)^{m-k} + (1-p_r)^k \cdot (m-k)\,p_a(1-p_a)^{m-k-1}. \end{aligned}$$

Bleibt noch, die Wahrscheinlichkeit P_{kol} für eine Kollision in einem Zeitschlitz auszurechnen. Dazu überlegt man sich, dass dies genau alle diejenigen Fälle sind, in denen der Zeitschlitz weder leer noch erfolgreich ist, d. h.

$$P_{\text{kol}} = 1 - P_{\text{erf}} - P_{\text{leer}}.$$

Um die ganzen Wahrscheinlichkeiten übersichtlich darzustellen, wollen wir zunächst eine Tabelle erstellen, in der wir die Änderung Δk der Anzahl k der backlogged Sender auflisten. Wir bezeichnen dabei k als den Zustand des Systems, und Δk ist die Zustandsänderung. Mit i und j aus den Definitionsgleichungen Gl. (7.1) und Gl. (7.2) lassen sich die Zustandübergänge gemäß **Tabelle 7.1** beschreiben.

Zustandübergang	nichtbacklogged	backlogged	Zeitschlitz
$\Delta k = -1 : \; k \to k-1$	$j = 0$	$i = 1$	erfolgreich
$\Delta k = 0 : \; k \to k$	$j = 0$	$i = 0$	leer
	$j = 0$	$i \geq 2$	Kollision
	$j = 1$	$i = 0$	erfolgreich
$\Delta k = 1 : \; k \to k+1$	$j = 1$	$i \geq 1$	Kollision ($k \geq 1$)
$\Delta k \geq 2 : \; k \to k + \Delta k$	$j = \Delta k$	beliebig	Kollision

Tabelle 7.1 Zustandübergänge für Slotted-ALOHA mit m Stationen

Mit $P_{k,k+\Delta k}$ wollen wir die Übergangswahrscheinlichkeit bezeichnen, dass vor dem Zeitschlitz k Sender und nach dem Zeitschlitz $k+\Delta k$ Sender backlogged sind. Dabei gilt $-1 \leq \Delta k \leq m-k$, da die Anzahl der backlogged Sender pro Zeitschlitz nicht um mehr als 1 abnehmen kann und auch nicht mehr als alle m Sender backlogged sein können. Die Wahrscheinlichkeiten zu den Zustandübergängen Δk aus Tabelle 7.1 ergeben sich zu

$$P_{k,k+\Delta k} = \begin{cases} P_{\text{a}}(0|m-k)\,P_{\text{r}}(1|k) & \Delta k = -1 \\ P_{\text{a}}(0|m-k)\,[1 - P_{\text{r}}(1|k)] + P_{\text{a}}(1|m-k)\,P_{\text{r}}(0|k) & \Delta k = 0 \\ P_{\text{a}}(1|m-k)\,[1 - P_{\text{r}}(0|k)] & \Delta k = 1, k \geq 1 \\ P_{\text{a}}(\Delta k|m-k) & 2 \leq \Delta k \leq m-k \\ 0 & \text{sonst.} \end{cases} \tag{7.3}$$

Wir können das System durch eine sog. zeitdiskrete Markov-Kette beschreiben. Diese besteht aus Zuständen und Zustandübergängen, denen eine bestimmte Wahrscheinlichkeit zugeordnet wird. Die Nummer k eines Zustands der in **Bild 7.2** gezeigten Kette gibt die Anzahl k der backlogged Sender zu Beginn eines Zeitschlitzes an. Die Wahrscheinlichkeiten sind nicht an die Zustandübergänge angeschrieben, da dies zu unübersichtlich wäre, können aber direkt aus Gl. (7.3) entnommen werden.

Ein Wechsel aus einem niedrigen in einen höheren Zustand der Markov-Kette ergibt sich stets als Folge einer Kollision; die Erhöhung der Zustandnummer entspricht dabei der Zahl

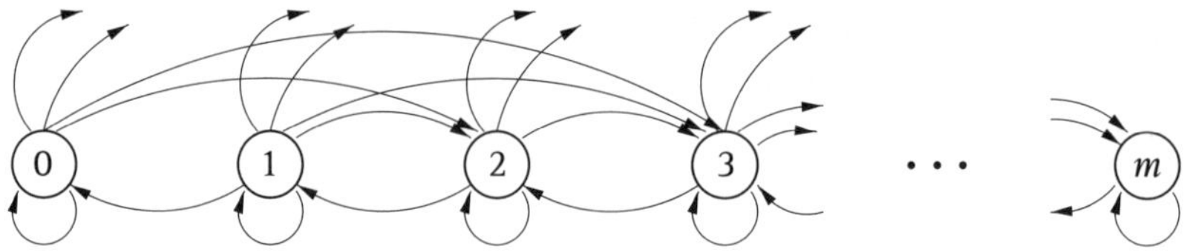

Bild 7.2 Markov-Kette für Slotted-ALOHA

neuer Pakete, die an der Kollision beteiligt waren. Da im Zustand 0 nur neu erzeugte Pakete kollidieren können und an einer Kollision mindestens zwei Pakete beteiligt sein müssen, ist ein Übergang von Zustand 0 nach Zustand 1 nicht möglich. Eine Verringerung des Zustands um maximal 1 ist nur durch eine erfolgreiche Übertragung eines Pakets durch einen backlogged Sender möglich, wenn keine nichtbacklogged Sender zugreifen. Da immer nur ein Paket pro Zeitschlitz erfolgreich übertragen werden kann, verringert sich der Zustand um maximal 1.

Beispiel 7.2 Markov-Kette des Vielfachzugriffs

Wir wollen einige Übergangswahrscheinlichkeiten der Markov-Kette aus Bild 7.2 berechnen. Die Wahrscheinlichkeit $P_{3,2}$ des Zustandübergangs von 3 nach 2 ist gleich der Wahrscheinlichkeit, dass keiner der $m-3$ nichtbacklogged Sender auf einen Zeitschlitz zugreift, mal der Wahrscheinlichkeit, dass nur einer der drei backlogged Sender zugreift, d. h.

$$P_{3,2} = P_{\mathrm{a}}(0|m-3) \cdot P_{\mathrm{r}}(1|3) = \binom{m-3}{0} p_{\mathrm{a}}^0 (1-p_{\mathrm{a}})^{m-3} \binom{3}{1} p_{\mathrm{r}}^1 (1-p_{\mathrm{r}})^{3-1}.$$

Die Wahrscheinlichkeit $P_{1,3}$ des Zustandübergangs von 1 nach 3 ist die Wahrscheinlichkeit, dass zwei der $m-1$ nichtbacklogged Sender auf einen Zeitschlitz zugreifen. Was der eine backlogged Sender macht, ist unerheblich; er kann zugreifen oder nicht. Also

$$P_{1,3} = P_{\mathrm{a}}(2|1) = \binom{m-1}{2} p_{\mathrm{a}}^2 (1-p_{\mathrm{a}})^{m-1-2}.$$

Des Weiteren ist die Wahrscheinlichkeit $P_{3,3}$ des Zustandübergangs von 3 nach 3 gleich der Wahrscheinlichkeit, dass keiner der $m-3$ nichtbacklogged Sender zugreift, mal der Wahrscheinlichkeit, dass keiner oder mehr als einer der drei backlogged Sender zugreift. Zu diesem Wert müssen wir die Wahrscheinlichkeit addieren, dass ein nichtbacklogged Sender zugreift, mal der Wahrscheinlichkeit, dass kein backlogged Sender zugreift.

$$\begin{aligned} P_{3,3} &= P_{\mathrm{a}}(0|m-3)\,(1-P_{\mathrm{r}}(1|3)) + P_{\mathrm{a}}(1|m-3)\,P_{\mathrm{r}}(0|3) \\ &= \binom{m-3}{0} p_{\mathrm{a}}^0 (1-p_{\mathrm{a}})^{m-3} \left[1 - \binom{3}{1} p_{\mathrm{r}}^1 (1-p_{\mathrm{r}})^{3-1}\right] \\ &\quad + \binom{m-3}{1} p_{\mathrm{a}}^1 (1-p_{\mathrm{a}})^{m-3-1} \binom{3}{0} p_{\mathrm{r}}^0 (1-p_{\mathrm{r}})^3. \end{aligned}$$

◊

Als Durchsatz S bezeichnen wir das Verhältnis von erfolgreichen Kanalzugriffen zu Anzahl möglicher Kanalzugriffe, sprich maximal möglicher Datenrate. Um von der wirklichen Datenrate (1 kbit/s oder 1 Mbit/s) unabhängig zu sein, normiert man die maximale Datenrate zu 1 Paket pro Zeitschlitz. Damit ist S die mittlere Anzahl der pro Zeitschlitz erfolgreich übertragenen Pakete, d. h. genau die Wahrscheinlichkeit P_{erf}.

$$\begin{aligned} S(k) = P_{\text{erf}} &= P_{\text{a}}(0|m-k)\,P_{\text{r}}(1|k) + P_{\text{a}}(1|m-k)\,P_{\text{r}}(0|k) \\ &= (1-p_{\text{a}})^{m-k}\,kp_{\text{r}}(1-p_{\text{r}})^{k-1} + (m-k)\,p_{\text{a}}(1-p_{\text{a}})^{m-k-1}(1-p_{\text{r}})^{k}. \end{aligned}$$

Wenn m und k genügend groß und p_{a} und p_{r} genügend klein sind, kann man die Subtraktion von 1 in zwei der vier Exponenten vernachlässigen. Des Weiteren setzt man die Näherung $(1-x)^y \approx e^{-xy}$ ein und erhält

$$\begin{aligned} S(k) &= (1-p_{\text{a}})^{m-k}\,kp_{\text{r}}(1-p_{\text{r}})^{k} + (m-k)\,p_{\text{a}}(1-p_{\text{a}})^{m-k}(1-p_{\text{r}})^{k} \\ &\approx [kp_{\text{r}} + (m-k)\,p_{\text{a}}](1-p_{\text{a}})^{m-k}(1-p_{\text{r}})^{k} \\ &\approx [kp_{\text{r}} + (m-k)\,p_{\text{a}}]\,e^{-(m-k)p_{\text{a}}}e^{-kp_{\text{r}}}. \end{aligned}$$

Mit $G(k)$ bezeichnen wir die mittlere Anzahl von Zugriffen auf einen Zeitschlitz bei k backlogged und $m-k$ nichtbacklogged Sendern. $G(k)$ kann als Summe der Erwartungswerte beider Binomialverteilungen Gl. (7.1) und Gl. (7.2) berechnet werden

$$G(k) = E[i+j|k] = kp_{\text{r}} + (m-k)\,p_{\text{a}}. \tag{7.4}$$

Setzen wir $G(k)$ in die vorherige Gleichung ein, so erhalten wir

$$\begin{aligned} S(k) &\approx [kp_{\text{r}} + (m-k)\,p_{\text{a}}]\,e^{-(m-k)p_{\text{a}}-kp_{\text{r}}} \\ &= G(k)\cdot e^{-G(k)}. \end{aligned}$$

Diese Gleichung ist in **Bild 7.3** gezeichnet, wobei angenommen wurde $p_{\text{r}} > p_{\text{a}}$. Der maximale Durchsatz ergibt sich bei $G(k) = 1$ zu $S_{\max} = \frac{1}{e}$ (entspricht ungefähr 37 %). Dabei bedeutet $G(k) = 1$, dass der Erwartungswert für die Anzahl der Zugriffe pro Zeitschlitz 1 ist.
Dies ist ein sehr ernüchterndes Ergebnis. Mit diesem Verfahren kann fast $\frac{2}{3}$ der Übertragungskapazität eines Systems nicht ausgenutzt werden. Deshalb haben sich Ingenieure Verbesserungsmöglichkeiten überlegt und den Durchsatz auf nahezu 1 erhöht. Doch bevor wir die Ideen dazu beschreiben, wollen wir noch kurz auf die Stabilisierung des ALOHA-Protokolls eingehen.

Stabilisierung von Slotted-ALOHA

Betrachten wir die Wahrscheinlichkeiten p_{a} und p_{r}, so können wir einen wesentlichen Unterschied feststellen. Während p_{a} von den Sendern abhängt und angibt, mit welcher Wahrscheinlichkeit ein neues Paket zum Senden auftritt, kann p_{r} prinzipiell vom System, d. h. vom Empfänger festgelegt werden. Denn die Wahrscheinlichkeit p_{r} ist Teil der Spielregeln, mit denen backlogged Sender ihr kollidiertes Paket erneut senden dürfen. Diese Tatsache nutzt man zur Stabilisierung aus. Zunächst wird mit einem Trick p_{a} zu p_{r} gemacht, indem

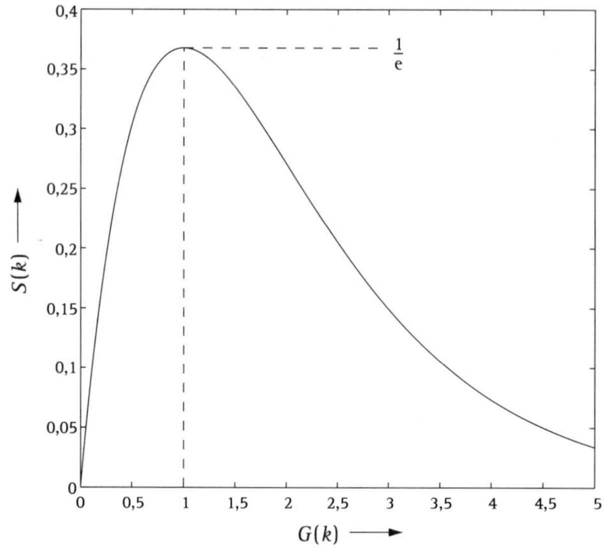

Bild 7.3 Durchsatz von Slotted-ALOHA

eine neue Regel eingeführt wird, die besagt, dass auch ein neues Datenpaket sofort als backlogged betrachtet wird. Damit verschwindet die Wahrscheinlichkeit p_a, jedoch erhöht sich die Anzahl der backlogged Sender um die neu zu sendenden Pakete. Damit gilt für den Erwartungswert $G(k)$:

$$G(k) = kp_r + (m - k)\,p_a \quad \longrightarrow \quad G\left(\hat{k}\right) = \hat{k}p_r,$$

wobei das neue $\hat{k}$ aus den backlogged und den nichtbacklogged Sendern, die neue Pakete zu senden haben, besteht. Ziel ist es, einen möglichst hohen Durchsatz zu erreichen. Die Idee dafür ist, dass der Empfänger $\hat{k}$ schätzt und dann die Wahrscheinlichkeit p_r so festlegt, dass $G\left(\hat{k}\right) = 1$ wird, da entsprechend Bild 7.3 der Durchsatz bei 1 maximal wird. Das heißt, es wird

$$p_r = \frac{1}{\hat{k}} \quad \longrightarrow \quad G(k) = \hat{k}p_r = 1$$

gewählt. Eine Schätzung von $\hat{k}$ ist technisch gut möglich, soll aber hier nicht angegeben werden, da man zu ihrem Verständnis noch weitere Theorie benötigen würde.

Der maximale Durchsatz von etwa 37 % bei Slotted-ALOHA kann nicht als effizient bezeichnet werden. Deshalb wollen wir drei Ideen beschreiben, wie er verbessert werden kann.

Bei allen drahtlosen Systemen werden fast alle Zeitschlitze exklusiv den Nutzern zugeordnet. Nur für den ersten Zugriff und in einem relativ kleinen Zeitraum wird Slotted-ALOHA benutzt. Dazu werden prinzipiell die Zeitschlitze in zwei Klassen aufgeteilt. Eine Klasse, in der Slotted-ALOHA erlaubt ist, und eine andere, die exklusiv zugewiesen wird. Beispielsweise kann in jedem ersten von 100 Zeitschlitzen Slotted-ALOHA erlaubt sein, und die anderen 99 werden exklusiv zugewiesen. In einem von 100 hat man damit 37 % Durchsatz, in den anderen 99 jedoch 100 % Durchsatz, und damit also praktisch einen Durchsatz von 100 % im System. Ein Sender A, der Daten übertragen will, meldet sich mit seiner Kennung im Slotted-ALOHA Zeitschlitz mit dem Verbindungswunsch. Falls er erfolgreich war, d. h. wenn sein Paket nicht mit anderen kollidiert ist, schickt der Empfänger ihm eine Nachricht, der Sender A soll Zeitschlitz 5 von den 100 benutzen. Danach benutzt er periodisch immer den fünften von 100 Zeitschlitzen, und seine Pakete kollidieren dann nicht mit anderen. Dies wird als Reservierungsverfahren bezeichnet.

Eine weitere Idee wird bei der Datenübertragung über Leitungen eingesetzt, das sog. Carrier-Sensing-Verfahren. Dabei hört jeder Sender die Leitung ab und sendet nur, wenn die Leitung frei ist. Auf diese Weise können nur Kollisionen stattfinden, wenn ein Sender begonnen hat zu senden, sein elektrisches Signal wegen der Laufzeit jedoch noch nicht beim anderen Sender angekommen ist und dieser ebenfalls zu senden beginnt.

Eine weitere Verbesserung lässt sich dadurch erreichen, dass zusätzlich eine Kollisionsdetektion eingesetzt wird. Ein Sender schreibt dabei Daten auf die Leitung und liest sie wieder. Wenn das, was er liest, nicht mit dem, was er gesendet hat, übereinstimmt, hat er eine Kollision detektiert und bricht das Senden ab. Damit wird die Zeitdauer einer Kollision verringert, was bewirkt, dass die Leitung früher wieder frei ist und zum Senden benutzt werden kann.

Es existieren noch viele interessante Ideen und Verfahren zum Vielfachzugriff, auf die wir leider nicht näher eingehen können, da dies sonst den Rahmen des Buchs sprengen würde. Für den interessierten Leser wird auf [31] verwiesen.

7.3 Zuverlässige Datenübertragung zwischen Rechnern

Der Datenaustausch im Internet ist organisiert wie ein Paketdienst. Die Daten werden in Pakete gepackt, anschließend gesendet und vom Empfänger entpackt. Dem Verpacken entspricht im Internet das Anhängen spezieller Bitmuster, damit Beginn und Ende eines Pakets detektiert werden können. In **Bild 7.4** ist ein Beispiel eines möglichen Paketaufbaus gezeigt. Die Beginn- und Ende-Kennung werden durch sog. Flags realisiert, die hier zu 8 bit angenommen sind. Zusätzlich besitzen die Pakete eine Adresse, damit klar ist, wer der Empfänger ist. Das Feld Steuerung besagt, für welches Protokoll, d. h. für welche Organisationseinheit die Daten bestimmt sind. Der eigentliche Inhalt des Pakets aus Bild 7.4 sind natürlich die Daten, wobei die Anzahl an Bits variabel sein kann. Es existieren auch Formate, bei denen eine konstante Anzahl an Bits im Datenfeld vorgesehen ist. In diesem Fall benötigt man nur eine Beginn Kennung, da die Länge des Pakets konstant ist.

Wir wollen uns mit dem Feld CRC genauer beschäftigen, wobei CRC für Cyclic Redundancy Check steht. Den Daten wird dabei Redundanz, eine Art Prüfsumme, angehängt, mit der fehlerhafte Pakete erkannt werden können. Der CRC ist unbedingt notwendig, um die

Bits: 8	8	8	variabel	16	8
Flag	Adresse	Steuerung	Daten	CRC	Flag

Bild 7.4 Möglicher Aufbau eines Datenpakets

zuverlässige Datenübertragung zwischen zwei Rechnern bzw. Sender und Empfänger sicherzustellen. Der Empfänger kann die Korrektheit der Daten nicht überprüfen, wenn die Daten nicht Redundanz (CRC) beinhalten, die aus den Daten erneut berechnet werden kann. Errechnet er nicht die gleiche Redundanz, so bemerkt er, dass entweder in den Daten oder in der Redundanz oder in beiden Teilen Fehler bei der Übertragung aufgetreten sind.

Die Übertragung kann schlecht sein, d. h., es treten viele Fehler auf, oder gut. Je nachdem welcher Fall vorliegt, muss der Ingenieur mehr oder weniger Redundanz einplanen. Wir werden sehen, dass die Fehler nur mit gewisser Wahrscheinlichkeit erkannt werden können, die von der Anzahl der Redundanzbits abhängt. Man kann jedoch die Wahrscheinlichkeit, dass Fehler bei gegebener Übertragungssituation nicht erkannt werden, beliebig nahe an 0 bringen.

Des Weiteren benötigt man eine Strategie, wenn ein Paket fehlerhaft ist. Offensichtlich muss dies dem Sender mitgeteilt werden, und dieser muss das Paket erneut senden. Ist es erneut fehlerhaft, muss das Senden erneut wiederholt werden, und zwar so lange, bis das Paket fehlerfrei empfangen wurde. Viele Wiederholungen bedeuten, dass sich die effektive Datenrate verschlechtert. Sie ist ein wichtiges Maß für die Effizienz eines Verfahrens. Bevor wir das einfachste Verfahren zur zuverlässigen Datenübertragung, das Stop-and-wait-ARQ-Protokoll, analysieren, führen wir noch einige elementare mathematische Grundlagen ein.

7.3.1 Mathematische Grundlagen

Wir benötigen zur Erklärung der Protokolle das Rechnen im Binärkörper, das wir bereits in Abschnitt 3.2 eingeführt haben, und Polynome mit binären Koeffizienten.

Rechnen im Binärkörper

Das Rechnen im Binärkörper benötigt nur die Zahlen 0 und 1. Die Rechenregeln lassen sich wie folgt zusammenfassen:

$$\begin{array}{ll} \text{Addition} & 1+1=0,\ 0+0=0,\ 1+0=1,\ 0+1=1, \\ \text{Multiplikation} & 1\cdot 1=1,\ \ 0\cdot 0=0,\ \ 1\cdot 0=0,\ \ 0\cdot 1=0. \end{array}$$

Insbesondere gilt, dass die Subtraktion gleich der Addition ist, da $1 + 1 = 1 - 1 = 0$ und $0 + 1 = 0 - 1 = 1$ gilt. Man kann das Rechnen im Binärkörper prinzipiell auch durch Rechnen Modulo 2 beschreiben. Die Modulorechnung wird ausführlich in Abschnitt 5.2.1 behandelt.

Polynome mit binären Koeffizienten

Später werden wir mit Bitfolgen rechnen, und deshalb ist es notwendig, die Nummer eines Bit in einer Folge zu kennen. Dafür können Polynome verwendet werden. Für die Variable der Polynome werden wir keine Werte einsetzen, sie dient ausschließlich dazu, die Position des Koeffizienten festzulegen. Als Variable wollen wir hier nicht x, sondern D verwenden, um anzudeuten, dass es sich um ein Polynom mit binären Koeffizienten handelt.

Definition 7.3 Binäre Polynome

Ein Polynom, dessen Koeffizienten nur 0 *oder* 1 *sind, heißt binäres Polynom. Wir schreiben ein binäres Polynom* $A(D)$ *vom Grad* $\leq n$ *folgendermaßen*

$$A(D) = d_n D^n + d_{n-1} D^{n-1} + \ldots + d_1 D + d_0 D^0; \quad d_i \in \{0, 1\}.$$

Wie das folgende Beispiel zeigt, genügt es, nur die Koeffizienten, die den Wert 1 haben, zu betrachten. Da die Koeffizienten nur die Werte 0 oder 1 annehmen können, ist die zugehörige Bitfolge damit eindeutig bestimmt.

Beispiel 7.4 Binäres Polynom

Der Bitfolge 100011 entspricht das Polynom

$$1 \cdot D^5 + 0 \cdot D^4 + 0 \cdot D^3 + 0 \cdot D^2 + 1 \cdot D + 1 \cdot D^0 = D^5 + D + 1.$$

◊

Der Exponent der Variablen eines Polynoms entspricht also der Bitnummer (man beginnt bei 0 zu zählen) und der Koeffizient dem Bitwert. Man kann binäre Polynome multiplizieren und dividieren. Die Division mit Rest ist relativ einfach und soll am folgenden Beispiel demonstriert werden.

Beispiel 7.5 Polynomdivision

Wir wollen das Polynom $A(D) = D^4 + D^2 + D + 1$ durch das Polynom $B(D) = D^2 + D$ teilen. Dies wird wie eine „normale" Polynomdivision durchgeführt, mit der Ausnahme, dass die Addition und Multiplikation der Koeffizienten im Binärkörper durchgeführt wird.

$$\begin{array}{l}
(D^4 \qquad + D^2 + D + 1) \quad : (D^2 + D) = D^2 + D \quad \text{Rest} \quad D + 1 \\
\;D^4 + D^3 \\
\hline
\qquad D^3 + D^2 + D + 1 \\
\qquad D^3 + D^2 \\
\hline
\qquad\qquad\quad D + 1
\end{array}$$

Wir können unsere Rechnung überprüfen, indem wir das Ergebnis mit dem Divisor multiplizieren und den Rest addieren.

$$\left(D^2 + D\right) \cdot \left(D^2 + D\right) + (D + 1) = \left(D^4 + D^3 + D^3 + D^2\right) + (D + 1) = D^4 + D^2 + D + 1.$$

◊

Damit können wir im Folgenden die Verfahren des Stop-and-wait-Protokolls beschreiben.

7.3.2 Stop-and-wait-ARQ

Als Erstes wollen wir erörtern, wie der CRC funktioniert, der sicherstellt, dass Fehler in Datenpaketen erkannt werden können. Dazu beginnen wir mit dem Konzept einer Prüfsumme, führen einige Modifikationen durch und gelangen schließlich zum CRC, als Rest einer Polynomdivision. Wir starten jedoch mit einem einfachen Beispiel einer gewichteten Quersumme, die bis zum Jahr 2006 bei Büchern verwendet und zwischenzeitlich durch die ISBN-13 abgelöst wurde.

Internationale Standard-Buchnummer (ISBN-10)

Die Quersumme als Prüfsumme ist eine altbekannte Methode, um Fehler beim Abschreiben einer Zahl zu bemerken. Jedes Buch besitzt eine ISBN [32], der eine verallgemeinerte Quersumme angehängt ist, um die Gültigkeit einer Nummer zu überprüfen. Die Nummer besteht aus neun Dezimalstellen, die die Werte 0 bis 9 annehmen können, und der zehnten Stelle, der Prüfsumme, die zusätzlich den Wert 10 annehmen kann. Für die 10 wird die Ziffer X verwendet, d. h. die römische Zehn. Bezeichnen wir die neun Ziffern einer ISBN-10 mit $Z_1, Z_2, ..., Z_9$, so errechnet sich die zehnte Ziffer Z_{10} zu

$$Z_{10} = \sum_{i=1}^{9} i \cdot Z_i \mod 11.$$

Um eine ISBN-10 auf ihre Gültigkeit zu überprüfen, nimmt man die ersten neun Ziffern und berechnet die Zahl Y als

$$Y = \sum_{i=1}^{9} i \cdot Z_i.$$

Dann teilt man Y durch 11 und vergleicht den Rest, der sich ergibt mit Z_{10}. Sind beide Zahlen nicht identisch, handelt es sich um keine gültige ISBN-10, und ein Abschreibfehler liegt vor. Die Multiplikation der Ziffer Z_i mit der Stelle i ist speziell dafür geeignet, um Zifferndreher zu erkennen.

Für größere Datenmengen modifiziert man das Konzept der Prüfsumme, das dafür zu aufwendig wäre. Dies werden wir im Folgenden beschreiben.

Cyclic Redundancy Check (CRC)

Um den CRC zu errechnen, werden die Daten, die als Polynom vorliegen, durch ein sog. CRC-Generatorpolynom geteilt, und der sich ergebende Rest ist der CRC. Wir wollen das Prinzip zunächst an ganzen Zahlen erläutern, um nicht durch die ungewohnte Mathematik das einfache Prinzip zu verschleiern. Danach werden wir das gleiche Prinzip nochmals mit Polynomen wiederholen.

Beispiel 7.6 CRC bei ganzen Zahlen

Wir nehmen an, die Zahl 47 entspricht unseren Daten und der Teiler sei 11. Der CRC ist der Rest, der sich bei der Division von 47 durch 11 ergibt

$$47 : 11 = 4 \quad \text{Rest} \quad 3.$$

Jetzt können wir den CRC (den Rest) an 47 anhängen, d. h., wir schicken $(47, 3)$. Der Empfänger kann nun prüfen, ob die Daten korrekt sind, indem er den CRC abzieht und durch 11 teilt, was den Rest 0 ergeben muss:

$$(47 - 3) : 11 = 4 \quad \text{Rest} \quad 0.$$

Ist jedoch ein Fehler aufgetreten, und die Zahlen $(37, 3)$ oder $(47, 5)$ wurden empfangen, so können diese Fehler erkannt werden, denn es gilt

$$(37 - 3) : 11 = 3 \quad \text{Rest} \quad 1, \qquad (47 - 5) : 11 = 3 \quad \text{Rest} \quad 9.$$

Es existieren jedoch auch Fehler, die nicht erkannt werden können, etwa $(36, 3)$ oder $(48, 4)$, denn es gilt

$$(36 - 3) : 11 = 3 \quad \text{Rest} \quad 0, \qquad (48 - 4) : 11 = 4 \quad \text{Rest} \quad 0.$$

◇

Das Beispiel hat wichtige Tatsachen demonstriert, die wir festhalten wollen.

- Mit dem CRC können sowohl Fehler in den Daten als auch im CRC erkannt werden, jedoch nicht, wo der Fehler aufgetreten ist.
- Es existieren Fehler, die nicht erkannt werden können.

Bei Polynomen lässt sich das Anhängen des CRC eleganter lösen, was am Beispiel gezeigt werden soll. Der Teiler wird CRC-Generatorpolynom genannt.

Beispiel 7.7 CRC bei binären Polynomen

Gegeben sei das CRC-Generatorpolynom $G(D) = D^3 + D + 1$. Wir wollen nun die Daten 10 1101 durch einen CRC schützen. Dazu bilden wir die Daten so in ein Polynom ab, dass die Koeffizienten bei D^2, D, und D^0 freigelassen werden. Dies hat folgenden Grund. Wir wollen den CRC den Daten zufügen, ohne diese zu verändern. Der Rest (CRC) besitzt immer einen Grad, der kleiner als der Grad des CRC-Generatorpolynoms ist, in unserem Beispiel also kleiner 3. Wenn wir also die ersten drei Stellen frei lassen, können wir den Rest zu den Daten zufügen (addieren oder subtrahieren), ohne diese zu verändern.

$$\begin{aligned} 10\,1101 &= 1 \cdot D^8 + 0 \cdot D^7 + 1 \cdot D^6 + 1 \cdot D^5 + 0 \cdot D^4 + 1 \cdot D^3 \\ &= D^8 + D^6 + D^5 + D^3. \end{aligned}$$

Dieses Polynom teilen wir nun durch $G(D) = D^3 + D + 1$.

$$\begin{array}{l} (D^8 + D^6 + D^5 + D^3) \quad : (D^3 + D + 1) = D^5 + 1 \quad \text{Rest} \quad D + 1 \\ D^8 + D^6 + D^5 \\ \hline \qquad\qquad D^3 \\ \qquad\qquad D^3 + D + 1 \\ \hline \qquad\qquad\quad D + 1 \end{array}$$

Die Daten mit angehängten CRC lauten somit:

$$\left(D^8 + D^6 + D^5 + D^3\right) + (D + 1) \quad \longleftrightarrow \quad 1\,0110\,1011.$$

Entsprechend unserem Beispiel mit Zahlen, ist dieses Polynom ohne Rest durch $G(D)$ teilbar.

$$\begin{array}{l} (D^8 + D^6 + D^5 + D^3 + D + 1) \quad : (D^3 + D + 1) = D^5 + 1 \quad \text{Rest} \quad 0 \\ D^8 + D^6 + D^5 \\ \hline \qquad\qquad D^3 + D + 1 \\ \qquad\qquad D^3 + D + 1 \\ \hline \qquad\qquad\qquad 0 \end{array}$$

◇

Sind Fehler bei der Übertragung aufgetreten, so wird das empfangene Polynom im Allgemeinen nicht ohne Rest durch das CRC-Generatorpolynom teilbar sein.

Beispiel 7.8 Fehlererkennung mit CRC

Nehmen wir an, bei der Übertragung der Folge vom vorherigen Beispiel sei ein Fehler an der Stelle D^4 aufgetreten, d. h., der Koeffizient ist nicht 0, sondern 1. Wir empfangen also 1 0111 1011 und überprüfen, ob die Daten korrekt sind. Die Division durch das CRC-Generatorpolynom $G(D) = D^3 + D + 1$ ergibt

$$\begin{array}{l} (D^8 + D^6 + D^5 + D^4 + D^3 + D + 1) \quad : (D^3 + D + 1) = D^5 + D + 1 \quad \text{Rest} \quad D^2 + D \\ D^8 + D^6 + D^5 \\ \hline \qquad\qquad D^4 + D^3 + D + 1 \\ \qquad\qquad D^4 + D^2 + D \\ \hline \qquad\qquad\quad D^3 + D^2 + 1 \\ \qquad\qquad\quad D^3 + D + 1 \\ \hline \qquad\qquad\quad D^2 + D \neq 0 \end{array}$$

Der Rest ist ungleich null, was bedeutet, dass es kein gültiges Paket ist. Wir haben einen Fehler erkannt.

◇

Anhand der Beispiele haben wir gesehen, dass wir aufgetretene Fehler in der Regel erkennen können. Doch die Frage, die sich nun stellt, lautet: Mit welcher Wahrscheinlichkeit erkennen wir einen Fehler nicht? Dazu betrachten wir den Fall, dass wir ein Paket (mit k Bit Daten und $n - k$ Bit CRC) übertragen und bei der Übertragung Fehler rein zufällig mit der Wahrscheinlichkeit $\frac{1}{2}$ auftreten. Beim Empfänger wird das Paket durch das Polynom $G(D)$ vom Grad $n - k$ geteilt. Die Fehlerwahrscheinlichkeit P_e ist die Wahrscheinlichkeit, dass der CRC trotz zufälliger Fehler korrekt ist, d. h. die Division des fehlerhaften Pakets durch das CRC-Generatorpolynom den Rest 0 ergibt. Die Wahrscheinlichkeit P_e ist die Anzahl der günstigen Fälle (Divisionsrest gleich null) durch die Anzahl der möglichen Fälle. Es gibt genau 2^k unterschiedliche Datenpakete, zu denen es jeweils genau einen gültigen CRC gibt. Damit ist die Anzahl der günstigen Fälle 2^k. Insgesamt gibt jedoch 2^n mögliche Vektoren, der Länge n, was der Anzahl der möglichen Fälle entspricht. Teilt man dies, ergibt sich P_e als

$$P_e = \frac{2^k}{2^n} = \frac{1}{2^{n-k}}, \quad \text{mit} \quad n - k = \operatorname{grad} G(D).$$

Im Internet werden zum Teilen die Polynome

$$D^{16} + D^{12} + D^5 + 1 \quad \text{und} \quad D^{32} + D^{12} + D^5 + 1$$

verwendet. Die Fehlerwahrscheinlichkeit P_e ist auf alle Fälle kleiner als die Werte $\approx 1{,}5 \cdot 10^{-5}$ bzw. $\approx 2{,}3 \cdot 10^{-10}$. In Wirklichkeit sind die Werte jedoch sehr viel kleiner, da die Annahme einer Fehlerwahrscheinlichkeit von $\frac{1}{2}$ viel zu pessimistisch ist. Bei typischen Leitungen beträgt die Fehlerwahrscheinlichkeit weniger als 10^{-5}.

Es gibt zwei grundlegende Kriterien, mit denen die Leistungsfähigkeit eines ARQ-Protokolls beurteilt werden kann: *Zuverlässigkeit* und *Durchsatz*. Die Zuverlässigkeit entspricht der Wahrscheinlichkeit, mit der ein aufgetretener Fehler erkannt werden kann, d. h., $(1 - P_e)$. Wir haben gesehen, dass man diese Wahrscheinlichkeit durch die Länge des CRC beliebig nahe an 1 heranbringen kann. Daher nehmen wir im Folgenden an, dass Fehler immer erkannt werden. Wir wollen außerdem noch ein *verlustloses Netz* voraussetzen, d. h., jedes Paket wird so oft wiederholt, bis es vom Empfänger als fehlerfrei akzeptiert wird. Die Annahme eines verlustlosen Netzes ist eine in der Praxis meist unzutreffende Vereinfachung. Wenn sich ein Paket nicht innerhalb einer gewissen Zeit (zumindest vermeintlich) fehlerfrei übertragen lässt, ist die bestehende Verbindung offensichtlich sehr schlecht, und häufig ist es dann sinnvoll, diese abzubrechen.

Das zweite wichtige Kriterium ist der Durchsatz eines ARQ-Protokolls, dessen Definition leicht von der des Durchsatzes bei Slotted-ALOHA abweicht.

Definition 7.9 Durchsatz

Der Durchsatz η eines ARQ-Protokolls ist die Anzahl von Informationsbits, die in einer gewissen Zeit übertragen und vom Empfänger akzeptiert wurden, bezogen auf die Anzahl der Bits, die in dieser Zeit insgesamt über den Kanal hätten übertragen werden können.

Wir gehen davon aus, dass alle Pakete dieselbe Zahl k an Informationsbits enthalten. Zur Berechnung des größtmöglichen Durchsatzes $\eta_{\max}$ benötigt man dann nur die mittlere Zahl θ

an Übertragungsversuchen, die benötigt werden, bis ein Paket akzeptiert wird. Wir wollen annehmen, dass die Wahrscheinlichkeit, dass bei der Übertragung ein beliebiger Fehler auftritt, gleich p ist. Dann ist die Wahrscheinlichkeit, dass ein Paket fehlerfrei ist, gleich $(1-p)$. Demnach benötigt man nur eine Übertragung mit der Wahrscheinlichkeit $(1-p)$. Zwei Übertragungen benötigt man mit der Wahrscheinlichkeit $p\,(1-p)$, drei Übertragungen mit $p^2\,(1-p)$ und i Übertragungen mit $p^{i-1}\,(1-p)$. Damit errechnet sich der Erwartungswert θ für die mittlere Anzahl an Übertragungen zu:

$$\theta = (1-p) + 2p\,(1-p) + 3p^2\,(1-p) + \ldots = (1-p)\sum_{i=1}^{\infty} ip^{i-1}. \tag{7.5}$$

Um diesen Wert zu bestimmen, müssen wir den Wert w für die Summe

$$w = \sum_{i=1}^{\infty} ip^{i-1} = 1 + 2p + 3p^2 + 4p^3 + \ldots .$$

bestimmen. Dies kann durch geschickte Multiplikation von w und Summierung durchgeführt werden:

$$\begin{aligned} w &= 1 + 2p + 3p^2 + 4p^3 + 5p^4 + 6p^5 + 7p^6 + \ldots, \\ -2pw &= - 2p - 4p^2 - 6p^3 - 8p^4 - 10p^5 - 12p^6 - \ldots, \\ p^2 w &= p^2 + 2p^3 + 3p^4 + 4p^5 + 5p^6 + \ldots . \end{aligned}$$

Addieren wir die Polynome der rechten Seite, so erkennt man, dass die Summe der Koeffizienten bei p, p^2, p^3, ... null ergibt. Wir erhalten damit durch Summation:

$$w - 2pw + p^2 w = 1 \quad \longrightarrow \quad w = \frac{1}{(1-p)^2}.$$

Damit können wir die mittlere Anzahl an Übertragungen θ berechnen, indem wir w in Gl. (7.5) einsetzen

$$\theta = (1-p)\,w = (1-p)\,\frac{1}{(1-p)^2} = \frac{1}{(1-p)}. \tag{7.6}$$

Für einen fehlerbehafteten Kanal mit $0 < p < 1$ ist $\theta > 1$; es ist im Mittel also mehr als eine Übertragung erforderlich, bis ein Paket akzeptiert wird.

Eine weitere Herleitung[1] dieses Ergebnisses geht davon aus, dass man mit der Wahrscheinlichkeit $1-p$ eine Übertragung benötigt. Mit der Wahrscheinlichkeit p war die erste Übertragung nicht erfolgreich. Nach der nicht erfolgreichen Übertragung erwarten uns im Mittel noch θ viele Übertragungen. Mit Wahrscheinlichkeit p benötigen wir also $1+\theta$ Übertragungen. Damit erhalten wir die Gleichung:

$$\theta = (1-p)\cdot 1 + p\cdot(1+\theta),$$

aufgelöst nach θ ergibt dies ebenfalls: $\theta = \frac{1}{(1-p)}$.

Nun ist auch noch zu berücksichtigen, dass zur Erkennung eines Übertragungsfehlers an jedes Paket mit k Informationsbits weitere $n-k$ Redundanzbits eines CRC angehängt werden.

[1] aufgrund eines Hinweises von *Uwe Schöning*

Damit müssen zur Übertragung von k Informationsbits durchschnittlich $\theta \cdot n$ Bits übertragen werden, und als maximal möglichen Durchsatz erhält man:

$$\eta_{\max} = \frac{k}{n\theta} = \frac{k}{n}\,(1-p). \tag{7.7}$$

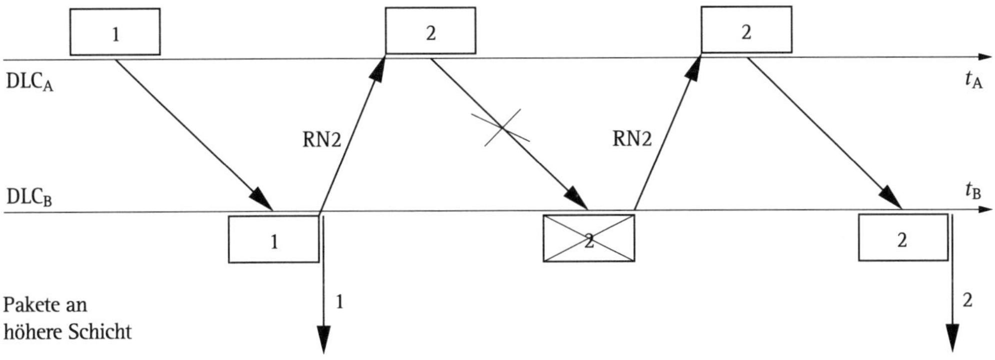

Bild 7.5 Ablaufdiagramm eines SW-ARQ-Protokolls

Wir können nun das Stop-and-wait ARQ-Protokoll entsprechend **Bild 7.5** beschreiben. Beim Stop-and-wait-ARQ (SW-ARQ) wird jedes Paket so lange von einem Sender, der DLC_A genannt wird, zu einem Empfänger DLC_B übertragen, bis es korrekt empfangen wurde. Dabei bedeutet die Abkürzung DLC data link control. Im Deutschen wird DLC als Sicherungsschicht bezeichnet. Erst wenn das Paket korrekt übertragen wurde, wird das nächste Paket übertragen. Die Bestätigung eines korrekt empfangenen Pakets wird als ACK (acknowledge) von DLC_B nach DLC_A gegeben. Wurden von DLC_B Fehler im Paket erkannt, so wird ein NAK (negative acknowledge) geschickt. Es können hierbei folgende Probleme auftreten:

- ACKs und NAKs können verloren gehen, was ohne zusätzliche Gegenmaßnahmen zu einem Deadlock führt.
- Sind die ACKs und NAKs nicht nummeriert, können als Folge verfälschter oder verloren gegangener ACKs oder NAKs auf Sende- und Empfangsseite die Pakete evtl. nicht mehr eindeutig zugeordnet werden.

Damit das Protokoll bei verloren gegangenen ACKs/NAKs weiterarbeitet, führt man Timer ein. Ist die am Timer eingestellte Zeit verstrichen, ohne dass DLC_A eine Quittung erhalten hat, wiederholt DLC_A die Übertragung des betreffenden Pakets. Das Problem der Eindeutigkeit wird dadurch gelöst, dass DLC_A die Pakete mittels einer Sequence Number (SN) nummeriert und DLC_B jeweils die Sequence Number des nächsten erwarteten Pakets als Request Number (RN) an DLC_A überträgt. Die Sequenz- und die Requestnummern können beim SW-ARQ Modulo 2 gerechnet werden, da das folgende Paket erst dann übertragen wird, wenn das vorherige als korrekt übertragen bestätigt wurde. Das erste Paket erhält also die Nummer 0 und das zweite die Nummer 1 und das dritte wieder die 0 usw.

In der Praxis werden die NAKs und ACKs ebenfalls durch CRC geschützt, sodass es sehr unwahrscheinlich ist, dass ACKs in NAKs verfälscht werden oder umgekehrt. Außerdem treten aus verschiedenen Gründen Verzögerungszeiten durch Laufzeiten des Signals und durch Rechenzeiten auf, in denen der Kanal nicht belegt ist, was natürlich den Durchsatz verschlechtert. Dies ist aus Bild 7.5 ersichtlich, da DLC_A warten muss, bis das ACK bzw. NAK eingetroffen ist. In dieser Zeit könnten zusätzlich zu den erforderlichen θ Übertragungsversuchen für ein akzeptiertes Paket weitere Informationsbits übertragen werden, sodass der tatsächlich erreichbare Durchsatz $\eta < \eta_{max}$ ist. Dadurch wird der Kanal bei SW-ARQ nicht sonderlich effektiv genutzt, da DLC_A nach dem Absenden eines Pakets auf eine Bestätigung von DLC_B warten muss. Deshalb wird im Mobilfunk das sog. L-Channel SW-ARQ benutzt, das aus L parallelen SW-ARQs besteht, sodass nach Senden des Pakets vom ersten SW-ARQ die Pakete der $(L-1)$ anderen Channels geschickt werden. In der Zeit, in der die anderen Channels übertragen haben, ist das ACK bzw. NAK des ersten SW-ARQ bereits eingetroffen, und er kann dann sofort sein Paket wiederholen oder das nächste schicken. Auf diese Weise wird der Kanal vollständig genutzt. Dabei können sich Pakete überholen, weshalb ein zusätzlicher Mechanismus notwendig ist, der am Empfänger die Pakete in die richtige Reihenfolge bringt.

7.4 Berechnung des kürzesten Wegs im Netz

Wir wollen uns nun damit beschäftigen, wie der Weg einer Nachricht durch ein Kommunikationsnetz bestimmt wird. Ein Kommunikationsnetz besteht aus Teilnehmern, Vermittlungseinrichtungen (Switches), Routern und Leitungen. Wir können die Teilnehmer, Switches, Router etc. als Knoten darstellen und die Leitungen dazwischen als Kanten und können das Netz mathematisch als Graph beschreiben. Die Leitungen besitzen eine Übertragungskapazität, die jeweils individuell verschieden sein kann. Diese sowie andere Eigenschaften können als Label (Markierung) an die Kanten des Graphen geschrieben werden. In der Regel gibt es zwischen zwei Teilnehmern mehrere mögliche Wege (Route, Path), auch Pfade genannt, auf denen eine Nachricht vom Sender (Ursprungs-, Startknoten) zum Empfänger (Zielknoten) gelangen kann. Die Aufgabe des Routings (Weglenkung) ist, gemäß bestimmter Kriterien einen möglichst guten Weg auszuwählen. Die Kriterien sind u. a. die Verzögerungszeit der Nachricht, die Kapazität der entsprechenden Kanten auf dem Pfad, das aktuelle Verkehrsaufkommen, die Kosten etc. Des Weiteren sollen alle Teilnehmer in gleicher Weise fair berücksichtigt werden.

Die Berechnung eines unter bestimmten Kriterien optimalen Wegs ist ein sehr komplexes mathematisches Optimierungsproblem, d. h., man muss sehr rechenaufwendige Algorithmen ausführen, um es zu lösen. Ist eine Lösung gefunden, dann ist diese nur für kurze Zeit gültig, da sich das Verkehrsaufkommen kontinuierlich ändert, ja sogar das Netz sich durch Ausfälle bzw. Hinzukommen von Leitungen und/oder Knoten verändern kann. Also kommt zu der Komplexität des Optimierungsproblems noch hinzu, dass man zur Lösung die Information über den aktuellen Status des Netzes benötigt. Deshalb wollen wir im Folgenden den einfacheren Fall annehmen, dass die Eigenschaften des Netzes konstant sind.

Um ein weiteres Problem, nämlich die Stabilität zu beschreiben, stellen wir uns ein Telefonnetz vor, bei dem die Leitung München (M)–Frankfurt/Main (F) überlastet ist, dagegen M–Stuttgart (S)–F nicht. Dies kann bedeuten, dass nun alle Gespräche über M–S–F geroutet werden, was zur Folge hat, dass nun diese Verbindung überlastet ist und M–F nicht mehr. Daraufhin werden wieder alle Gespräche über M–F geroutet usw. Dieses Verhalten des Systems wird als Schwingen bezeichnet und bedeutet Instabilität, die es zu vermeiden gilt.

Die verschiedenen Informationen (Kosten, Verzögerungszeit, Verkehrsaufkommen etc.), die ein Routingverfahren berücksichtigen muss, werden in einem Wert zusammengefasst. Je niedriger der Wert, desto „kürzer" der Weg. Damit hat man das Problem in einem Modell abstrahiert. Mithilfe dieses Modells berechnet der Dijkstra-Algorithmus den kürzesten Weg.

Ein Kommunikationsnetz wird dabei durch einen Graphen beschrieben. Die Beschreibung von Kommunikationsnetzen ist nur eines der vielen Einsatzgebiete der Graphentheorie.

Definition 7.10 Graph eines Kommunikationsnetzes

Ein Graph besteht aus einer Menge $\mathcal{V}$ von Knoten (Vertex). Diese Knoten sind durch Kanten (Egde, Branch, Link) verbunden, die in der Menge $\mathcal{E}$ zusammengefasst werden. Jede Kante besitzt ein nichtnegatives Label, das ihr Gewicht (Kosten, Fluss) angibt.

In **Bild 7.6** ist ein möglicher Graph mit Kantenlabel gezeichnet. Anhand dieses Graphen wollen wir einige Begriffe der Graphentheorie einführen. Ein Pfad (Path, Route) ist eine Folge von Knoten, die durch Kanten verbunden sind. Beispielsweise der Pfad: (B, D, F, G). Dieser Pfad kann alternativ auch als Folge von Kanten beschrieben werden, (B, D), (D, F), (F, G). Eine Schleife ist ein Pfad, dessen Endknoten und Startknoten identisch sind, etwa (D, F, E, A, D). Diejenige Schleife, die alle Knoten des Graphen beinhaltet und deren Summe der Label der Kanten minimal ist, wird als Hamilton-Schleife bezeichnet. Die Hamilton-Schleife bei sehr großen Graphen zu finden, ist ein schwieriges mathematisches Problem. In der Graphentheorie definiert man außerdem noch einen sog. Baum, der quasi das Gegenstück zur Schleife ist. Ein Baum ist eine Menge von Kanten und enthält keine Schleife. Ein möglicher

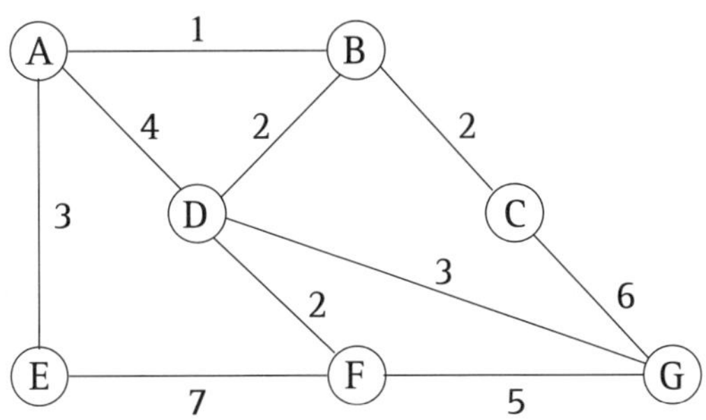

Bild 7.6 Möglicher Graph eines Kommunikationsnetzes

Baum in Bild 7.6 ist: (D, F), (D, B), (D, G), (D, A). Das Analogon zur Hamilton-Schleife ist der vollständige Baum. Er beinhaltet alle Knoten, aber keine Schleife. Manchmal werden bei Graphen noch die Richtungen der Kanten unterschieden. In diesem Fall spricht man von einem gerichteten Graphen. Es könnte dann die Kante (D, A) existieren, jedoch nicht (A, D). Der Einfachheit halber wollen wir jedoch nur ungerichtete Graphen betrachten, d. h., unsere Nachricht kann sowohl (D, A) als auch (A, D) als Pfadteilstück nutzen. Zur Beschreibung eines Kommunikationsnetzes benötigen wir noch einen weiteren Begriff, den Begriff des zusammenhängenden Graphen. Ein Graph heißt zusammenhängend, wenn zwischen zwei beliebigen Knoten mindestens ein Pfad existiert. Diese Eigenschaft ist bei Kommunikationsnetzen notwendig, da sonst nicht jeder Teilnehmer mit jedem kommunizieren könnte.

Wir wollen noch einige typische Graphen für Kommunikationsnetze beschreiben. Diese sind in **Bild 7.7** angegeben. Bei einem Ring sind die Nutzer wie auf einer Perlenkette aufgereiht. Dabei muss physikalisch kein Kreis vorliegen. Ein Graph heißt vollständig, wenn beliebige zwei Knoten durch eine Kante verbunden sind. Ein Kommunikationsnetz, bei dem zwischen beliebigen zwei Teilnehmern eine Leitung existiert, wäre aufwendig und teuer. Praktisch wird ein Netz einem Graphen entsprechen, der zwar verschiedene Alternativwege zwischen zwei Teilnehmern hat, aber nicht vollständig ist. Ein Stern beschreibt einen Rechner mit seinen Peripheriegeräten wie Drucker, Scanner, Bildschirm etc., aber auch einen Server mit seinen Benutzerrechnern oder einen Kommunikationssatelliten. Als Datenbus[1] bezeichnet man eine Anordnung, bei der alle Teilnehmer durch eine Leitung verbunden sind. In Bild 7.7e ist ein Baum dargestellt. Interessant ist, dass es bei einem Baum genau einen Weg zwischen zwei beliebigen Knoten gibt. Damit können wir den Dijkstra-Algorithmus im folgenden Abschnitt beschreiben.

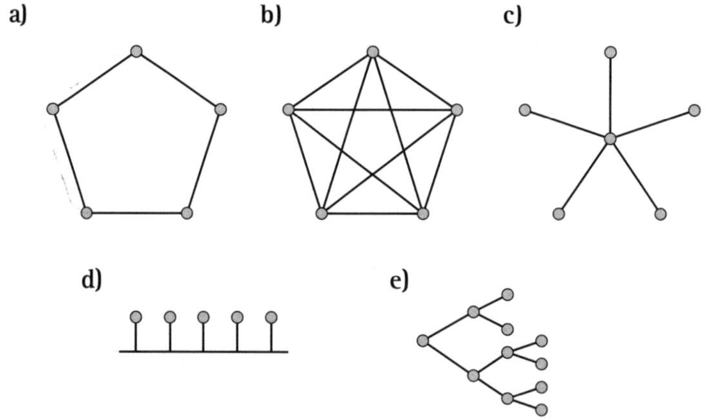

Bild 7.7 Typische Graphen für Kommunikationsnetze – a) Ring, b) vollständiger Graph, c) Stern, d) Bus, e) Baum

[1] Der Datenbus ist formal gesehen kein richtiger Graph.

7.4.1 Dijkstra-Algorithmus

Wir wollen den Algorithmus an einem Beispiel beschreiben und benutzen dazu den Graphen aus Bild 7.6. Es soll der kürzeste Weg vom Knoten A zum Knoten G berechnet werden. Um diesen kürzesten Pfad zu finden, ordnen wir jedem Pfad eine Metrik zu. Dem Pfad (A, D, G) ordnen wir die Metrik Λ_G zu, die die Summe der Kantenlabel $d_{AD} = 4$ und $d_{DG} = 9$ ist, d. h.

$$\Lambda_{ADG} = d_{AD} + d_{DG} = 4 + 3 = 7.$$

Wir addieren also die Label an den Kanten eines Pfads. Der Pfad (A, E, F, G) besitzt folglich die Metrik

$$\Lambda_{AEFG} = d_{AE} + d_{EF} + d_{FG} = 3 + 7 + 5 = 15.$$

Wir sagen, der Pfad (A, D, G) ist kürzer als der Pfad (A, E, F, G), weil er die kleinere Metrik besitzt. Es existieren noch weitere Möglichkeiten, um von A nach G zu gelangen. Der Dijkstra-Algorithmus berechnet den kürzesten Pfad, d. h. den Pfad mit der kleinsten Metrik.

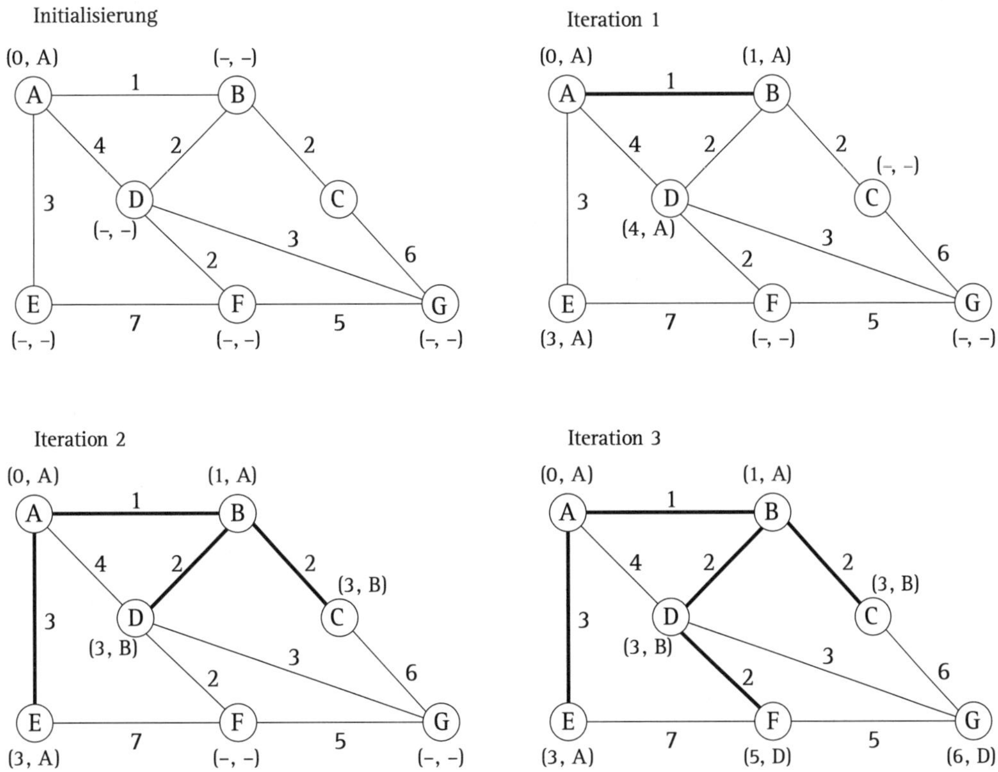

Bild 7.8 Dijkstra-Algorithmus

Zunächst wird der Algorithmus initialisiert, indem alle Knoten außer dem Startknoten A in der Menge $\mathcal{N}$ zusammengefasst werden. Der Startknoten ist in der Menge $\mathcal{Z}$. Jeder Knoten erhält ein Label, das die Metrik zum Startknoten und den benachbarten Knoten auf dem Pfad zum Startknoten beinhaltet. Die Initialisierung ist in **Bild 7.8** angegeben.

Danach folgt der erste Iterationsschritt, bei dem für alle Knoten der Menge $\mathcal{Z}$ die Metriken der Pfade zu den Nachbarknoten berechnet werden. Die Menge $\mathcal{Z}$ beinhaltet den Startknoten A, und die Nachbarknoten von A sind die Knoten B, D und E. Der Knoten D erhält das Label (4, A), da er direkt mit A verbunden ist, was die Metrik 4 besitzt. Danach wird der Knoten mit der kleinsten Metrik von der Menge $\mathcal{N}$ in die Menge $\mathcal{Z}$ umsortiert. In unserem Beispiel ist der Knoten mit kleinster Metrik B. Dies wird in der Bild 7.8 durch eine dicke Linie zwischen A und B ausgedrückt.

Da in einem Iterationsschritt das Minimum der Metriken gewählt wird und der Wert einer Metrik stets größer gleich null ist, kann das Minimum nur unter den Nachbarknoten sein. Deshalb muss man nur die Nachbarknoten der Menge $\mathcal{Z}$ betrachten.

Im zweiten Iterationsschritt wird für die Knoten A und B der neuen Menge $\mathcal{Z}$ der kürzeste Pfad zu den Nachbarknoten C, D und E berechnet. Die kleinsten Metrikwerte sind für die Knoten C, D und E, die in die Menge $\mathcal{Z}$ umsortiert werden. Der Knoten D erhält damit ein neues Label (3, B), da der kürzeste Weg von A nach D über B führt und die Metrik 3 besitzt.

Im dritten Iterationsschritt werden erneut die Metriken zu den Nachbarknoten der neuen Menge $\mathcal{Z}$ berechnet. Die Nachbarknoten sind nur noch die Knoten F und G. Das Minimum ist bei F und F wandert in die Menge $\mathcal{Z}$. Im letzten Schritt, der nicht mehr in Bild 7.8 gezeichnet ist, wandert noch der Knoten G in die Menge $\mathcal{Z}$, und wir sind fertig.

Wir wollen die einzelnen Schritte des Algorithmus noch allgemein beschreiben.

Dijkstra-Algorithmus:

- Initialisierung: Startknoten in der Menge $\mathcal{Z}$, alle anderen Knoten in der Menge $\mathcal{N}$.
- Berechne die Metrik von allen Nachbarknoten der Menge $\mathcal{Z}$.
- Wähle aus der Menge $\mathcal{N}$ die Nachbarknoten von $\mathcal{Z}$ mit minimaler Metrik aus und sortiere diese in die Menge $\mathcal{Z}$ um.
- Wiederhole die letzten beiden Schritte, bis die Menge $\mathcal{N}$ leer ist.
- Ergebnis: kürzester Weg vom Startknoten zu allen anderen Knoten des Graphen.

Der Dijkstra-Algorithmus kann damit den kürzesten Pfad von einem Startknoten zu allen Knoten des Netzes berechnen.

7.5 Kryptologie

Die Verschlüsselung im Internet kann durch das sog. Pretty Good Privacy (PGP) durchgeführt werden, was auf dem RSA-Verfahren basiert. Das RSA-Verfahren, das auf *Ronald L. Rivest,*

Adi Shamir und *Leonard Adleman* zurückgeht, wollen wir hier beschreiben. Der Algorithmus gehört zu den sog. asymmetrischen Kryptosystemen, die seit dem Jahr 1975 bekannt sind. Alle Verfahren arbeiten mit sog. Schlüsseln, die zur Ver- und Entschlüsselung benötigt werden. Das Besondere an einem asymmetrischen Verfahren ist, dass zur Verschlüsselung und Entschlüsselung verschiedene Schlüssel benutzt werden. Einer der Schlüssel kann öffentlich bekannt sein, weswegen dieses Verfahren auch häufig als *System mit öffentlichem Schlüssel (Public Key System)* bezeichnet wird. **Bild 7.9** zeigt die prinzipielle Funktionsweise eines asymmetrischen Verfahrens. *Bob* schickt *Alice* seinen öffentlichen (public) Schlüssel k_p und hält seinen zweiten Schlüssel k_s geheim (secret). Dann berechnet *Alice* aus ihrer Nachricht m und dem öffentlichen Schlüssel von *Bob* die verschlüsselte Nachricht $y = f_{k_p}(m)$, die sie an *Bob* übermittelt. Dieser kann sie mittels seines geheimen Schlüssels wieder entschlüsseln, d. h. aus y wieder m berechnen. Wegen der Eigenschaft der Funktion $f_{k_p}(m)$, nämlich dass sie ohne Kenntnis des geheimen Schlüssels nicht (bzw. nur sehr aufwendig) invertierbar ist, wird diese Funktion als Einwegfunktion (one way function) bezeichnet. Aufgrund der Tatsache, dass es unter Kenntnis des geheimen Schlüssels k_s doch möglich ist, diese Funktion zu invertieren, sagt man, die Funktion f_{k_p} ist eine Einwegfunktion mit Geheimtür bzw. Falltür (Trapdoor).

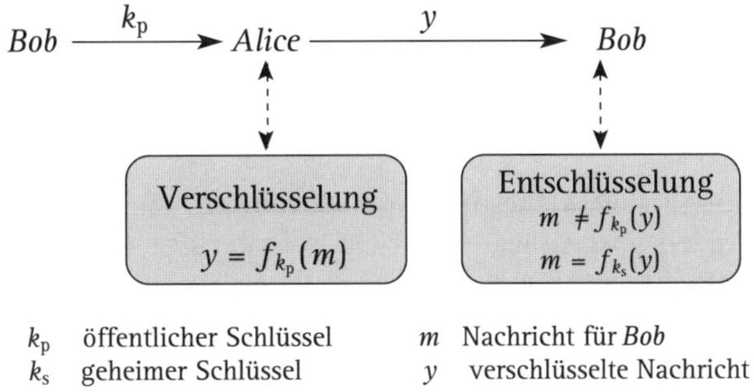

Bild 7.9 Verfahren zur Verschlüsselung mit Einwegfunktion und Geheimtür

Das Problem ist „nur“, solche Einwegfunktionen zu finden. Wir werden sehen, dass das Konzept der Einwegfunktion fast immer an ein aufwendig zu lösendes mathematisches Problem gekoppelt ist, wie etwa die Faktorisierung von sehr großen Zahlen oder den diskreten Logarithmus oder Ähnliches. Würde ein effizientes Verfahren bekannt werden, das eines dieser komplexen Probleme löst, so würden die asymmetrischen Kryptoverfahren unbrauchbar werden, da man sie dann einfach knacken könnte.

7.5.1 Mathematische Grundlagen

Zur Beschreibung der kryptologischen Verfahren benötigen wir die Menge der ganzen Zahlen $\mathbb{Z}$

$$\mathbb{Z} = \{\dots, -2, -1, 0, 1, 2, \dots\}$$

und das Teilen ganzer Zahlen mit Rest (Modulorechnung). Die Modulorechnung haben wir ausführlich in Abschnitt 5.2.1 beschrieben, wollen hier jedoch die Definition wiederholen.

Definition 7.11 Modulo Rechnung

Seien $a, b, q, r \in \mathbb{Z}$ und $b \neq 0$. Die Modulo-Rechnung $a \bmod b$ besitzt als Ergebnis den Rest r. Folgende Notationen beschreiben das Teilen ganzer Zahlen mit Rest r einer Zahl a durch b.

$$\begin{aligned} a : b &= q \text{ Rest } r \\ a &= b \cdot q + r \\ a &\equiv r \bmod b && \textit{sprich: a kongruent r Modulo b} \\ b &\mid a - r && \textit{b teilt } (a-r)\,. \end{aligned}$$

Falls der Rest $r = 0$ ist, so teilt b die Zahl a, und man schreibt $b|a$.

Jede ganze Zahl $a \in \mathbb{Z}$ kann also eindeutig durch eine andere Zahl $b \in \mathbb{Z}, b \neq 0$, den Quotienten q und einen Rest r dargestellt werden. Die kryptologischen Verfahren nutzen die außergewöhnlichen Eigenschaften der Primzahlen aus. Deshalb definieren wir zunächst Primzahlen und beschreiben anschließend einige ihrer Eigenschaften.

Definition 7.12 Primzahl

Eine Zahl $p \in \mathbb{Z}$, $p > 1$, die nur durch 1 und sich selbst teilbar ist, heißt Primzahl.

Die eulersche Φ-Funktion $\Phi(a)$ bestimmt die Anzahl der zu a teilerfremden Zahlen im Bereich $1 \leq x < a$. Anders ausgedrückt entspricht die eulersche Φ-Funktion der Kardinalität der Menge der ganzen Zahlen x mit $1 \leq x < a$, deren größter gemeinsamer Teiler mit a gleich 1 ist.

Definition 7.13 Euler'sche Φ-Funktion

Seien $a, b \in \mathbb{Z}$ ganze Zahlen.

$$\Phi(a) = |\{b : 0 < b < a, \text{ggT}(b, a) = 1\}|\,.$$

Da jede positive Zahl, die kleiner als eine Primzahl ist, teilerfremd zu dieser ist, gilt

$$\Phi(p) = p - 1.$$

Satz 7.14 Satz von Euler

Für jede ganze Zahl $0 < b < a$, für die $\text{ggT}(b, a) = 1$ ist, gilt

$$b^{\Phi(a)} = 1 \bmod a.$$

Der Satz von *Euler* besagt, dass jede Zahl b, deren ggT mit a gleich 1 ist, potenziert mit der eulerschen Φ-Funktion von $a \bmod a$, stets 1 ergibt. Der Satz ist ein sehr bekanntes Ergebnis aus der Zahlentheorie und beinhaltet den kleinen Satz von *Fermat* (5.14). Um dies zu verifizieren, muss man lediglich für a eine Primzahl wählen. Auf den Beweis dieses bekannten Satzes wollen wir an dieser Stelle verzichten, da wir dafür vorab noch einige Ergebnisse herleiten müssten[1]. Wir wollen stattdessen im Folgenden die Anwendungen des Satzes von *Euler* beschreiben.

Beispiel 7.15 Euler'sche Φ-Funktion

Wir berechnen die eulersche Φ-Funktion von 15. Dazu benötigen wir die größten gemeinsamen Teiler von allen Zahlen $0 < b < 15$. Da $15 = 3 \cdot 5$ ist, gilt

$$\begin{aligned} \text{ggT}(\{3,6,9,12\},15) &= 3 \\ \text{ggT}(\{5,10\},15) &= 5 \\ \text{ggT}(\{1,2,4,7,8,11,13,14\},15) &= 1. \end{aligned}$$

Und damit ist $\Phi(15) = 8$. Wir wollen nun noch für einige teilerfremde Zahlen b den Satz von *Euler* verifizieren und den Wert $b^{\Phi(15)} \bmod 15$ berechnen

$$\begin{aligned} 7^8 = 7^4 \cdot 7^4 = 7^2 \cdot 7^2 \cdot 7^2 \cdot 7^2 = 4 \cdot 4 \cdot 4 \cdot 4 = 16 \cdot 16 = 1 \cdot 1 = 1 \bmod 15, \\ 13^8 = 13^2 \cdot 13^2 \cdot 13^2 \cdot 13^2 = 4 \cdot 4 \cdot 4 \cdot 4 = 16 \cdot 16 = 1 \cdot 1 = 1 \bmod 15, \\ 11^8 = 11^2 \cdot 11^2 \cdot 11^2 \cdot 11^2 = 1 \cdot 1 \cdot 1 \cdot 1 = 1 \bmod 15. \end{aligned}$$

◇

Der Satz von *Euler* stellt auch eine Grundlage dar, um sog. Pseudo-Primzahlen zu suchen. Die Idee dazu wollen wir im folgenden Beispiel beschreiben.

Beispiel 7.16 Primzahltest mit der eulerschen Φ-Funktion

Man wählt sich zufällig eine ungerade Zahl a, deren Endziffer nicht 5 ist und deren Quersumme nicht durch 3 teilbar ist. Wenn die Zahl a eine Primzahl ist, muss für jede Zahl $1 < b < a$ gelten:

$$b^{\Phi(a)} = b^{a-1} = 1 \bmod a.$$

Diese einfach zu berechnende Eigenschaft nutzen wir aus, um Zahlen zu finden, die mit großer Wahrscheinlichkeit Primzahlen sind. Dazu wählt man zufällig Zahlen b mit $1 < b < a$ aus und überprüft, ob die Gleichung erfüllt ist. Finden wir eine Zahl b, für die die Gleichung nicht erfüllt ist, so wissen wir, dass a keine Primzahl ist. Haben wir die Gleichung für sehr viele, zufällig gewählte Zahlen b überprüft und keinen Fall gefunden, in der sie ungültig war, so können wir davon ausgehen, dass entweder a eine Primzahl ist oder zumindest sehr wenige Teiler besitzt. Aus diesem Grund werden solche Zahlen Pseudo-Primzahlen genannt.

Wir wählen die Zahl $a = 49$ und überprüfen, ob für zufällig gewählte Zahlen $1 < b < a$ die Gleichung $b^{48} = 1 \bmod 49$ häufig erfüllt ist. Probieren wir die Zahl $b = 13$. Um die

[1] Der Beweis kann in Standardlehrbüchern zur Zahlentheorie gefunden werden, z. B. [33].

Rechnung clever durchzuführen, schreiben wir die Zahl als Produkt von Zahlen, bei denen der Exponent eine Zweierpotenz ist, d. h.

$$13^{48} = 13^{32} \cdot 13^{16}.$$

Nun berechnen wir diese Faktoren

$$\begin{aligned}
13^{2} &= 169 = 22 \bmod 49,\\
13^{4} &= 22^{2} = 484 = 43 \bmod 49,\\
13^{8} &= 43^{2} = 1\,849 = 36 \bmod 49,\\
13^{16} &= 36^{2} = 1\,296 = 22 \bmod 49,\\
13^{32} &= 22^{2} = 484 = 43 \bmod 49.
\end{aligned}$$

Wir müssen noch eine Multiplikation durchführen und erhalten

$$13^{32} \cdot 13^{16} = 43 \cdot 22 = 946 = 15 \bmod 49.$$

Also kann 49 keine Primzahl sein, was bereits zu vermuten war.

Probieren wir noch eine andere Zahl $b = 14$, um festzustellen, ob wir mit der Wahl unserer Zahl Glück hatten, oder ob es mehrere Zahlen gibt, für die die Gleichung nicht erfüllt ist. Auch hier gilt

$$14^{48} = 14^{32} \cdot 14^{16}.$$

Bereits nach der Quadrierung können wir abbrechen, denn

$$14^{2} = 0 \bmod 49.$$

◇

Das Beispiel hat gezeigt, dass die Potenzierung, selbst bei sehr großen Exponenten, relativ einfach ist. Damit kann man sehr viele Tests $b^{a-1} \bmod a$ für eine Zahl a in kurzer Zeit durchführen. Trotzdem kann man sich nicht sicher sein, ob a eine echte Primzahl ist, weswegen man von Pseudo-Primzahlen spricht. Selbst wenn alle Tests positiv ausfallen, kann es passieren, dass a trotzdem keine Primzahl ist, wie das folgende Beispiel zeigt.

Beispiel 7.17 Gegenbeispiel zum Primzahltest

Die Zahl $1\,729 = 7 \cdot 13 \cdot 19$, auch dritte Carmichael-Zahl genannt, ist offensichtlich keine Primzahl. Es gilt aber trotzdem für alle b mit $\mathrm{ggT}(b, 1\,729) = 1$, dass $b^{1\,728} = 1 \bmod 1\,729$ ist. Außerdem endet die Zahl nicht mit 5 und hat keine durch 3 teilbare Quersumme. Solche Gegenbeispiele kommen aber sehr selten vor.

◇

Satz 7.18 Euler'sche Φ-Funktion eines Primzahlprodukts

Seien p und q Primzahlen und $n = p \cdot q$. Dann ist die eulersche Φ-Funktion von n

$$\Phi(n) = \Phi(p) \cdot \Phi(q) = (p-1)(q-1).$$

Beweis: Es gibt $(p-1)$ Zahlen, die zu p teilerfremd sind, und $(q-1)$, die zu q teilerfremd sind. Alle Produkte dieser Zahlen sind damit auch zu n teilerfremd, da p und q Primzahlen sind. Die Anzahl dieser Produkte ist $(p-1)(q-1)$. Alle anderen Zahlen sind entweder Vielfache von q oder Vielfache von p. Es gibt genau $q-1$ Vielfache von p und $p-1$ Vielfache von q, die kleiner als n sind. Zählen wir alle Zahlen zusammen

$$(q-1)+(p-1)+(q-1)(p-1) = q+p-2+pq-p-q+1 = pq-1 = n-1,$$

so entspricht dies genau der Anzahl aller Zahlen b mit $0 < b < n$. □

Damit kennen wir genügend Grundlagen, um die kryptologischen Verfahren beschreiben zu können.

7.5.2 Rivest-Shamir-Adleman-(RSA-)Verfahren

Wir werden zunächst erklären, wie das RSA-Verfahren funktioniert, und danach, warum es funktioniert.

Alice will *Bob* eine Nachricht schicken. *Bob* wählt nun drei Zahlen

$$k_\mathrm{p}, p, q,$$

wobei k_p eine beliebige Zahl mit $1 < k_\mathrm{p} < p \cdot q$ und p, q Pseudo-Primzahlen sind, die er gemäß obigem Primzahltest hergestellt hat. Aus diesen drei Zahlen berechnet er nun

$$n = p \cdot q$$

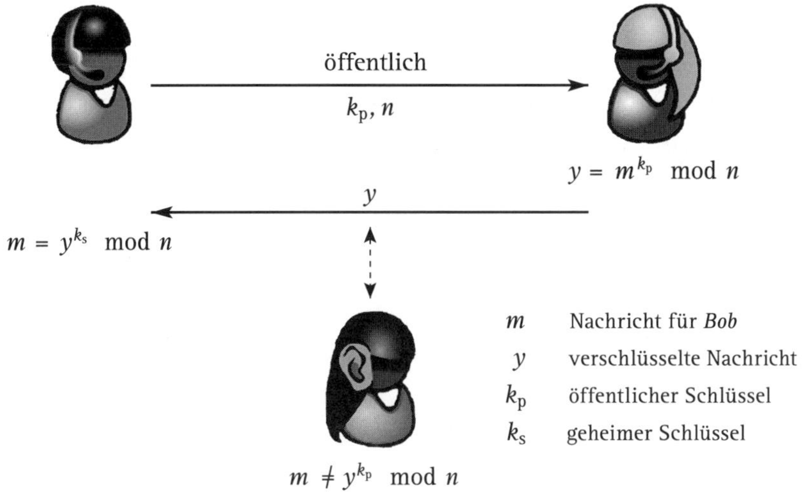

Bild 7.10 RSA-Verfahren zur Verschlüsselung

und anschließend gemäß Satz 7.18

$$\Phi(p) = p - 1, \;\; \Phi(q) = q - 1; \;\; \text{und} \;\; \Phi(n) = (p-1)(q-1).$$

Zusätzlich berechnet er mit dem erweiterten euklidischen Algorithmus, der in Abschnitt 5.4.2 beschrieben wurde, k_s, sodass gilt

$$k_s \cdot k_p = 1 \bmod \Phi(n).$$

Die genaue Berechnung von k_s ist für das weitere Verständnis nicht wichtig; es genügt zu wissen, dass eine Berechnung möglich ist.

Danach gibt *Bob* entsprechend **Bild 7.10** k_p als seinen öffentlichen Schlüssel und die Zahl n, mit der Modulo zu rechnen ist, bekannt. Er hält jedoch k_s, p und q geheim.

Wenn nun *Alice* an *Bob* eine Nachricht, codiert als Zahl $m < n$, schicken will, so sendet *Alice* den Geheimtext y, den sie wie folgt berechnet:

$$y = m^{k_p} \bmod n.$$

Bob entschlüsselt den Geheimtext y durch

$$\hat{m} = y^{k_s} \bmod n.$$

Wenn das Verfahren funktioniert, ist $m = \hat{m}$, und nur *Bob* kann die Nachricht von *Alice* entschlüsseln.

Nun werden wir zeigen, warum das Verfahren funktioniert. Dazu überlegen wir zunächst, dass *Bob* $k_s \cdot k_p = 1 \bmod \Phi(n)$ gewählt hat, was man auch schreiben kann als

$$k_s \cdot k_p = 1 + v \cdot \Phi(n) = 1 \bmod \Phi(n), \tag{7.8}$$

wobei v eine ganze Zahl ist. Diese Schreibweise ist möglich, da die Addition von Vielfachen von $\Phi(n)$ das Ergebnis bei der Rechnung mod $\Phi(n)$ nicht ändert. Wir müssen nun zeigen, dass $m = \hat{m}$ ist. Dazu setzen wir $y = m^{k_p} \bmod n$ in die Gleichung $\hat{m} = y^{k_s} \bmod n$ ein und verwenden Gl. (7.8).

$$\begin{aligned}\hat{m} &= y^{k_s} \bmod n \\ &= m^{k_p \cdot k_s} \bmod n \\ &= m^{v \cdot \Phi(n)+1} \bmod n.\end{aligned}$$

Nun wenden wir den Satz von *Euler* an, der besagt, dass, wenn $\mathrm{ggT}(m,n) = 1$ ist, $m^{\Phi(n)} = 1 \bmod n$ gilt.

$$m^{v \cdot \Phi(n)+1} = m^{v \cdot \Phi(n)} m^1 = \left(m^{\Phi(n)}\right)^v m = 1^v m = m \bmod n.$$

Damit funktioniert das Verfahren. In der Praxis müssen noch einige Dinge berücksichtigt werden. Selbstverständlich muss die Nachricht $m < n$ sein, da sonst das Verfahren nicht eindeutig ist. Streng genommen gilt der Satz von *Euler* wie erwähnt nur, wenn m teilerfremd zu n ist. Der Fall $\text{ggT}(m, n) > 1$ kommt jedoch so selten vor, dass er vernachlässigt werden kann.

Wir müssen noch zeigen, dass das Verfahren sicher ist. Der Kryptoanalytiker hört y mit und kennt zusätzlich k_p und n. Wenn es ihm gelingen würde, die Zahl n zu faktorisieren, d. h. die Zahlen p und q zu finden, so könnte er aus k_p, wie oben beschrieben, k_s mit dem erweiterten euklidischen Algorithmus berechnen. Hat er dies geschafft, so kennt er alle fünf Zahlen und kann die Nachricht y entschlüsseln. Es ist jedoch kein Verfahren für die Faktorisierung von großen Zahlen bekannt, sodass dies quasi nur durch Probieren möglich ist. Selbst unter Zuhilfenahme schnellster Rechner dauert dies bei Zahlen mit mehreren 100 Dezimalstellen länger als ein Menschenleben. Um ein Gefühl für die Schwierigkeit der Faktorisierung zu erhalten, betrachten wir eine Zahl n mit 129 Dezimalstellen, die das Produkt von zwei Primzahlen ist.

$$\begin{aligned}n = {} & 3\,490\,529\,510\,847\,650\,949\,147\,849\,619\,903\,898\,133\,417\,764\,638\,493\,387\,843\,990\,820\,577\\ & * 32\,769\,132\,993\,266\,709\,549\,961\,988\,190\,834\,461\,413\,177\,642\,967\,992\,942\,539\,798\,288\,533.\end{aligned}$$

Die Zahl wurde im Jahr 1994 faktorisiert, indem 600 leistungsfähige Rechner, über das Internet vernetzt, mit intelligenten Probierverfahren über Monate gerechnet haben.

Beispiel 7.19 RSA-Verfahren

Bob wählt die Primzahlen 7 und 13 und den öffentlichen Schlüssel $k_p = 31$. Dann berechnet er $n = 7 \cdot 13 = 91$ und $\Phi(91) = 6 \cdot 12 = 72$. Jetzt berechnet er mit dem erweiterten euklidischen Algorithmus k_s. Dazu muss er zunächst $\text{ggT}(31, 72)$ berechnen.

$$\begin{aligned}72 &= 31 \cdot 2 + 10,\\ 31 &= 10 \cdot 3 + 1.\end{aligned}$$

Dann berechnet er aus den Quotienten $q_1 = 2$ und $q_2 = 3$ die w_i zu

$$\begin{aligned}w_1 &= 0 - 1 \cdot 2 = -2,\\ w_2 &= 1 - 3 \cdot (-2) = 7.\end{aligned}$$

Damit ist 7 das inverse Element zu $31 \bmod 72$, d. h. $k_s = 7$.

Alice möchte $m = 2$ an *Bob* übertragen und berechnet

$$y = 2^{31} \bmod 91.$$

Dazu benutzt *Alice* $2^{31} = 2^{16} \cdot 2^8 \cdot 2^4 \cdot 2^3$. Dabei ist $2^8 = 16 \cdot 16 = 256 = 74 \bmod 91$ und $2^{16} = 74^2 = 16 \bmod 91$. Also ist

$$y = 2^{31} = 16 \cdot 74 \cdot 16 \cdot 8 = 37 \bmod 91.$$

Bob erhält also $y = 37$ und entschlüsselt

$$\hat{m} = 37^7 = 37^4 \cdot 37^2 \cdot 37 = 16 \cdot 4 \cdot 37 = 2\,368 = 2 \bmod 91.$$

Bob hat also die Nachricht 2 entschlüsselt. ◇

Der Kryptoanalytiker kann auch aktiv eingreifen, indem er y abfängt und stattdessen irgendein v an *Bob* schickt. *Bob* berechnet

$$\hat{m} = v^{k_s} \bmod n$$

und kann ohne zusätzliche Information nicht feststellen, ob dies die von *Alice* abgeschickte Nachricht oder eine veränderte ist.

Die Verschlüsselung schützt eine Nachricht somit nur gegen Mithörer, kann aber nicht erkennen, ob eine Nachricht verändert worden ist. Deshalb werden wir nachfolgend eine Methode angeben, mit der man zwar erkennen kann, ob eine Nachricht verändert wurde, aber die Nachricht überhaupt nicht vor Mithörern geschützt wird. Man kann jedoch beide Verfahren kombinieren und so gleichzeitig erreichen, dass eine Nachricht nicht verändert und nicht abgehört werden kann.

Message Authentification Code (MAC)

Zur Authentifizierung einer Nachricht m wird der Nachricht ein MAC angehängt. Der MAC muss mit dem geheimen Schlüssel k_s des Absenders berechnet werden, da der öffentliche Schlüssel k_p für jeden zugänglich ist. In unserem Fall besitzt *Bob* den geheimen Schlüssel. Dies soll aus didaktischen Gründen nicht geändert werden. Deshalb müssen wir nun annehmen, dass *Bob* an *Alice* eine Nachricht schicken will. *Bob* will dabei sichergehen, dass *Alice* erkennen kann, ob seine Nachricht an sie von irgendjemandem verändert wurde. Dazu schickt *Bob* nicht nur die Nachricht m an *Alice*, sondern er schickt zusätzlich y, wobei

$$y = m^{k_s} \bmod n$$

ist.

Alice empfängt (m, y) und kann nun

$$\hat{m} = y^{k_p} \bmod n$$

berechnen und überprüfen ob $m = \hat{m}$ ist. Bei Gleichheit wurde die Nachricht nicht verändert, und *Alice* weiß, dass sie von *Bob* stammt. Denn nur wer den geheimen Schlüssel k_s besitzt, kann zu irgendeiner Nachricht m das y berechnen, für das gilt $y^{k_p} = m \bmod n$. Somit hat der Kryptoanalytiker das gleiche Problem wie bei der oben beschriebenen Verschlüsselung: Er müsste den geheimen Schlüssel k_s berechnen.

Es ist offensichtlich, dass Authentizität und Vertraulichkeit vollkommen unabhängig voneinander sind.

Wir wollen nachfolgend noch zeigen, wie der RSA-Algorithmus auch für die Authentifikation eines Nutzers eingesetzt werden kann.

Authentifizierung

Um eine bestimmte Person zu authentifizieren, kann man ebenfalls den RSA-Algorithmus verwenden. Die Idee besteht darin zu überprüfen, ob *Bob* den geheimen Schlüssel k_s kennt, der zu seinem öffentlichen Schlüssel k_p passt. *Alice* wählt zufällig eine Nachricht m und bildet

$$y = m^{k_p} \bmod n.$$

Dieses y sendet sie an *Bob*. Es soll noch einmal darauf hingewiesen werden, dass dieses y, im Unterschied zu den anderen, mit dem öffentlichen Schlüssel berechnet wurde. Wenn *Bob* wirklich *Bob* ist, besitzt er den geheimen Schlüssel k_s und kann m berechnen

$$\hat{m} = y^{k_s} \bmod n$$

und dieses $\hat{m}$ an *Alice* zurückschicken. *Alice* vergleicht nun m mit $\hat{m}$ und kann so *Bob* authentifizieren. Er hat damit gezeigt, dass er den geheimen Schlüssel k_s kennt, ohne den m nicht berechnet werden kann.

Die drei Anwendungen des RSA-Algorithmus sind in **Tabelle 7.2** zusammengefasst.

	Bob	*Alice*
Verschlüsselung einer Nachricht	(y) $\hat{m} = y^{k_s} \bmod n$	$y = m^{k_p} \bmod n$ $\leftarrow (y)$
Authentifizierung einer Nachricht	$y = m^{k_s} \bmod n$ $(m, y) \rightarrow$	(m, y) $\hat{m} = y^{k_p} \bmod n,$ $m = \hat{m}$?
Authentifizierung von *Bob*	(y) $\hat{m} = y^{k_s} \bmod n$ $(\hat{m}) \rightarrow$	$y = m^{k_p} \bmod n$ $\leftarrow (y)$ $(\hat{m})$ $m = \hat{m}$?

Tabelle 7.2 Verschlüsselungs- und Authentifizierungsverfahren

Für die Anwendung sind einige Regeln zu beachten, die eine Faktorisierung erschweren:
Die Zahlen p und q sollten je etwa 180 Dezimalstellen haben und nicht zu dicht beieinander liegen.
Der öffentliche Schlüssel k_p kann frei gewählt werden. Es sollte jedoch gelten:

$$\text{ggT}\,(k_p, n) = 1,$$

da sonst kein inverses Element zu k_p, also kein geheimer Schlüssel k_s existiert. Außerdem sollte k_p nicht zu klein sein.

7.6 Übungsaufgaben

Aufgabe 7.1

Ein Paket sei bei der ersten Übertragung mit der Wahrscheinlichkeit $\frac{1}{2}$ fehlerhaft. Falls das Paket wiederholt werden muss, erhöht der Sender für alle folgenden Übertragungen des Pakets die Sendeleistung, sodass die Fehlerwahrscheinlichkeit $\frac{1}{4}$ beträgt. Berechnen Sie die mittlere Anzahl an Übertragungen, die notwendig sind, um ein Paket fehlerfrei zu übertragen.

Aufgabe 7.2

Ein CRC-Generatorpolynom $G(D)$ sei

$$G(D) = D^4 + D + 1.$$

Die Daten bestehen aus der Bitfolge 1 0010 1101. Berechnen Sie den CRC, der an die Daten angehängt wird.

Aufgabe 7.3

Ein CRC-Generatorpolynom $G(D)$ sei

$$G(D) = D^4 + D + 1.$$

Es wurde ein Paket mit CRC empfangen, bestehend aus der Bitfolge 101 0101 0101 0101. Überprüfen Sie, ob es sich um ein gültiges Paket handelt.

Aufgabe 7.4

Sie wollen verschiedene Kryptoverfahren durchführen und benutzen die Primzahlen $p = 113$ und $q = 71$.

a) Sie wählen den öffentlichen Schlüssel $k_{\mathrm{p}} = 79$. Berechnen Sie ihren geheimen Schlüssel und n.

b) Jemand hat Ihnen die verschlüsselte Nachricht $y = 1198$ geschickt, entschlüsseln Sie die Nachricht.

c) Jemand empfängt eine von Ihnen mit MAC versehene Nachricht

$$(m, y) = (33{,}3045).$$

Kann er verifizieren, dass diese Nachricht nicht verfälscht wurde?

Hinweis: $y = m^{k_s} \bmod n$.

d) Jemand möchte, dass Sie sich identifizieren, und schickt Ihnen $y = 2321$. Was schicken Sie ihm zurück?

Aufgabe 7.5

Zeichnen Sie die Markov-Kette eines Slotted-ALOHA Systems mit $m = 7$ Sendern, wenn $p_a = 10^{-1}$ und $p_r = 2 \cdot 10^{-1}$ ist. Berechnen Sie die Übergangswahrscheinlichkeiten zwischen den Zuständen der Markov-Kette.

Aufgabe 7.6

Gegeben sei der Graph eines Netzes aus **Bild 7.11**. Berechnen sie mit dem Dijkstra-Algorithmus den kürzesten Weg vom Knoten A zu allen anderen Knoten.

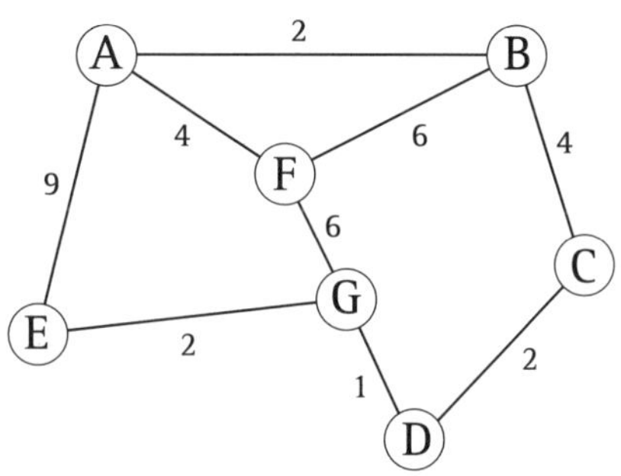

Bild 7.11 Graph eines Netzes

Lösungen

Lösung zu Aufgabe 7.1

Die mittlere Anzahl an Übertragungen errechnet sich durch Summation über die Anzahl an Versuchen, gewichtet mit der Wahrscheinlichkeit für diese Anzahl. Mit der Wahrscheinlichkeit $1 - \frac{1}{2}$ benötigt man eine Übertragung und mit der Wahrscheinlichkeit $\frac{1}{2}\left(1 - \frac{1}{4}\right)$ zwei Übertragungen. Die Wahrscheinlichkeit für die Übertragungen ist $\frac{1}{2} \cdot \frac{1}{4} \cdot \frac{3}{4}$ und für $i > 1$ Übertragungen $\frac{1}{2} \cdot \left(\frac{1}{4}\right)^{i-2} \cdot \frac{3}{4}$. Damit

$$\begin{aligned}
\theta &= 1 \cdot \frac{1}{2} + 2 \cdot \frac{1}{2} \cdot \frac{3}{4} + 3 \cdot \frac{1}{2} \cdot \frac{1}{4} \cdot \frac{3}{4} + 4 \cdot \frac{1}{2} \cdot \left(\frac{1}{4}\right)^2 \cdot \frac{3}{4} + 5 \cdot \frac{1}{2} \cdot \left(\frac{1}{4}\right)^3 \cdot \frac{3}{4} + \ldots \\
&= \frac{1}{2} + \frac{1}{2} \cdot \frac{3}{4} \left[2 + 3 \cdot \frac{1}{4} + 4 \cdot \left(\frac{1}{4}\right)^2 + 5 \cdot \left(\frac{1}{4}\right)^3 + \ldots\right] \\
&= \frac{1}{2} + \frac{1}{2} \cdot \frac{3}{4} \left[\sum_{i=0}^{\infty} (i+2) \cdot \left(\frac{1}{4}\right)^i\right] = \frac{1}{2} + \frac{1}{2} \cdot \frac{3}{4} \left[\sum_{j=1}^{\infty} (j+1) \cdot \left(\frac{1}{4}\right)^{j-1}\right] \\
&= \frac{1}{2} + \frac{1}{2} \cdot \frac{3}{4} \left[\left(\frac{4}{3}\right)^2 + \frac{4}{3}\right] = 1 + \frac{2}{3}.
\end{aligned}$$

Man muss also im Mittel $\frac{5}{3}$ Pakete pro erfolgreich übertragenem Paket schicken.

Das gleiche Ergebnis erhält man durch folgende Überlegung: Mit Wahrscheinlichkeit $\frac{1}{2}$ benötigt man eine Übertragung. Mit Wahrscheinlichkeit $\frac{1}{2}$ benötigt man

$$1 + \frac{1}{1 - \frac{1}{4}} = 1 + \frac{4}{3}$$

Übertragungen. Dabei wurde die Gl. (7.6) benutzt. Also ergeben sich insgesamt ebenfalls

$$1 \cdot \frac{1}{2} + \frac{1}{2}\left(1 + \frac{4}{3}\right) = 1 + \frac{2}{3} = \frac{5}{3}$$

Übertragungen.

Lösung zu Aufgabe 7.2

Da $G(D)$ den Grad 4 besitzt, wird der Rest vom Grad kleiner gleich 3 sein. Deshalb beginnen wir mit D^4 und schreiben die Bitfolge als Polynom

$$1\,0010\,1101 \quad \longleftrightarrow \quad D^{12} + D^9 + D^7 + D^6 + D^4.$$

Dieses Polynom teilen wir nun durch $G(D)$, und der sich ergebende Rest ist der CRC.

$$
\begin{array}{l}
(D^{12} + D^9 + D^7 + D^6 + D^4) : (D^4 + D + 1) = D^8 + D^4 + D^3 + D^2 + D + 1 \quad \text{Rest} \quad 1\\
D^{12} + D^9 + D^8\\
\hline
D^8 + D^7 + D^6 + D^4\\
D^8 + D^5 + D^4\\
\hline
D^7 + D^6 + D^5\\
D^7 + D^4 + D^3\\
\hline
D^6 + D^5 + D^4 + D^3\\
D^6 + D^3 + D^2\\
\hline
D^5 + D^4 + D^2\\
D^5 + D^2 + D\\
\hline
D^4 + D\\
D^4 + D + 1\\
\hline
1
\end{array}
$$

Damit lautete der CRC 0001. Wir übertragen das Paket

$$1\,0010\,1101\,0001.$$

Lösung zu Aufgabe 7.3

Wir müssen das Paket in ein Polynom umwandeln und überprüfen, ob es durch $G(D)$ ohne Rest teilbar ist.

$$101\,0101\,0101\,0101 \quad \longleftrightarrow \quad D^{14} + D^{12} + D^{10} + D^8 + D^6 + D^4 + D^2 + 1.$$

Dieses Polynom teilen wir nun durch $G(D)$, und der sich ergebende Rest sollte, im Fall dass keine Fehler aufgetreten sind, null sein.

$$
\begin{array}{ll}
(D^{14} + D^{12} + D^{10} + D^8 + D^6 + D^4 + D^2 + 1) : (D^4 + D + 1) = & \\
D^{14} + D^{11} + D^{10} & = D^{10} + D^8 + D^7 + D^5 + D^4 + D^3 + 1 \\
\hline
D^{12} + D^{11} + D^8 + D^6 + D^4 + D^2 + 1 & \text{Rest} \quad D^3 + D^2 + D \\
D^{12} + D^9 + D^8 & \\
\hline
D^{11} + D^9 + D^6 + D^4 + D^2 + 1 & \\
D^{11} + D^8 + D^7 & \\
\hline
D^9 + D^8 + D^7 + D^6 + D^4 + D^2 + 1 & \\
D^9 + D^6 + D^5 & \\
\hline
D^8 + D^7 + D^5 + D^4 + D^2 + 1 & \\
D^8 + D^5 + D^4 & \\
\hline
D^7 + D^2 + 1 & \\
D^7 + D^4 + D^3 & \\
\hline
D^4 + D^3 + D^2 + 1 & \\
D^4 + D + 1 & \\
\hline
D^3 + D^2 + D \neq 0 &
\end{array}
$$

Es handelt sich um kein gültiges Paket, d. h., es sind Fehler bei der Übertragung aufgetreten und das Paket muss neu angefordert werden.

Lösung zu Aufgabe 7.4

a) Zuerst berechnen wir $n = p \cdot q = 113 \cdot 71 = 8\,023$. Dieses n ist öffentlich. Die Sicherheit besteht darin, dass es schwierig ist, bei alleiniger Kenntnis von n die Primzahlen p und q zu berechnen. Zumindest ist kein effizientes Verfahren für „große“ p und q bekannt.

Als nächstes müssen wir unseren geheimen Schlüssel k_s berechnen. Mit der eulerschen Φ-Funktion $\Phi(n) = (p-1)(q-1) = 112 \cdot 70 = 7\,840$ soll gelten

$$k_p \cdot k_s = 79 \cdot k_s = 1 \bmod 7\,840.$$

Wir können k_s mit dem euklidischen Algorithmus aus Abschnitt 5.4.2 berechnen. Der größte gemeinsame Teiler von 79 und 7 840 ist

$$
\begin{array}{rll}
7\,840 : 79 = 99 & \text{Rest } 19 & \leftrightarrow b = q_1 \cdot a + r_1, \\
79 : 19 = 4 & \text{Rest } 3 & \leftrightarrow a = q_2 \cdot r_1 + r_2, \\
19 : 3 = 6 & \text{Rest } 1 & \leftrightarrow r_1 = q_3 \cdot r_2 + r_3.
\end{array}
$$

Daraus berechnen wir w_3, was k_s ist.

$$\begin{aligned} w_{-1} &= 0, \\ w_0 &= 1, \\ w_1 &= w_{-1} - q_1 \cdot w_0 = 0 - 1 \cdot 99 = -99, \\ w_2 &= w_0 - q_2 \cdot w_1 = 1 - 4 \cdot (-99) = 397, \\ w_3 &= w_1 - q_3 \cdot w_2 = -99 - 6 \cdot (397) = -2\,481 = 5\,359 \bmod 7\,840. \end{aligned}$$

Wegen

$$\text{ggT}\,(7\,840,\ 79) = 1 = v_3 \cdot 7\,840 + w_3 \cdot 79 = 25 \cdot 7\,840 + 5\,359 \cdot 79$$

gilt: $5\,359 \cdot 79 = 1 \bmod 7\,840$, und unser geheime Schlüssel ist $k_s = 5\,359$. Wir verifizieren das Ergebnis

$$79 \cdot 5\,359 = 423\,361 = 1 + 54 \cdot 7\,840 = 1 + 423\,360 = 1 \bmod 7\,840.$$

Wir veröffentlichen also $n = 8\,023$ und $k_p = 79$.

b) Um die Nachricht $y = 1\,198$ zu entschlüsseln, berechnen wir

$$m = y^{k_s} \bmod n = 1\,198^{5\,359} \bmod 8\,023.$$

Entweder man benutzt ein leistungsfähiges Mathematikprogramm, oder aber man kann wie folgt vorgehen kann. Die Zahl 5 359 schreibt man als Summe von Zweierpotenzen, d. h. $5\,359 = 4096 + 1\,024 + 128 + 64 + 32 + 8 + 4 + 2 + 1$. Damit ist

$$1\,198^{5\,359} = 1\,198^{4\,096} \cdot 1\,198^{1\,024} \cdot 1\,198^{128} \cdot 1\,198^{64} \cdot 1\,198^{32} \cdot 1\,198^{8} \cdot 1\,198^{4} \cdot 1\,198^{2} \cdot 1\,198.$$

Nach zwölf Multiplikationen kennt man alle Faktoren, denn

$$\begin{aligned} 1\,198^2 &= 1\,435\,204 = 178 \cdot 8023 + 7\,110 = 7\,110 \bmod 8\,023 \\ 1\,198^4 &= 7\,110^2 = 50\,552\,100 = 7\,200 \bmod 8\,023 \\ 1\,198^8 &= 7\,200^2 = 51\,840\,000 = 3\,397 \bmod 8\,023 \\ 1\,198^{16} &= 3\,397^2 = 11\,539\,609 = 2\,535 \bmod 8\,023 \\ 1\,198^{32} &= 2\,535^2 = 6\,426\,225 = 7\,825 \bmod 8\,023 \\ 1\,198^{64} &= 7\,825^2 = 6\,123\,062 = 7\,112 \bmod 8\,023 \\ 1\,198^{128} &= 7\,112^2 = 50\,580\,544 = 3\,552 \bmod 8\,023 \\ 1\,198^{256} &= 3\,552^2 = 12\,616\,704 = 4\,548 \bmod 8\,023 \\ 1\,198^{512} &= 4\,548^2 = 20\,684\,304 = 1\,010 \bmod 8\,023 \\ 1\,198^{1\,024} &= 1\,010^2 = 1\,020\,100 = 1\,179 \bmod 8\,023 \\ 1\,198^{2\,048} &= 1\,179^2 = 1\,390\,041 = 2\,062 \bmod 8\,023 \\ 1\,198^{4\,096} &= 2\,062^2 = 4\,251\,844 = 7\,677 \bmod 8\,023. \end{aligned}$$

Wenn man nun alle Faktoren kennt, benötigt man noch acht weitere Multiplikationen

$$\begin{aligned} &1\,198^{4\,096} \cdot 1\,198^{1\,024} \cdot 1\,198^{128} \cdot 1\,198^{64} \cdot 1\,198^{32} \cdot 1\,198^{8} \cdot 1\,198^{4} \cdot 1\,198^{2} \cdot 1\,198 \\ &= 7\,677 \cdot 1\,179 \cdot 3\,552 \cdot 7\,112 \cdot 7\,825 \cdot 3\,397 \cdot 7\,200 \cdot 7\,110 \cdot 1\,198 \\ &= 4\,444 \bmod 8\,023 \end{aligned}$$

und erhält $m = 4\,444$.

c) Um den MAC zu verifizieren, müssen wir $3\,045^{k_\mathrm{p}} \bmod n$ berechnen, was als Ergebnis 33 ergeben muss, wenn die Nachricht 33 und der MAC 3 045 nicht verändert wurde. In der Tat:

$$3\,045^{79} = 33 \bmod 8\,023.$$

Die Rechnung kann analog zu Teil b) durchgeführt werden. Die Nachricht wurde also nicht verändert.

d) Wir entschlüsseln die Nachricht mit unserem geheimen Schlüssel k_s und schicken sie zurück. Die Entschlüsselung kann nur von demjenigen durchgeführt werden, der den geheimen Schlüssel k_s zu dem öffentlichen Schlüssel k_p kennt:

$$m = y^{k_\mathrm{s}} = 2\,321^{5\,359} = 1\,234 \bmod 8\,023.$$

Lösung zu Aufgabe 7.5

Die Wahrscheinlichkeiten mit der $i = 0, 1, \ldots, 7 - k$ neue Pakete erzeugt werden, wenn k der sieben Sender backlogged sind, errechnen sich zu

$$\begin{aligned} P_a(i|k) &= \binom{7-k}{i} p_a^i (1 - p_a)^{7-k-i} \\ &= \binom{7-k}{i} (10^{-1})^i (1 - 10^{-1})^{7-k-i} \\ &= \binom{7-k}{i} (0{,}1)^i (0{,}9)^{7-k-i}. \end{aligned}$$

Entsprechend sind die Wahrscheinlichkeiten, dass $j = 0, 1, \ldots, k$ von k backlogged Stationen senden

$$\begin{aligned} P_r(j|k) &= \binom{k}{j} p_r^j (1 - p_r)^{k-j} \\ &= \binom{k}{j} (2 \cdot 10^{-1})^j (1 - 2 \cdot 10^{-1})^{k-j} \\ &= \binom{k}{j} (0{,}2)^i (0{,}8)^{k-j}. \end{aligned}$$

Wir berechnen exemplarisch einige Übergangswahrscheinlichkeiten der Markov-Kette aus Bild 7.12.

Die Wahrscheinlichkeit $P_{3,2}$ des Zustandübergangs von 3 nach 2 ist gleich der Wahrscheinlichkeit, dass keiner der 7 – 3 nichtbacklogged Sender auf einen Zeitschlitz zugreift mal der Wahrscheinlichkeit, dass nur einer der drei backlogged Sender zugreift, d. h.

$$\begin{aligned} P_{3,2} &= P_a(0|7-3) \cdot P_r(1|3) \\ &= \binom{7-3}{0} p_a^0 (1 - p_a)^{7-3} \binom{3}{1} p_r^1 (1 - p_r)^{3-1} \\ &= \binom{7-3}{0} (0{,}1)^0 (1 - 0{,}1)^{7-3} \cdot \binom{3}{1} (0{,}2)^1 (1 - 0{,}2)^{3-1} \\ &= (0{,}9)^4 \cdot 3\,(0{,}2)\,(0{,}8)^2 = 0{,}2\,519. \end{aligned}$$

Die Wahrscheinlichkeit $P_{1,7}$ des Zustandübergangs von 1 nach 7 ist die Wahrscheinlichkeit, dass alle sechs nichtbacklogged Sender auf einen Zeitschlitz zugreifen. Was der eine

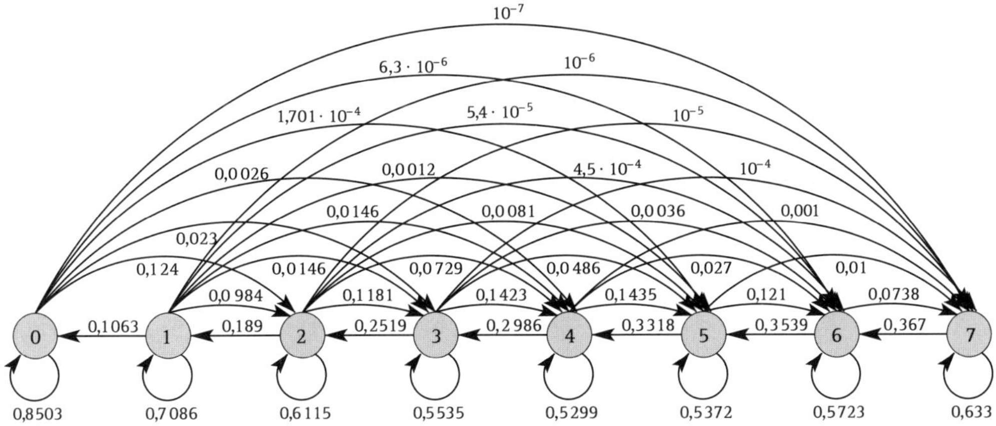

Bild 7.12 Markov-Kette des Slotted-ALOHA-Systems

backlogged Sender macht, ist unerheblich, er kann zugreifen oder nicht. Also

$$P_{1,7} = P_a(6|1) = \binom{6}{6} p_a^6 = (0{,}1)^6 = 1 \cdot 10^{-6}.$$

Des Weiteren ist die Wahrscheinlichkeit $P_{2,2}$ des Zustandübergangs von 2 nach 2 gleich der Wahrscheinlichkeit, dass keiner der fünf nichtbacklogged Sender zugreift, mal der Wahrscheinlichkeit, dass keiner oder zwei backlogged Sender zugreifen. Dazu müssen wir die Wahrscheinlichkeit addieren, dass ein nichtbacklogged zugreift, mal der Wahrscheinlichkeit, dass kein backlogged zugreift.

$$\begin{aligned}
P_{2,2} &= P_a(0|5)\,(1 - P_r(1|2)) + P_a(1|5)\,P_r(0|2) \\
&= \tbinom{5}{0} p_a^0 (1 - p_a)^{7-2} \left[1 - \tbinom{2}{1} p_r^1 (1 - p_r)^{2-1}\right] + \tbinom{7-2}{1} p_a^1 (1 - p_a)^{7-2-1} \tbinom{2}{0} p_r^0 (1 - p_r)^2 \\
&= \tbinom{5}{0} (0{,}1)^0 (0{,}9)^{7-2} \left[1 - \tbinom{2}{1} (0{,}2)^1 (0{,}8)^{2-1}\right] + \tbinom{7-2}{1} (0{,}1)^1 (0{,}9)^{7-2-1} \tbinom{2}{0} (0{,}2)^0 (0{,}8)^2 \\
&= (0{,}9)^5 \left[1 - 2 \cdot 0{,}2\,(0{,}8)\right] + 5 \cdot (0{,}1)\,(0{,}9)^4 (0{,}8)^2 = 0{,}4105 + 0{,}21 = 0{,}6115.
\end{aligned}$$

Bei der Berechnung der Wahrscheinlichkeit $P_{0,0}$ tritt ein Sonderfall auf, weswegen wir diese nachfolgend berechnen werden.

$$\begin{aligned}
P_{0,0} &= P_a(0|7)\,(1 - P_r(1|0)) + P_a(1|7)\,P_r(0|0) \\
&= \tbinom{7}{0} p_a^0 (1 - p_a)^7 \left[1 - \tbinom{0}{1} p_r^1 (1 - p_r)^{-1}\right] + \tbinom{7}{1} p_a^1 (1 - p_a)^{7-1} \tbinom{0}{0} p_r^0 (1 - p_r)^0 \\
&= (0{,}9)^7 \left[1 - 0 \cdot p_r^1 (1 - p_r)^{-1}\right] + 7 \cdot (0{,}1)^1 (0{,}9)^6 \\
&= 0{,}4783 + 0{,}372 = 0{,}8503\,.
\end{aligned}$$

Dabei wurde benutzt, dass gilt

$$j > i \quad \rightarrow \quad \binom{i}{j} = 0.$$

Die restlichen Werte sind in der folgenden Tabelle aufgelistet, wobei die Zeilen den Startzustand und die Spalten den Folgezustand darstellen.

	0	1	2	3	4	5	6	7
0	0,8503	0	0,124	0,023	0,0026	$1{,}701 \cdot 10^{-4}$	$6{,}3 \cdot 10^{-6}$	10^{-7}
1	0,1063	0,7086	0,0709	0,0984	0,0146	0,0012	$5{,}4 \cdot 10^{-5}$	10^{-6}
2	0	0,189	0,6115	0,1181	0,0729	0,0081	$4{,}5 \cdot 10^{-4}$	10^{-5}
3	0	0	0,2519	0,5535	0,1423	0,0486	0,0036	10^{-4}
4	0	0	0	0,2986	0,5299	0,1435	0,027	0,001
5	0	0	0	0	0,3318	0,5372	0,121	0,01
6	0	0	0	0	0	0,3539	0,5723	0,0738
7	0	0	0	0	0	0	0,367	0,633

Die Summe der Wahrscheinlichkeiten in einer Spalte muss 1 sein, da dies genau alle möglichen Ereignisse sind, die eintreten können. Der Erwartungswert der Zugriffe pro Zeitschlitz ist

$$G(k) = (m - k)\, p_a + k p_r = (7 - k)\,(0{,}1) + k\,(0{,}2)\,.$$

Der Durchsatz ist maximal, wenn $G(k) = 1$ ist, was für $k = 3$ erfüllt ist, denn $4\,(0{,}1) + 3\,(0{,}2) = 1$.

Lösung zu Aufgabe 7.6

In **Bild 7.13** sind die Iterationen bei der Berechnung des kürzesten Wegs mit dem Dijkstra-Algorithmus angegeben. Im ersten Teilbild ist die Initialisierung angegeben, und der Knoten A ist in der Menge $\mathcal{Z}$. Alle anderen Knoten sind in der Menge $\mathcal{N}$.

In der ersten Iteration werden die Metriken zu den Nachbarknoten B, E und F berechnet. Der Knoten mit der kleinsten Metrik ist B, und dieser wird der Menge $\mathcal{Z}$ hinzugefügt.

In der zweiten Iteration sind die Nachbarknoten der Menge $\mathcal{Z}$ die Knoten C, E und F. Von diesen Knoten besitzt F die kleinste Metrik und wird zur Menge $\mathcal{Z}$ hinzugefügt.

Die Menge $\mathcal{Z}$ besteht bei der dritten Iteration aus den Knoten A, B und F. Die Nachbarknoten davon sind C, E und G, wobei C die kleinste Metrik besitzt.

Nach zwei weiteren Iterationen, bei denen die Knoten D und G und E in die Menge $\mathcal{Z}$ aufgenommen werden, sind die kürzesten Wege zu allen Knoten berechnet. In der folgenden Tabelle sind die Pfade und ihre Metrikwerte aufgelistet.

	Metrik	Pfad
A–B	2	A–B
A–C	6	A–B–C
A–D	8	A–B–C–D
A–E	9	A–E
A–F	4	A–F
A–G	9	A–B–C–D–G

[19] *Weber, H.*: Leopold Kronecker. Jahresbericht der Deutschen Mathematiker-Vereinigung 2 (1893) S. 19

[20] *Einstein, A.*; *Calaprice, A.* (Hrsg.): Einstein sagt: Zitate, Einfälle, Gedanken. München · Zürich/Schweiz: Piper, 2005. – ISBN 3-492-04725-4

[21] ISO/IEC 13818-1:2007-10 Information technology – Generic coding of moving pictures and associated audio information: Systems. Genf/Schweiz: International Organization for Standardization (ISO)

[22] Moving Pictures Experts Group (MPEG). Villar Dora/Italien: www.chiariglione.org/mpeg

[23] *Kolmogorov, A.*: Grundbegriffe der Wahrscheinlichkeitsrechnung. Ergebnisse der Mathematik und ihrer Grenzgebiete 2 (1933), Bd. 2, H. 3, S. 1–62

[24] *Rényi, A.*: Tagebuch über die Informationstheorie. Berlin: VEB Deutscher Verlag der Wissenschaften, 1982

[25] Eidgenössische Technische Hochschule Zürich (ETH Zürich), Zürich/Schweiz: www.ethz.ch

[26] *Massey, J. L.*: Applied Digital Information Theory I. Vorlesungsskript. Zürich/ Schweiz: ETH, 1998 (Online-Dokument verfügbar unter www.isiweb.ee.ethz.ch/archive/massey_scr/adit1.pdf)

[27] *Massey, J. L.*: Applied Digital Information Theory II. Vorlesungsskript. Zürich/ Schweiz: ETH, 1998 (Online-Dokument verfügbar unter www.isiweb.ee.ethz.ch/archive/massey_scr/adit2.pdf)

[28] ISO/IEC 14496-1:2004-11 Information technology – Coding of audio-visual objects – Part 1: Systems. Genf/Schweiz: International Organization for Standardization (ISO)

[29] *Cover, Th. M.*; *Thomas, J. A.*: Elements of information theory. New York/USA u. a.: Wiley, 1991. – ISBN 0-471-06259-6

[30] University of Hawai'i (UH), Honolulu, Hawaii/USA: www.hawaii.edu

[31] *Bossert, M.*; *Breitbach, M.*: Digitale Netze. Stuttgart · Leipzig: Teubner, 1999. – ISBN 3-519-06191-0

[32] DIN ISO 2108:2007-01 Information und Dokumentation – Internationale Standard-Buchnummer (ISBN). Berlin: Beuth

[33] *Brüdern, J.*: Einführung in die analytische Zahlentheorie. Berlin u. a.: Springer, 1995. – ISBN 3-540-58821-3

8 Literatur

[1] Verein zur Förderung mathematisch begabter Jugendlicher e. V., Ulm: www.mathematik.uni-ulm.de/begabte

[2] Universität Ulm: www.uni-ulm.de

[3] *Schwanitz, D.*: Bildung. Frankfurt am Main: Eichborn, 1999. – ISBN 3-8218-0818-7

[4] *Shannon, C. E.*: A mathematical theory of communications. Bell System Technical Journal (BSTJ) 27 (1948) H. 3, S. 379–423

[5] *Shannon, C. E.*: A mathematical theory of communications (concluded). Bell System Technical Journal (BSTJ) 27 (1948) H. 4, S. 623–656

[6] Philosophische Schriften, Bd. 3 Briefe an Lucilius – erster Teil, Briefe 1–81. Hamburg, Meiner. – ISBN 3-7873-1129-7

[7] *Eckermann, J. P.*: Gespräche mit Goethe in den letzten Jahren seines Lebens. Reihe Insel-Taschenbuch, Bd. 500. Frankfurt am Main · Leipzig: Insel-Verlag, 1994. – ISBN 3-458-32200-0

[8] European Space Agency (ESA), Paris/Frankreich: www.esa.int

[9] Navigational Satellite Timing and Ranging – Global Positioning System (NAVSTAR-GPS). U.S. Costguard Navigation Center, Alexandria, Virginia/USA: www.navcen.uscg.gov

[10] ESA – Navigation – The Future Galileo. European Space Agency (ESA). Paris/ Frankreich: www.esa.int/esaNA/galileo.html

[11] *Golomb, S. W.*: Shift register sequences. San Francisco, Kalifornien/USA u. a.: Holden-Day, 1967

[12] European Telecommunications Standards Institute, Sophia-Antipolis/Frankreich: www.etsi.org

[13] ISO/IEC 7810:2003-11 Identification cards. Genf/Schweiz: International Organization for Standardization (ISO)

[14] Fraunhofer-Institut für Integrierte Schaltungen (IIS), Erlangen: www.iis.fraunhofer.de

[15] *Leonardus ‹Pisanus›*: Fibonacci's Liber abaci – a translation into modern English of Leonardo Pisano's book of calculation. New York/USA, u. a.: Springer, 2002. – ISBN 0-387-95419-8

[16] *Frey, Th.*; *Bossert, M.*: Signal- und Systemtheorie. Wiesbaden: Vieweg + Teubner, 2008. – ISBN 978-3-8351-0249-1

[17] *Beethoven, L. van* (Komponist); *Karajan, H. von* (Künstler): Beethoven Symphonie Nr. 9. Musik-CD. Hamburg: Deutsche Grammophon (Universal), 1994. – ASIN B000026I44

[18] *Haydn, J.* (Komponist); *Kuijken, S.* (Künstler): Sinfonien 93, 94, 95. Burbank, Kalifornien/USA: Deutsche Harmonia Mundi (Sony BMG Music Entertainment), 1993. – ASIN B000001TXX

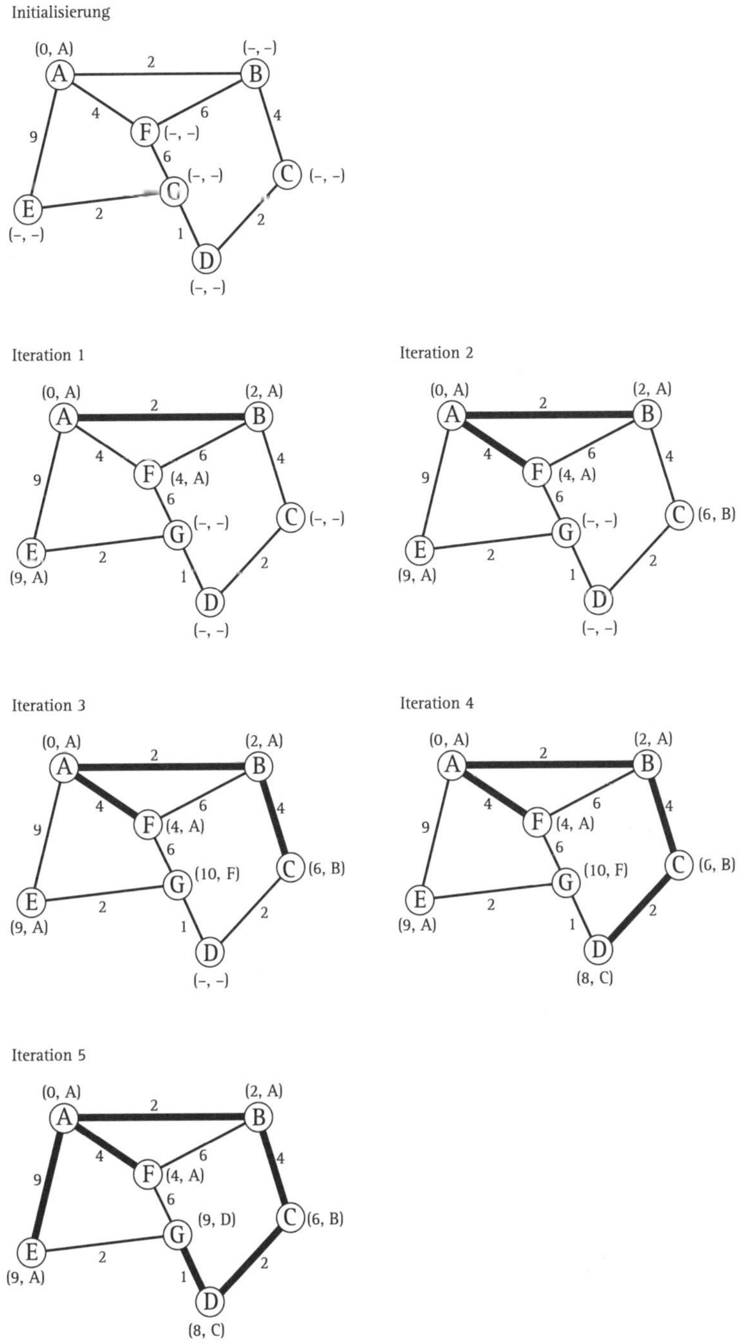

Bild 7.13 Graph eines Netzes

9 Bezeichnungen

AC	Authentication Center
ACK	Acknowledge
ARPAnet	Advanced Research Projects Agency Network
ARQ	Automatic Repeat on Request
BD	Blu-ray Disc
Bit	Binary Digit
BTS	Base Transceiver Station
BSC	Base Station Switching Center
C&D	Control & Display
CD	Compact Disc
cm	Zentimeter
const	konstant
CRC	Cyclic Redundancy Check
DFT	Diskrete Fourier-Transformation
dist	Distanz
DLC	Data Link Control
DVD	Digital Versatile Disc
EIR	Equipment Identification Register
ESA	European Space Agency
ETH	Eidgenössische Technische Hochschule
ETSI	European Telecommunications Standards Institute
FIR	Finite Impulse Respond
GF	Galoisfeld
grad	Gradient
GPS	Global Positioning System
GSM	Global System for Mobile Communication (früher: Groupe Spécial Mobile)
h	Stunde
HD-DVD	High Density Digital Versatile Disc
HDTV	High Definition Television
HLR	Home Location Register
IDFT	Inverse Diskrete Fourier-Transformation
IIR	Infinite Impulse Respond
Im	Imaginärteil
IMSI	International Mobil Subscriber Identity
IRS	Interleaved Reed-Solomon-Code
ISDN	Integrated Services Digital Network
IT	Informationstheorie, Informationstechnik
km	Kilometer

> Solarkraftwerke in der Wüste, Windkraftanlagen im Meer, emissionsfreie Elektroautos, Mobiltelefone, Notebooks, Internet: Elektrotechnik umgibt uns überall und stellt die vielleicht interessanteste Disziplin im Ingenieurwesen dar. Die Ideen von Elektroingenieuren haben unser Leben bereits entscheidend verändert: Fernsehen, Video, MP3, Digitalverstärker, DSL, Digitalkameras – Elektronik begleitet uns stets – zu Hause, im Auto, im Büro oder unterwegs. Auch bei erneuerbaren Energien, Photovoltaik oder Windrädern: Innovative IngenieurInnen der Elektrotechnik entwickeln Lösungen für die Herausforderungen von morgen. Wer Interesse an dieser faszinierenden Technik hat, ist in der Fakultät Elektrotechnik gut aufgehoben.

DEM INGENIEUR IST NICHTS ZU SCHWER

PRAXISNAH ELEKTROTECHNIK STUDIEREN AN DER OSTFALIA HOCHSCHULE FÜR ANGEWANDTE WISSENSCHAFTEN

VORDERE PLÄTZE IM HOCHSCHULRANKING

Seit mehr als 75 Jahren bildet die Ostfalia sehr erfolgreiche Ingenieurinnen und Ingenieure aus. Der Name Ostfalia ist allerdings neu, bisher hießen wir Fachhochschule Braunschweig/Wolfenbüttel. Viele gute Gründe sprechen dafür, hier zu studieren. Die Fakultät Elektrotechnik verfügt über einen ausgezeichneten Ruf, was durch vordere Plätze in diversen Rankings belegt wird.

Unsere familiäre Atmosphäre ermöglicht das persönliche Gespräch mit Professoren und Mitarbeitern und die Vorlesungen haben eine überschaubare Größe. Auch die Studierenden pflegen untereinander beste Kontakte. Der familiäre Charakter spiegelt sich auch in konkreten Auszeichnungen wider: Die Ostfalia wurde kürzlich als familiengerechte Hochschule zertifiziert.

ANWENDUNGSBEZOGENES STUDIUM MIT INTERESSANTEN SCHWERPUNKTEN

Sie lernen bei uns genau das, was Sie benötigen, um als erfolgreicher Ingenieur in einer der folgenden Fachrichtungen tätig zu werden:

Studienrichtungen im Bachelorstudiengang

- Automatisierung
- Energiesysteme
- Elektromobilität
- Informationstechnik
- Kommunikationssysteme

Masterstudiengang ab März 2011

- Electronic Systems

Unsere Bachelorstudiengänge bieten wir zusammen mit Unternehmen aus der Region (E.On, Physikalisch Technische Bundesanstalt, Salzgitter Flachstahl, Siemens, Volkswagen u.a.m.) auch als duale Studiengänge an, so dass Sie ihre praktischen Kenntnisse durch eine integrierte Ausbildung noch intensivieren können. <

WEITERE INFORMATIONEN ÜBER UNSER STUDIENANGEBOT FINDEN SIE HIER: HTTP://WWW.OSTFALIA.DE/CMS/DE/E